**The
Reality Bubble**

리얼리티
버블

리얼리티
버블

지야 통 지음 | 장호연 옮김

우리의 현실을 바꿀
보이지 않는 것들의
과학

코쿤북스

일러두기

1. 이 책은 재생지를 사용하여 제작되었다.

2. 인명, 지명 등 외래어는 국립국어원의 외래어표기법을 따랐다. 단, 일부 단어들은 국내 매체에서
   통용되는 사례를 참조했다.

3. '옮긴이주' 표시가 없는 각주는 모두 원주이다.

4. 원서의 참고 문헌은 그 양이 지나치게 방대하여 번역본 종이책에는 싣지 않았다. 참고 문헌의
   원본은 다음 주소(https://randomhouse.app.box.com/v/Reality-Bubble-References)에서, 번역본은
   다음 주소(https://blog.naver.com/cocoonbooks/222183056337와 https://m.post.naver.com/viewer/
   postView.nhn?volumeNo=30287968&memberNo=49449158)에서 확인할 수 있다. 또 본서의
   전자책에서도 확인할 수 있다.

가족들에게

차례

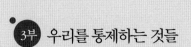

3부 우리를 통제하는 것들

20세기까지 '현실'은 인간이 만지고 냄새 맡고 보고 들을 수 있는 모든 것이었다. 전자기 스펙트럼 도표가 처음으로 공개되고 나자 인간은 자신들이 만지고 냄새 맡고 보고 들을 수 있는 것이 '현실'의 백만분의 1에도 못 미친다는 것을 알게 되었다. 우리 미래에 영향을 미치게 될 요인의 99퍼센트는 인간의 몸으로 감지하지 못하는 영역의 현실에서 인간이 도구를 사용해서 벌이는 활동으로 인한 것이다.

― 리처드 버크민스터 풀러

들어가며

 살면서 우리 모두는 더 큰 진실에 눈뜨는 순간을 만난다. 앤 호지스에게 그 순간은 1954년 11월 30일, 정확하게는 오후 1시 46분, 자신의 집 소파에 누워 있을 때였다. 그것은 갑작스러운 깨달음이 아니라 고통스러운 사고였다. 그날 연녹색의 '우주 미사일'이 맑은 오후 하늘을 가로질러 그녀의 집 지붕을 뚫고 들어와 라디오에 튕겨진 뒤 그녀의 몸으로 날아들었다.

 알려지기로 운석에 맞은 유일한 사람인 앤은 즉각 화제의 중심이 되었다. 해질 무렵이 되자 전국적인 뉴스 매체를 포함하여 수백 명이 그녀의 집 마당으로 몰려들어 외계 물체의 사진을 찍고, 망가진 집을 살피고, 그녀의 엉덩이에 난 축구공만 한 크기의 새까만 멍을 경외감과 공포에 질려 쳐다보았다.

 앤은 낮잠을 자느라 불덩이가 지구로 떨어지는 장관을 놓쳤다. 목격자들은 운석이 세 개 주를 가로지르며 빛나는 것을 보았다.

외계 전파 간섭으로 인해 텔레비전 화면이 흔들렸다. 100킬로미터 이상 떨어진 앨라배마 주 몽고메리에서는 충격파음으로 한 소년이 자전거에서 넘어졌다. 별똥별이 마침내 실라코가 마을에 떨어졌을 때, 지역 주민들 대부분은 비행기가 추락했거나 폭탄이 터진 줄로 알았다.

하지만 모든 기괴한 사건들이 다 그렇듯 몇 주가 지나자 소동은 잦아들었다. 기자들은 짐을 챙겨 집으로 돌아갔고, 이웃들도 평소의 삶으로 복귀했다. 확실히 운석은 그날 모든 사람들에게 깊은 인상을 남겼지만, 특히 딱 한 사람의 우주관을 영원토록 바꾸어놓았다. 앤 호지스에게 운석과 유성우와 초신성이 존재하는 우주는 더 이상 '저기 바깥' 어딘가에 따로 떨어져 있는 곳이 아니었다. 결코 그렇지 않았다. 우주는 원한다면 당신의 집에 쳐들어와서 당신을 들이받아 정신이 번쩍 들게 할 수도 있다.

○ ○ ○

하늘은 목가적이고 고요하기는커녕, 지옥이다. 맹렬한 화염과 숨 막히는 유독 가스 기둥, 거의 모든 곳이 암흑과 혼란과 폭력적인 파괴의 현장이다. 실제로 여러분이 오늘밤에 궁수자리 방향으로 하늘을 올려다본다면, 궁수의 화살 바로 위가 우리 은하에서 초거대 블랙홀이 있는 그곳이다. 지금 이 순간에도 지평선 안의 모든 것이 집어삼켜지고 있다.

그것이 우리가 살고 있는 우주다. 그러나 우리가 느끼는 우주는 그렇지 않다. 여러분과 나는 바로 지금 상대적으로 평온하다. 즉, 우리 머리 위에 펼쳐진 그야말로 완전한 대혼란 때문에 극심한 공포를 겪지 않는데, 그것은 우리가 거품 속에, 대기라고 불리는 물리적 거품 속에 살고 있기 때문이다. 우주에서 보면 이 둥근 지붕의 모습이 확연히 보인다. 푸른빛 도는 흰색의 얇은 막으로 지구의 역장力場 역할을 해서 치명적인 방사선이 들어오는 것을 차단하고, 온도를 (우주의 극단적인 온도와 비교하여) 좁은 범위 내에서 유지시켜 준다. 지표면에 도달하면 지구를 망가뜨릴 수도 있는 운석을 대부분 태워 버리는 것도 대기다.

인간으로서 우리는 또 하나의 거품에 둘러싸여 산다. 일상 세계에 대한 우리의 생각들을 형성하는 심리적 거품으로 나는 이를 '현실 거품'이라고 부른다. 초음속으로 돌진하는 바위들이 지구 대기를 통과하기 어려운 것과 마찬가지로, 달갑지 않은 사실들과 낯선 생각들은 현실 거품을 뚫고 들어오기가 거의 불가능하다. 현실 거품은 우리가 통제하지 못하는 '저기 바깥'에 있는 힘들에 대해 생각하지 않도록 우리를 보호함으로써, 우리가 각자 맡은 일들을 계속할 수 있게 한다.

부동산 거품이든 증시 거품이든 정치적 거품이든, 거품 속에 있다는 것은 우리가 현실을 왜곡되게 인식한다는 걸 뜻한다. 모든 거품이 종국에는 똑같은 운명을 맞는다. 결국 터지고 만다.

그러므로 아무리 안정적인 세계 인식이라도 얼마든지 뒤집힐 수 있음을 기억하는 것이 좋겠다. 두 세기가 넘도록 뉴턴의 물리학이 우주를 지배했지만, 아인슈타인의 등장으로 모든 것이 바뀌었다. 그러나 천재만이 세계에 대한 인식을 확장할 수 있다는 뜻은 아니다. 가끔은 그런 일이 그냥 일어난다. 앤 호지스에게 그것은 어느 날 오후 운석이 자기 집 지붕을 뚫고 들어왔을 때 일어났다. 그리고 여러분에게 그것은 어쩌면 지금 손에 든 책일 수 있다.

○ ○ ○

우리 인간은 세상을 정확하게 바라본다고 생각하는 경향이 있지만 착각일 때가 많다. 모든 사람은 맹점을 타고난다. 정확하게 말하면 맹점은 두 개로 각각의 눈에 하나씩 있다. 안구 뒤쪽, 시신경이 뇌로 들어가는 지점에 광수용체가 자라지 않는 부위가 그것이다. 이것이 가리는 영역은 상대적으로 크지만(하늘을 쳐다본다고 하면 보름달 아홉 개를 합친 크기에 해당한다), 대부분의 사람들은 결코 알아차리지 못한다.

여러분이 무엇을 보지 못하는지 보려면 눈으로 직접 확인하는 것이 최고의 방법이다. 왼쪽 눈을 손으로 가리고 오른쪽 눈으로 위의 그림의 점을 응시하라. 점에 계속해서 집중하면서 천천히 책을 눈에서 멀어지도록 움직여보라. 어느 지점에 이르면 십자가가 갑자기 사라지는 것을 보게 될 것이다. 시야에서 사라지는 것이다.

놀랍게도 이 맹점은 공백으로 인식되지 않는다. 우리의 뇌가 빈 공간을 메워주기 때문이다. 지각의 포토숍이 가동되어 적절한 색깔로 배경이 채워진다. 이렇게 우리의 맹점은 감쪽같이 숨겨졌다. 우리는 우리가 보지 못한다는 사실을 보지 못한다.

맹점이 명백하니 오래 전부터 알려졌겠거니 생각하겠지만, 프랑스 물리학자 에듬 마리오트가 눈을 해부하다가 망막에 연결된 신경 다발을 보고 어쩌면 이것이 시야를 가릴지도 모른다고 생각하기 전까지는 아무도 몰랐다. 자기 눈으로 몇 가지 시력 테스트를 거친 그는, 1600년대 왕실 귀족들 사이에서 인기를 끌게 되는 현상을 발견했다. 그들은 눈을 깜빡이지 않고도 사람을 사라지게 만드는 마술 같은 속임수에 매료되었다. 전해지는 바에 따르면 영국 국왕 찰스 2세는 죄수들을 실제로 처형하기 전에 이 시각적 트릭을 통해 마음의 눈으로 먼저 참수시켰다고 한다.

맹점은 우리 눈에만 존재하는 것이 아니라 우리가 살아가는 환경에도 존재한다. 맹점을 나타내는 프랑스어 'angle mort(사각지대)'가 이를 말해 준다. 매년 미국에서만 84만 건의 차량 사고가 일어난다. 우리를 향해 돌진하는 대단히 큰 무언가를 부딪치기 전까지 우리가 보지 못하기 때문이다.

○ ○ ○

"사물의 가장 중요한 측면은 너무도 단순하고 친숙해서 우리의 눈길을 끌지 못한다." 철학자 루트비히 비트겐슈타인의 말이다. 달리 말하자면, 우리는 종종 눈앞에 빤히 있는 것을 보지 못한다. 부엌 조리대에 올려 둔 열쇠를 찾아 사방팔방 뒤지고 다닌 경험은 누구에게나 있을 것이다.

개인으로서 우리는 명백한 것을 못 볼 수 있지만, 집단으로서 사회 역시 그럴 수 있다. 여기 생각해 볼 만한 흥미로운 사실이 있다. 21세기에 우리는 온갖 곳에 카메라를 설치했지만, 우리가 식량을 얻는 곳, 에너지를 얻는 곳, 쓰레기를 보내는 곳은 예외다. 지구 상 가장 막강한 생명체가 자기 삶을 지탱하는 것들을 보지 못하는 건 어찌 된 영문일까?

현대인들은 거품 속에서 자연을 대한다고 말할 수 있다. 그러므로, 영국에서 청소년 세 명 가운데 하나는 달걀이 닭에서 나온다는 것을 모르고, 치즈를 식물에서 얻는다고 믿으며, 우유가 젖소에게서 나온다는 것을 모른다. 아이들이 생각하는 음식이 나오는 곳은 다름 아닌 슈퍼마켓이다.

젊은이들이 멍청해져서 그런 게 아니다. 다만 관심을 두는 초점이 달라진 것이다. 미국의 아이들은 매주 45시간을 전자 매체를 들여다보며 보내고, 야외에서 보내는 시간은 고작 30분이다. 상황이 이러하니 문화 세계가 자연 세계를 뒤덮어 버렸다 해도 놀랄 것이 없다. 이런 환경에서 자란 미국 아이들은 천 개의 기업 로고를 분간할 수 있지만, 자기 동네에서 자라는 식물이나 동물 이름은 열 개도 대지 못한다.

어른이라고 해서 사정이 낫지도 않다. 거품 안에서 보면 우리가 사용하는 최대 에너지원, 전 세계 경제의 동력인 연료의 기원은 거대한 의문이다. 조금만 시간을 투자하면, 평범한 사람들이 석유에 대해 아무것도 모른다는 것을 금세 깨닫게 될 것이다. 우리가 출근하기 위해 자동차 연료통에 채우는 액체는 공룡 시체에서 비롯된 것이 아니지만, 다량의 고대 생명체들에 힘입은 것은 분명하다. 그렇다면 어떤 종이 우리의 출근길에 연료를 댈까? 그리고 무엇이 그토록 거대한 무덤을, 우리가 에너지를 얻으려고 시추하는 검은색의 풍요로운 유전油田을 만들었을까?

마지막으로, 우리는 우리가 무엇을 내다 버리는지에 대해 유독 까막눈이다. 배설물에서 쓰레기, 유독성 폐기물에 이르기까지 우리는 이것들이 저절로 사라지도록 만들어졌거나, 버튼을 누르면 마술처럼 씻겨 간다는 환상을 갖고 있다. 우리가 버린 쓰레기가 어디론가 모여서, 우리가 먹는 음식과 마시는 물과 호흡하는 공기로 되돌아온다는 사실은 오늘날 인류가 처한 크나큰 곤란의 한 원인이다.

지구에서 가장 영리한 동물에게 이러한 무지는 이해하기 어렵다. 우리는 음속으로 하늘을 날 수 있고 광속으로 지구 전역과 교신할 수 있다. DNA를 잘라내고 생명을 관장하는 유전 부호를 바꾸는 법을 알아냈다.

그러나 문제는 생명 자체가 사라지고 있다는 것이다.

과학자들은 우리가 현재 여섯 번째 대멸종을 맞고 있다고 말한다. 육지에서는 아르마딜로에서 얼룩말에 이르기까지 동물들의 개체수가 급감하고 있다. 바다에서는 어류 자원이 고갈되고 산호초가 백화되고 있다. 빙하가 녹고 있다. 가뭄이 늘고 있다. 산불이 급속도로 번져 간다. 인구가 폭발적으로 늘고 기후가 변하고 있다.

우리는 문명이 벼랑 끝을 향하고 있음을 내심 알고 있다. 그건 좀비 판타지에 대한 열광만 봐도 알 수 있다. 우리는 모두 뭔가가 대단히 잘못되고 있다는 것을 알지만, 거품 속의 삶이란 당장은 그것을 무시한다는 걸 뜻한다. 대신 우리는 임박한 사회 붕괴의 두려움을 농담처럼 웃어넘긴다. 텔레비전 쇼와 생존 가이드에서 우리는 '농담하듯' 벙커를 만들고 무기와 식량을 비축한다. 전 세계 여러 도시에서 수많은 사람들이 오싹한 분장을 하고 '좀비 워크' 축제를 벌인다. 단 하나의 욕망을 낮은 목소리로 웅얼거린다.

좀비가 원하는 것은 뭘까? 살아 있는 인간의 뇌다.

생존을 도와주는 사회적 수단이 없이 우리가 혼자 힘으로 살아갈 수 있을지 생각해 보자. 우리의 사회 체제가 원활하게 작동하는 것은 우리가 뇌 없는 좀비처럼 거기에 순응하기 때문이다. 세계 인구는 거의 80억 명에 육박한다. 그 많은 사람들이 '먹고, 일하고, 쇼핑하고, 잠 자'라는 자본주의의 행진곡에 맞춰 살아간다. 우리가 이런 삶을 좋아할까? 무한 경쟁에 내몰리는 것을 진심으로 좋아하는 사람을 한 명이라도 만나본 적이 있는가?

인류가 끔찍한 결과를 향해 나아가고 있고, 대부분의 사람들이 심지어 자기 일을 좋아하지도 않는다면, 우리가 던져야 할 질문은 이것이다. 우리는 왜 이렇게 살까?

앞으로 내가 주장하겠지만, 우리는 대안이 없다고 믿으며 자랐다. 우리는 그냥 사회 체제가 이런 식으로만 작동한다고 들었다. 하지만 다른 방법이 있다면 어떨까? 우리가 그토록 얽매어 있는

'현실 세계'가 사실 현실이 아니라면 어떨까? 우리 눈을 가리고 있는 가장 큰 맹점을 걷어 내고 현실 거품 너머에 있는 것을 보다 명료하게 볼 수 있다면 어떨까?

프루스트는 이런 말을 했다. "진정한 발견의 여정은 새로운 풍광을 찾는 것이 아니라 새로운 눈을 갖는 것이다." 우리의 여정도 우리가 서 있는 바로 이 자리에서 시작해야 한다. 우리가 살아가는 일상의 세계를 비범하게 새로운 방식으로 바라보는 것이 출발점이다.

○ ○ ○

존 카펜터의 1988년 고전 컬트 영화 「화성인 지구 정복」을 보면 존 나다라는 떠돌이가 일반 시민의 눈에는 보이지 않는 '진실'을 보는 특별한 선글라스를 손에 넣는다. 안경을 쓰고 잡지 광고나 간판, 텔레비전을 보자 진짜 메시지들이 보인다. '복종하라,' '소비하라,' '순응하라,' '가만있어라.'

이 영화는 현대의 우화로 수많은 이들에게 공감을 불러일으켰다. 영화, 비디오 게임, 그래피티 예술가 셰퍼드 페어리의 '복종하라' 시리즈, 할 헤프너의 정치 포스터, 인터넷 밈에서 그 영향력을 확인할 수 있다. 영화가 은밀하게 말하고자 하는 바는 이것이다. 이런 안경이 정말 존재한다면, 현실이 어째서 눈에 보이는 것과 다른지 사람들이 의문을 품기 시작할 수도 있다는 것이다.

다행히도 이와 비슷한 것이 존재한다.

이 책에서 우리는 우리 주위의 보이지 않는 세상으로 모험을 떠날 것이다. 다만 감추어져 있는 관점을 밝힐 도구로서 우리가 사용할 것은 허구의 선글라스가 아니라 과학이라는 렌즈다. 과학적 도구는 대단히 현실적인 의미에서 우리의 새로운 눈이다. 덕분에 우리는 감각이 감지하는 범위 너머에 있는 것을 보고 듣는 초인적 능력을 발휘할 수 있다.

범죄 현장을 다루는 영화나 드라마를 보면 현대 과학이 무엇을 밝혀 줄 수 있는지 깨닫게 된다. 맨눈으로 보면 완벽하게 말끔한 거실도 루미놀(헤모글로빈의 철 성분에 반응하는 화학 물질)을 뿌리고 스위치를 끄면 벽에 묻은 혈흔이 형광빛을 냄으로써 참혹한 범죄 현장을 드러낸다.

우리는 보이는 것을 믿는 경향이 있지만, 육안으로 볼 수 없는 것은 무수히 많다. 우리 주위의 세상도 마찬가지다. 우리의 시력은 최고로 발달한 과학적 도구에 비하면 미약하다. 천체 망원경은 130억 광년 거리에 있는 은하도 보게 해주며, 전자 현미경은 우리의 시야를 원자 수준으로 좁혀서 우주를 구성하는 기본 단위들을 보고 만질 수 있게 한다.

이 책을 읽다 보면 현실이 기괴하고 혼란스럽게 보일 때도 종종 있을 것이다. 토끼 굴로 떨어져 원더랜드로 가게 된 앨리스처럼 우리는 크기가 줄어들기도 하고, 거인이 되기도 하고, 심지어 다른 동물들의 말을 알아듣기도 한다. 과학의 렌즈로 세상을 보면 우리의 낡은 세계 인식이 급격하게 바뀐다. 무엇이 우리를 둘러싸고 있고, 무엇이 우리가 살아가도록 해주며, (그리고 아마도 가장 중요한 것으로) 무엇이 우리를 통제하는지 의문을 갖게 될 것이다.

○ ○ ○

나는 과학 방송 진행자와 기자로 10년 넘게 활동하면서 전 세계 정상의 과학자들과 사상가들을 인터뷰하고 많은 것을 배웠다. 흥미로운 여러 분야에서 활동하는 과학자들과 함께 작업하면서 폭넓은 과학 지식을 얻고 사람들과 이를 공유하고 소통하는 일은 무엇과도 바꿀 수 없는 보람이다. 다양한 분야에서 얻은 이런 전문 지식들은 퍼즐 조각과도 같다. 전체적인 상황을 보려면 이것들을 하나로 엮어야 한다.

지금 우리는 그 어느 때보다 명료하게 볼 수 있어야 한다. 인류의 역사에서 중대한 분기점에 다다랐기 때문이다. 인류는 충돌을 피할 수 없는 위태로운 길, 지구 생명 절멸의 위협에 접어들었다. 우리의 현실 인식이 과학적 진실과 어긋남으로써 비롯된 위협이다. 이른바 '상식적' 사고는 너무도 오랫동안 우리 눈을 가려 진실을 보지 못하게 했다.

이 책에서 우리는 인간의 가장 큰 맹점 열 가지를 차례로 살펴볼 것이다. 1부에서는 우리가 개인으로서 타고나는 맹점들을 소개하고, 과학과 기술이 어떻게 우리의 생물학적 한계 너머를 보도록 하는지 살펴본다.

2부에서는 집단적 맹점들을 살펴보고, 우리가 하나의 사회로서 어떻게 고집스러운 맹목에 갇혀 있는지 알아 본다. 여기서는 우리의 생명 활동에서 가장 중요한 요소인 식량, 에너지, 쓰레기에 집중한다. 즉, 대부분의 사람들에게는 완전히 감추어진, 우리 삶을 지탱하는 시스템을 과학이 어떻게 급속하게 바꿔 왔는지 살펴본다.

마지막 3부에서는 세대적 맹점들을 살펴본다. 자연스럽고 불가피해 보이는 세계관들 중에는 사실 이전 세대에서 전승된 것들이 많다. 물고기는 자신이 헤엄치는 곳이 물속이라는 걸 모른다는 말이 있다. 그와 마찬가지로, 시간과 공간의 거대한 차원 속을 우리가 어떻게 헤엄치고 있는지 여기서 살펴본다.

칼 세이건은 언젠가 이런 말을 했다. "인류에겐 마음이 깨어 있는, 세계가 어떻게 돌아가는지 기본적으로 이해하고 있는 시민이 필요하다. 마땅히 그래야 한다." 나는 그와 같은 필요에 응답하고자 작은 노력을 보태 이 책을 썼다. 그럼 시작하자.

1부

우리를
둘러싸고 있는
것들

1장 열린 유리병

망원경이 끝나는 곳에서 현미경이 시작된다. 더 거대한 시야를 제공
하는 건 어느 쪽인가?

- 빅토르 위고

    돈디디어는 눈 깜빡할 사이에 사라졌다. 하지만 그의 실종은 서
커스 공연의 일부가 아니었다. 1913년 8월 16일자 『해밀턴 데일리
타임스』보도에 따르면, 서커스 개막일을 이틀 앞두고 사라진 공
연자를 찾아내려고 탐정과 탐지견이 급파되어 수색을 벌였다. 다
행히 공연은 취소되지 않았다. 금요일 저녁에 단원 한 명이 천막
안에 숨어 있던 곡예사를 찾아낸 것이다. 비록 그 소동이 뉴스를
장식하기는 했지만, 사람들에게 중요했던 것은 불가사의한 그의
귀환이 아니라 그의 가치였다. 그 서커스 스타의 몸값은 500달러,
현재 가치로 환산하면 1만 2,000달러가 넘었다. 어떻게 봐도 터무

니없는 액수였다. 왜냐하면 돈디디어는 벼룩이었기 때문이다.

할리우드의 환락이 있기 한 세기 전, 지상 최고의 쇼는 아주 작은 것이었다. 그것은 벼룩 서커스였다. 이 자그마한 녀석은 전 세계적으로 선풍을 일으켜서 뉴욕, 파리, 런던 같은 도시로 그들의 공연을 보려고 멀리서 사람들이 몰려들었다. 발레리나 벼룩, 검술사 벼룩, 대포로 쏘아지는 벼룩, 괴력자 벼룩, 줄타기 벼룩, 탱고 댄서 벼룩, 공중그네 타기 벼룩이 있었다. 축소된 크기에서 벌어지는 대담한 묘기에 매료된 청중들은 가장 밉살스러운 생명체에 갈채를 보냈다. '풀렉스 이리탄스Pulex irritans', 즉 피를 빨아먹고 병을 옮기는 사람벼룩은 서커스에서 대대적인 주목을 받는 스타가 되었다.

벼룩 서커스의 인기 비결 중 하나는 잘 지켜진 비밀에 있었다. 다들 벼룩을 어떻게 훈련시키는지 궁금해했다. 벼룩은 숙련된 도망자였으므로 무대에서 얼마든지 쉽게 뛰어내려 도망칠 수 있었다. 벼룩을 훈련시키는 사람들(공식적인 직함은 '교수')이 털어놓은 묘책은 이것이다. 벼룩을 보이지 않는 감옥에 가둬서 통제할 수 있게 만드는 것이다.

이를 위해 벼룩을 작은 유리병 속에 넣고 조심스럽게 밀봉했다. 날개가 없는 벼룩은 숙주의 몸에 뛰어올라 피를 빨아먹도록 진화한 스프링이 장착된 다리를 가졌다. 덕분에 자기 키 높이의 100배 이상 점프할 수 있고, 3만 번 이상 풀쩍풀쩍 뛰어다녀도 끄떡없다. 그러나 병 안에서 이 능력은 벼룩에게 불리하게 작동했다. 하늘을 향해 솟구칠 때마다 몸이 뚜껑에 세게 부딪혀 충격받는 일을 반복해야 했으니 말이다.

하지만 벼룩은 금세 교훈을 터득했다. 고통을 피하기 위해 뚜껑에 닿지 않을 정도로 낮게 뛰어올랐다. 이 무렵이면 이제 뚜껑을 열어 놓아도 벼룩은 결코 도망치지 않는다고 교수들은 말한다. 한 차례만 제대로 뛰어오르면 자유를 손에 넣을 수 있지만, 그들 마음에 설치된 덫이 발목을 잡았다.

그건 훌륭한 이야기였다. 호기심 많은 사람들을 만족시킬 만한 좋은 이야기. 다만 그건 사실이 아니었다. 벼룩 훈련은 인간 사회에 가르침을 줄 수 있는지는 몰라도 벼룩에게는 전혀 통하지 않았다. 그러므로, '교수'들도 잘 알았듯이 벼룩을 훈련시킬 수는 없다. 여러분이 유리병의 뚜껑을 열면, 벼룩은 당연히 도망친다.

그러나 확대경으로 들여다본 목격자들은 벼룩이 주인의 명령에 따라 춤추고 곡예를 부리는 것을 확실히 보았다고 털어놓았다. 그렇다면 질문은 여전히 남는다. 벼룩은 대체 어떻게 그런 믿기지 않는 묘기를 부리는 걸까? 이 유쾌한 구경거리에는 어두운 면이 있었다. 그것은 바로 고문이었다.

분홍색 발레 스커트를 입고 작은 파라솔을 든 벼룩은 자발적인 것이 아니었다. 벼룩이 몸에 두른 황금색 철삿줄이 목줄 역할을 했다. 예를 들어 '축구하는 벼룩'은 시트로넬라[1]에 담근 자그마한 솜뭉치를 가지고 노는데, 그 냄새가 혐오스러워서 몸에 닿으면

---

[1] 스리랑카 원산의 외떡잎식물. 잎에서 추출한 오일에 곤충 기피 효과가 있다 — 옮긴이주.

멀리 찬다. '저글링하는 벼룩'은 접착제로 등을 바닥에 고정시키고 다리를 놀려 보풀을 뭉친 공을 차도록 한다. 벼룩 '오케스트라' 음악가의 경우, 뮤직박스 좌석에 줄로 고정시키고 앞다리에 작은 악기 모형을 붙이고는 박자에 맞춰 머리를 툭 치거나, 때로는 더 가혹하게 아래에 불을 지펴 뜨거움에 다리를 놀리도록 하는 것이다. 이렇게 하면 음악에 맞춰 몸을 까닥거리는 것처럼 보인다.

작은 바이올린에 신호를 주기에 앞서 우리가 생각해야 할 점은 사람에게 벼룩 한 마리의 목숨은 아무런 가치가 없다는 것이다. 백 마리도, 천 마리도 마찬가지다. 전 세계 벼룩이 몰살되는 아마겟돈이 벌어져도 눈 하나 깜짝하지 않는다. 그러나 묘하게도 사람들이 오늘날 유튜브에서 '괴력자' 벼룩이 작은 차를 끄는 것을 보거나 '곡예사' 벼룩이 줄 위를 걷는 모습을 보면, 그러니까 우리가 교감할 수 있는 규모의 화면으로 보면 반응이 달라진다. '벼룩을 아프게 하고 있어!' '철삿줄이 그들 목을 조르고 있어!' '이건 동물학대야!' 물론 그들도 집에서 벼룩을 본다면 당장 으스러뜨리고 내친 김에 소독까지 할 가능성이 높다.

몸집이 큰 인간은 자그마한 생명체를 하찮게 여기는 경향이 있다. 벼룩 전문가이자 곤충학자인 팀 코커릴은 이렇게 말했다. "가끔 런던 같은 도시에서 자그마한 알갱이가 방안에 날아다니거나 식탁에, 혹은 술집에서 맥주잔에 내려앉는 것을 보고 대부분의 사람들은 이것을 생명으로 생각하지 않는다. 먼지나 검댕처럼 여겨 그냥 손으로 집어서 휙 하고 날려 버린다. 하지만 실은 다양한 동물들이 들어 있다. 잠깐 시간을 내서 알갱이 안을 들여다보면 완전히 새로운 세상이 열린다."

이 말은 사실이다. 실제로 완전히 새로운 종들이 이런 식으로 발견되었다.[2]

○ ○ ○

로버트 훅은 지성계의 거인이었지만 척추 측만증과 척추 결핵을 앓았고 등이 구부러진 장애가 있었다. 영국의 레오나르도 다 빈치로 불리기도 했던 그는 천문학, 생물학, 물리학, 고생물학, 심지어 건축학에 이르기까지 이루 헤아릴 수 없이 많은 기여를 했다. 일찌감치 그는 빛이 파동이라는 이론을 내놓았고, 공기의 존재를 증명했고, 인간 시력의 한계를 규정했고, 세포를 발견하고 이름을 붙였으며, 화석이 한때 살아 있던 생명체의 흔적이라고 추론했고, 생물 종은 멸종해서 사라질 수도 있다는, 당시로서는 획기적인 의견을 제시했다. 그러나 오늘날 그는 벼룩을 확대한 모습을 그린 그림으로 가장 잘 알려져 있다.

옥스퍼드 대학의 역사학자 앨런 채프먼이 "코뿔소와 같은 해부적 정확성을 발휘하여 그렸다"고 평가한 벼룩의 확대 그림은 훅의 1665년 베스트셀러 『마이크로그라피아*Micrographia*』 가운데 삽지로 삽입되었다. 그는 성격이 몹시 까다로워서 동료 학자들 사이에

---

2 팀 코커릴은 어느 날 새로운 종의 기생벌이 "자살해서" 자신의 찻잔에 떨어진 것을 보고 이 종을 처음으로 발견했다.

서 인기가 없었지만,[3] 그래도 책 덕분에 대중적으로는 무척 인기가 많았다. 그는 확대된 세계의 경이를 보여 주었다. 벌침, 파리 다리, 달팽이 이빨(자그마치 2만 개가 넘는다), 치즈에 붙은 진드기의 세세한 묘사는 오늘날 사람들마저 당혹스럽게 만드니, 이런 "자그마한 생물"의 모습을 처음으로 접한 사람들에게 훅의 책은 그야말로 충격적인 경험이었다.

『마이크로그라피아』 덕분에 벼룩은 일약 극소 세계의 뮤즈가 되었다. 훅의 드로잉에서 영감을 받아 또 한 명의 위인이 미세한 세계를 한층 더 깊이 들여다보는 일에 몰두했다. 훅과 같은 시대를 살았던 안토니 판 레이우엔훅은 렌즈를 270배율[4]이 될 때까지 세밀하게 연마하여 성능이 뛰어난 현미경을 만들었다. 이 공로로 그는 '미생물학'이라는 새로운 분야의 '아버지' 칭호를 얻었다.

마이크로미터(100만분의 1미터) 수준까지 당겨서 볼 수 있는 기구를 손에 넣은 덕분에 판 레이우엔훅은 맨눈의 한계를 훌쩍 뛰어넘어 볼 수 있었다. 어느 날 그는 그릇에 받아 놓은 빗방울 몇 개를 들여다보다가 세상을 놀라게 할 발견을 했다. 그의 눈 아래 엄청

---

3   여러분은 뉴턴이 남긴 유명한 말을 들어보았을 것이다. "내가 남들보다 더 멀리 내다볼 수 있다면, 그것은 **거인**들의 어깨 위에 서 있기 때문입니다[강조는 필자]." 겸손함의 대명사처럼 자주 인용되지만, 오늘날 몇몇 학자들은 이것이 17세기 학계에서는 헐뜯는 말이었을 수도 있다고 믿는다. 이것은 뉴턴이 훅에게 보낸 편지에 나오는 문장인데, 당시 두 사람은 광학 분야에서 이룬 공을 두고 다투는 중이었다. 그리고 훅은 키가 작았다.
4   그가 남긴 드로잉으로 볼 때, 판 레이우엔훅은 물체를 500배까지 확대해서 볼 수 있는 기구들을 만든 것으로 추정된다.

나게 작은 규모의 세계에서 작은 생명체들이 꿈틀거리는 것을 본 것이다. 이제까지 본 그 어떤 것보다도 작았다. 그는 여기에 '극미동물animalcules'이라는 이름을 붙였다.

오늘날 우리가 미생물이라고 부르는 것이 1600년대에는 공식적으로 존재하지 않았음을 기억할 필요가 있다. 판 레이우엔훅은 이제까지 인간의 눈으로 볼 수 없었던 세계를 처음으로 접한 사람이었다. 1673년에 그가 자신이 발견한 것을 편지에 적어 런던의 왕립 학회에 보내기 시작했을 때, 당대 최고의 과학자들은 그저 회의적이기만 했던 것이 아니라 그가 미쳤다고 생각했다.

그러나 판 레이우엔훅의 장점은 왕성하게 결과를 쏟아냈다는 점이다. 그가 일상의 것들을 면밀하게 들여다보기 시작하자 그것들은 확장된 경이가 되었다. 1673년에 그는 현미경 아래에 자신의 피 한 방울을 떨어뜨리고는 모두의 몸속을 돌고 있는 생명의 에너지에 초점을 맞추었다. 그 결과 액체 속에 고체들이 들어 있다는 것이 밝혀졌다. 그는 정맥 속을 도는 혈구들 ― 오목하게 파인 "자그마한 구체globules" ― 을 본 것이다.

1677년에 그는 완전히 새로운 생물 형태인 원생동물을 발견했다. "크기가 워낙 작아서 이런 자그마한 동물들 100마리를 서로 일렬로 붙여 놓는다 해도 거친 모래 한 톨 길이에도 미치지 못하리라는 것이 내 판단입니다." 같은 해에 그는 가장 개인적인 발견도 했다. 자신이 사정한 정액을 들여다본 것이다. 그는 살아 있는 정자를 처음으로 목격한 사람이 되었다. 확대해서 본 정자는 "뱀처럼, 혹은 물속을 헤엄치는 장어처럼" 움직였다.

1683년 9월 17일 왕립 학회에 보낸 편지에서 판 레이우엔훅은 이제 치아 위생으로 관심을 돌렸다. 자신의 이 사이에 낀 "흰색 물질," 치태를 살펴보다가 완전히 새로운 분야로 나아가는 문을 열었다. "앞서 말한 물질에 대단히 작고 무척이나 빠르게 움직이는 극미 동물이 많다는 것을 보고 또 한 번 경이를 느꼈습니다. 크기가 가장 큰 것은… 대단히 강력하고 재빠른 동작을 보였는데 마치 물살을 가르는 창고기처럼 물(침)속을 헤집고 돌아다녔습니다. 두 번째 부류는 팽이처럼 자주 빙글빙글 돌고… 수가 훨씬 더 많았습니다."

그는 자신의 입 안에서 극소 세계의 가장 외딴 지대에 있는 생명의 대도시를 찾아낸 것이다. 그것은 지금도 우리가 알기로 가장 작은 생명체이다. 그가 발견한 것은 박테리아였다.[5]

그러나 과학계에서는 판 레이우엔훅의 대담한 주장을 여전히 강하게 불신하는 분위기였다. 그는 로버트 훅에게 보낸 편지에서 이렇게 썼다. "나를 반박하는 말들 때문에 괴롭습니다. 내가 작은 동물들에 대한 동화나 지어내고 있다는 말도 자주 듣습니다." 그러자 왕립 학회는 명망 높은 훅에게 판 레이우엔훅의 발견을 똑같이 재현해서 입증해 달라고 요청했다.

훅은 전에도 현미경을 들여다본 적이 있었다. 하지만 판 레이우엔훅의 현미경으로 들여다본 것은 당혹스러웠고 "도무지 믿기지

---

5 입 안의 박테리아는 수가 대단히 많다. "여러분의 입에도 200억 마리의 박테리아가 있고 이는 5시간마다 번식한다. 그러므로 칫솔질을 하지 않고 24시간이 지나면 200억 마리는 1000억 마리가 된다!"

않았다." 그리고 사실이었다. 왕립 학회에 보낸 편지에서 그는 이렇게 보고했다.

여기에 믿을 만한 여덟 명의 추천서를 함께 보냅니다. 좁쌀한 톨(92개가 모이면 완두콩 크기나 일반적인 물방울 크기가 되는) 부피의 물에서 누구는 10,000마리, 누구는 30,000마리, 또 누구는 45,000마리의 자그마한 생명체를 보았다고 확인했습니다. … 여기 포함된 추천서에 따르면 좁쌀 종자 하나 부피의 물에 자그마치 45,000마리의 극미 동물이 들어 있을 수도 있습니다. 그렇다면 일반적인 물방울 크기라면 4,140,000마리의 생명체가 포함되고, 두 배로 치면 8,280,000마리가 되는 셈입니다. 제가 확인한 바로는 이 정도라고 사실을 확인해 줄 수 있습니다.

현미경 렌즈 아래에서 자그마한 창문이 활짝 열렸고, 그것이 드러낸 우주는 실로 어마어마했다.

○ ○ ○

우리는 생명체의 척도에서 우리 인간이 거대하다는 것을 잊곤 한다. 우리에게 현실은 인간 크기로 보이겠지만, 실은 동물 종의 95퍼센트가 인간의 엄지손가락보다 작다. 벼룩 같은 자그마한 동물도 그 안에서 살아가는 극소의 생명체에 비하면 거인이다. 「벼룩」이라는 옛 시에도 나오듯이 "커다란 벼룩의 등에는 / 피를 빨아먹는 작은 벼룩이 붙어 있고 / 작은 벼룩 등에는 더 작은 벼룩이 있고 / 그 과정은 무한정 끝없이 이어지네." 요컨대 인간의 해충에게도 해충이 있다는 말이다. 여기서 '해충'이 정확히 무슨 뜻인지 짚고 넘어갈 필요가 있다. 다른 존재에 폐를 끼치는 방식으로 살아가는 작은 생명체를 가리키는 말이다. 벼룩은 우리가 경멸하는 수많은 종 가운데 하나일 뿐이다. 그리고 여기에는 그럴 만한 이유가 있다. 쥐벼룩은 페스트균의 매개체로 악명이 높다. 전 세계 수백만 명의 목숨을 앗아갔고, 특히 14세기 유럽에서 절정에 달했던 세계적 유행병인 흑사병과 연관되는 바로 그것이다.[6] 이 때문에 어떤 사람들은 벼룩이 세상에 존재하는 것에 도대체 무슨 의미가 있을까 의문을 품기도 한다. 한 평자는 온라인에 이렇게 적었다. "아무런 목적도 수행하지 않는 생명체가 있는데 벼룩이 바로 그런 예다. 벼룩은 꽃가루를 수분하지 않으며, 파괴적이거나 해로운 곤충을 잡아먹지도 않는다. 오히려 순진한 동물들과 사람의 피를 빨아먹으며 그 와중에 해로운 유기체를 혈액 속에 넣는다!" 그러나 살아 있을 "가치가 없는" 것으로 여겨지는 것은 벼룩만이 아니다. 우리는 바퀴벌레, 모기, 진드기, 빈대, 말벌, 개미, 좀벌레, 거미, 파리, 그 밖에 집 근처에서 귀찮게 어슬렁거리는 많은 동물들도 똑같은 태도로 대한다. 우리는 어떤 동물이 살아야 하고 어떤 동물이 죽어야 하는지 결정한다. 우리는 동물을 우리가 좋아하거

---

6 "벼룩은 전 세계에서 수백만 명을 죽였고… 흑사병의 역사와 결코 떼어 놓을 수 없다. 이 질병은 예르생과 시몽드가 확인했듯이 사실은 박테리아(페스트균)-쥐-벼룩(크세놉실라 케오피스), 이렇게 셋의 협력으로 일어난다."

나 우리에게 이로운 것(나비와 벌처럼 아름답거나 '목적'을 수행하는 곤충)과 박멸하고 싶은 것(특히 농업 측면에서 우리의 식량을 탐하는 동물)으로 구분한다.

그래서 우리도 나름의 '흑사병'을 만들기 시작했다. 이런 작은 침략자들에 대항하여 악랄한 화학전을 벌인 것이다. 전 세계적으로 농약과 살충제는 해가 갈수록 성장하는 거대한 산업이 되었다.[7] 그러나 우리는 원치 않은 해충을 몰아내고자 매년 200만 톤이 넘는 살충제를 식물과 토양에 퍼붓는다. 이런 상황에서 우리가 좋아하지 않는 곤충은 물론 우리가 좋아하는 곤충도 막대한 피해를 입는 것은 놀랍지 않다.

과학자들은 현재 곤충들의 개체수가 파멸에 가깝게 떨어지고 있다고 말한다. 자연 보호 구역에서 곤충 수가 80퍼센트나 급감했다는 독일의 연구가 있다. 스탠포드 대학의 생태학자 로돌포 디르조는 지난 40년 동안 전 세계 곤충들의 개체수가 45퍼센트 줄어들었다고 보고했다. 그리고 세계자연보전연맹 관심종 목록에 오른 무척추동물 3,623종을 조사한 결과, 42퍼센트가 멸종 위기에 처해 있다고 한다.[8]

---

7 살충제 제조업자들은 살충제가 없다면 세계가 식량 부족에 직면할 것이라고 주장한다. 그러나 과학자들은 이런 주장이 과장된 것이고, 오히려 대다수의 경우 살충제 사용을 줄이면 생산성이 늘어나는 것을 확인했다.

8 보다 과학적인 연구가 필요하겠지만 곤두박질치는 숫자는 전 세계에 경종을 울리고 있다. 최근 푸에르토리코에서 행해진 연구에 따르면 지난 35년 동안 지상에 사는 곤충의 98퍼센트가 사라졌다고 한다. 나무 위에서는 80퍼센트였다. 무게로 따지면, 곤충은 인간의 17배에 이른다. 그것들이 사라지면 재앙이 벌어질 것은 자명하다. 인간의 먹

우리는 곤충들을 박멸하려는 욕망에 눈이 멀어 그것이 우리의 생존에 얼마나 중요한지 보지 못하지만, 파급 효과는 먹이 사슬에 곧바로 타격을 준다. 영국의 생태학자 데이브 굴슨은 이렇게 경고한다. "우리는 현재 생태적 아마겟돈을 향해 가고 있다. 곤충들을 잃으면 모든 것이 무너져 내릴 것이다." 왜냐하면 곤충들은 식물의 수분을 도울 뿐 아니라 자연의 청소부이자 재활용 일꾼이기도 하기 때문이다. 다시 굴슨의 말이다. "우리가 좋아하는 대부분의 과일들과 야채들, 그리고 커피, 초콜릿 같은 것은 곤충들 없이 얻을 수 없다. 곤충들은 또한 이파리와 죽은 나무와 동물 사체를 분해하는 것을 돕는다. 영양분을 재활용하도록 도와 다시 사용하도록 만든다. 이런 곤충들이 없다면 소똥과 사체가 곳곳에 쌓여 갈 것이다."

영향을 느끼는 것은 우리 인간만이 아니다. 곤충들을 먹고 사는 새들이 이미 사라지기 시작했다. 유럽에서는 지난 30년 동안 새들의 수가 4억 마리나 줄었다. 풀밭종다리 같은 철새는 개체수가 70퍼센트나 급감했다.

그런데도 우리는 이런 일이 일어나는 것을 보지 않는다. 이것은 잠재적으로 우리의 치명적 결함이다. 우리는 뭔가가 없어지기 전에 그것이 사라지고 있다는 사실을 알아채지 못한다.

이 사슬 맨 아래를 이루는 것이 곤충들이기 때문이다. 곤충들이 줄어들면 '상향식 영양 종속bottom-up trophic cascade'이라고 하는 연쇄 효과로 인해 곤충들에 의지하여 살아가는 다른 종들도 타격을 입기 시작한다.

○ ○ ○

마침내 벼룩 서커스는 막을 내렸다. 스타가 사라졌기 때문이다. 자그마한 곤충은 100년 넘게 영광을 누렸지만, 진공청소기(살충제가 아니라)에 속수무책으로 당하면서 어쩔 수 없이 천막을 거둬야 했다.[9] 사업의 관점에서 보자면 벼룩을 수입하는 비용이 문제였다. 최후의 위대한 벼룩 훈련사 가운데 한 명인 톰린 교수는 이렇게 말했다. "전 세계에서 쇼를 해달라는 요청이 들어왔지만 한 가지가 발목을 잡았습니다. 해외로 나가면 벼룩을 구할 수 있겠어요? 스웨덴에 공연하러 갔을 때는 보름마다 벼룩을 구하러 스페인 마요르카로 사람을 보내야 했습니다."

사람벼룩은 거의 다 몰아냈지만 우리 몸에는 그보다 덜 알려진 여러 종이 계속해서 서식하고 있다. 그들에게도 우리에게도 다행스럽게도 그들은 우리가 느끼거나 볼 수 없는 자그마한 동반자로서 조용히 살아간다. 이 글을 읽는 여러분을 불편하게 하고 싶지는 않지만, 바로 지금 여러분의 얼굴에는 모낭충이라고 하는 진드기가 기어 다닌다. 다리가 여덟 개인 거미류로 가장 가까운 친척은 거미다. 열여덟 살 이상 모든 사람의 몸에서 진드기가 발견되었다는 연구가 있다.[10] 모공 아래에 틀어박혀 속눈썹까지 파고드는 이 생물은 밤에 돌아다닌다. 시간당 8밀리미터에서 16밀리미

---

9 풀렉스 이리탄스가 멸종한 것은 아니다. 그리스, 이란, 마다가스카르, 심지어 미국 애리조나에서도 여전히 발견된다.

10 아기에게는 진드기가 훨씬 적으므로 나이가 요인으로 보인다.

터의 속도로 움직이며 우리의 얼굴에서 먹이를 찾고 짝을 맺는다. 과학자들은 그들이 무엇을 먹는지 아직 정확하게 파악하지 못했다. 모공에서 나오는 분비물인 피지일 수도 있고, 우리 피부에 붙어 있는 죽은 피부 세포나 박테리아일 수도 있다. 과학자들이 아는 하나는, 이 진드기에게 입은 있지만 항문이 없어서 죽을 때 창자가 터지면서 몸에 쌓아 둔 음식물들이 우리 얼굴에 쏟아진다는 것이다. 그리고 이런 분비물은 더 작은 종들이 살아가는 거처다. 진드기의 장 속에는 훨씬 더 많은 수의 생명체인 박테리아가 살고 있다.

하지만 인간이 머리에서 발끝까지 미생물로 뒤덮여 있다는 것을 생각하면 얼굴에 붙은 박테리아 따위는 아무것도 아니다. 그리고 종의 다양성은 우리를 그야말로 어리둥절하게 한다. 노스캐롤라이나 주립 대학에서 '배꼽 생물 다양성 프로젝트'를 연구하는 연구자들은 60명의 피험자 배꼽에서 표본을 채취하여 박테리아 동물원을 발견했다. 총 2,368개의 다른 종이 배꼽에 있었고 절반 이상은 이전에 학계에 보고된 바 없는 것이었다. 한 명의 배꼽에는 일본 토양에만 존재한다고 알려져 있는 박테리아가 있었다. 그는 일본에는 가본 적도 없다고 했는데, 대체 어떻게 거기까지 왔을까? 물론 박테리아는 전 세계를 돌아다닌다. 미생물학자 네이선 울프가 관찰한 대로, 우리는 숨을 한 번 들이마실 때마다 전 세계를 여행하는 미생물 종들을 채집하고 있다. "중국 사막의 먼지는 태평양을 넘어 북아메리카와 유럽까지 건너간다. 전 세계를 한 바퀴 돈다. 그와 같은 먼지 구름에는 원래의 토양에 있던 박테리아와 바이러스는 물론, 쓰레기를 태우는 연기나 바다 위에 걸린 안개에서 채집한 미생물도 포함된다."

로렌스 버클리 국립 연구소 과학자들은 공기 표본을 채집하여 우리가 호흡하는 공기에 1,800종의 박테리아가 있음을 확인했다. 이런 박테리아 생명체들은 그저 우리 위와 옆에만 있는 것이 아니라 우리의 일부이기도 하다. 예일 대학 공학자들은 사람 한 명이 방에 '그냥 있는 것'만으로도 매 시간 3,700만 개의 박테리아가 더해지는 것을 확인했다. 우리가 우리 몸이라고 부르는 것은 실은 절반만 우리 것이다. 박테리아 세포의 수를 다 더하면 인간 세포의 수보다 10배 많다는 이야기도 있지만, 최근 연구에 따르면 거의 대등하다. 인간의 몸은 평균적으로 30조 개의 인간 세포와 39조 개의 박테리아 세포로 이루어져 있다. 그러니까 1.3 대 1의 비율로 박테리아가 살짝 더 많은 정도다.[11]

당연히 이것은 누가 주인이냐 하는 질문을 제기한다. 우리일까, 박테리아일까?

이 경우 인간-미생물은 기생 관계라기보다 공생 관계다. 평판이 좋지 않은 일부 세균이 있지만, 그럼에도 우리는 대체로 조화롭게 함께 사는 법을 배웠다.[12] 하지만 태어날 때는 박테리아가 거의 없다.[13] 우리는 살아가면서 우리 몸에 무임승차하는 대다수 미생물

---

11 박테리아 세포는 인간 세포보다 크기가 훨씬 작아서 무게로 따지면 우리 몸에서 0.2kg만 차지한다.

12 알려진 박테리아 종은 거의 20억 종에 이르지만 대다수는 인간에게 무해하다.

13 상대적일 뿐 완전히 없지는 않다. 태반에도 박테리아가 있다. "과학자들은 양수에

들을 얻는다. 일란성 쌍둥이로부터 미생물 표본을 채취하여 들여다보면 서로 다른 DNA를 가진 미생물들을 발견하게 되는 이유다.

박테리아가 없으면 우리의 삶이 위태로워지리라는 것이 갈수록 명백해지고 있다. 우리 몸에 좋은 유익균은 건강한 면역 체계에 꼭 필요하다. 일례로 '박테로이데스 프라질리스Bacteroides fragilis'라고 하는 박테리아는 대다수 포유동물(인간은 70퍼센트에서 80퍼센트)의 장에 대량으로 존재한다. '다당류 A'라고 불리는 세포 표면에 존재하는 분자가 조절 T세포의 생산을 활성화하면 이것이 장내 염증을 막아 준다. 과학자들은 특별히 세균 없이 키운 생쥐들은 조절 T세포가 제대로 작동하지 않는다는 것을 발견했다. 그러나 프라질리스를 이들에게 투여하자 건강이 금방 좋아졌고 면역력이 회복되었다.

우리는 생존에 꼭 필요한 식음 활동을 수행하는 데도 박테리아의 도움을 받는다. 여러분이 파스타나 파이, 감자 튀김을 맛있게 먹었다면 배를 토닥거리며 '박테로이데스 테타이오타오미크론Bacteroides thetaiotaomicron'에게 고마워하라. 소가 풀에 들어 있는 셀룰로오스의 소화를 돕는 박테리아를 반추위 속에 갖고 있듯이, 인간도 전분질 음식을 처리하는 효소를 만들기 위해 테타이오타오미크론에 의지한다.

박테리아는 우리 신체를 조절하는 일만 하는 것이 아니다. 더 큰

서, 탯줄에 묻은 피에서, 태아를 둘러싸고 있는 막에서, 심지어 아기의 첫 배설물에서도 박테리아를 발견했다."

임무가 있다. '지구 미생물군 유전체 프로젝트'의 창립자 릭 스티븐스의 말대로 "지구 생명체의 50퍼센트는 눈에 보이지도 않지만 지구를 생명이 사는 곳으로 만드는 것은 그들이다." 과학자들은 이제 우리가 호흡하는 공기와 먹는 음식을 포함하여 지구의 체제가 돌아가도록 하는 것이 지구에서 가장 작은 생명체들이라는 것을 안다. 인간은 지구에서 가장 막강한 생물인 것처럼 으스대지만, 실제로 세상을 돌아가게 하는 것은 미생물이다.

미생물은 다세포 생물이 살아가는 데 반드시 있어야 하는 산소를 생산한다. 우리는 산소가 주로 나무들이 호흡으로 내뿜는 물질이라고 배웠지만, 실제로는 산소의 28퍼센트만이 우림 지대에서 나온다. 대다수 산소는 바다에서 식물성 플랑크톤과 해조류가 만든다. 하지만 이런 광합성의 원천은 육지에 사는 식물과 조류도 공통으로 갖고 있는 바로 그것, 역사의 어느 시점에 그들 속으로 들어간 박테리아다.

20억 년도 더 전에 시아노박테리아는 놀라운 능력을 진화시켰다. 햇빛을 식량으로 바꾸는 능력이었다. 그들은 태양에서 오는 에너지를 이용하여 물과 이산화탄소를 당으로 바꾸기 시작했고 부산물로 생성된 산소는 뱉어 냈다. 시간이 흐르면서 이런 시아노박테리아의 몇몇 종은 계속해서 바다에 머물며 독립적인 삶을 살았지만,[14] 몇몇 종은 조류에 흡수되어 엽록체라고 하는 세포 소기

---

[14] 오늘날에도 이 일을 멋지게 하고 있는 특정한 종이 있다. "여러분이 결코 들어보지 못했던 가장 중요한 미생물"이라고 소개되는 "프로클로로코쿠스Prochlorococcus"는 대기 중 산소의 무려 20퍼센트를 책임지고 만들어 낸다.

관 속에 영구적인 거처를 마련했다.[15] 조류의 종이 진화하여 육지로도 올라오면서 그들은 현재의 나무와 식물의 조상이 되었다. 그 말은 자그마하고 무척이나 오래된 이 공학자들이 광합성하는 모든 식물의 조종석에 앉아 있다는 뜻이다. 그리고 우리가 호흡하는 산소 전부를 책임지고 있는 것이 바로 이들이다.

우리 발밑에는 관심을 거의 못 받는 또 하나의 생태계가 있다. 토양은 지구 생명체의 3분의 1이 살아가는 집이며, 다양한 생물들로 분주하다. 정원의 흙을 한 스푼만 퍼도 10억 마리의 박테리아가 들어 있다. 생물량[16]의 관점에서 보자면 에이커당 소 두 마리에 맞먹는다. 한 움큼의 숲 토양에 지구의 총 인구보다 더 많은 미생물이 들어 있으며, 건강한 흙 1킬로그램에 포함된 미생물은 우리 은하의 별들을 합친 것보다 많다. 판 레이우엔훅은 현미경 아래에 놓인 우주가 얼마나 거대한지 상상도 하지 못했다. 그러나 판 레이우엔훅이 최초로 발견하고 3세기 넘게 지난 오늘날에도 박테리아, 고세균, 곰팡이, 원생동물, 조류, 바이러스로 이루어진 이런 땅밑 우주는 거의 탐구되지 않았다. 지금까지 과학계에 알려진 미생물 종은 고작 0.001퍼센트밖에 되지 않는다.

흙은 당연히 식량을 얻는 데 결정적으로 중요하다. 좋은 흙이 없으면 우리는 굶어죽고 만다. 오늘날 우리는 일부 박테리아가 식물의 성장과 관련하여 핵심적인 역할을 한다는 것을 알고 있다. 모

---

15 미토콘드리아와 마찬가지로 엽록체에도 시아노박테리아에서 건너온 자체적인 DNA가 있다.

16 biomass. 에너지로 활용할 수 있는 생물 유기체의 총량 — 옮긴이주.

든 생명체와 마찬가지로 식물도 DNA를 만들려면 질소가 필요하다. 흙 속에 있는 이런 박테리아에는 대기 중에 있는 질소 기체를 흡수해서 '고정시켜서' 식물이 이용할 수 있는 암모니아와 같은 형태로 바꾸는 능력이 있다. 요컨대 질소를 고정하는 박테리아는 식물에 화학적 영양분을 주어 결과적으로 먹이 사슬 상 모든 동물을 풍요롭게 하는 작은 '용해성 비료'인 셈이다.

박테리아는 육지와 바다의 서식지를 넘어 대기 높은 곳에서도 확인되었다. 미국항공우주국의 허리케인 연구자들과 여행한 과학자들은 33,000피트 상공에서 1세제곱미터의 공기를 채집하여 5,100여 종을 확인했다. 우리 행성은 말 그대로 박테리아 거품에 둘러싸여 있는 것이다. 우리는 이제서야 이런 자그마한 존재들이 그곳에서 무엇을 하는지 막 알아내기 시작했다. 구름을 만들고 비를 내리게 하는 데 중요한 역할을 한다는 과학자도 있고, 대기 높은 곳에서 영양분을 재활용하는 일을 한다는 과학자도 있다. 한 가지는 확실하다. 지구에서 가장 작은 생명체는 하찮기는커녕 지구의 생명이 살아가는 체제를 만들고 유지하는 데 결정적 역할을 하고 있다. 우리는 박테리아가 제공하는 눈에 보이지 않는 서비스에 오랫동안 무지했지만, 우리가 살아가는 것은 순전히 박테리아 덕분이다.

○ ○ ○

우리의 첫 번째 맹점은 현실이 인간 크기가 아니라는 것이다. 우리가 현실이라고 부르는 것은 전체의 자그마한 조각에 지나지 않는다. 그리고 우리는 크기에 대해 거의 생각하지 않는 편이지만, 크기야말로 동물의 생존을 결정하는 가장 중요한 속성이다. 크기는 우리가 이 행성에서 어디에, 어떻게, 심지어 얼마나 오래 사는지도 정한다.[17] 하지만 지구에서 살아가는 종들에게 있어서 크기는 한계가 있다.

'요정파리'라고 불리는 기생벌은 몸길이가 200마이크로미터에 불과하다. 이 자그마한 벌 다섯 마리를 합치면 여러분이 읽고 있는 이 문장 마지막 마침표에 딱 들어간다. 믿기지 않는 사실은 요정파리가 아메바 같은 단세포 생물이 아니라는 점이다. 복잡한 생물 기관들을 말도 안 되게 작은 꾸러미 안에 집어넣은 다세포 생물이다. 몸 안에는 박동하는 심장, 날개, 다리, 소화계, 제 기능을 하는 뇌까지 다 들어 있다. 어떻게 이것이 가능할까? 요정파리는 작아지는 대신 혹독한 대가를 치른다. 뇌세포를 희생하는 것이다.

과학자들은 요정파리가 성체가 될 즈음이면 뉴런의 95퍼센트에서 핵을 포기한다는 것을 알아냈다. 핵은 세포에서 유전 정보가 저장되는 장소다. 이 말은 곤충의 경우 이보다 더 작아지는 것은 사실상 불가능하다는 뜻이다. 박테리아는 뇌가 없으므로 이보다 공간을 더 줄일 수 있다. 요정파리는 마침표에 다섯 마리만 들어가지만, 단세포 박테리아는 수십만 마리도 가능하다. 크기에 관해서라면 박테리아가 훨씬 더 한계 지점까지 나아간 것이다. 다세포 생물

---

17 작은 동물은 대체로 수명이 짧다.

은 단백질과 DNA 같은 필수 구성 요소가 들어설 공간이 필요하므로 이보다 작아질 수 없다. 생명을 무작정 쥐어짤 수는 없다.

스펙트럼의 반대편 끝에는 거인들이 있다. 우리 인간과 비슷한 크기의 다세포 생물들과 일부이지만 훨씬 더 큰 동물들이 있다. 그렇다면 거대한 생물의 한계는 어떻게 될까? 어째서 현실에는 킹콩[18]이나 고질라, (외계인에 납치되어 몸이 커진) 50피트 여인이 없는 걸까? 이 질문에 맨 처음 매달린 사람도 거인이었다. 유명한 천문학자이자 과학 혁명을 일으킨 과학계의 거인 갈릴레오 갈릴레이였다.

갈릴레오는 크기가 중요할 뿐만 아니라 죽느냐 사느냐의 문제일 수도 있다고 보았다. 그는 『새로운 두 과학에 대한 논의와 수학적 논증』에서 이렇게 썼다. "말은 한 길 언덕에서 떨어져도 뼈가 부러지지만, 개는 똑같은 높이에서 떨어져도 멀쩡하고 고양이는 그보다 두세 배 높은 곳에서 떨어져도 다치지 않는다. 메뚜기가 높은 탑에서 떨어져도, 개미가 달에서 지구로 떨어져도 마찬가지로 멀쩡할 것이다." 요약하면 이런 것이다. 작은 동물은 떨어져도 아무렇지 않은데 거대한 동물은 왜 넘어지면 죽을 수도 있을까?

갈릴레오의 명민함은 동물의 크기를 계속해서 키우다보면 어느 지점에 가서는 제 무게를 이기지 못하고 내려앉기 시작할 것을 깨달았다는 점이다. 나무가 거대하게 자란 자신의 가지 무게를 지

---

18 화석으로 발견된 가장 큰 영장류는 키가 3미터인 '기간토피테쿠스 블라키Giganto-pithecus blacki'였다. 빙하 시대에 거대한 체구를 유지할 만큼 먹을 것이 충분치 않아 멸종했으니 역시 크기가 문제였다.

탱하지 못해서 부러지듯, 50피트의 거인도 한 발짝 움직일 때마다 팔다리 뼈에 금이 갈 수 있다.[19] 지구에 사는 거대 생명체에게 한계를 부여하는 것은 물리학의 법칙, 구체적으로는 중력이다.

그렇다면 공룡은? 고래는? 하고 질문하는 사람이 틀림없이 있을 것이다. 가장 큰 용각류는 키가 5층 건물에 이르고, 대왕고래의 경우에는 스쿨버스 세 대를 이어붙인 것만큼 길다. 그것들은 어떻게 그렇게 클까? 알고 보면 이런 거대한 동물들은 인상적인 해결책들을 진화시켰다.

공룡은 공기를 몸에 담아 두는 것으로 뼈가 무거워지는 문제를 돌파했다. 거대 파충류들은 오늘날 그 후손들인 조류와 마찬가지로 뼈 안에 공기 구멍들이 많아서 가볍고 속이 비어 있었다. 실제로 티라노사우루스 몸통 부피의 10퍼센트는 공기였으며, 용각류의 뼈대를 연구하는 과학자들은 뼈 부피의 90퍼센트가 공기였음을 알아냈다. 고래는 물속에서 진화하는 것으로 문제를 해결했다. 모든 생물들이 그렇듯이 고래의 세포에도 소금이 함유되어 있다. 최대한 단순화시켜 설명하자면, 주로 소금물로 이루어진 존재가 소금물에서 돌아다니면서 이 리바이어던은 엄청난 크기로 자라 무게가 144톤까지 나가게 되었다. 바다에서는 사실상 무게가 없는 것이나 마찬가지였기 때문이다.[20]

---

19 크기에 대해 더 많은 것을 알고 싶은 독자들은 J.B.S. 홀데인의 논문 「알맞은 크기에 관하여On Being the Right Size」를 보라.

20 해양 동물의 몸이 거대하게 자라게 된 또 하나의 요인으로 과학자들이 꼽는 것은 열 손실과 관련이 있다. 해양 포유류들은 몸집이 커질수록 표면적에 비해 부피가 증가

하지만 동물의 크기에 영향을 미칠 수 있는 또 하나의 변수가 있다. 고래에게 물이 그런 것처럼 이것도 우리가 거의 알아차리지 못하는 것이다. 바로 공기다. 우리가 호흡하는 공기의 구성 성분이 오랜 세월을 거치면서 급격하게 달라졌다. 그에 따라 생명체의 크기에도 변화가 있었다.

여러분이 타임머신을 타고 다이얼을 1억 년 전과 4억 년 전 사이로 되돌리면 거인들이 사는 원더랜드로 나오게 된다. 이런 까마득한 고대는 말 그대로 거인들의 시대였다. 버섯이 집 높이까지 자랐고, 독수리만 한 잠자리들이 하늘을 날아다녔으며, 공룡에 붙어 있는 벼룩도 오늘날의 벼룩보다 열 배나 컸다.

무척추동물은 뼈 무게가 문제가 되지 않으므로 마음껏 자랄 수 있었다. 그러나 그들의 성장을 제한하는 다른 요인이 있었다. 『인간의 규모*Human Scale*』의 저자 커크패트릭 세일은 이 문제를 이런 식으로 설명한다. "지렁이가 10배 커지면 몸무게는 1,000배 늘어나 공기도 그만큼 더 필요하지만, 산소를 흡수하는 표면적은 100배 커질 뿐이다. 결국 필요한 공기의 10분의 1밖에 얻지 못하므로 곧바로 죽고 만다." 그렇다면 선사 시대 지렁이는 어떻게 크기를 키우면서 용케 살아남았을까? 대답은 산소의 농도였다. 오늘날 대기에는 산소가 21퍼센트이지만, 석탄기[21]에는 훨씬 높아서

하고 몸에 지방이 많아진다. 이렇게 되면 더 많은 열을 발생시킬 수 있고 피부 표면을 통해 빠져나가는 열은 줄어든다.

21 석탄기는 3억 5,890만 년 전 데본기가 끝나고부터 2억 9,890만 년 전 페름기가 시작할 때까지 이어졌다.

35퍼센트였다. 입이 아니라 피부로 호흡하는 지렁이 같은 동물은 한 번 들이마실 때 더 강력하게 빨아들여 생존에 필요한 충분한 산소를 확보했다.[22]

우리는 오늘날 개만 한 바퀴벌레가 부엌을 돌아다니지 않아서 다행이라 여길지도 모르겠다. 그것은 또 다른 동물이 두각을 나타내면서 거대한 곤충들의 세상을 끝장냈기 때문이다. 1억 5000만 년 전 공룡은 날아다니는 포식자로 진화했다. 바로 조류다. 곤충은 잽싸게 달아나야 했으므로 거대한 덩치보다는 자그마하고 날씬한 개체가 유리했다. 진화는 도망치기 좋은 작은 몸집을 선호해서 곤충들 크기가 줄어들기 시작했다.[23]

종의 크기는 우발적인 것이 아니다. 종과 서식지가 서로 세심하게 영향을 주고받은 결과물이다. 유구한 세월을 두고 보면 난장이에서 거인으로 크기가 바뀌는 것은 환경에 중대한 변화가 있었음을 나타내는 경우가 많다. 하지만 전반적으로 보자면 지난 5억 년의 세월 동안 동물의 몸집은 커지는 방향으로 나아갔다. 특히 해양 포유류의 경우 이런 현상이 두드러져서 몸 크기의 중간 값이 이 기간에 150배나 늘었다.[24]

---

22 표면적에 비해 덩치가 크다는 것은 그만큼 필요한 산소 양도 많다는 뜻이므로 이런 동물은 산소 독성에 시달려 죽지 않았다.

23 환경으로 인해 크기가 달라지는 여러 흥미로운 사례들이 있다. 이와 관련하여 섬에서 큰 동물은 먹이 부족으로 인해 몸집이 작아지고, 작은 동물은 포식자 수가 줄어들어 덩치가 커지는 경향이 있다는 '포스터의 법칙'이 있다. 대표적인 예가 매머드인데 350만 년 전 크레타 섬에서 살았던 매머드 종은 키가 고작 1미터밖에 되지 않았다.

24 1만 7,000종 이상의 해양 동물들을 살펴본 과학자들은 동물들이 맨 처음 진화하

그러나 우리는 또다시 거대한 변화를 목격하기 시작했다. 과학자들은 많은 동물들의 크기가 줄어들고 있음을 알아냈다.[25] 전 세계에서 어류, 조류, 양서류, 파충류, 포유류 할 것 없이 모든 범주의 종들이 점차 작아지고 있는데, 결정적인 요인으로 추정되는 것은 열이다.[26] 예컨대 이탈리아 알프스 지방에 사는 동물들은 1980년대 이후로 기온이 3~4도나 오른 것을 경험했다. 해발 1,000미터 고지에도 무더위가 밀어닥쳐 최고 기온이 섭씨 30도까지 올랐다. 혹독한 더위를 피하기 위해 알프스 산양은 이제 한낮에 먹이를 찾아 돌아다니는 시간보다 쉬는 시간이 더 많다. 그 결과로 불과 10년 사이에 새로 태어난 산양들은 몸집이 25퍼센트 더 작은 난장이가 되었다. 물속 사정도 마찬가지다. 수온이 치솟으면서 물속에 함유된 산소의 양이 줄어들었다. 600종의 어류를 연구한 과학자들은 대대적인 크기 변화가 일어나고 있다면서 2050년까지 어류들의 크기가 4분의 1 줄어들 것이라고 말한다.

크기가 줄어드는 것은 어쩌면 훨씬 큰 문제를 예고하는 것일 수도 있다. 바로 개체수의 붕괴다. 40년간 이루어진 상업적 고래잡이 자료를 살펴보던 연구자들은 향유고래의 개체수가 무너지기 전에

고 나서 지금까지 몸의 부피가 10만 배 커졌음을 확인했다.

25 항상 그렇듯이 여기에도 예외가 있다. 기후 변화로 인해 늑대거미는 크기가 커지고 있다.

26 과학자들은 지구 역사에서 온난기에 포유류의 크기가 작아졌음을 확인했다. 5,500만 년 전에 기온이 3도 이상 치솟았던 '팔레오세-에오세 최대 온난기'에는 일부 포유류 크기가 3분의 2로, 딱정벌레, 개미, 벌 같은 곤충들은 크기가 4분의 1로 줄었다.

크기가 확연히(4~5미터까지)줄어들었음을 확인했다. 그러므로 생물학자들에게 크기가 줄어든다는 것은 해당 종이 위험에 처했을 수도 있음을 경고하는 조기 경보인 셈이다.

그러나 모든 동물이 다 작아지는 것은 아니다. 예를 들어 우리가 식량으로 키우는 돼지와 소 같은 가축 종은 역사상 유례를 찾기 어려울 만큼 급속하게 크게 자라고 있다. 1930년대 이후로 칠면조는 몸집이 두 배 이상 커졌고, 1950년대 이후로 식용 닭은 무려 네 배나 커졌다. 변화의 양상을 파악하기 위해 캐나다 연구자들은 개량하지 않은 닭 품종을 계속해서 키우면서 현대판 프랑켄슈타인과 비교하는 작업을 하고 있다. 이런 '표준 품종'은 살아 있는 타임캡슐로 지금도 계속해서 번식을 이어가고 있다. 연구자들은 2005년산 '로스 308' 같은 상업적으로 엄선된 종들과 더 오래된 유전적 계통을 비교했다. 똑같은 먹이를 주고 똑같은 나이에 측정한 결과, 1957년 품종은 905그램, 1978년 품종은 1,808그램이 나간 반면, 2005년 품종은 4,202그램이었다. 어마어마한 차이였다. 1950년대 닭과 비교하여 현대의 닭 품종은 가슴이 80퍼센트 더 컸고 전체 크기는 400퍼센트나 늘어났으니 말이다.

식량으로 키우는 동물의 크기를 계획적으로 늘린 것에 발맞춰 우리의 식욕도 늘어났다. 1960년에 미국인은 매년 닭고기 12.7킬로그램을 소비했지만 오늘날에는 세 배가 훌쩍 넘는 40.8킬로그램을 소비한다.[27] 당연하게도 이렇게 저렴해진 고기의 수혜자로서

---

27 적색육과 가금류의 평균 소비량은 1960년 75.3킬로그램에서 2017년에는 98.8킬

인간도 크기가 커졌다. 상대적으로 길지 않은 기간인 지난 150년간 인간의 키는 극적으로 커졌다. 음식이 풍부한 산업화된 나라에서는 10센티미터나 커졌다. 위로만 커진 것이 아니라 옆으로도 커져서 모든 나라에서 비만율이 치솟았다.[28] 전 세계 22억 명이 과체중이나 비만으로 분류되며 성인의 경우 1975년에 비해 비만할 확률이 세 배나 높다. 오늘날 야생에서 살아가는 동물들은 크기가 줄어드는 반면, 인간들과 가축화된 동물들은 급속히 부풀어 가고 있다.

○ ○ ○

갈릴레오는 현실의 어마어마한 규모를 지구에서 맨 처음 알아차린 사람이었다.[29] 오늘날 과학의 아버지로 알려져 있는 그는 망원경으로 하늘의 문을 처음 열었을 뿐만 아니라, 현미경을 들여다보고 자그마한 벼룩의 모습을 최초로 기록한 사람이기도 했다. 유리 제조가 성황을 이루고 특히 안경 제조술이 발달하던 시대에 살았다는 것은 갈릴레오로서는 크나큰 행운이었다. 지금도 그렇지

로그램으로 증가했다.

28 통가와 투발루에 사는 태평양 섬나라 인구의 20퍼센트가 비만으로 분류되며, 북한도 비만 인구가 1퍼센트에 이른다.

29 현미경을 사용하여 관찰한 예가 처음으로 출판된 것은 1625년 『아피아리움*Apiarium*』이라는 책에 실린 갈릴레오의 관찰이었다. 그는 1624년에 현미경으로 벼룩을 처음 관찰했다.

만 당시에도 마흔 살이 넘으면 눈의 수정체가 탄력을 잃어 글을 읽는 것이 어려워지는 노안에 시달리는 사람이 많았다. 그래서 네덜란드 사람들은 렌즈를 연마하여 확대경을 만드는 일에 대가가 되었다. 우리로 하여금 전에 보지 못했던 규모의 세계를 들여다보도록 해준 최초의 초보적 도구들을 만든 것은 바로 이런 안경 제작자들이었다.

안경 제작자들의 의도는 떨어진 시력을 교정하는 것이었겠지만 그들은 무심코 훨씬 더 많은 일을 해냈다. 즉, 우리의 시야를 향상시켜서 이제껏 은밀하게 우리의 세계 옆에 공존하고 있던 거대한 두 세계를 드러낸 것이다. 거시 세계와 미시 세계를 이제 볼 수 있게 되었고, 이 새롭고 향상된 시야를 손에 넣으면서 우리는 '하나의 현실'이 아니라 '세 개의 현실'을 살고 있음을 깨닫게 되었다.

역사상 처음으로 우리는 인간의 감각 기관을 확장할 수 있었다. 이 때문에 최초의 현미경과 망원경은 거의 마술과도 같은 발명품 취급을 받았다. 안경 제조는 비밀스럽고 경쟁적인 업종이며, 이런 첫 발명품들의 특허와 관련해서는 지금도 논란이 있다. 하지만 최초의 단순 현미경과 복합 현미경을 디자인한 사람은 1590년부터 새로운 도구를 개발하기 시작했던 안경 제작자 자카리아스 얀센이라는 것이 중론이고, 일종의 망원경인 '스파이글래스spyglass'의 특허 신청은 그로부터 18년 뒤인 1608년 렌즈 연마와 안경 제작의 대가인 한스 리퍼세이가 처음으로 냈다.[30]

---

30 몇 주의 차이를 두고 두 건의 특허 등록이 있었으므로 망원경 발명과 관련된 사람

갈릴레오는 안경 제작자는 아니었지만 현미경과 망원경이 어떤 식으로 만들어졌는지 파악하고 천재성을 발휘하여 금세 디자인을 개량했다. 1609년에 그는 (얀센이 만든 현미경 배율의 10배인) 30배까지 확대할 수 있는 현미경을 만들고 여기에 '작은 눈'이라는 뜻의 '오키올리노occhiolino'라는 이름을 붙였다. 같은 해에 그는 자신의 첫 망원경도 만들었다. 리퍼세이의 발명품에 필적하는 3배율의 스파이글래스였다. 1609년 8월까지 그는 8배를 볼 수 있는 새로운 시제품을 만들어 베네치아 상원에 제출했다. 그리고 10월이나 11월에는 20배율의 망원경을 만들었다. 그가 하늘을 관찰했던 바로 그 망원경이다.

인간의 시력은 물론 한계가 있겠지만, 장비의 도움 없이 맨눈으로 어디까지 볼 수 있는지 알아보면 믿기지 않을 정도다. 맑은 밤에 시력이 좋은 사람은 2.76킬로미터 떨어진 촛불 하나가 깜빡이는 것도 감지할 수 있다.[31] 그러나 대상의 크기와 밝기에 따라서는 그보다 훨씬 멀리 있는 것도 볼 수 있다. 달은 385,000킬로미터 떨어져 있으며, 태양은 무려 1억 5,000만 킬로미터 떨어져 있는데도 우리의 눈을 멀게 할 만큼 너무도 밝다. 망원경 없이 볼 수 있는 가

은 세 명이다. 자카리아스 얀센 역시 발명가로 언급되는 경우가 많다. 초창기 망원경은 멀리 있는 물체를 확대하기 위해 두 장의 유리를 거리를 두고 포개 놓은, 대단히 단순한 구조였다.

31 빛을 감지하는 우리의 능력은 막강하다. 과학자들이 최근에 알아낸 바에 따르면, 우리는 충분히 가까이서 관찰한다면 광자 하나의 아주 희미한 깜빡임도 감지할 수 있다.

장 먼 단일한 천체는 15억 킬로미터 거리에 있는 토성이다. 심지어는 우리 은하 밖에 있는 안드로메다은하도 볼 수 있다. 1조 개의 별들로 빛나는 그곳은 250만 광년, 그러니까 2,500경 킬로미터 떨어져 있다.

이 모든 것이 우리의 시력 표준으로 작용한다. 우리는 '스넬렌 시력표'라고 하는, 검은색 글자들이 피라미드 형태로 배열되어 있는 도표를 봄으로써 자신의 시력을 검사할 수 있다. 시력이 좋다는 것은 도표의 여덟 번째 열에 적힌 자그마한 글자들을 정확하게 알아볼 수 있다는 뜻이다. 우리가 '20/20 시력'이라고 부르는 바로 그것이다. 고대에도 예리한 시력은 높은 평가를 받았다. 최고의 전사나 사냥꾼을 고를 때 적이나 사냥감을 알아보지 못하는 사람을 솎아내는 것은 너무도 중요했다. 그러나 우리 조상들은 우리와는 다른 방식으로 시력을 검사했다. 검안사의 사무실에서가 아니라 밤에 바깥에서 별들을 바라보며 했다.

'북두칠성'이라고 불리는 성군은 큰곰자리에 속하는 별들이다. 일곱 개 별들로 이루어져 있으며 거대한 국자가 하늘에 걸려 있는 것처럼 보인다. 손잡이에서 왼쪽 두 번째 별을 당겨서 보면 78광년 거리에 있는 미자르Mizar라고 하는 별이 반짝이는 것이 보인다. 그러나 미자르는 쌍둥이별이다. 같은 방향으로 3광년 더 뒤에 더 희미한 알코르Alcor라는 별이 있다. 수피교도들은 그 별을 '알-수하Al-Suha', 즉 '숨겨진 별'이라고 불렀다. 고대 페르시아 군대에게는 — 그리고 세계 반대편에 있는 북아메리카 원주민에게도 — 알코르가 자연의 '스넬렌 시력표'였다. 광학적 쌍둥이별을 구별해서

볼 수 있느냐로 완벽한 시력을 테스트했다.[32]

좋은 시력이 군대에서 높은 가치를 인정받았음을 생각할 때, 리퍼세이의 스파이글래스가 네덜란드 군대에서 곧바로 큰 인기를 누렸음은 당연한 일이다. 갈릴레오 역시 사업 수완을 발휘하여 자신의 망원경을 베네치아 상원에 홍보했다. "내 망원경cannocchiale은 멀리 있는 물체도 가까이 있는 것처럼 선명하게 보여 주므로 이것만 있으면 육지나 바다에서 군사 작전을 펼 때 이루 말할 수 없이 유리합니다." 그는 총독에게 장담했다. "바다에서는 적들이 우리를 보기 두 시간 전에 우리가 그들의 깃발을 볼 수 있습니다. 전함의 숫자와 유형을 파악하고 나면 계속 밀어붙여서 전투를 수행할지 도망칠지 판단할 수 있을 것입니다. 육지에서도 높은 곳에서 망원경으로 적의 진영과 무장 상태를 관찰할 수 있습니다."

결국 우리가 우주를 바라보는 방식을 영원히 바꿔 놓은 것은 갈릴레오가 제시한 군사적 활용 방안이 아니라 어느 날 저녁 그가 바깥에 앉아서 쉬고 있을 때 우연히 일어난 일이었다. 그날 갈릴레오는 교회 첨탑을 살펴보는 대신 망원경을 위로 들어 하늘을 보았다. 렌즈를 통해 그는 밤하늘에서 가장 크고 가장 빛나는 물체인 달을 살펴보기 시작했다. 그가 본 것은 기대했던 것과는 전혀 달랐다. 하늘에 완벽한 구형으로 걸려 있는 달은 그저 매끈하고 은은하게 빛나는 구체가 아니었다. 가까이 들여다보자 패인 자국이 있었다. 산이 있었다. 지구와 비슷한 골짜기와 지형이 있었다.

---

32 고대의 미자르 테스트는 현대로 치면 20/20 시력과 동급임이 밝혀졌다.

그는 달에 풍광이 있는 것을 발견하고 충격을 받았다. 갈릴레오에게 그것은 완전히 뜻밖의 깨달음이었다.

망원경으로 매일 밤 "무한한 놀라움"에 하늘을 올려다본 그는 다른 천체들도 살펴보기 시작했다. 그가 금성을 관찰하면서 우주에서 우리가 차지하는 위치에 대한 이해가 바뀌었다. 그는 금성에 그림자가 있다는 것을 발견했다. 달의 위상처럼 금성도 초승달에서 보름달로 바뀌었다. 갈릴레오에게 그것이 의미하는 것은 딱 하나였다. 금성은 '떠돌아다니는 별'[33]이기만 한 것이 아니라 경로가 있었다. 게다가 이 경로는 지구 둘레를 도는 것이 아니었다. 금성은 태양 주위를 돌고 있었다.

그것은 그야말로 혁명적인 발견이었다. 그때까지 우리는 우주가 우리를 중심으로 돌고 있다고 믿었다. 갈릴레오의 증거는 이런 생각을 깨부수었고, 우주의 중심에 지구가 아니라 태양을 두는 코페르니쿠스의 태양 중심설[34]이 사실임을 확인해 주었다. 그러나 갈릴레오의 발견은 축하할 일이 아니었다. 교회로서는 위험한 관찰이었다. 성경을 보면 신이 인간을 우주의 중심에 두었다고 명확하게 나와 있기 때문이다. 갈릴레오의 말을 믿자니 성경의 말이

---

33 행성은 '떠돌아다니는' 것처럼 보이는 것을 제외하면 별(항성)과 차이가 없었다.

34 태양 중심설의 일곱 가지 공리는 다음과 같다. 1) 우주에는 하나의 중심이 존재하지 않는다. 2) 지구의 중심은 우주의 중심이 아니다. 3) 우주의 중심은 태양 가까이에 있다. 4) 지구와 태양의 거리는 별들 사이의 거리에 비교하면 미미하다. 5) 지구가 도는 것으로 별들이 매일 도는 것을 설명할 수 있다. 6) 태양의 움직임이 1년 주기를 보이는 것은 지구가 태양 주위를 돌기 때문이다. 7) 행성들이 뒤로 움직이는 것처럼 보이는 것은 관찰자가 있는 지구가 움직이기 때문이다.

거짓임을 인정하는 셈이었다.

그래서 1616년에 갈릴레오는 로마 종교 재판소에 불려가서 이단 심문을 받았다. 니콜라우스 코페르니쿠스 책 『천체의 회전에 관하여』는 이미 판매가 금지된 상태였고, 갈릴레오에게도 침묵하라는 명이 내려졌다. 그는 더 이상 연설로든 글로든 지구가 태양 주위를 돈다는 의견을 표명할 수 없었다. 우리는 보이는 대로 믿어야 한다고 늘 생각해 왔는데, 교회가 우리 눈으로 직접 확인한 것을 믿지 말라고 강요하는, 믿기지 않는 순간이었다. 갈릴레오는 맹점을 찾았지만, 교회는 사람들이 계속해서 보지 못하는 상태로 있기를 원했다. 당장은 순순히 따랐지만 갈릴레오는 16년 뒤에 또다시 재판에 서게 된다.

망원경이 개발되고 난 뒤로 우리의 과학적 시야는 몰라보게 예리해졌다. 오늘날 우리는 우주가 생겨난 순간을 돌아볼 정도로 먼 곳까지 볼 수 있다. 전 세계 여기저기 있는 수백 개의 관측소에서 기계의 눈으로 밤하늘을 응시하고 있다. 우리는 도시에, 산 정상에, 한적한 사막에 이런 관측소들을 만들었고, 심지어 우주에까지 망원경을 올려 보냈다. 이렇게 놀라운 수준으로 시야를 확보했으니 우리는 하늘에서 한 지점을 정해 놓고 그저 기다리기만 하면 된다.

2003년 9월, 미국항공우주국의 천문학자들이 '허블 울트라 딥 필드' 프로젝트에서 실제로 이렇게 했다. 그들은 맨눈으로는 별 하나 보이지 않는 달 옆의 텅 빈 공간을 향해 허블 망원경을 고정시키고 촬영을 했다. 결과물은 놀라움 그 자체였다. 비어 있는 줄 알았던 '허공'은 1만 개에 이르는 빛의 구체들로 꽉 들어차 있었고, 각각의 구체는 우리 은하와 마찬가지로 수천 억 개의 별들을 거느린 은하들이었다. 과학자들은 촬영된 공간을 하늘 전체로 확장하여 우리 우주에 적어도 1,000억 개의 은하가 있고 별들의 수는 10해 개라고 추산했다.[35] 이것이 얼마나 엄청난 규모인지 생각해 보라. 우리는 너무도 희미하여 우리 눈으로 볼 수 없는[36] 1,000,000,000,000,000,000,000개의 거대한 별들에 둘러싸여 있는 것이다.

우리는 수천 년 전부터 별들을 보아 왔지만, 이렇게 반짝거리는 빛 조각들이 사실은 거대한 핵융합로의 뜨겁고 밝은 기체 덩어리들임을 알게 된 것은 최근의 일이다. 거의 보이지 않아 '숨겨진 별'이라 불렸던 알코르도 우리의 태양을 왜소하게 만들 정도로 거대하고, 온 하늘을 태울 정도로 13배나 더 밝다. 우리가 서 있는 곳에서 보면 우주에서 가장 거대한 물체도, 하늘이라는 배양 접시 위에선 그저 작은 점으로만 보인다는 것이 우주의 속임수이다.

○ ○ ○

크기는 물리적인 것이지만 우리가 고심하는 심리적 구성물이기도 하다. 문제는 우리 지각의 한계를 넘어서는 대상일 경우에 그

---

35 새로운 기법을 활용하여 자료를 다시 들여다본 연구자들은 몇몇 은하는 크기가 전에 생각했던 것의 거의 두 배일 수도 있다고 추산했다.

36 "가장 희미한 은하는 인간의 눈으로 볼 수 있는 밝기의 100억분의 1이다."

것이 얼마나 말도 안 되게 크거나 혹은 작은지 파악하는 일에 우리의 뇌가 무척 서툴다는 점이다. 영국의 작가 헬렌 맥도널드는 이렇게 말했다. "우리는 규모를 잘 다루지 못한다. 흙 속에 사는 존재들은 너무 작아서 마음을 쓰지 않고, 기후 변화는 너무 거대해서 감히 상상하지 못한다." 위압적인 규모의 대상과 숫자는 모호하게 뭉개져서 연구자들이 '규모맹scale blindness'이라고 부르는 현상에 빠지고 만다. 거대한 우주와 극소의 양자 세계는 우리의 존재의 근본이겠지만, 대개의 경우 우리는 우리가 차지하는 세상의 규모보다 크거나 작은 규모를 의식하는 일이 거의 없다.

내가 말하고자 하는 바를 예로 들어보겠다. 잠깐 시간을 내서 컵케이크 하나를 마음속에 그려 보자. 쉬울 것이다. 이제 10개를 떠올려 보라. 계속 숫자를 늘려서 50개나 100개를 상상할 수 있는지 시험해 보라. 컵케이크의 해상도는 떨어지겠지만 컵케이크의 윤곽은 여전히 보일 것이다. 이제 범위를 더 넓혀 1,000개, 10,000개를 떠올려 보라. 숫자가 더 늘어나 100만 개가 되면 규모를 상상하는 우리의 능력은 완벽하게 붕괴된다. 별일 아닌 것처럼 보일 수도 있다. 컵케이크처럼 사소한 주제라면 그렇겠지만, 진지한 주제라면 문제가 훨씬 커진다.

우리는 빅데이터의 세상에 살고 있지만 거대한 숫자들에는 무감각하다. 매일 뉴스로 들어오는 수치들은 대부분이 불가해하다. 해마다 4,600만 에이커의 나무들[37]이 벌채된다는 소식이든, 미국

---

37 축구장 크기로 환산해도 역시 아득하고 가늠하기 어렵다. 축구장 60,720,000개가

의 국가 부채가 20조 달러나 되고 연간 군사비로 1조 6,760억 달러가 지출된다는 소식이든, 2,000만 명의 사람들이 기아에 내몰린다는 소식이든, 거대한 숫자 앞에서 우리는 따분하게 눈을 흘기며 길을 잃고 만다. 스탈린이 했다는 유명한 말이 있다. "한 명의 죽음은 비극이지만, 백만 명의 죽음은 통계다."

규모맹은 무시무시한 결과를 낳을 수 있다. 규모의 감각을 잃으면 느낄 수 없고, 느낄 수 없으면 적절하게 반응하는 능력을 잃기 때문이다. 미국의 한 연구팀은 이런 규모의 감각을 알아보는 실험을 했다. 그들은 생명에 가해진 피해의 규모에 가격을 매긴다면 어떻게 될지 알아보고자 했다. 구체적으로 말하면, 원유 유출 사고로 피해를 입은 바닷새들을 살리는 '비용'으로 사람들이 어느 정도를 생각하는지 알아보고자 했다.

사람들이 문제 해결에 얼마나 지불할지 알아보기 위해 이런 가상의 재난 규모를 매번 10배씩 늘렸다. 연구팀은 석유를 뒤집어쓴 새들의 수가 2,000마리든, 2만 마리든, 20만 마리든, 지원 재정의 액수는 거의 비슷하다는 것을 발견했다. 그러니까 규모는 고스란히 반영되지 않았다. 평균적으로 볼 때, 응답자는 2,000마리의 새를 도와주기 위해 80달러를 내겠다고 했지만, 바닷새의 수가 2만 마리로 늘어나자 오히려 2달러가 준 78달러를 기부하겠다고 했고, 수가 100배 늘어 20만 마리가 되었을 때는 기부액이 겨우 88달러에 그쳤다. 도와줘야 할 새의 수는 198,000마리가 늘었는데 금액

들어간다.

은 고작 8달러 증가했을 뿐이다.

우리가 10배씩 늘어나는 규모에도 그토록 쉽게 혼란을 느낀다면, 100만 배씩 늘어나는 규모에는 과연 어떻게 반응할지 상상해 보라. 오늘날의 현미경은 물체를 수억 배로 확대해서 볼 수 있을 정도로 성능이 뛰어나서, 우리는 우주의 가장 기본 구성 요소인 원자[38]도 보고 움직일 수 있다. 하지만 물리학자들은 이런 지평도 계속해서 바뀌고 있으며, 우리의 가장 앞선 기술이 볼 수 있는 한계 너머에 훨씬 더 많은 것이 존재한다는 것을 안다. 현재 아원자 우주의 맨 끝 — 0.0000000009욕토미터(10^{-24}미터)보다 작은 — 이라고 과학자들이 생각하는 것은 '플랑크 길이Planck length'다. 우리가 사는 규모, 즉 우리가 일상의 '현실'이라고 여기는 규모의 10^{-35}배인 공간이다. 이런 아주 자그마한 틈의 척도를 다르게 표현하자면, 수소 원자 하나의 지름은 10조 곱하기 1조 플랑크 길이다. 플랑크 길이의 단위와 비교하면 원자는 그야말로 거인이다.

척도의 반대편 끝으로 넘어가면, 관측 가능한 우주는 10^{26}미터, 즉 920억 광년의 폭으로 뻗어 있다. 이 거리도 우리에게 불가해하기는 마찬가지다. 1광년은 10조 킬로미터에 살짝 못 미친다. 앞의 숫자 92를 제외하고 10억을 세는 것만 해도 30년이 넘게 걸린다. 칼 세이건은 이런 말을 했다. "상식은 우리가 익숙한 우주에서는 제대로 작동한다. 수십 년이라는 시간, 10분의 1밀리미터에서

---

[38] 우리가 전자 현미경으로 볼 수 있는 최소 단위인 옹스트롬(10^{-10}미터)과 크기가 비슷하다.

수천 킬로미터에 이르는 공간, 광속에 훨씬 못 미치는 속도에서는 상식이 통한다. 인간이 경험하는 이런 영역을 넘어서면 자연 법칙이 계속해서 우리의 예측대로 작동하리라 기대할 이유가 없다. 우리의 예측이라는 것은 어디까지나 제한적인 경험에 의존하기 때문이다."

우리의 경험은 현실이 인간 크기라고 말하지만 과학은 그렇지 않다고 말한다. 세상에 존재하는 것들의 진정한 척도로 보자면 우리는 크기가 아주 작은 거인이다. 거대하면서 동시에 자그마하다. 그리고 이렇게 상상할 수 없이 무제한으로 뻗어 있는 영역 내에서 우리는 놀라운 '자리'를 차지하고 있다. 미시적 현실과 거시적 현실 중간에 자리한 우리 인간의 척도는 플랑크 길이보다는 알려진 우주의 가장 먼 끝에 더 가깝다.

○ ○ ○

여러분이 방안에 혼자 있게 될 때 잠깐 시간을 내서 주위에 존재하는 모든 것에, 사물의 모든 표면과 여러분이 호흡하는 모든 공기와 여러분 피부의 모든 자락에 보이지 않는 생명들이 가득 들어차 있다는 것을 생각하기 바란다. 그리고 하늘 위에서 보면, 예컨대 머리 위를 지나가는 비행기에서 보면 여러분도 마찬가지로 보이지 않는 얼룩일 뿐임을 기억하라.

갈릴레오의 천재성은 인간이 지각할 수 있는 것이 현실의 한 조각에 불과함을 알아차렸다는 것이었다. 그는 낡은 세계관 너머로 바라본 최초의 사람이었지만, 다른 사람들이 눈을 뜨기를 거부하는 것을 보고 괴로워했다.[39] 1632년에 그는 『두 우주 체계에 관한 대화』에서 이렇게 썼다.

"장기적으로 관찰한 결과 나는 다음과 같이 확신하게 되었다. 사람들은 터무니없는 추론을 통해 먼저 마음속에 어떤 결론을 내린다. 자신이 직접 내린 결론이거나 완전히 확신에 차 있는 다른 사람에게서 건네받은 결론이어서 머릿속에서 몰아내기가 불가능하다. 자신이 생각해 냈든 다른 사람이 말하는 것이든 이 고정 관념과 맞아떨어지는 의견이면, 아무리 단순하고 어리석을지라도 곧바로 승인과 박수갈채를 받는다. 한편 여기에 반대되는 의견들은 아무리 독창적이고 확실하더라도 경멸을 사거나 분노를 자아낸다. 일부 사람들은 감정적으로 격양되어 상대방을 억누르거나 침묵시킬 책략을 꾸미기도 한다."

갈릴레오는 현실 거품을 찔러서 구멍을 냈고, 그로 인해 처벌을 받았다. 1616년에 첫 경고 명령을 받으면서 그는 코페르니쿠스 천문학을 더 이상 수용하거나 옹호하거나 가르칠 수 없었다. 1633년에 그는 또다시 재판을 받았고 로마 종교 재판소는 그에게 유죄판결을 내렸다. 하지만 그의 명성과 노령을 고려해서 이단자에게

---

39 갈릴레오의 생각이 어찌나 논란이었는지 가톨릭교회가 1992년에 그와 코페르니쿠스의 의견이 옳고 공식적으로 인정하기까지 350년의 세월이 걸렸다.

내려지는 고문과 죽음의 처벌은 면했다. 갈릴레오는 남은 평생을 자택 구금 상태로 보내야 했다.

과학계의 두 위인(현미경의 아버지 판 레이우엔훅, 현대 천문학의 아버지 갈릴레오)이 현실의 진짜 모습을 보았다는 이유로 오랜 세월 조롱을 당했다는 것은 의미심장하다. 결국에는 두 사람 모두 옳았다. 판 레이우엔훅은 왕립 학회로부터 인정을 받아 동료들 사이에서 유명 인사가 되었고, 갈릴레오는 이제 역사상 최고의 사상가 가운데 한 명으로 꼽힌다. 그러나 '현대 과학의 아버지'로도 알려져 있는 갈릴레오는 그저 과학적 유산만 남긴 것이 아니었다.

그가 죽고 95년이 지난 1737년 3월 12일, 그의 무덤에 도둑이 들었다. 안톤 프란체스코 고리라고 하는 교수가 범인으로, 갈릴레오의 시신이 임시 무덤에서 피렌체의 산타 크로체 성당으로 이장될 때 그의 손가락 셋을 잘라 갔다. 당시에는 유물에 신성한 힘이 있다고 믿었으므로 죽은 성인의 손가락이나 다른 신체 부위를 가져가는 것은 드물지 않은 일이었다. 고리는 갈릴레오를 낡은 믿음을 타파하고 자신의 사고로 우리를 해방시킨 순교자, 과학의 세속적 성인으로 추앙했다.

갈릴레오의 잃어버린 손가락 가운데 하나가 발견된 것은 그로부터 거의 두 세기가 지난 1927년이었다. 오늘날 그의 손가락은 피렌체의 갈릴레오 박물관에 전시되어 있다. 사정을 아는 사람은 그것이 상징하는 바를 모르고 지나칠 수가 없다. 그곳에서 갈릴레오의 가운뎃손가락은 유리병에 봉인되어 반항적으로 하늘을 가리키고 있다.

2장 마음의 폭탄

전에는 생각해 본 적이 없었지만, 이것이 실제임은 분명하다. 지구에 사는 우리 모두는 저 아래 지구 뱃속에 숨겨져 있는, 시뻘겋게 들끓는 화염의 바다 위를 돌아다니고 있다. 하지만 우리는 결코 그것을 생각하지 않는다. 그런데 만약 우리 발밑의 얇은 지각地殼이 유리로 바뀌고, 우리가 갑자기 그것을 알아보게 된다면…. 나는 유리가 되었다. 내 몸 안에서 그것을 보았다.

— 예브게니 자먀친

현장의 수사관들은 단서로 삼을 만한 것이 많지 않았다. 오싹한 광경이었다. 아파트 바닥에서 나이든 두 여인의 시신이 발견되었는데, 한 명은 머리가 의자 밑에 놓여 있었고 다른 한 명은 카펫에 둘둘 말려 있었다. 수사관들은 시신에서 머리카락과 피부 표본뿐만 아니라 손톱 조각도 채취했다. 두 여인 모두 미라화된 시신이었다.

빈 경찰이 자매의 시신을 발견한 것은 1992년이었다. 그들은 죽은 지 한참이 지나 있었다. 사람들과 어울리지 않아서 이웃 사람들은 그들이 없어진 것도 몰랐다. 그냥 짐을 싸서 다른 곳으로 이사를 갔나 보다 생각한 사람들이 많았다. 하지만 은행은 이웃들보다 자매에게 관심이 많았다. 돈이 많았기 때문이다. 그래서 그들의 통장이 휴면 상태가 되자 의혹들이 제기되기 시작했고, 결국 경찰이 수사에 나섰다.

여인들이 죽었다는 소식은 보험 회사에도 전해졌다. 살인 가능성은 없었지만 보험사는 누가 먼저 죽었는지 알아야 했다. 상속인에 대한 규정에 따라 회사로선 잘하면 많은 돈을 챙길 수도 있었기 때문이다. 법의학 수사팀은 수수께끼를 풀지 못했고, 그래서 그들은 빈 대학의 물리학자들에게 도움을 청했다. 사건 해결을 위해 과학자들은 완전히 새로운 방식으로 시신을 '볼' 수 있는 새로운 도구를 개발해야 했다. 그것은 사망 시각을 정확하게 집어낼 수 있는 일종의 시계였다.

시계가 어떻게 작동하는지 설명하려면 먼저 시간을 거꾸로 돌려 1763년으로 돌아가야 한다. 여러분이 영국 하리치의 자갈길을 걷고 있었다면, 어느 날 두 명의 지성이 심도 깊은 대화를 나누는 것을 들었을지도 모른다. 새뮤얼 존슨과 제임스 보스웰은 저명한 아일랜드 철학자 조지 버클리의 견해에 대해 논쟁을 벌이고 있었다. 버클리의 논거는 당시로서는 상당히 급진적인 것이었다. 그는 우리가 사물의 참모습을 결코 알 수 없다고 믿었다. 대신 우리가 세상에 대해 아는 것은 감각 기관을 통한 사물의 인상에 바탕을 두고 있다고 했다. 다시 말해 버클리가 보기에는 우리의 지각이 사물을 우리에게 '현실'로 보이도록 만든다. 식탁이나 의자는 지각될 수 있는 범위 내에서만 존재한다. 그러니까 이러한 물질은 오로지 우리 마음속에만 존재한다는 뜻이다. 당시 사람들을, 그리고 지금까지도 우리를 곤혹스럽게 만드는 것이 이것이다. 우리가 우리 마음속에 존재하는 세상만 알 수 있다면, 물질적 세상이 정말로 저기 존재한다고 어떻게 확신할 수 있을까?

이것은 풀 수 없는 수수께끼처럼 보이지만, 존슨은 어떻게 보면 간단한 방법으로 버클리의 논거가 틀렸음을 입증할 수 있다고 믿었다. 전하는 이야기에 따르면 그는 철학적 문제에 결단코 철학적이지 않은 해결책으로 맞섰다. 그는 버클리의 주장을 어떻게 반박했을까? 보스웰이 지켜보는 가운데 존슨은 거대한 돌을 발로 걸어차며 이렇게 소리쳤다고 한다. "나는 이렇게 반박하네."

이로써 존슨은 철학의 역사에 '돌에 호소함argumentum ad lapidem' 이라고 하는 새로운 논리적 오류를 선사했다. 이것이 왜 오류인가 하면 그는 버클리를 전혀 반박하지 못했기 때문이다. 존슨의 발가락의 고통은 버클리도 분명히 예측한 바였다. 고통이 현실인 것은 그의 마음이 만들어 낸 것이기 때문이다.

오늘날에는 철학자뿐만 아니라 과학자들도 이런 외재적 현실에 관한 문제에 매달린다. 세상이 '저기 바깥'에 그냥 존재하는지, 그렇지 않고 그것이 지각되기 위해 의식이 반드시 있어야 하는 것인지. 우리가 보는 것은 객관적으로 존재하는 것이 확실히 아니다. 그것은 인간의 감각 기관에 바탕을 두고 있다. 로버트 란자와 밥

버먼이 『바이오센트리즘*Biocentrism*』에서 썼듯이, 깜빡거리는 노란색 촛불은 우리가 없다면 지각될 수 없다.

촛불은… 그저 뜨거운 기체일 뿐이다. 여느 광원과 마찬가지로 그것도 광자, 즉 희미한 전자기 에너지 파동을 발산한다. … 이런 눈에 보이지 않는 전자기 파동이 인간의 망막에 도달하고, 그 파장이 400나노미터에서 700나노미터 사이에 놓이면(오로지 그럴 때에만), 그 에너지로 인해 망막에 분포한 800만 개의 원뿔세포에 자극이 전달된다. 각각의 세포는 이제 이웃하는 뉴런에 전기 신호를 내보내고, 이것은 차례로 시속 250마일의 속도로 머리 뒤쪽에 위치한 따뜻하고 축축한 후두부에 도달한다. 그곳에 들어오는 자극으로 인해 뉴런들이 연쇄적으로 발화하면, 그제야 우리는 이런 경험을 주관적으로 해석하여 노란색 불꽃이 '외재적 세계'라고 부르는 곳에서 일어났다고 지각한다.

바위처럼 딱딱한 물리적 대상도 마찬가지다. 바위에 단단함이라는 것은 존재하지 않는다. 이것은 거품처럼 부글거리는 원자들과 깜빡거리는 아원자 입자들로 이루어져 있으며, 대부분이 텅 빈 공간이다. 새뮤얼 존슨이 그날 돌을 걷어찼을 때 지각했던 것은 돌의 외피에 있는 음전하 전자와 그의 신발 외피를 구성하는 음전하 전자가 서로를 밀어내는 압력의 감각이었다. 견고한 접촉은 없었다. 그저 그의 뇌가 압력을 감각이라고 해석한 것이다. 발가락

신경에서 신호가 척수를 통해 뇌로 올라오면서 존슨은 자신이 돌을 찼다고 지각하게 된 것이다. 현재까지도 조지 버클리를 효과적으로 반박한 사람은 아무도 없다. 알베르트 아인슈타인조차 현실이 존재한다는 것을 확실하게 입증하지 못했다. 1955년 그가 쓴 편지에 이런 말이 나온다. "지각의 행위와 독립적으로 존재하는 진짜 세계를 추정하는 것이 물리학의 기초입니다. 그러나 우리는 이것을 **알지** 못합니다[강조는 원문]."

우리는 현실이 관찰자와 독립적으로 존재하는지 여부를 확실히 말할 수는 없지만, 물리적 세계가 우리 눈으로 지각하는 것보다 훨씬 더 이상하다는 것은 알고 있다. 일례로 우리는 보통 우리의 몸이 외재적 세계와 뚜렷하게 구별된다고 생각하지만, 현대 과학은 '저기 바깥'이 존재하지 않는다고 말한다. 여러분의 몸이 끝나고 세계가 시작하는 지점은 존재하지 않는다.

○ ○ ○

어떻게 봐야 할지 안다면 산 하나를 사라지게 만들 수도 있다. 일본 기후현県에서 과학자들이 한 일이 바로 이것이다. 이곳에는 이케노산이 우뚝 솟아 있다. 눈 덮인 산봉우리들과 산 아래 굽이쳐 흐르는 강은 엽서에 나오는 배경처럼 아름답다.

그러나 그 아래, 산 정상에서 1마일 아래 지점에, 제임스 본드 영화에 나오는 악당의 은신처 같은 첨단 과학 연구실이 자리하고 있다. 전에 아연 광산이었던 이곳에서 후드 달린 흰색 작업복을 입은 기술자들은 5만 톤의 초순수超純水가 들어 있는 13층 높이의 강철 수조를 살펴보고 있다. 이곳은 '슈퍼 카미오칸데', 줄여서 '슈퍼-K'라고 부르는 중성미자 관측소이다. 우주에서 가장 작은 아원자 입자로 알려져 있는 중성미자를 검출하고자 지하에 대규모로 지은 시설이다. 이런 보이지 않는 입자를 '보기' 위해 관측소 천장과 벽면에는 반짝거리는 유리 전구처럼 생긴 11만 개의 '광전자 증배관'이 달려 있다. 여기서 중성미자의 희미한 신호를 포착한다.

이런 1억 달러짜리 '카메라'로 가장 놀라운 태양의 사진을 찍은 곳이 산 아래 깊숙한 곳에 자리한 바로 이곳이었다. 이미지는 화소들을 모아 놓은 것이지만 곧바로 알아볼 수 있는 친숙한 모습이다. 하얗게 빛나는 중심부와 밝은 노란색 바깥 고리, 주황색과 붉은색으로 넘실거리며 타오르는 화염. 당혹스러운 점은 빛이 들어오는 창문이 전혀 없는 이런 산속 깊은 곳에서 어떻게 태양의 사진을 찍었을까 하는 것이다. 대답은 슈퍼-K가 찾고 있는 것에 있다. 일반 카메라는 광자를 포착하지만, 슈퍼-K는 다른 종류의 입자를 포착하고 이미지로 만든다. 바로 중성미자다. 너무도 작고 빠르게 움직이는 입자여서 가장 밀집된 물질도 순식간에 뚫고 지나갈 수 있다.

납덩어리가 1광년(9.5조 킬로미터) 길이만큼 쭉 뻗어 있다고 상상해 보자.[1] 이제 한쪽 끝에서 중성미자들을 발사한다고 해보자.

---

1 수소 원자 하나에는 양성자 하나, 전자 하나가 있고 중성자는 없다. 납 원자는 훨씬

믿기지 않게도 입자의 절반은 납을 수월하게 통과하여 반대쪽 끝으로 나온다. 질량이 거의 없고 전하도 없는 중성미자는 다른 아원자 입자들과 반응하지 않아서 '중성'이라는 이름이 붙었다. 게다가 크기는 상상할 수 없을 만큼 작다. 중성미자에게 납 원자와 원자 사이의 공간은 거대한 틈이어서 그 사이를 통과하는 것은 식은 죽 먹기다.

일상에서 우리의 눈과 발가락은 물질 속이 단단히 들어차 있다고 믿도록 만들지만, 그것은 착각이다. 초등학교에서 우리는 원자가 대부분 텅 빈 공간으로 이루어져 있다는 것을 배운다. 예를 들어 수소 원자핵을 골프공 크기로 확대하면, 전자가 도는 전자껍질은 1킬로미터 외곽에 놓이게 된다. 그러나 중성미자가 얼마나 작은지 이해하려면 원자의 크기를 훨씬 거대하게 만들어야 한다. 거의 태양계만 한 크기로 부풀려야 한다. 그와 같은 척도에서 여러분이 손에 들고 있는 골프공이 대략 중성미자의 크기다. 이렇듯 중성미자는 원자의 크기에 비하면 정말로 미미하다.

그러나 이런 간단한 설명으로는 전체 그림을 다 보여 주지 못한다. 아원자 수준에서 중성미자는 그 자체로는 '크기'가 없기 때문이다. 물리학자들에 따르면 중성미자는 "위치가 불확실한 점 같은 입자"다. 질량이 전자의 백만분의 일도 되지 않는다. 그래서 가장 밀집된 공간도 자유롭게 거의 아무런 방해 없이 통과할 수 있다.

더 '분주'하다. 양성자 82개, 중성자 126개, 전자 82개로 이루어져 있다. 그래서 납이 훨씬 더 밀집된 원소다.

아원자의 척도로 보자면 우리의 몸도 산과 마찬가지로 기본적으로 텅 빈 공간이다. 중성미자에게 우리는 유령과도 같다. 100조 개의 중성미자들이 마치 우리가 여기 존재하지 않는다는 듯이 매초 우리 몸속을 통과한다. 하지만 우리는 그토록 많은 중성미자들(태양의 핵융합과 초신성의 폭발로 계속해서 만들어지고 있다)의 폭격을 받으므로[2] 그 어마어마한 규모를 생각하면 가끔은 중성미자가 다른 아원자 입자와 부딪힐 것이다. 그래서 중성미자 관측소가 그것을 검출할 수 있게 되는 것이다. 슈퍼-K 시설에서 과학자들이 기다리는 것이 바로 이렇게 희귀한 충돌이다. 중성미자가 초순수의 전자와 충돌하면 일종의 광학적 소닉붐이라고 할 수 있는 희미한 파란색 불빛이 생겨난다. '체렌코프 복사'라고 부르는 특징적인 불빛이다.

하루에 15개 정도의 중성미자 '화소'를 포착하기를 503일간 지속하고 나자 슈퍼-K는 산 아래로 내려올 뿐만 아니라 지구를 통과하여 위로도 올라오는 이런 찰나의 중성미자 불빛을 충분히 모아 환한 빛줄기를 바깥으로 쏟아내는 태양의 이미지를 만들 수 있었다.

중성미자로 만들어진 이미지를 중성미자 그래프neutrinograph라고 부른다. 슈퍼-K가 만든 태양 중성미자 그래프의 위업은 돌에서 산에 이르기까지 단단한 세상으로 보이는 것이 실은 텅 비고

---

2   태양에 수직인 1제곱센티미터 평면을 매초 650억 개의 태양 중성미자들이 통과하고 있다.

곳곳에 구멍이 나 있음을 입증했다는 것이다. 그러나 우리가 곧 알게 되겠지만, 우리 몸속을 들여다보는 데 사용될 수 있는 또 다른 과학적 영상 기법도 똑같은 결과를 드러낸다.

○ ○ ○

론데스버러 경의 집,

피카딜리 144번지,

테베의 미라를 2시 반에 공개할 예정임

— 초대장, 1850년

19세기 영국의 상류 사회는 이집트 열풍에 휩싸였다. 반세기 전에 고고학 발굴을 시작했던 나폴레옹의 이집트 군사 원정이 남긴 유산이었다. 고고학자들과 탐험가들은 한때 자신들의 제국만큼이나 위대했지만 지금은 폐허로 남은 고대 제국의 위용을 드러냈다. 사막 원정대가 이집트의 옛 사원과 무덤을 약탈했고, 유럽에서는 개인 수집가들이 수천 년간 아무도 손대지 않은 채로 있었던 고대 물품들을 잽싸게 낚아챘다.

이런 열풍의 일환으로 부유한 수집가들은 미라를 공개하는 파티를 열기 시작했다. 초대받은 손님들은 바짝 마른 시신 주위에 둘러서는 꽁꽁 싸맨 리넨 붕대가 마치 연극을 하듯 풀리면서 보석과 부적들이 하나하나 드러나는 것에 열광했다. 시신은 수요가 많은 기념품이었다. 프랑스 귀족 페르디낭 드 게람브는 1833년에 이런 말을 했다. "이집트에서 돌아와서 한 손에 미라를, 다른 손에 악어를 들지 않고 사람들을 만난다면 훌륭한 처신이라고 하기 어렵다." 그렇게 미라는 부유한 자들이 친구들을 즐겁게 해주는 오후의 구경거리로서 망가져 갔다.

그러다가 19세기가 막바지에 이르렀을 때 새로운 유행이 등장했다. 1895년 빌헬름 뢴트겐이라는 독일 물리학 교수가 사람들을 깜짝 놀라게 한 발견을 했다. 그는 그것을 엑스선이라고 불렀다.[3] 신기한 광선은 단단한 물질을 통과할 수 있었으므로 사람들은 이를 통해 피부 아래에 놓인 뼈의 모습을 볼 수 있었다.

대단한 기술이었다. 엑스선 이미지는 빅토리아 사회를 당혹스럽게 만들었다. 사람들이 이 기술에 어찌나 열광했던지 어떤 필자는 엑스선이 1890년대의 아이폰 같은 존재가 되었다고 말하기도 했다. 곧 이런 새로운 형태의 '초超시각'은 곳곳에 모습을 드러냈다. 그리고 적어도 미라로서는 엑스선 덕분에 한시름 놓을 수 있었다. 엑스선이 발견되고 불과 몇 달 뒤에 물리학자 발터 쾨니히는 이집트 아이의 미라를 촬영하여 인간의 유해를 검사하는 비침습적 방법을 개척했고, 유해는 후대를 위해 보존될 수 있었다.

엑스선은 물론 죽은 사람에게만 사용되지는 않았다. 특히 의사들이 엑스선의 혜택을 재빠르게 활용했다. 과거에는 뼈가 부러진 정확한 위치를 판단하려면 의사의 직감에 의존할 수밖에 없었지

---

3 빌헬름 뢴트겐은 엑스선 기술에 대해 특허 신청을 하지 않았다. 그는 사람들이 자기 연구의 혜택을 공짜로 누려야 한다고 믿었다.

만, 이제 엑스선으로 보면 수술 전에 문제 부위를 확인할 수 있었다. 살갗을 꿰뚫어 보는 이런 능력이 특히 유용했던 곳은 전장이었다. 위생병들은 부상당한 군인의 몸 어디에 총알과 포탄 파편이 박혔는지 파악할 수 있었다.

엑스선의 위력은 과학이나 의학 영역에만 한정되지 않았다. 일반 대중에게도 엄청난 인기를 끌었다. 놀이공원과 축제에서 "뼈를 그린 초상화"는 새로운 명물로 떠올라 사람들은 자신의 충격적인 골격 모습을 난생 처음으로 보려고 줄을 섰다. 엑스선은 또한 빅토리아 시대에 만연했던 골격 기형도 드러내 보였다. 당대 유행에 따라 옷을 차려입은 여성들에게 엑스선은 허리가 잘록해 보이는 코르셋을 평생 착용하면 갈비뼈가 휘어지고 내부 장기가 으스러진다는 것을 보여 주었다.

그러나 새로운 유행은 미용업의 부작용을 드러냈을 뿐만 아니라 부작용의 원인이 되기도 했다. 영국의 사업가 맥스 카이저는 트리코Tricho라고 하는 제모 기술을 개발했다. 1925년이 되면 그는 미국 전역에 75여 개의 시술소를 세울 정도로 사업을 확장했다. 윗입술의 털을 제모하기 위해 찾아온 여성들은 스무 차례까지 방사선을 쐬었다.

모든 유행이 그렇듯이 엑스선 사업도 한동안은 모두에게 열려 있어서 건축가, 약사, 와인 판매원 할 것 없이 누구나 자신의 연구소를 열고 방사선 사진을 읽을 줄 안다고 행세할 수 있었다. 엑스선 기술은 1950년대가 되면 대다수 백화점에 '투시경'이 보급되어 자신의 발이 신발에 꼭 맞는지 확인하고 싶은 쇼핑객들에게 서비스를 할 정도로 널리 확산되었다. 그러나 강력한 광선에 부작용이 있다는 것을 모른 채 넘어갈 수는 없었다. 원치 않는 탈모, 물집, 부기, 열상이 일어나고 심지어 암과 죽음에 이르기도 했다는 보고가 이어지면서 엑스선 열풍은 수그러들기 시작했다. 아이러니하게도, 우리는 전보다 더 잘 '보게' 되었음에도 불구하고 그것이 일으킨 피해는 너무나도 늦게까지 알아채지 못했다.

과학자들은 방사선이 다 똑같지 않다는 것을 알아냈다. 광선마다 투과 효과가 다르다. 예를 들어 알파선은 투과력이 상당히 떨어져서 손바닥으로도 막을 수 있다. 알파선은 여러분의 피부 바깥층에 있는 세포도 뚫고 들어가지 못한다. 그래서 암 치료를 할 때 암 덩어리를 파괴하기 위해 라듐-223의 형태로 된 알파선을 일반적으로 사용한다. 종양에 투여된 알파 입자는 암세포를 죽이지만, 아주 멀리까지 파고들지 못하므로 주위의 건강한 세포들은 안전하다.

베타선은 좀 더 멀리 나아간다. 더 작은 질량의 입자들을 방출하는 베타선은 인간 몸에 몇 센티미터까지 파고들 수 있으며, 상대적으로 '단단한' 플라스틱이나 알루미늄 판에는 가로막힌다. 대기 중에 있는 방사성 탄소-14는 우리 몸의 죽은 세포 가장 바깥층을 가까스로 통과하는 일종의 베타선이다. 곧 알게 되겠지만 이런 형태의 베타선에는 다른 현명한 쓰임새가 있다.

감마선과 엑스선은 가장 높은 투과력을 보이는 방사선이다. 우리 몸을 마치 존재하지도 않는다는 듯이 곧장 관통할 수 있다. 그러나 중성미자와 같은 방식으로 물질 사이를 통과하는 것은 아니다. 앞서 보았듯이 중성미자는 9.5조 킬로미터 길이의 납덩어리도 자유롭게 통과하지만 엑스선은 몇 센티미터에서 가로막히고 말 것이다. 뼛속 칼슘의 두께와 밀도로도 엑스선을 가로막기에 충분하다. 덕분에 이를 이용하여 우리의 골격 이미지를 얻을 수 있다. 지방, 근육, 피부 같은 부드러운 조직은 투과성이 더 좋지만 칼슘이나 납으로 만든 총알처럼 원자 번호가 높은 원소로 이루어진 물체는 대부분의 엑스선을 가로막아 우리에게 친숙한 하얀색 실루엣이 만들어진다.

우리의 세포와 관련하여 말하자면, 대체로 엑스선은 세포를 망가뜨리지 않고 통과하지만, 원자로부터 전자를 떼어낼 수 있을 정도의 에너지를 가진 '이온화 방사선'이므로 가끔은 세포의 분자 구조를 파괴하여 DNA에 돌연변이를 일으키기도 한다.[4] 그래서 엑스선을 대량으로 혹은 자주 쐬는 것은 위험하다. 말 그대로 세포에 방사선을 퍼붓는 것이기 때문이다. 러시안룰렛처럼, 노출 횟수가 늘수록 파괴적인 효과가 생길 확률이 높아진다.

병원에 가면 방사선 전문의와 의료진들을 보호하기 위해 엑스선 검사실의 문과 벽에 납으로 된 덧판을 댄 것을 보았을 것이다. 검사받는 동안 환자는 다른 신체 부위를 가려주는 납 조끼를 입어야 한다. 그렇다고 해서 광자가 전혀 통과하지 않는 것은 아니지만, 원자 번호가 높은 납 차폐복이 대다수 광자를 막아 줄 것이다.

비슷한 이유로 공항 보안 검색대의 금속 수하물 탐지기도 납으

---

4 엑스선으로 가장 먼저 촬영된 것이 DNA였다.

로 둘러져 있다. 엑스선이 고밀도 대상을 탐지하여 무기나 폭탄이 있는지 알려주는 장비이기 때문이다. 승객이 검색대에서 짐 속에 든 노트북과 카메라를 꺼내야 하는 이유는 엑스선이 이런 불투과성 재료를 통과하지 못하므로 그 안에 숨겨져 있을지도 모르는 대상을 감지하는 것이 어려워서다.

엑스선이 발견된 지 한 세기가 훌쩍 지났고, 오늘날 대다수 사람들은 엑스선 기계 덕분에 우리가 한때 보지 못했던 것을 본다는 사실을 당연하게 여긴다. 그러나 어떻게 보면 새로운 형식의 시야를 얻을 때마다 다른 종류의 맹목이 드러난다. 엑스선 기계가 밀수품은 찾아내지만 짐은 보지 못하듯, 슈퍼-K는 태양은 볼 수 있지만 산은 보지 못한다. 이렇듯 가끔, 이전에 숨겨져 있던 것을 보기 위해 우리는 다른 무언가를 보지 못한다.

다시 1763년으로 돌아가서 존슨과 보스웰이 벌인 논쟁의 핵심은 우리 마음속에 있는 것과 바깥의 물리적 세계에 있는 것이 정말로 구별되는가 하는 것이었다. 인간의 척도로 보자면 우리는 '단단한' 것과 '실재하는' 것을 같다고 여기는 경향이 있지만, 아원자 척도로 보자면 우리 주위의 세상은 입자들이 서로 교류하며 계속해서 춤을 추는 것이다. 현대 과학의 도구가 우리에게 드러내 보인 것은 우리와 우리 주위의 것이 뚜렷하게 구별되지 않는다는 것만이 아니었다. 우리의 몸이 우리 주위의 것으로 만들어져 있다는 것도 밝혀냈다. 곧 살펴보겠지만 그 돌과 존슨의 발가락은 똑같은 것에서 생겨났다.

1957년에 발표된 과학 논문(일명 B₂FH 논문) 한 편이 우리가 지구에서 스스로를 바라보는 방식을 영원히 바꿔 놓았다. 'B₂FH'는 논문의 저자들인 천문학자 제프리 버비지와 마거릿 버비지, 윌리엄 파울러, 프레드 호일의 이름을 따서 만든 것이다. 여기서 그들은 살아 있는 우주의 기원에 대한 '스타더스트' 이론을 내놓았다. 그리고 오늘날 우리는 모든 생명과 우리의 물리적 현실의 재료가 되는 모든 물질이 별들이 만든 원소에서 나왔다는 확고한 증거를 갖고 있다.

전문 용어로 이를 '항성 핵합성stellar nucleosynthesis'이라고 부른다. 우리 모두는 죽은 별들이 부활한 것이라는 뜻이다. 지구의 모든 생명, 모든 몸은 은하가 폭발하면서 태어난 것이기 때문이다. 미국항공우주국의 천문학자 미셸 탈러에 따르면 우리의 피를 붉게 만드는 철은 별이 죽기 얼마 전에 만들어졌다고 한다. 그러니까 우리의 생명 자체는 항성계에서 벌어진 장대한 죽음으로 시작된 것이다.

별 자체는 분자가 형성되는 과정에서 태어났다. 대부분 수소로 이루어진 가스 구름이 중력에 의해 뭉쳐지면서 수소 원자는 혹독하게 뜨거운 중심부에서 융합하기 시작한다. 네 개의 수소 핵이 융합하여 새로운 원소인 헬륨을 만들고, 이런 거대한 핵반응으로 발생한 에너지가 바깥으로 폭발적으로 방출되는 덕분에 별은 자체 무게의 압력으로 인해 중심으로 붕괴하지 않고 버티게 된다.[5] 별은 이런 상반되는 두 힘(바깥으로 폭발하는 힘과 안쪽으로 수축하는 힘)이 서로 균형을 이루는 한 안정적인 모습을 유지한다.

마침내 수소 연료가 고갈되고, 별은 가용한 유일한 다른 연료를 사용하기 시작한다. 핵융합으로 생성된 헬륨 껍질이다. 세 개의 헬륨 원자가 융합하여 또 다른 원소인 탄소를 만들기 시작한다. 탄소는 이어 산소를 만들고, 산소는 규소와 황으로 바뀐다. 이렇게 가벼운 원소가 융합하여 더 무거운 원소를 만드는 과정은 '항성 핵합성'의 연쇄 반응이다.[6] 이런 융합 과정은 주기율표를 따라 계속 올라가 별이 철을 만들 때까지 이어진다. 이 무렵이면 별은 이제 너무 무거워져서 에너지가 더 이상 방출되지 않고 고스란히 안으로 흡수된다.[7] 그 결과로 결국에는 거대하고 격렬한 폭발이 일어난다.

죽어 가는 별은 같은 은하에 있는 모든 별들을 합친 것보다 더 밝게 타오르는 장관을 연출한다. 이것이 그 유명한 초신성이다. 주기율표에 나오는 기본 원소들은 이런 초신성 폭발로 만들어진다. 우리 몸을 구성하는 탄소, 휴대폰에 들어가는 규소, 폭탄을 제조하고 도시에 전력을 공급하는 용도로 사용하는 우라늄이 그렇다. 우

---

5 우리의 태양은 1초에 대략 6억 2,000만 톤의 수소를 헬륨으로 융합한다.

6 명민한 독자는 우리가 헬륨에서 탄소로 곧장 건너뛰어 더 가벼운 원소들인 리튬, 베릴륨, 붕소가 중간에 빠졌음을 알아차렸을 것이다. 이런 원소들은 우주에서 다른 방식으로, 즉 우주선cosmic ray이 중원소重元素와 충돌할 때 만들어진다.

7 철은 융합으로 에너지를 방출하지 않는다. 융합에 필요한 에너지가 방출되는 에너지보다 크기 때문이다.

리 주위에 존재하는 물질의 거의 전부가 별의 죽음에서 얻어진 것이다.[8]

초신성 폭발은 원자들을 다른 은하로 날려 보낼 만큼 가히 위력적이다. 이런 과정을 '은하계 간 물질 전송intergalactic transfer'이라고 부른다. 노스웨스턴 대학의 천체 물리학자들은 우리 몸을 구성하는 물질의 대략 절반은 심지어 우리 은하에서 온 것도 아니라고 추산한다. 원자로 보자면 지구인은 외계 은하인이다. 우리 몸을 이루는 입자의 절반은 아주 멀리 떨어진 은하에서 태어난 것이니 말이다. 우주 생물학자 칼렙 샤프는 『확대하고 축소해서 보는 우주The Zoomable Universe』라는 책에서 이렇게 썼다. "단순하게 말하자면 우리 모두는 응축된 존재다. 우주의 기본적인 물리적 속성들이 서로 공모하여 예전에 지금보다 10억 곱하기 1조 배나 큰 부피를 차지하고 있었던 원자들과 분자들을 한데 끌어 모았다. … 50억 년 전에는 여러분을 구성하는 원자들이 우주 곳곳에 지금보다 1,000만 배 더 넓게 퍼져 있었다."

이런 원자들 가운데 일부는 빅뱅만큼이나 오래된 것이다. 실제로, 여러분 몸 안에 있는 수소 원자의 98퍼센트는 우주의 탄생 시점까지 거슬러 올라간다.

우리 주위의 분자들 역시 오래된 것이다. 우리는 우리가 마시는 물이 신선하다고 생각하고 싶겠지만 과학자들은 물이 태양보다 오래되었다고 믿는다. 그러니 여러분이 다음에 물을 마신다면 그

---

8 금 같은 원소들은 중성자별들이 충돌하면서 만들어진다.

것이 한때는 구름이었고 빙산이었고 파도였음을, 해저 협곡을 따라 굽이쳤음을 생각하자. 여러분의 몸속에 들어오기 전에 그것은 평균 3,000년을 바다 속에 있었고, 비로 내리기 전에 하늘에서 일주일 정도 머물렀다. 빙하에 갇혀 보낸 세월은 그보다 더 오래여서 수천 년에서 수십 만 년에 이른다. 그러던 어느 날 마침내 빙하가 녹으면서 물은 보름가량 개울과 강을 떠다니다가 바다로 흘러갔다. 이런 순환은 지구가 태양 주위를 도는 45억 년 동안 수없이 되풀이되었다.

재활용되는 것은 물만이 아니다. 우리 몸을 이루는 탄소의 대략 3분의 2는 우리가 먹는 식물과 식물이 내쉬는 이산화탄소에서 나오며, 나머지 3분의 1은 수억 년 동안 땅속에 파묻혀 있던 석유와 가스에 갇혀 있었던 것이다. 우리가 이런 화석 연료를 태우면 대기 중에 탄소 원자가 방출되는데, 이것은 5억 년에서 6억 년 전에 존재했던 첫 수생 동물의 몸을, 4억 7,500만 년 전에 살았던 첫 육생 식물의 몸을, 3억 5,000만 년에서 4억 년 전에 살았던 최초의 파충류·곤충류·양서류의 몸을, 2억 3,000만 년에서 6,500만 년 전 거인으로 군림했던 공룡의 몸을 이루었던 바로 그 원자다. 그러니까 좁은 의미로 보자면 우리는 공룡이 원자로 부활한 존재다.

그러니까 여러분의 몸은 매초 수백만 개의 새로운 세포를 만들어 내며 계속해서 새로 교체하고 있지만, 이런 세포들을 만드는 원자 재료는 아주 옛날부터 있었던 것이다. 아주 자그마한 레고 조각처럼 여러분의 몸을 구성하는 데 사용된 원자들은 이전에도 수없이 많이 사용되었던 것이고, 현재 여러분의 몸속에 있는 원자들은 앞으로도 수없이 많이 다시 사용될 것이다.

직관적으로 우리 모두는 삶이 순환하는 것임을, "재에서 재로, 먼지에서 먼지로" 돌아가는 것임을 안다. 새로운 생명을 키우는 것은 부패가 일어나는 죽음이다. 과학자들은 이제 이런 부활의 과정이 전개되는 모습을 눈으로 볼 수 있다. 셰필드 할람 대학에서 질량 분석법을 가르치는 맬컴 클렌치는 유기체가 죽고 나서 원자가 여기를 떠나 새로운 생명의 몸속으로 통합되는 모습을 최초로 추적한 사람이 되었다.

영국 BBC 제작자들이 부패의 과학을 주제로 하는 다큐멘터리를 만들면서 클렌치를 찾았다. 그들은 죽음에서 생명으로 이어지는 과정을 시청자들에게 시각적으로 보여 주는 방법을 찾고 있었다. 그래서 클렌치는 '삶 이후'라고 명명한 정원을 만들어 수경 재배 식물을 키우고, 질소-15를 포함하는 특별한 영양 공급 체계를 마련했다.

질소는 DNA를 만드는 기본 구성 요소이므로 생명에 꼭 필요하다. 하지만 질소-14는 공기 중에 흔하게 분포하는 반면, 질소-15는 대단히 드물어서 자연적으로 존재하는 것은 0.3퍼센트밖에 되지 않는다. 그러니까 여러분이 질소-15를 우연히 마주칠 확률은 거의 없다.

클렌치의 공여 식물은 희생되기 위해 재배되었다. 그는 죽은 공여 식물을 액상 퇴비로 만들어 그때까지 질소-14를 풍부하게 줘서 키운 묘목들에 주었다. 그런 다음 질량으로 원자와 기타 화합물을 각각 분리해 내는 질량 분석기[9]를 사용하여 질소가 어린 식물들의 잎 어디에 흡수되었는지 정확히 보여 주는 사진을 만들었다. 특별한 영상 도구를 사용하면 잎 속의 질소-15에 불이 켜져 밝은 흰색을 띠는 것을 볼 수 있었다. '죽음의 흔적'인 희귀한 동위원소가 올 데라고는 한 곳밖에 없었다. 죽은 공여 식물이 원자로 부활한 것이었다.

삶과 죽음은 순환을 이룬다. 그것은 자연의 이치다. 알래스카의 통가스 우림 지역에서 우리는 비슷한 과정을 본다. 그러나 여기서 과학자들이 찾는 것은 나무에 들어 있는 연어다. 일반적으로 우리는 동물이 식물을 먹는다고 상상하지만, 이 경우에는 나무들이 동물의 유해를 먹고 자란다.

매년 수억 마리의 연어가 산란을 하러 강과 개울로 돌아와 삶을 마치고 그곳에서 부패한다. 이는 숲을 살찌우는 화학적 영양소가 된다. 생물학자 앤 포스트에 따르면 산란하는 연어에는 평균적으로 질소 130그램과 인 20그램이 포함되며, 단백질과 지방의 형태로 2만 킬로줄(KJ)이 넘는 에너지가 들어 있다. 이를 토대로 계산해 보면 연어가 산란하러 와서 죽는 250미터 길이의 개울에 한 달

---

9 '매트릭스 보조 레이저 탈착 이온화(MALDI)' 질량 분석은 원자와 기타 화합물을 가려내는 데 레이저를 사용하는 방식으로, 과학자들은 질량과 전하를 확인해 보면 시료가 무엇으로 이루어져 있는지 알 수 있다. 현대 기구들은 원자나 분자에 전하를 가하고 레이저를 신호총으로 사용하여 말 그대로 원자를 경주시킨다. 가장 가벼운 이온이 가장 빠르고 가장 무거운 이온이 가장 느리다. 이렇게 속도와 질량을 토대로 하여 시료에 포함된 화합물의 정체를 알아낼 수 있다.

만에 80킬로그램이 넘는 질소와 11킬로그램의 인이 유입된다는 뜻이다.

이런 이유로 통가스는 '연어 숲'이라고 불린다. 개울 옆에서 자라는 식물들을 추적한 과학자들은 나무에 포함된 질소의 4분의 1에서 4분의 3이 회귀하는 연어에서 온 것임을 확인했다. 이것은 나무들의 성장에 엄청난 영향을 미칠 수 있다. 여기 강둑에 서식하는 시트카 가문비나무는 몸통 지름이 50센티미터까지 자라는 데 대략 80년이 걸린다. 연어가 돌아오지 않는 비슷한 내륙 지역의 경우, 똑같은 크기가 되려면 평균적으로 훨씬 더 긴 300년이 걸린다.

시트카 가문비나무의 나이테에도 연어가 돌아온 흔적이 남아 있다. 연어 회귀가 활발한 시절에는 나무 변재에 바다에서 온 질소-15가 대량으로 나타난다. 여러분도 알다시피 질소-15는 육지 환경에서는 대단히 드물지만 바다의 먹이 사슬에는 흔하다. 나무에 들어 있는 질소-15의 출처는 한 곳뿐이다. 바로 산란하러 돌아오는 물고기다. 연어 산란의 역사는 말 그대로 숲의 도서관에 고스란히 기록되고 있다.

인간도 면제가 아니다. 죽음과 삶의 순환 과정을 똑같이 겪는다. 불편한 생각일 수 있겠지만, 땅속에 묻힌 인간의 시신 역시 토양을 기름지게 하며, 연어와 마찬가지로 자신의 화학적 표식을 남긴다. 죽고 난 다음 물기가 빠진 인간의 시신은 킬로그램당 평균적으로 질소 32그램, 인 10그램, 칼륨 4그램, 마그네슘 1그램을 묘지의 토양에 내놓는다. 매장을 하면 처음에는 근처의 초목이 희생되지만 결국에는 균형이 회복되어 부패하는 우리의 몸이 생태계에 자양분이 된다.[10] 죽어 가는 별들이 지구에 생명을 주었듯이 우리 몸에서 흩어진 원자 유해들은 새로운 몸에서 재조직된다. 또 다시 생명의 구성 요소가 되는 것이다.

빅뱅 이후 새로운 물질은 우주에 없지만, 지난 백 년 동안 과학자들은 자연에서 일어날 가능성이 거의 희박한 방식으로 원자들을 변환시키는 방법들을 발견했다(의도적으로 만든 것도 있고, 우발적으로 발견한 것도 있다). 토스트를 태우거나 빵을 굽는 익숙한 행위도 사실은 분자 구조를 바꾸는 일이다. 이것은 진화의 관점에서 보자면 상당히 인상적이다. 인간의 독창성은 우리가 분자 구조를 바꿀 줄 아는 동물이라는 말로 설명할 수도 있기 때문이다. 그렇다고 해서 그것을 새로운 원소를 만드는 것과 나란히 둘 수는 없다. 별이 그렇게 하듯 새로운 원소를 만들려면 우리 조상들은 감히 상상도 못했을 막대한 양의 에너지가 소요된다.

오늘날 우리에게는 그런 힘이 있다. 주기율표에 나오는 118개의 원소 가운데 26개가 인간이 인위적으로 만든 것이다. 우리는 핵융합이라고 하는 과정으로 원자핵을 서로 충돌시켜서 새로운 원소를 만든다. 입자들을 입자 가속기에서 빠른 속도로 충돌시키면 더 무거운 원소가 만들어진다.

우리는 이와 정반대되는 초능력도 개발했다. 원자들을 융합할

---

10 시신을 방부 처리하거나 화장할 경우에는 그렇지 않다. 토양과 식물 모두에게 좋지 않다.

뿐만 아니라 분열시킬 수도 있다. 그리고 그 위력은 1945년 7월 16일, 오전 5시 29분에 확인되었다. '트리니티'라는 암호명의 폭탄이 터지고 0.5초 뒤의 모습을 미국 국방부에서 찍은 사진이 있다. 300미터 너비의 돔이 뉴멕시코의 호르나다 델 무에르토 사막 위로 거대한 물집처럼 치솟은 사진이다. 태양 표면보다 1만 배 뜨거운 불덩이가 그 안에서 폭발하면서 치명적인 버섯구름이 피어올랐다.

트리니티는 인류 최초의 핵무기였다. 폭탄은 TNT 2만 톤에 맞먹는 에너지를 방출했다. 폭발로 연기와 잔해가 11,600미터 상공까지 분출하면서 방사능 낙진이 쏟아졌다. 지표면에는 충격파로 거대한 구멍이 파였고, 열기로 사막 모래가 녹아버렸으며, 16킬로미터나 떨어져 있던 목격자들도 마치 "맹렬하게 타오르는 벽난로 바로 옆에 서 있는" 기분이었다고 말했다. 이제 인류는 역사상 처음으로 태양에 맞먹는 무시무시한 위력을 손에 넣게 되었다. 동틀 때까지 핵 실험장에서 반경 1.5킬로미터 안에 있는 그 어떤 것도 살아남지 못했다.

미국이 가공할 파괴력을 지닌 이 무기를 개발하자 모두가 그것을 원하는 것은 시간문제였다. 이후 20년간 세계 최고의 군사 강국들이 폭탄 제조 경주에 뛰어들면서 지구 곳곳에는 500여 개의 허연 폭탄 자국이 파였고 수 톤의 방사능 낙진이 대기에 흩어졌다. 1963년에 부분적 핵실험 금지 조약이 체결되고 나서야 상황이 잠잠해졌다. 이제 우주 공간과 수중과 대기권 내에서 핵무기 실험이 금지되었다. 그러나 핵폭탄이 터지고 나면 잔여물이 그냥 증발해서 사라지지 않는다는 것은 아무도 몰랐다. 폭발이 일어날 때마다 방사능 입자가 대기에 유입되어 분자들을 새로운 운명으로 떠밀었다. 별이 폭발하는 것과 마찬가지로 폭탄도 폭발하면 새로운 삶을 시작하는 것이다.

생명이 존재하려면 꼭 필요한 원소가 탄소다. 지구상의 모든 생명은 탄소로 이루어져 있다. 우리를 구성하는 바로 그 물질은 석탄 덩어리와 연필심, 다이아몬드에서도 발견된다. 생물에서는 단백질, 당, 지방, 근육 조직, DNA[11]에서 발견되는 주요 원소다. 식물은 공기에서 직접 탄소를 흡입하고 동물은 식물을 먹음으로써 탄소를 흡수한다. 우리 인간도 섭취하는 탄소를 우리 몸을 만드는 데 활용한다. 이로써 우리는 오스트리아에서 미라화된 두 자매 시신의 수수께끼를 풀 수 있는 길이 열린다.

○ ○ ○

자매의 죽음을 조사하는 법의학 팀은 방사성 탄소 연대 측정법이 이집트 미라의 나이를 알아내는 데 사용된다는 것을 알고는 핵물리학자들을 만나 도움을 청하고자 했다. 그러나 연대 측정에 일반적으로 사용되는 대기 중의 탄소-14는 이 경우에 무용지물이었다.[12] 반감기가 5,730년인 탄소-14는 유기물의 연대 측정에 확실

---

11 DNA 복제의 30퍼센트는 탄소다.
12 대부분의 탄소-14는 우주선이 질소와 충돌하면서 생성된다.

히 사용될 수 있지만, 오차 범위가 수백 년에 이르러 정확도가 떨어졌다. 따라서 두 자매 중에 누가 먼저 죽었는지 알아내려면 물리학자들은 인간의 시간 척도로 측정할 필요가 있었다.

그들은 어쩌면 시신의 나이를 알아낼 다른 방법이 있을 수도 있겠다는 생각을 했다. 그들은 냉전 시대에 핵무기 실험의 방사능 낙진으로 탄소-14가 인위적으로 급등했음을 알아냈다. 탄소-14는 산소와 결합하여 이산화탄소가 되고, 이것은 식물에 의해 흡수된다. 동물이 식물을 먹거나 초식 동물을 먹으면 그들도 탄소를 섭취하게 된다. 세포는 차별하지 않으므로 이런 탄소 동위원소도 먹이 사슬에 들어온다. 이렇게 해서 핵무기 폭발로 만들어진 방사성 탄소가 모든 생명체의 기본 구성 요소가 되었다.

탄소-14는 원래 대단히 드문 것이다. 지구에 존재하는 총 탄소의 1조분의 1을 차지할 뿐이다. 방사성 탄소가 이렇게 급등한 것이 우리에게서도 탐지될 수 있는 것은 대기 중 탄소-14의 양이 지상 핵실험 시대에 두 배로 치솟았다가 금지 조약이 체결되고 나서 다시 급락했기 때문이다. 물리학자들에게 이런 폭탄 파동 곡선은 원자 달력이나 마찬가지다. 그때 이후로 방사성 탄소는 매년 1퍼센트씩 꾸준하게 떨어지므로 과학자들이 세포 속에 포함된 '인공 방사성 탄소'의 양을 측정할 수만 있다면 세포가 생성된 정확한 시기를 알아낼 수 있다.[13]

13 폭탄으로 치솟은 방사성 탄소는 매년 1퍼센트씩 떨어져서 2030년이면 그 영향이 완전히 소멸된다. 이때 이후로 태어나는 생명체는 더 이상 급등한 방사성 탄소의 흔적을 갖고 있지 않으므로 세포의 정확한 시기를 알아낼 수 없다. 우리가 핵폭탄을 다시

이로써 법의학 팀은 수수께끼를 풀 수 있는 방법을 찾아냈다. 이제 그들은 자매의 시신에서 재빨리 자란 세포, 즉 몇 년이 아니라 며칠이나 몇 달 만에 만들어진 세포를 확보해야 했다.

우리는 7년마다 몸 안의 세포들이 전면적으로 교체되어 완전히 새로운 사람이 된다는 속설이 있다. 우리는 평균적으로 매일 500억 개의 세포를 잃는 것이 사실이지만, 몸 안의 세포들은 수명이 제각각이어서 교체되는 주기가 다르다. 어떤 세포는 하루살이처럼 며칠만 지나면 죽지만, 어떤 세포는 몇 주, 몇 년, 심지어 몇십 년을 버티도록 설정되어 있다. 속설을 부수는 김에 털어놓자면, 평생을 우리와 함께 살아가는 충성스러운 세포도 있다.

피부 세포는 수명이 짧은 편이다. 우리 몸의 최전선에 배치되어 2~3주마다 새로 교체된다. 피부의 가장 바깥층인 표피가 전부 교체되는 데는 두 달가량 걸린다. 그러나 우리의 바깥 부분만 재빨리 교체되는 것은 아니다. 내장 안쪽 깊은 곳에 위치한 융모라고 하는 장 세포는 수명이 더 짧다. 지독한 위산에 노출되어 급격하게 마모되므로 이틀마다 재생된다. 세포가 교체되는 속도는 세포의 취약성과도 관련이 있다. 각막 표면은 눈꺼풀로 추가적인 보호를 받기도 하지만 시야의 초점을 맞추는 데 워낙 중요한 세포이므로 신속하게 복구되도록 타고났다. 각막 세포에 손상이 일어나면 우리는 24시간 안에 새로운 세포로 교체할 수 있다.

우리와 좀 더 오래 동행하는 세포는 뼈세포다. 우리의 골격을 이

터뜨리지 않는 한 말이다.

루는 이 세포들은 십 년에 걸쳐 점진적으로 교체된다. 심장 세포는 훨씬 더 오래 우리 곁을 지킨다. 20대에는 매년 1퍼센트의 비율로 심장 세포를 교체하지만, 재생 속도가 서서히 떨어져서 75세가 되면 0.5퍼센트 이하가 된다. 그러므로 만약 여러분이 100세의 고령까지 산다면 태어날 때 갖고 있던 원래 심장의 절반 정도가 아직 남아 있는 셈이다.

죽고 나면 새로운 탄소가 몸에 흡수되지 않으므로 과학자들은 자매들 몸에서 가장 나중에 만들어진 세포인 피부와 머리카락 표본을 검사하여 한 명이 1988년에 일 년 먼저 죽었다는 것을 알아냈다. 그녀의 세포에 폭탄으로 급등한 탄소-14가 더 많이 들어 있었다. 다른 자매의 시신에서 발견된 마지막 세포들은 1989년에 만들어진 것이었다. 그녀는 죽은 자매의 시신이 옆에서 부패해 가는 동안 일 년을 더 살았다.

우리는 어디서 끝나고 어디서 시작할까? 어릴 때는 대답이 간단해 보인다. 나는 '나'이고 그 밖의 모든 것은 별개의 것이다. 사실 유아들도 물리적 세계를 직관적으로 이해한다. 그들은 가령 고체의 개념을 알고 있다. 즉 단단한 두 물체는 같은 공간을 차지할 수 없고, 대부분의 물체는 지속적이며 경계가 고정되어 있다고 이해한다. 이것은 아주 어릴 때부터 대부분의 사람들에게 상식이지만, 자연적인 맹점이다. 우리가 차지하는 규모에서 우리가 고체로 지각하는 것은 사실 구멍이 숭숭 뚫려 있으며, 우리 몸과는 별개로 보이는 것은 원자와 아원자 수준에서 보자면 만물과 깊게 연관되어 있다.

신비주의자들은 오래전부터 이것을 이해했다. 란자와 버먼이 『바이오센트리즘』에서 썼듯이 "모든 종교(대표적으로 불교의 네 종파 가운데 세 개, 선불교, 힌두교 정통파인 아드바이타 베단타)는 방대한 우주에서 분리된 독립적 자아가 별개로 존재한다는 것은 근본적으로 허구임을 증명하고자 애썼다." 선불교 수행의 목표는 보이지 않는 것을 보이도록 만드는 것이다. 과학과 아주 비슷하게 "자아와 만 가지 것은 구별되지 않는다"는 것을 깨닫도록 하는 것이다. 유명한 불교 승려 틱낫한은 단순한 꽃의 비유를 들어 비과학적인 용어로 이를 설명한다. 그의 설명에 따르면 꽃은 주위의 모든 것과 밀접하게 연결되므로 외따로 존재할 수 없다.

꽃 한 송이를 들여다보면 꽃이 아닌 여러 요소들로 이루어져 있음을 볼 수 있습니다. 꽃을 만지면 구름을 만지는 것입니다. 꽃에서 구름을 없앨 수는 없습니다. 구름을 없애면 꽃은 곧바로 무너지고 말기 때문입니다.

구름이 꽃에서 떠다니는 것을 보기 위해 시인이 될 필요는 없습니다. 시인이 아니더라도 우리는 구름이 없으면 꽃이 자라기 위해 필요한 비도 물도 없다는 것을 잘 압니다. 그러니 구름은 꽃의 일부인 셈이지요. 구름의 요소를 하늘로 돌려보내면 꽃은 더 이상 없습니다. 구름은 꽃이 아닌 요소입니다. 그리고 태양이 있는데… 여러분은 꽃에서 태양을 만질 수 있습니다. 만약 태양의 요소를 돌려보내면 꽃은 시들고 맙니다. 그리고 태양은 마찬가지로 꽃이 아닌 요소입니다.

그리고 흙이 있고, 정원사가 있지요. … 이런 식으로 계속하다 보면, 꽃에서 꽃이 아닌 수많은 요소들을 보게 됩니다. 실제로 꽃은 꽃이 아닌 요소들로만 이루어져 있습니다. 별도의 자아를 갖지 않습니다.

살아 있는 모든 존재가 이와 같다. 우리는 외따로 존재하지 않는다. 모든 것이 연결된 네트워크다. 생명은 다른 방식으로는 존재할 수 없다. 우리는 물질들로 이루어져 있고, 모든 물질과 마찬가지로 우리도 고립된 계에서는 항상 혼란과 무질서의 상태로 나아간다는 열역학 제2법칙에 묶여 있다. 살아 있는 체계로서, 조직된 물질로서 우리는 외부 세계에서 계속 유입되는 흐름을 통해 이런 엔트로피와 맞서 싸운다. 그리고 우리가 이렇게 할 수 있는 것은, 살아 있는 존재는 닫힌 체계가 아니기 때문이다. 우리는 스스로의 존재를 유지하기 위해 주위의 세계로부터 에너지를 가져와야 한다. 대단히 현실적인 의미에서, 우리가 죽음이라고 부르는 것은 이런 교환이 중단되는 순간, 그리하여 우리가 해체되어 혼란으로 되돌아가는 순간이다. 우리는 단단한 결속을 잃고 다시 입자가 된다.

조지 버클리가 물질적 세상이 '현실'인지 아니면 그저 마음의 인상인지 질문했을 때, 그는 우리 마음이 다른 '것stuff'들로 이루어져 있다고 상정했다. 오늘날 우리는 우리의 뇌(우리의 마음)가 이제 우리가 관측하는 바로 그 원초적인 원소들로 이루어져 있다는 것을 안다. 우리의 두 번째 맹점은 우리가 주위의 우주와 얼마나 밀접하게 연결되어 있는지 보지 못한다는 것이다. 천문학자 미셸 탈러가 말했듯이 사실 "우리는 하늘 위에 올려다 보이는 죽은 별들이다."

3장 눈을 맞추다

자신이 무엇을 보지 못하는지 보지 못하면, 자기 눈이 멀었다는 것도
보지 못한다.

— 폴 벤느

게자 텔레키에게 그날은 드물게 쉬는 날이었다. 영장류학자인
그는 탄자니아 곰베 국립 공원의 산등성이를 따라 걸으며 경치를
즐기고 있었다. 늦은 오후 그는 완만하게 굽이치는 무성한 초원이
내려다보이는 완벽한 장소를 찾았다. 그곳의 한 나무 아래에 자리
를 잡고는 저녁의 장관을 기다렸다. 거대한 아프리카 태양이 곧
탕가니카 호수의 반짝거리는 물 위로 떨어질 터였다.

계곡의 숲 위쪽은 조용했지만, 주위를 둘러본 텔레키는 자신
이 혼자가 아니라는 것을 깨달았다. 서로 반대되는 방향에서 성체
수컷 침팬지 두 마리가 올라오고 있었다. 산마루에 도달한 그들

은 서로를 발견했다. 둘 다 뒷다리로 서서 몸을 꼿꼿이 세우고 곧장 걸어가 눈을 마주보았다. 그러고는 조용히 헐떡거리며 손을 움켜잡고 서로를 맞이했다. 이제 침팬지들은 텔레키의 몇 미터 바로 앞에 앉았다. 셋은 침묵 속에 함께 있었다. 영장류학자로서 그것은 그의 삶을 뒤흔든 경험이었다. 침팬지들은 그와 마찬가지로 그저 앉아서 아름다운 석양을 즐기려고 그곳을 찾았던 것이다.

이것을 어떻게 이해해야 할까? 우리가 99퍼센트 침팬지이고 대체로 동일한 DNA를 공유한다는 것을 감안하자면, 그들이 석양을 즐길 수 있다는 것이 그렇게 얼토당토않은 일일까? 혹은 이런 시각이 의인화일까? 그러니까 우리의 사고와 개념을 다른 종에 투사하여 인간의 렌즈로 침팬지의 행동을 바라보는 것일까?

최소한 두 가지 방식으로 침팬지의 행동을 바라볼 수 있는데, 둘 다 우리가 다른 종을 바라보는 방식에 맹점이 있음을 말해 준다. 한편으로 우리는 우리가 지구에서 별을 바라보는 유일한 존재가 아님을 인정해야 한다. 실제로 우리는 문제를 해결하는 유일한 존재, 소통하는 유일한 존재, 사랑하거나 아름다움을 이해할 줄 아는 유일한 동물이 아니다.

그러나 침팬지의 행동을 바라보는 다른 방식은 훨씬 더 놀라울 수 있다. 우리는 산등성이에 오른 동료 영장류의 생각이나 감정을 추측할 수는 있겠지만, 그럼에도 우리로서는 그들의 경험을 전혀 알 수 없다는 것이 실상이기 때문이다. 그러니까 진화적으로 가장 가까운 친척이라 할지라도 우리와는 완전히 다른 세상을 보고 지각할 수도 있다.

대부분의 사람들은 다른 동물들이 세상을 어떻게 지각하는지에 대해 별 관심이 없다. 그러나 이탈리아의 몬차라는 도시에서는 어항에 애완용 금붕어를 기르는 것을 법으로 금지시켰다. 물고기는 시력이 좋으므로 그들을 뒤틀린 환경에 둬서 "왜곡된 현실 인식"으로 살아가도록 몰아붙이는 것은 잔인한 처사라는 것이 이런 법안이 시행된 이유였다. 모니카 시리나 시의원은 『일 메사제로』신문과의 인터뷰에서 "한 도시의 문명 수준은 이런 법안으로 가늠할 수 있다"고 말했다. 우리가 동물의 관점을 존중할 수 있거나 존중해야 한다는 생각은 여전히 꽤나 충격적이다.

금붕어는 실제로 시력이 뛰어나다. 우리처럼 색깔 지각을 담당하는 빨간색, 녹색, 파란색 원뿔세포를 갖고 있을 뿐만 아니라 자외선을 감지하는 제4의 수용체도 추가로 갖고 있다. 이는 우리에게 닫힌 시야, 우리와는 완전히 다른 방식의 보기가 그들에게 열려 있다는 뜻이다. 찬찬히 생각해 보면 동물들의 시력이 좋다는 것은 그렇게 놀랄 일이 아니다. 좋은 시력은 생존에 유리하게 작용했을 테니 말이다. 놀라운 것은 몇몇 동물들이 지각할 수 있는 정보의 종류다.

예를 들어 물총고기는 사람의 얼굴을 구별할 수 있다. 그들에게는 물속에서 살아가는 종 치고는 독특한 능력이 있다. 공중에 있는 먹잇감을 향해 물을 물총처럼 내뱉어서 떨어뜨린다. 물총고기는 물 위에 있는 곤충을 60센티미터나 떨어진 거리에서도 정확하게 쏘아 맞출 수 있다. 이런 특별한 능력을 보고 옥스퍼드 대학과 퀸즐랜드 대학의 연구자들은 아이디어를 냈다. 그들은 물총고기의 정확도와 예리한 시력이 다른 방식으로 사용될 수 있는지 알아보고자 했다. 그래서 물총고기에게 두 사람의 얼굴을 스크린으로 보여 주고는 특정한 사람의 얼굴에 물을 쏘면 먹이를 주어 보상하는 식으로 훈련시켰다.

눈, 코, 입이라는 똑같은 구성을 하고 있는 인간의 얼굴은 서로 비슷하게 생겨서 우리도 가끔은 같은 종을 개별적으로 구별하는 데 애를 먹는다. 그러니 그토록 작은 뇌를 가졌고 인간의 얼굴을 분간하는 능력을 진화시키지 않은 물고기는 어떻겠는가? 하지만 결과는 놀라웠다. 44개의 새로운 얼굴과 그들이 기억하도록 훈련받은 얼굴을 짝지어 연속적으로 보여 주자 물총고기는 뛰어난 시각적 분간 능력을 과시했다. 86퍼센트의 정확도로 올바른 얼굴을 가려냈다.[1] 이것이 인상적으로 보이지 않는다면, 여러분이 44마리의 물총고기들 가운데 한 마리의 얼굴을 가려낼 수 있는지 한번 시험해 보라.

집비둘기도 대단히 정교한 시각을 갖고 있다고 알려져 있다. 알파벳 문자를 구별하고, 10여 개 단어를 분간하고, 모네와 피카소 그림의 차이를 알아보며, 개별적인 이미지를 1,800개까지 기억할 수 있다. 비둘기의 놀라운 구별 능력에 주목한 연구자들은 그들이 상당히 복잡한 과제를 얼마나 잘 수행해 낼지 알아보고 싶었다. 그 과제란 유방 조직 검사에서 악성 종양과 양성 종양을 구별하는

---

[1] 이 연구는 나중에 얼굴을 삼차원으로 변환시켜서 다시 이루어졌다. 그 결과 "물고기들은 얼굴을 정면에서 옆으로 30도, 60도, 90도 각도로 회전시킨 이미지도 계속해서 분간할 수 있었다."

것이다. 암으로 발전하는 악성 종양은 주로 유방 조직에서 미세 석회화가 일어난 것으로 확인되며, 종양이 분포하는 방식이 특이하다. 방사선 전문의와 병리학자에게 악성 종양과 양성 종양을 구별하는 법을 익히는 것은 몇 년이 걸릴 수도 있는 일이다. 하지만 비둘기에게는 그럴 여유가 없었다. 사료 급식기에 부착된 터치스크린을 사용하여 고작 34일 동안 훈련시켰다.

훈련에서 비둘기는 스크린으로 이미지를 보고 종양이 양성일 때 노란색 막대를 두드리거나 종양이 악성일 때 파란색 막대를 두드리면 사료를 보상으로 받았다. 비둘기는 놀라우리만치 정확했고, 새로운 이미지에서도 85퍼센트의 정확도로 맞췄다. 연구자들이 개체가 아니라 무리의 판단을 종합적으로 활용하는 '플록 소싱flock sourcing'의 방식을 취하자 정확도는 훨씬 높아졌다. 훈련받은 비둘기 열여섯 마리의 반응을 종합한 결과, 99퍼센트 정확한 진단이 내려졌다.

요점은 방사선 전문의 대신에 비둘기를 써야 한다는 것이 아니다. 지능이란 무엇인가 하는 우리의 생각에 적어도 의문은 제기해야 한다는 것이다. 우리는 인간의 지능을 기준점으로 설정하지만 비둘기가 방사선 전문의보다 더 똑똑하다고 할 수는 없으므로 지능의 정의에 대해 다시 검토해 볼 필요가 있다.

지능의 한 가지 측면은 시각 정보를 해석하고 우리 앞에 있는 세계를 이해하고 반응하는 능력이다. 인간에게 지능이라 함은 공간 정보를 지각하는 능력, 단어를 읽고 지도를 해석하는 능력, 상징을 이해하는 능력이 포함된다. 시각은 물론 이런 솜씨에 꼭 필요한 것은 아니지만, 우리가 크게 의지하는 감각이며 환경을 헤쳐 나가는 데 확실히 도움이 된다. 하지만 집비둘기는 그런 정교함은 없어도 우리가 하지 못하는 것을 할 수 있다. 원래 살던 곳에서 수백 킬로미터 밖의 아무 곳에 떨어뜨려 놓아도 놀랍게도 항상 집으로 가는 길을 찾는다.

오늘날 우리는 물론 GPS가 있지만, 우리에게도 철새나 비둘기에게 내장된 그런 능력이 있다면 어떻게 될까? 우리는 이제 물고기, 새, 거북, 포유류, 곤충, 심지어 박테리아도 자기장을 감지할 수 있다는 것을 안다. 만약 우리도 똑같은 것을 할 수 있다면 우리가 생각하는 방식이 어떻게 바뀔까? 그리고 그렇게 되면 우리는 더 '똑똑한' 존재가 될까?

이것은 수사적 질문이지만, 우리가 지각의 가장 자그마한 구멍을 통해 세상을 바라본다는 사실을 가리킨다. 지구상에 적어도 870만 종의 다른 동물들이 있고 저마다 자신만의 지각하는 방법이 있다. 그러므로 이런 렌즈 가운데 몇 개를 들여다보고 다른 종들이 우리의 세상을 어떻게 경험하는지 알아보자.

현실이란 각각의 시각을 담은 수십 억 개의 다른 화소들이 조합된 이미지와 비슷하다. 영장류학자 프란스 드 발은 이런 말을 했다. "이것이 코끼리, 박쥐, 돌고래, 문어, 별코두더지를 그토록 흥미로운 존재로 만드는 것이다. 그들에게는 우리에게 없거나 우리가 훨씬 덜 발달한 형태로만 갖고 있는 감각이 있다. 그래서 그들이 환경과 어떤 식으로 관련을 맺는지 우리로서는 가늠하기가 불가능하다. 그들은 그들만의 현실을 구성한다."

그 말은 우리가 '현실'이라고 알고 있는 것이 아주 단편적인 시각이라는 뜻이다. 예를 들어 우리의 시력은 전자기 스펙트럼에서 고작 0.0035퍼센트에만 반응한다. 우리가 '가시광선'이라고 부르는 것은 파장이 380나노미터와 700나노미터 사이에 놓인다. 700나노미터에 가까운 파장을 갖는 빛은 빨간색, 600나노미터는 노란색-주황색, 500나노미터는 녹색, 400나노미터는 파란색-보라색이다. 그 범위의 위와 아래 스펙트럼은 우리 눈에 보이지 않는다. 그런데 우리가 '색깔'이라고 지각하는 것도 사실은 바깥 세계에 존재하지 않는다. 우리의 뇌가 그렇게 해석하는 것이다. 특정 파장에 반응하도록 맞춰져 있는 우리 눈의 광수용체 세포의 숫자와 유형에 따라 색깔이 정해진다.

비가 내리고 햇빛이 들면 우리는 가시광선이 물방울과 반응하여 작은 원호를 그리는, 무지개라고 하는 찰나의 생물학적 경이를 본다. 가시광선 양쪽에는 우리가 생물학적으로 볼 수 없는 보이지 않는 파장의 빛이 있다. 필립 모리슨은 『슈퍼 비전*Super Vision*』이라는 책 서문에서 이렇게 썼다. "전자기 스펙트럼의 눈에 보이는 부분에서 한쪽 방향으로 나아가면 보라색의 마지막 자락이 희미해지고 자외선 색깔이, 이어 엑스선 색깔이, 이어 훨씬 더 이채로운 감마선 색깔이 나타난다. 반대 방향으로 가면 빨간색의 마지막 자락 너머에 적외선 색깔이 있는데, 여기서 우리는 색깔을 보는 것이 아니라 열을 느낀다. 계속 더 나아가면 더 긴 파장이 나온다. 라디오·텔레비전 방송과 휴대폰 통화… 항공 교통 관제탑과 방공 시스템의 레이더 신호를 전달하는 방송 전파가 이런 파장으로 되어 있다."

그러니까 우리는 엑스선을 보이지 않는다고 생각하지만, 사실은 우리 눈에 보이지 않는 것이다. 보이고 안 보이고는 엑스선의 문제가 아니라 우리가 보는 방식의 문제다. 어떤 동물은 우리보다 더 넓은 스펙트럼 범위로 빛을 감지한다. 특히 자외선과 적외선을 감지하는 동물이 많다. 비단뱀, 보아뱀, 살무사에는 파장이 700나노미터에서 1밀리미터 사이인 적외선을 감지하게 해주는 '피트 기관'이라고 하는 특별한 기관이 눈과 콧구멍 사이에 있다. 그래서 눈을 가린 상태에서도 먹잇감을 정확하게 공격할 수 있다. 피트 기관은 방사열을 감지하여 개체가 내는 온도를 읽고 이것을 이용하여 뇌에 이미지를 생성할 수 있다. 이런 식으로 살무사는 어두운 곳에서도 따뜻한 피가 흐르는 쥐를 '볼' 수 있다.

벌들도 가시광선 스펙트럼 너머를 본다. 루드베키아는 우리에게 노란색 꽃잎이 벌어진 것으로 보이겠지만, 300나노미터의 자외선까지 볼 수 있는 벌[2]에게는 환하게 불이 켜진 활주로로 보인다. 정원에는 이렇듯 우리에게 보이지 않지만 꿀을 찾아 돌아다니는 벌에게 지표가 되는 은밀한 표적들로 가득하다. 검독수리도 자

2 이것은 이전의 연구들로 알아낸 사항이며, 현재 새로운 연구로 꼼꼼하게 검토하는 중이다.

외선 빛을 볼 수 있어서 자외선을 발산하는 소변 자국을 먹잇감을 잡는 데 활용한다.[3] 그러나 그들은 시력도 기가 막히게 좋다. 우리는 20/20을 좋은 시력의 기준으로 삼지만,[4] 독수리의 시력은 20/5이다. 여러분이 5피트 거리에서 보는 것을 독수리는 20피트 떨어진 곳에서 볼 수 있다는 뜻이다. 좋은 시력과 관계가 있는 망막 부위인 '중심와'가 독수리의 경우 우리보다 훨씬 깊어서 카메라에 부착된 망원 렌즈처럼 물체를 클로즈업으로 보게 해주기 때문이다.

독수리의 눈은 1.6킬로미터 밖에 있는 토끼도 찾아낼 수 있을 정도다. 이는 여러분이 10층 높이의 건물 꼭대기에서도 저 아래 바닥에 있는 개미를 볼 수 있다는, 혹은 대형 경기장에서 진행되는 록 콘서트 맨 뒷자리에 앉아서도 무대 위 공연자 얼굴을 볼 수 있다는 말이다. 맹금류들은 색깔 지각도 탁월하다. 독수리의 중심와에는 원뿔세포가 빼곡하게 들어차 있어서 믿기지 않는 해상도를 선사한다. 인간의 중심와 중앙에는 밀리미터당 20만 개의 원뿔세포가 있는데 독수리의 경우에는 100만 개다. 이는 저해상도의

---

3 벌은 600에서 300나노미터까지의 범위를 볼 수 있다. 우리는 벌이 무엇을 보는지 어떻게 알까? "동물이 특정 파장의 빛을 감지할 수 있는지 여부는 그것이 안구의 수정체를 통과하는지 검사함으로써 알아낼 수 있다. 건강한 인간의 수정체는 자외선을 차단하므로 우리는 그것을 볼 수 없다. 자외선을 볼 수 있는 다른 종들은 희미한 빛에서도 더 쉽게 볼 수 있다."
4 20/200 시력은 법률로 정의된 실명이다. 20/20 시력인 사람은 스넬렌 시력표에 적힌 커다란 E를 200피트 거리에서도 읽을 수 있지만, 20/200 시력인 사람은 20피트 안에 들어와야 볼 수 있다.

오래된 텔레비전 수상기로 세상을 보는 것과 초고해상도로 보는 것에 비견할 수 있다.[5]

인간은 두 눈이 머리 앞쪽에 위치하여 시야가 180도라는 점도 한계다. 독수리는 눈이 얼굴 중심선에서 뒤로 30도 각도로 놓이므로 340도 시야를 확보한다. 우리는 '독수리눈'이라는 표현을 자주 사용하지만, 넓은 시야라는 면에서는 망치상어가 독수리보다 낫다. 머리가 옆으로 넓게 퍼진 이 위력적인 포식자는 360도의 완전한 입체시를 확보하여 앞과 뒤는 물론 위와 아래에 있는 것도 동시에 볼 수 있다.

지구에서 '가장 미천한' 생명체들도 독특한 능력이 있는데 우리는 여기에 대해 이제 막 이해하기 시작했다. 쇠똥구리는 신선한 똥을 자기 몸 크기의 두세 배 되는 공으로 동그랗게 뭉치며 살아간다. 물구나무서기를 하듯 앞다리로는 바닥을 짚고 뒷다리로 공을 빠르게 밀어 경쟁 상대를 제친다.

그런데 쇠똥구리는 자기가 어디로 가는지 어떻게 알까? 얼굴을 숙인 상태에서 거대한 공이 시야를 가로막고 있어도 쇠똥구리는 여전히 절묘하게 방향 감각을 잃지 않는다. 과학자들은 쇠똥구리가 하늘을 지도로 삼아 위치와 방향을 감지한다는 것을 알아냈다. 쇠똥구리를 관찰해 보면 자주 공 위로 기어 올라가서 마치 춤

---

5 인간의 시력을 검사한 연구를 보면 상대적으로 우리는 대부분의 종들과 비교하여 상당히 세밀한 부분까지 볼 수 있다. 600종의 동물들을 살펴본 연구자들에 따르면 인간의 시력은 고양이보다 7배, 쥐나 금붕어보다 40에서 60배, 파리나 모기보다 수백 배나 더 예리하다고 한다.

을 추는 것 같은 행동을 취하는 것을 볼 수 있다. 꽤 오래전부터 알려진 사실인데, 그들이 하고 있는 것은 마음속으로 360도 파노라마 하늘 사진을 찍는 것이다. 머리 위의 해나 달의 위치와 마음속에 저장되어 있는 하늘의 지도를 비교함으로써 그들은 자신의 위치와 움직임을 일직선상에서 연속적으로 추적할 수 있다.

그러나 연구자들은 달빛이 없는 밤에는 과연 어떨지 궁금했다. 야행성 쇠똥구리 종은 하늘에 뚜렷하게 밝은 지표가 없을 때 어떻게 돌아다닐까? 이를 알아보기 위해 그들은 하늘 환경을 완전하게 통제한 실내 천문관에서 테스트를 진행했다. 놀랍게도 달빛이 희미한 상황에서도 쇠똥구리는 여전히 똑같이 활동했다. 그들의 길잡이 역할을 하는 유일한 다른 광원이 있었다. 쇠똥구리는 하늘의 은하수를 보며 길을 찾는 것처럼 보였다.

정말 그런지 확인하려면 조건을 제한하여 다시 실험할 필요가 있었다. 그래서 연구자들은 쇠똥구리에게 작은 마분지 모자를 씌웠다. 이렇게 해서 쇠똥구리에게 길을 알려주는 것이 다른 감각이 아닌 별빛임을 확인하고자 했다. 대조군의 쇠똥구리에게는 투명한 플라스틱 가리개를 씌워 위를 올려다볼 수 있도록 했다. 결과는 확실했다. 모자를 쓴 쇠똥구리는 방향 감각을 잃고 자기 위치를 파악하지 못했다. 공을 아무렇게나 막 굴려댔다. 대조군은 거의 완벽하게 직선으로 공을 굴렸다. 자그마한 이 지구 생명체는 머나먼 은하를 나침반으로 사용하고 있었던 것이다.[6]

---

6 과학자들은 이것을 활용하여 로봇이나 자율 주행차를 위한 알고듬을 만들면 기

동물의 왕국은 경이로 가득하지만, 시력의 챔피언을 노리는 가장 막강한 경쟁자는 잠자리다. 잠자리는 28,000개의 수정체가 있는 겹눈이 머리 양쪽에 하나씩 붙어서 커다란 부피를 차지하고 있다. 색깔 지각도 단연 최고다. 인간은 삼색형 색각이지만 — 빨간색, 녹색, 파란색 파장을 흡수하는 빛에 민감한 세 종류의 단백질('옵신')이 있어서 그것들의 조합으로 100만 개의 색깔을 만들어 낸다 — 일부 잠자리 종은 옵신이 서른 개나 있어서 말 그대로 상상이 되지 않을 만큼 풍부한 색의 팔레트를 만들어 낸다.[7] 잠자리는 또한 자외선도 볼 수 있고 편광도 감지해 낸다. 이 모두에 더해 그들은 또 하나의 놀라운 능력을 갖고 있다. 느린 동작으로 볼 수 있다.

　　잠자리에게 빠르게 날아가는 총알은 영화 「매트릭스」의 네오에게 그랬던 것처럼 느린 속도로 보이며, 휙 하고 지나가서 흐릿해 보이는 이미지는 경계가 뚜렷하게 보일 것이다. 이렇게 되는 것은 우리는 세상을 초당 50회 프레임으로 보지만 잠자리는 300회 프레임으로 보기 때문이다. 우리에게 영화로 보이는 것이 잠자리에게는 슬라이드 쇼로 보인다. 그러니 곤충들이 그토록 무시무시한 사냥꾼인 게 전혀 놀랍지 않다. 그들은 이런 놀라운 시각으로 먹잇감의 95퍼센트를 잡아챌 수 있다.

　　우리는 바로 눈앞에 놓여 있는 경이의 세계를 결코 완전하게 알

계가 인간의 입력이나 간섭 없이 스스로의 행방을 추적하도록 할 수 있다고 제안한다.
7　신기하게도 옵신 유전자가 가장 많은 동물은 물벼룩이다. 유전체에 무려 46개의 옵신 유전자가 있다.

수 없을 것이다. 대개는 다른 동물들이 보듯 세상을 본다는 것이 어떤 것인지 그저 추측할 뿐이다. 굳이 비교하자면 색맹인 사람이 엔크로마 안경을 쓰고 난생 처음으로 색깔을 보게 되는 경험과 비슷할 것이다. 그들은 형형색색의 꽃과 무성한 초록의 숲을 보고 너무도 감동해서 저도 모르게 입을 벌리고 가끔 눈물을 흘리기도 한다.

우리에게 닫혀 있는 세계를 살짝 엿보게 해주는 또 다른 예로 '사색형 색각'이라고 하는 희귀한 질환을 가진 사람들이 있다. 이들은 색각 능력이 과도해서 평균적인 사람들보다 더 풍성하고 더 강렬한 세상을 본다. 색깔 지각을 담당하는 원뿔세포가 대다수 사람처럼 셋이 아니라 넷이기 때문이다. 이 네 번째 수용체 때문에 평균적인 눈이 지각하는 것보다 9,900만 개 더 많은 음영과 색상을 지각할 수 있다. 해당 유전자 돌연변이는 여성의 12퍼센트에서 발견되지만 이 가운데 극소수만이 실제로 사색형 색각을 갖는다.

그렇다면 색깔이 100배 더 많은 세상은 과연 어떻게 보일까? 사색형 색각자 콘세타 안티코는 "다른 색깔에서 또 다른 색깔을 보는 것"이라고 설명한다. 그녀와 비교하자면 우리는 세상을 거의 색맹자들처럼 본다고 할 수 있다. 우리 눈에 회색 자갈 보도로 보이는 것이 그녀에게는 여러 색상들을 가진 무지개로 보인다. 그녀의 설명이다. "작은 돌들이 주황색, 노란색, 녹색, 파란색, 분홍색으로 내 눈에 들어와요." 이런 형태의 시각은 그저 아름다움을 감상하는 것을 넘어 실용적인 쓰임새도 있다. 언제 다른 사람이 보지 못하는 것을 보는지 묻자 그녀는 이렇게 말했다. "아픈 사람은 그냥 보기만 해도 알 수 있어요. 피부가 회색빛을 띠고 누렇게 되고 초록빛도 나요. 나는 딸이 아플 때를 알 수 있어요. 얼굴에 핏기가 사라져서 초록빛의 누런색이거나 희끄무레한 연보라색이 되니까요." 하지만 그녀는 그저 색깔을 통해 다른 색깔을 설명하는 것이므로 우리는 그녀가 무슨 뜻으로 하는 말인지 결코 알지 못한다. 그리고 그녀에게 색깔은 우리에게 의미하는 바와는 다른 의미를 갖는다.

'무수정체증'인 사람도 남들이 보지 못하는 것을 볼 수 있다. 그들은 벌과 독수리처럼 자외선을 보는 능력이 있다. 가끔 선천적 결함으로 인해 이렇게 되기도 하지만 주요 원인은 눈 수술이다. '무수정체증aphakia'이라는 용어는 라틴어로 '수정체가 없다'는 뜻이다. 대부분의 사람들이 자외선을 보지 못하는 이유는 인간의 수정체가 자외선을 차단하기 때문이다. 그러나 백내장 수술을 받고 수정체를 제거한 환자들은 이런 스펙트럼의 범위를 가끔 보는 경우가 있다. 무수정체증으로 가장 유명한 사람은 클로드 모네였다. 1923년 여든두 살의 인상주의 화가는 백내장 수술을 받으면서 왼쪽 눈의 수정체를 제거했다. 그가 수련을 다시 그리기 시작했을 때 그것은 더 이상 흰색이 아니라 짙은 자주색과 희끄무레한 푸른색 빛을 띠었다. 그러나 이번에도 우리는 그가 본 것을 보지 않는다. 그는 흰색 수련을 보라색 계열로 그렸지만, 그가 보았던 보라색은 우리에게 다르게 보였다. 그의 눈에 수련이 어떤 색깔로 보였든 간에 흰색이 아닌 것은 거의 확실하다.

제2차 세계대전 무렵이면 군사 정보부도 이런 실세계의 초능력에 대해 알고 있어서 무수정체증 환자들을 해안 정찰병으로 활용했다. 당시 독일의 유보트 잠수함은 내륙에 있는 자신들의 첩자들에게 은밀한 신호를 보낼 때 자외선 램프를 사용했다. 무수정체증 환자들은 다른 사람들 눈에는 보이지 않는 불빛을 보면 경계 경보를 내리는 임무를 맡았다. 이는 우리의 지각적 맹점이 얼마나 중대한지 단적으로 보여 주는 예이다. 우리에게는 보이지 않지만 볼 수 있는 사람에게는 명백한 적들이 해안 바로 너머에 있을 수도 있으니 말이다.

그러나 뭔가를 보는 능력이 없다고 해서 알지 못하는 것은 아니다. 마이크 스터디반트는 30년 넘게 미국의 멕시코만 연안에서 서핑을 즐겼다. 그러다가 2010년 7월에 이상한 일이 일어났다. 기침을 하며 피를 토하기 시작한 것이다. 스터디반트만 그런 것이 아니었다. 플로리다 해안의 사람들이 숨이 가쁘고 피부가 벌겋게 달아오르고 시야가 흐려 보인다고 불평하기 시작했다. 물속에 뭔가가 있는 것이 분명했다.

어느 날 밤에 스터디반트는 배의 엔진에 기름 새는 곳이 없는지 확인할 때 사용하는 자외선 조명으로 해안가를 샅샅이 뒤져 뭔가를 찾아보기로 했다. 그가 본 것은 당혹스러웠다. "모래 언덕에서 해수면까지" 해안 전체가 온통 밝은 주황색으로 빛나고 있었다.

200여 킬로미터 떨어진 곳에서 미국 역사상 최악의 해양 기름 유출 사고를 수습하는 작전이 진행 중이었다. 석유 시추선 '딥워터 호라이즌'에서 400만 배럴이 넘는 기름이 멕시코만으로 유출되었는데, 기름이 분해되는 속도를 빠르게 하려고 180만 배럴의 코레

시트라고 하는 분산제를 추가로 여기에 쏟아부었다. 과학자들은 기름과 분산제의 조합으로 물의 유독성이 52배나 증가했음을 나중에야 알게 되었다.

370나노미터 자외선 불빛 아래에서 비춰 보자 유독한 혼합물은 형광빛을 냈다. 유출 사고가 있고 1년이 지나서 스터디반트는 사우스 플로리다 대학의 해양 지질학자 제임스 커비와 손잡고 공식적인 조사를 시작했다. 2년 넘게 두 사람은 71개의 표본을 채취하여 실험실로 보냈다. 결과는 그들이 우려했던 대로였다.

기름 유출과 위험 폐기물 유출에 대해 국가긴급방제계획은 1제곱미터 표본 지역에 눈에 보이는 기름이 1퍼센트 이하로 포함되면 해변이 깨끗하다고 간주한다. 그러나 분산제는 기름을 제거하지 않는다. 분산시킬 뿐이다. 스터디반트에 따르면 그것이 문제였다. "전체[수습] 작전은 사태를 보이지 않게 만드는 데 맞춰져 있었습니다. 그래서 분산제를 사용하는 겁니다. 기름의 분해에 속도를 내도록 돕는 것이 아니라 기름을 눈에 보이지 않게 만들기 때문입니다." 정확히 말하면, 인간에게 보이지 않게 만드는 것이다. 일부 동물들은 당연히 이것을 완벽하게 볼 수 있다.

그러나 설령 볼 수 없다 하더라도 느낄 수는 있다. 수년이 흐른 지금도 멕시코만 주민들은 이상한 증상들을 토로하고 있다. 피부 발진, 편두통, 메스꺼움, 발작, 혈변, 폐렴, 근육 경련, 심각하게 몽롱한 의식, 심지어 일시적 기억 상실도 겪었다고 한다. 하지만 맨눈으로 보면 플로리다 해변의 모습은 완벽하다.

○ ○ ○

동물의 세계에서 시각은 다른 형태로도 존재한다. 열을 보고, 자외선을 보고, 지구의 자기장을 보는 것 말고 소리를 이용하여 보는 능력도 있다. 이를 '반향 정위'라고 한다. 박쥐와 이빨고래는 독자적으로 이런 능력을 진화시켰다. 공중에서든 수중에서든 이런 동물들은 속사포처럼 짧은 음파를 연속적으로 방출하고 부딪혀서 되돌아오는 소리를 들음으로써 자기 주위에 있는 대상의 모양과 위치, 움직임을 파악할 수 있다.[8] 박쥐는 2미터에서 10미터에 이르는 청시각 범위를 확보하며 4~13밀리미터 옆의 가까운 것도 '볼' 수 있어서 작은 곤충들을 거뜬하게 사냥한다. 병코돌고래는 생물학적 음파 탐지 범위가 110미터에 이르며, 심해에서 오징어를 사냥하는 향유고래는 시야가 가장 넓어서 500미터나 떨어진 먹잇감도 포착할 수 있다.

그렇다면 생물학적 음파 탐지로 동물들이 '볼' 수 있다는 것을 우리는 어떻게 알까? 박쥐가 깜깜한 곳에서 날아다니는 능력은 18세기에 라차로 스팔란차니가 처음으로 연구했다. 스팔란차니는 박쥐[9]가 어떤 감각을 사용하는지 알아내고자 시각, 촉각, 후각, 미

---

8 보다 정확하게 말하자면, 되돌아오는 신호의 세기와 소리가 대상에 맞고 돌아오는 방향과 시간을 들음으로써 뇌에서 삼각 측량을 하여 대상의 이미지를 만들 수 있다.
9 1938년 하버드 대학 학부생이던 도널드 그리핀은 박쥐들이 내는, 인간의 가청 주파수 범위 위에 있는 소리를 들으려고 녹음기를 사용했다. 이것은 박쥐가 반향 정위를 사용한다는 최초의 증거였다.

각, 청각을 따로 분리하고 차례로 제거했다.

박쥐가 앞을 보지 못한다는 것은 당연히 잘못된 속설이지만, 깜깜한 곳에서 장애물에 부딪히지 않도록 해주는 것은 그들의 시력이 아님을 확실히 하고자 스팔란차니는 박쥐를 보지 못하게 가렸다. 처음에는 눈에 가리개를 씌웠고, 다음에는 잔혹하게도 눈알을 제거했다. 그는 공책에 이렇게 적었다. "가위를 사용하여 박쥐의 눈알을 완전히 제거했다. … 그러고는 공중에 놓아주자 재빨리 날아갔다. 부상을 입지 않은 박쥐의 속도와 정확성으로 다른 지하 통로들의 끝에서 끝까지 따라갔다. 그 녀석은 한 차례 이상 담장과 지붕 위에 내려앉았고… 마침내 지붕에 난 2인치 너비의 구멍에 들어가더니 잽싸게 모습을 감추었다. 눈이 없는 상황에서도 완전하게 볼 수 있는 이 박쥐의 능력에 나는 말할 수 없이 경탄했다."

돌고래 연구(다행히도 그들의 눈은 무사하다)를 통해서도 그들의 능력에 대해 놀라운 사실들이 많이 밝혀졌다. 포획된 돌고래들을 대상으로 대조군 연구를 실시하여 돌고래가 음파 탐지만으로 모양을 분간할 수 있다는 것을 알아냈다. 하와이에 있는 케왈로베이슨 해양 포유류 연구소의 연구자들은 엘렐레라는 이름의 돌고래에게 상자 속에 들어 있는 다양한 모양의 물체를 알아맞히는 테스트를 했다. 상자는 불투명하지만 소리가 관통할 수 있는 얇은 검은색 플렉시글라스 재질로 만들어졌다. 훈련사가 세 개의 물체를 들고는 엘렐레에게 상자 속에 든 것과 똑같은 것이 무엇인지 부리로 가리키도록 했다. 엘렐레는 과제를 탁월하게 수행했다. 시각과 반향 정위라는 감각을 자유자재로 바꿔가며 어떤 물체가 상자 속에 들어 있는지 '볼' 수 있었다.

돌고래가 임신한 여자와 임신한 다른 돌고래에 유난히 관심을 보인다는 말이 오래전부터 있었다. 그들이 헤엄쳐 와서 출산을 앞둔 엄마의 배 근처에서 웅웅거리는 소리를 내는 일이 목격되곤 했다. 확인된 바는 아니지만 돌고래가 살가죽을 넘어 우리 몸 안을 꿰뚫어 '볼' 수 있다 해도 놀랄 일은 아니다. 돌고래가 반향 정위에 사용하는 초음파는 의사가 태아 상태를 확인하기 위해 사용하는 초음파와 비슷하다.

소리로 만드는 이미지는 어떻게 보일까? 그것을 알기란 불가능하다. 하지만 누군가 우리에게 단서를 줄 수 있다면, 현실 세계의 박쥐인간 대니얼 키시가 바로 그 사람이다. 어릴 때부터 앞을 보지 못했던 그는 세상에 대한 심상을 만드는 방법으로 혀를 튕겨서 소리를 내어 반사되는 것을 듣기 시작했다. 열한 살 때 한 친구가 그에게 혹시 반향 정위를 하는 것인지 묻자, 그제야 키시는 자신이 하는 행동이 박쥐가 '보려고' 하는 행동임을 알게 되었다.

인간은 박쥐처럼 작고 재빠른 움직임을 감지해 내는 섬세함이 없지만, 키시는 나름대로 놀라운 섬세함을 발달시켰다. 그는 건물을 들을 수 있고, 혀를 한 번 튕기면 장식이 있는 건물인지 밋밋하고 평범한 건물인지 '본다.' 강당에서 그는 출구를 볼 수 있어서 앞을 보는 사람보다 먼저 출구가 어디에 있는지 찾아낸다. 그는 오로지 반향 정위 능력에만 기대어 자전거를 타고 시내를 돌아다닌다. MRI를 이용하여 키시의 뇌 활동을 연구하는 연구자들은 그가 반향 정위를 할 때 활성화되는 뇌 부위가 일반적으로 시각에 할애

되는 부위임을 알아냈다. 그러니까 그의 뇌는 소리를 광경으로 받아들이는 것이다. 그는 소리를 들을 뿐만 아니라 정말로 '본다.'

절대 다수의 사람들은 대니얼 키시처럼 본다는 것이 어떤 것인지 결코 알지 못한다. 그러나 우리가 무엇을 알지 못하는지 안다는 것은 우리에게 뭔가를 말해 준다. 키시가 살아가는 감각 세계는 박쥐나 고래의 세계만큼이나 우리의 이해 너머에 있다. 우리와 같은 세계이면서 동시에 우리에게 완전히 낯선 세계다. 하지만 키시는 의심의 여지없이 우리와 같은 인간이다. 그러니 우리와 같이 살아가는 동물들이 세상을 바라보는 방식이 낯설고 이질적으로 느껴진다 하더라도, 이를 열등하다고 믿는 것은 말이 안 된다.

시각은 개체만의 감각이 아니라 다른 사람을 모방하고 배우게 해준다는 점에서 사회와 연관되는 감각이기도 하다. 아이들은 어른들을 유심히 지켜보고 그들이 하는 것을 따라한다. 동물도 그런 경우가 많다. 그래서 시각을 사용하면 뇌가 참깨 한 톨만 한 벌에게 야생에서는 결코 자연스럽게 할 수 없는 것을, 예컨대 축구하는 법을 가르칠 수 있다.

런던의 퀸 메리 대학 연구자들은 막대기 끝에 부착한 플라스틱 벌을 사용하여 훈련시킨 벌이 무엇을 할 수 있는지 최초로 보여주었다. 호박벌은 가짜 벌이 자그마한 공을 밀어서 원 안에 넣는 것을 지켜보았다. 이것이 '골'이었다. 공이 선 안쪽에 들어가면 설

탕물을 보상으로 주었다. 세 차례 이렇게 관찰하도록 한 다음 호박벌을 축소된 경기장 안에 넣었다. 가짜 벌이 하는 것을 보기만 했는데도 그들은 부자연스러운 임무를 거뜬히 모방해 냈고, 99퍼센트 골을 넣었다.[10]

시각은 시각적 기억의 핵심이기도 하다. 그리고 입이 딱 벌어지는 시각적 기억력을 보이는 동물로 교토 대학 영장류 연구소에 살고 있는 아유무라고 하는 침팬지가 있다. 아유무가 특별한 것은 직관적인, 혹은 사진 같은 기억력을 갖고 있기 때문이다. 눈 한 번 깜짝하는 사이에 그의 마음은 전체 그림을 흡수할 수 있다. 인간과 시각적 기억 대결을 벌일 때마다 그는 항상 승리한다.

얼핏 보면 간단명료한 과제다. 스크린에 1에서 9까지 숫자들을 아무런 순서 없이 마구잡이로 배치한다. 아홉 개 숫자에 불이 동시에 들어오고 0.5초 뒤에 꺼진다. 숫자가 있던 자리에는 흰색의 빈 칸이 남는다. 과제는 1에서 9까지 숫자들이 나타났던 빈 칸을 순서대로 최대한 빠른 속도로 두드리는 것이다.

아유무가 이것을 해내는 모습은 경악 자체다. 인간은 몇 초 동안 스크린을 보고 나서도 아홉 개는 고사하고 서너 개를 집어내는 것도 힘들어한다. 이리저리 뒤섞은 카드 한 벌의 순서를 30초 만에 다 기억해 내는 영국의 기억 챔피언 벤 프리드모어를 상대로 한 대결에서 아유무는 완전한 승리자였다. 프리드모어는 33퍼센트의 정확도를 보인 반면에 아유무는 90퍼센트나 올바르게 해냈다. 그

---

10 훈련 받지 않은 벌이 우발적으로 골을 넣을 확률은 30퍼센트다.

러나 아유무에게는 0.5초도 상당히 긴 시간이다. 그는 0.21초 동
안 이미지들을 보고도 이런 기억력 테스트를 통과했다.

그는 이것을 어떻게 해낼까? 일반적으로 침팬지는 직산subitizing
이라고 하는 것을 우리보다 잘한다고 알려져 있다. 직산이란 눈으
로 보고 대상이 몇 개인지 곧바로 파악하는 능력으로, 주사위 점
을 일일이 세어 보지 않고도 숫자가 몇인지 아는 것과 비슷하다.
인간은 제멋대로 배치된 네다섯 개 숫자를 직산할 수 있고 침팬지
는 여섯 개까지도 한다. 아유무는 침팬지 치고도 이 능력이 탁월
하다. 인간과 침팬지를 능가하는 실력으로 볼 때 그는 시각적 기
억력이 무척 뛰어난 것으로 짐작된다.

동물들은 물론 자신이 보는 것을 그저 로봇처럼 처리하지 않는
다. 그들은 능동적인 행위자다. 그리고 인간과 마찬가지로 주위의
세상에서 보는 것을 소통한다. 거의 모든 소통은 종 내에서 이루
어지지만, 몇몇 과학자들은 과감하게 종의 경계를 넘어 그들에게
우리와 소통하도록 가르침으로써 동물의 눈으로 바라보는 법을
배우고 있다.

조류 세계에서 온 가장 유명한 소통자는 아프리카 회색앵무새
알렉스이다. 동물학자 아이린 페퍼버그가 애완동물 가게에서 무
작위로 데려와 키운 것으로, 그 놀라운 능력이 알려지면서 동물
지능에 대한 우리의 생각이 혁명적으로 바뀌게 되었다.

알렉스는 뇌가 호두 크기에 불과하지만 대여섯 살 아이의 인지
능력을 가지고 있었다. 페퍼버그는 알렉스에게 무엇을 보았는지
대답하도록 훈련시켰다. 그에게 대상들을 보여 주고는 그것을 설

명하는 단어를 차례로 가르쳤다. 앵무새는 성대에 후두가 없지만 대신 울대가 있어서 인간의 말소리를 흉내 낼 수 있다. 알렉스는 여러 모양과 색깔을 구별하고 숫자를 여덟까지 셀 수 있었다. '같다'와 '다르다', '크다'와 '작다'의 차이를 알았으며, 백여 개의 단어로 소통할 수 있었다.

알렉스는 또한 처음 마주치는 물건에 이름을 붙일 수도 있었다. 과일 이름을 배우는 과정에서 연구자들을 놀라게 한 일이 있었다. 알렉스는 '바나나', '포도', '체리'는 이미 먹어본 적이 있었으므로 이름을 알고 있었다. 그러나 사과를 처음 보았을 때 그는 자신만의 단어를 마음속에 떠올렸다. 그는 자꾸 '바네리'라고 불렀다. 왜 그랬을까? 껍질은 빨간색이고 속은 노란색인 것을 보고, 혹은 맛을 보고 자신이 이미 알고 있던 두 과일인 바나나와 체리를 조합하려고 했을 가능성이 있다. 아무튼 그것은 '바네리'였다. 그때부터 그는 사과라고 부르기를 줄곧 거부했다.

알려지기로 알렉스는 스스로에 대해 질문했던 유일한 동물이다. 1980년 12월, 그는 욕실 거울에 비친 자신의 모습을 보았다. 거울을 향해 돌아선 앵무새는 조련사인 캐시 데이비슨에게 물었다. "저게 뭐야?" 캐시는 그게 알렉스이고 그는 앵무새라고 대답했다. 알렉스는 자신의 모습을 좀 더 오래 보고 나서 물었다. "무슨 색깔이야?" 캐시가 대답했다. "회색. 알렉스, 너는 회색앵무새야." 몇 번 더 이쪽저쪽을 보더니 그는 마침내 이해한 듯 보였다. 페퍼버그에 따르면 알렉스는 회색을 이렇게 배웠다고 했다.

시각적 세계를 묘사할 줄 아는 이런 능력은 앵무새만의 전매특

허가 아니다. 다른 동물들도 우리와 소통하는 법을 배웠다. 가장 유명한 예는 코코라는 이름의 고릴라였다. 미국 표준 수화(ASL)를 변형시킨 형식을 사용하여 코코는 폭넓은 어휘를 구사할 줄 알았다. 천여 개의 단어를 수화로 말하고 이천 개의 영어 단어를 이해했다. 알렉스처럼 코코도 자신의 환경에서 새로운 것을 보면 이름을 생각해 냈다. 예컨대 얼룩말을 처음 보고는 "흰색 호랑이"라고 설명했고, 피노키오 인형은 "코끼리 아기"라고 했으며, 반지는 "손가락 팔찌"라고 수화로 표현했다.

　주목할 점은 코코와 알렉스 같은 동물들이 정말 소통의 능력이 있는지 여부를 두고 과학자들은 지금도 엄격하게 논쟁을 벌인다는 사실이다. 과학은 결과 검증에 엄격한 객관성을 요구하기 때문이다. 하지만 언어는 주관적이며 우리가 알다시피 모호한 경우가 많다. 동물 지능을 연구할 때 과학자들은 모건의 준칙에 자주 의지한다. 요점만 말하자면, 동물의 어떤 행동이 더 단순한 과정(예컨대 실수)으로 설명될 수 있다면 고차원적인 심리적 과정을 여기에 부과해서는 안 된다는 것이다.

　『유인원, 인간, 그리고 언어Apes, Men, and Language』의 저자 유진 린덴은 미국 수화를 배운 최초의 유인원인 침팬지 와쇼도 비슷한 상황이었다고 말한다. "50년 전에 오클라호마의 한 연못에서 와쇼는 백조를 보고 '물'을 나타내는 수화와 '새'를 나타내는 수화를 표시했다. 와쇼는 단순히 새와 물을 가리켰을까, 아니면 특정하게 지칭하는 단어를 알지 못하는 동물을 나타내기 위해 자신이 알고 있던 수화 두 개를 결합한 것일까? 논란은 수십 년간 계속되었고 그가 죽으면서 미해결 상태로 남았다."

하지만 어쩌면 동물이 처하는 환경을 통제할 수만 있다면 논란을 해결할 수 있을지도 모른다. 노르웨이의 과학자들은 말에게 상징으로 소통하도록 훈련시킴으로써 영리하게 환경을 통제했다. 과제는 간단했다. 말들은 주둥이로 나무판을 가리켜 자신이 담요를 덮고 싶은지 아닌지를 나타내도록 훈련받았다. 수직선 표시는 '담요를 벗겨 달라'는 뜻이었고, 수평선 표시는 '담요를 덮어 달라'는 뜻이었다. 아무것도 없는 상징은 선호에 '변동이 없다'는 뜻이었다.

매일 15분씩 두 주간 훈련시키고 나자 말들은 상징으로 소통할 수 있게 되었다. 말들은 그저 시각적 단서를 구별하는 것만이 아니라 바깥 날씨를 보고 결정을 내렸다. 기온이 섭씨 20도에서 23도인 따뜻한 날에는 담요를 받은 열 마리 전부가 담요를 벗겨 달라고 요청했다. 담요를 받지 못한 말들은 자신의 상태를 그대로 두기를 원한다고 표시했다. 비가 오거나 5도에서 9도로 추운 날에는 담요를 받은 열 마리 전부가 그 상태를 유지하고 싶다고 했고, 담요를 받지 못한 열두 마리 가운데 열 마리는 담요를 요청했다.

스물두 마리 말 가운데 스무 마리가 추운 날에 담요를 덮고 싶어 했다는 것은 연구자들이 보기에 말이 시각적 상징을 정말로 이해했고 자신이 원하는 바를 요청했다는 뜻이었다. 별나게 굴었던 두 마리는 기온이 영하 12도에서 영상 1도에 달하는 더 추운 날에 실험했을 때 결국 마음을 바꿔 담요를 달라고 했다.

이런 '말하는 말'도 충분히 인상적이지만, 시각적 상징을 사용한다는 점에서 세계 최고의 동물 소통자는 아이오와 주 디모인의 대형 유인원 트러스트에 살고 있는 수컷 보노보 칸지다. 칸지는 '렉시그램lexigram'이라고 하는 상징들이 나열된 터치스크린을 사용하여 500개의 어휘를 구사하고, 3,000개의 영어 단어를 알아듣으며, 완전한 문장과 지시를 이해한다고 한다.

칸지의 훈련사 수 새비지-럼버는 자신의 얼굴 표정이나 시선을 읽지 못하도록 용접용 마스크를 쓰고는 칸지에게 새로운 문장을 주고 별난 요청을 하여 그가 제대로 이해했는지 알아보는 테스트를 했다. 소금을 공에 뿌리라고 하자 칸지는 곧바로 소금 통을 들고 시키는 대로 했다. 새비지-럼버가 칸지에게 솔잎을 냉장고에 넣으라고 하자 이번에도 그는 아무 문제없이 해냈다. 텔레비전을 밖으로 옮기라는 말에 칸지는 일어나서 주위를 둘러보더니 텔레비전 수상기를 발견하고는 곧바로 그것을 밖으로 가져갔다.

이것이 얼마나 놀라운 일인지 이해하려면 칸지가 속으로 무슨 생각을 했을지 잠시 생각해봐야 한다. 많은 사람들이 외국어를 알아듣는 데 어려움을 겪는다. 이런 동물들은 외국어(다른 언어)를 다루는 것만이 아니라 아예 다른 종의 요구 사항을 맞닥뜨리고 있다. 칸지가 우리들이 하지 못하는 것을 배울 정도로 똑똑하다면, 새비지-럼버가 애초에 왜 솔잎을 냉장고에 두고 싶어 했는지 그가 궁금하게 여겼으리라 추정하는 것도 무리는 아니다. 칸지는 자리에서 일어나서 다시 한 번 요청에 따르기 전에 자기 앞에 있는 인간을 어떻게 이해했을까?

이 시점에서 이런 질문을 던져보자. 보노보와 침팬지가 할 수 있다면 우리도 할 수 있을까? 바다표범과 돌고래는 우리의 수신호를 이해하고, 개와 코끼리는 우리의 말소리를 이해하고, 오랑우탄은 심지어 아이패드를 사용하여 우리와 소통할 수도 있다. 하지만 우리는 다른 동물들의 언어에 대해 무엇을 알고 있을까? 그들은 무엇을 보고 자기들의 언어로 무엇을 설명할까? 과학 전문 기자 레이첼 누어의 말처럼 "우리가 유인원에게 우리의 언어를 배우도록 강요하는 과정에서 우리 자신은 그들의 언어로부터 눈을 돌렸는지도 모른다." 이를 알아보고자 기존의 관행을 뒤집어 동물의 관점에서 동물을 관찰하는 데 대부분의 경력을 보낸 학자가 있다. 그 덕분에 동물들이 자기들끼리 어떻게 소통하는지 연구하는 새로운 길이 열렸다. 그는 우리 시대의 닥터 두리틀이라 불리는 콘 슬로보드치코프다.

노던 애리조나 대학의 생물학과 명예교수 슬로보드치코프는 미어캣[11]을 닮은 북아메리카 동물 거니슨 프레리도그를 연구하고 있다. 그들은 자주 굴에서 고개를 살짝 내밀고 포식자의 위험을 알리는 고음의 경보음을 낸다. 여기에 착안하여 슬로보드치코프는 프레리도그가 서로 다른 종의 포식자들이 다가오는 것을 보고 내는 소리들을 녹음하기 시작했다. 인간의 귀에는 이런 경보음들이 대부분 똑같이 들린다. 빽빽거리는 짧은 음을 연이어 내는 것으로 장난감에서 나는 삐걱대는 소리와 흡사하다. 그러나 컴퓨터로 분

---

11 미어캣은 몽구스과에 속하는 반면 프레리도그는 설치류다. 그러므로 모습은 닮았어도 대단히 다른 종이다.

석한 결과 각각의 경보음에 고유한 특징이 있음이 밝혀졌다. 그리고 소리의 파형을 소노그램으로 시각화하여 슬로보드치코프는 포식자에 따른 울음소리가 명확하게 구분된다는 것을 확인할 수 있었다.

'인간', '매', '코요테', '개'에 해당하는 소리마다 파장과 진폭이 다른 독특한 소노그램을 갖는다. 그리고 몇몇 포식자들이 비슷한 모습을 하고 있음에도 불구하고 프레리도그는 코요테를 보고 '개'에 해당하는 소리를 낸다거나 개를 보고 코요테의 경보음을 발하지 않는다. 슬로보드치코프와 연구 팀에게 소노그램은 설치류의 소통을 해독하는 방법을 알려준 로제타석과 마찬가지였다.

그렇다면 우리는 경보음이 우리가 생각하는 바로 그것임을 어떻게 확신할 수 있을까? 슬로보드치코프와 연구 팀은 프레리도그가 내는 경보음을 그저 녹음하기만 한 것이 아니라 그들이 도망치는 반응을 비디오로 촬영하기도 했다. 매를 보면 프레리도그는 위를 처다보고 한 음절로 짧게 내지른 다음 서둘러 굴로 들어갔다. 프레리도그의 '매' 경보음을 녹음한 것을 틀어주자 똑같은 반응이 나타났다. 그들은 하늘을 살핀 다음 굴로 도망쳤다. 하지만 개의 소리를 틀어주자 경계 태세를 취할 뿐 도망치지는 않았다.

로버트 세이파스는 버빗원숭이를 대상으로 비슷한 연구를 했다. 버빗원숭이는 매, 뱀, 표범에 대해 각기 다른 경보음('단어')을 갖고 있다. 그들은 '표범'이라는 경보음에는 나무 위로 재빨리 올라가는 것으로 반응하지만, '매'의 경보음을 들으면 하늘을 올려다보고는 재빨리 덤불 속으로 숨어 안전한 곳으로 피한다. '매'의 경보음이 울릴 때 나무 위로 올라가지 않는 것은 맹금류에 붙잡히지 않기 위함으로 짐작된다. 이렇듯 경보음은 집단 내에서 확실히 의미가 있다. 버빗원숭이 한 마리가 '뱀'에 해당하는 경보음을 내면 다들 뒷다리로 일어서서 풀 속에 숨어 있는 포식자의 신호를 샅샅이 찾기 시작한다.

슬로보드치코프는 이런 관찰을 한 단계 더 밀고 나갔다. 그는 프레리도그가 전에 한 번도 본 적이 없는 추상적인 것에 어떻게 반응하는지 알고 싶어서 합판을 원형, 사각형, 삼각형으로 잘라냈다. 그런 다음 나무와 연구자들이 관찰하는 탑 사이에 줄을 매달고 합판들을 빨랫줄에 널린 빨랫감처럼 지상에서 1미터 높이에 내걸어 살짝 잡아당겼다. 프레리도그는 새로운 '위협'에 다른 소리로 반응했다. 완전히 새로운 것이었는데도 그들은 놀랍게도 '원형'과 '삼각형'에 대해 명확하게 구분되는 경보음을 냈다.[12]

한편 슬로보드치코프는 프레리도그의 경보음에 들어 있는 미묘한 뉘앙스를 간파했다. 그는 각각의 경보음에 실제로 더 많은 정보가 담겨 있을지 궁금했다. '개'에 해당하는 경보음은 모두 다 똑같은지, 품종에 따라 다른지 알고 싶었다. 그래서 골든리트리버, 허스키, 달마티안, 코커스패니얼, 이렇게 네 품종을 집단에 풀어놓았다. 그는 프레리도그의 울음소리를 세심하게 조사하여 그것이 '개'를 나타내는 단순한 경보음 이상임을 알아냈다. 어쩌면 울음소리가 특징을 설명하는 것일 수도 있겠다는 생각을 했다.

---

12 프레리도그는 사각형과 원형의 차이는 구분하지 못하는 것 같았다.

슬로보드치코프는 사람들에게 침입자 역할을 시키고 울음소리의 차이를 녹음하기 시작했다. 프레리도그는 키가 큰 사람과 작은 사람에 대해 다른 소리를 냈다. 모습이 다른 사람을 배치하자 그가 뚱뚱한지 홀쭉한지가 울음소리에 반영되었다. 그리고 마지막으로 또 하나의 놀라운 구별이 나타났다. 프레리도그는 사람들이 입고 있는 옷의 색깔에 따라 특정한 울음소리를 냈다.

변수를 통제함으로써 슬로보드치코프는 어떤 상황이 벌어지고 있는지 파악할 수 있었다. 그는 실험실 조수들에게 하나의 변수를 바꿔가며 프레리도그 사이를 혼자 걷도록 했다. 똑같은 사람에게 파란색, 녹색, 노란색으로 티셔츠의 색깔을 바꿔 입고 걷도록 한 것이다. 결과는 놀라웠다. 프레리도그의 울음소리는 침입자의 특징을 설명하고 있었다.

슬로보드치코프는 동물들이 우리에 대해 서로 무슨 말을 주고받는지 해독한 것이다. 조수가 파란색 옷을 입고 나타나자 프레리도그는 이렇게 짖었다. "크고 말랐고 인간이고 파란색임." 그저 셔츠의 색깔만 바꾸자 이렇게 짖었다. "크고 말랐고 인간이고 녹색임."

우리의 맹점은 인간이 예외라는 믿음이다. 인간만이 느끼고 생각하고 말할 정도로 의식을 갖춘 유일한 종이라는 것이다. 하지만 슬로보드치코프의 연구가 보여 주듯이 프레리도그도 주위의 세상을 정확하게 설명할 수 있다. 왜냐하면 그들은 특정한 이름을 사용하도록 훈련받은 것이 아니라 자신들이 보는 것을 자연스럽게 소통하는 것이기 때문이다.

○ ○ ○

우리가 '박쥐처럼 눈이 멀었다'는 표현을 쓰는 것은 아이러니하다. 박쥐는 실은 두 가지 방법으로 보기 때문이다. 이 사실을 처음 발견한 사람은 1944년에 '반향 정위'라는 용어를 만들어 낸 동물학자 도널드 그리핀이다. 그는 자신의 학계 경력의 전반부는 이런 '음향 시각'의 놀라운 특징들을 밝혀내는 데 썼고, 후반부는 인간만이 지구에서 유일하게 자각하고 감응하는 존재라는 맹점을 파헤치는 데 바쳤다. 이런 맹점은 과학계에, 특히 동물 행동주의 학자들 사이에서 굳건하게 남아 있다. 최근까지도 그들은 동물의 의식을 나타내는 증거를 부인하는 활동을 벌였고, 그런 증거를 뒷받침하는 연구들이 나오면 근거가 없고 '비과학적'이라고 했다.

공고한 관습에 도전한 과거의 많은 사상가들이 그랬듯이 그리핀도 이 분야에서 자신이 처음으로 내놓은 연구에 비판이 봇물처럼 쏟아지는 상황을 맞이했다. 1976년에 나온 그의 책 『동물 의식의 문제 The Question of Animal Awareness』를 가리켜 훗날 한 비평가는 "동물 인지 분야의 「악마의 시」"라고 불렀다. 그리핀의 분야 내에서도 한때 위대했던 과학자가 타락했다느니, 동물 인지에 관한 이런 신종 사기는 '조로早老'의 표시일 수 있다느니 하는 통탄의 목소리가 나왔다. 물론 우리는 최고로 위대한 과학자들이 항상 인간의 중심적인 역할에 의문을 표했다는 것을 기억할 필요가 있다. 우주가 우리를 중심으로 돌아간다는 생각에 의문을 표한 코페르니쿠스와 갈릴레오는 고초를 겪었다.

하지만 인간이 예외라는 생각은 몹쓸 정도로 끈질기게 남아 있다. 우리는 동물을 마치 물건처럼 여긴다. '그것'이라고 지칭한다. 동물이 인간 이하라는, 자각과 지능이 없다는, 열등하다는 생각으로 말미암아 우리는 그들을 자산일 뿐만 아니라 생물학적 기계처럼 여기게 되었다. 동물 실험의 초창기에 지배적 논리는 동물이 '느끼지' 못하고 그저 반응할 뿐이라는 것이었다. "개가 몸을 다쳐서 비명을 지르면, 그것은 고통의 표현이 아니라 시계 소리처럼 그저 순수하게 생리적인 과정의 결과다." 마치 우리의 고통은 생리적인 것이 아니라는 듯이 말이다.

영장류학자 프란스 드 발에게 이런 식의 사고방식은 일종의 신新창조론, 목이 잘린 진화론 같은 것이다. 그는 이렇게 말했다. 그것은 "진화를 받아들이되 절반만 받아들인다. … 우리의 마음이 워낙 독창적이어서 그것과 견줄 다른 마음이 없다고 여긴다. 결국 예외적 지위를 인정해야 한다는 것이다." 마치 진화가 머리에서 멈춰 버리기라도 한 것처럼 말이다. 하지만 몸에 관해서라면, 우리는 동물에게 먼저 실험하고 나서야 안심하고 우리 몸속에 넣는다. 실제로 우리가 약물을 인간에게 투여하기 전에 동물에게 먼저 테스트하는 것은, 우리와 닮았으므로 효과가 우리에게도 그대로 적용될 수 있다고 믿기 때문이다.

우리에게 다른 점이 있다는 사실을 존중하는 것은 중요하다. 또한 우리가 다른 인간의 머릿속에 들어가 그가 어떻게 세상을 보는지 아는 것이 불가능하듯 박쥐나 침팬지, 쇠똥구리가 같은 세상을 어떻게 마음속에 그리는지 진실로 아는 것이 불가능하다는 사실을 존중하는 것 역시 중요하다. 미국의 철학자 토머스 네이글은 「박쥐가 된다는 것은 어떤 것일까」라는 유명한 논문에서 이렇게 썼다.

> 굳이 철학적 성찰을 가동하지 않더라도 밀폐된 공간에서 흥분한 박쥐와 함께 있어본 사람이라면 누구나 근본적으로 낯선 생명체와 마주한다는 것이 어떤 것인지 안다. … 박쥐의 음파 탐지는 명백히 지각의 형식이지만 우리가 소유하는 그 어떤 감각과도 비슷하게 작동하지 않으며, 우리가 주관적으로 경험하거나 상상할 수 있는 어떤 것과 비슷하다고 추정할 근거가 없다. 이것은 박쥐가 된다는 것이 어떤 것일까 하는 개념을 상정하기 어렵게 만든다. … 나는 박쥐가 박쥐로 살아간다는 것이 어떤 것인지 알고 싶다. 하지만 이것을 상상하려 해도 내 마음의 자원에 의존할 수밖에 없고, 이런 자원은 그 과제에 부적합하다.

우리의 마음은 지구의 다른 생명체들에게 낯설다. 그들의 마음이 우리에게 낯설 듯이 말이다. 우리는 애완동물이 우리가 언제 행복한지 알고 우리가 슬플 때면 우리를 위로한다고 생각하고 싶겠지만, 이런 식으로 그들이 우리의 마음으로 정신적 도약을 하듯 우리 자신도 그들의 마음으로 다가가는 것은 꺼린다.

다른 동물들이 어떻게 느끼거나 생각하는지 우리가 결코 알지 못하더라도 그들이 느끼고 생각한다고 말하는 것은 더 이상 과학적 억측이 아니다. 과학적 사고에 거대한 혁명들이 있었지만, 동물의 지능과 관련해서는 독단적인 태도가 여전히 남아 있다. 다행히도 엄격한 종 차별주의 시각은 서서히 무너지고 있다. 2012년 7월 7일, 세계적으로 저명한 인지 신경과학자, 신경약리학자, 신경생리학자, 신경해부학자, 전산신경과학자들이 모여 '의식에 관한 케임브리지 선언'에 합의했다. 그들이 합의한 내용은 이러하다. "인간 외의 동물들도 의도적 행동을 나타내는 능력과 더불어 의식의 상태를 만드는 신경해부학적, 신경화학적, 신경생리학적 기질을 갖고 있다는 증거가 점차 쌓이고 있다. … 이는 의식을 생성하는 신경학적 기질이 인간의 전유물이 아님을 가리킨다. 모든 포유류와 조류를 포함한 인간 외의 동물들, 그리고 문어를 포함한 다른 많은 생물들도 이런 신경학적 기질을 갖고 있다."

"눈은 영혼의 창문"이라는 말이 있다. 과학에서 영혼의 존재를 테스트하고 검증할 수는 없겠지만 의식의 존재는 다르다. 우리의 눈은 세상을 바라보는 오로지 하나의 방법으로만 열린 창문이다. 의식의 조각은 세상을 지각하는 이루 헤아릴 수 없이 많은 다른 방법들 사이에 놓인다.

우리는 현실의 더 큰 그림을 지각하는 문제에 있어서는 우리의 감각을 믿을 수 없다. 실제로 우리를 둘러싸고 있는 것과 관련하여 우리는 이미 세 가지 거대한 맹점을 살펴본 바 있다. 우리의 맨눈과 상식은 우리가 우주의 중심이고, 주위의 세상과 따로 떨어진 별개의 존재이고, 다른 모든 생명체보다 우월하다고 믿도록 한다. 그러나 과학이라는 교정용 렌즈로 보면 이런 세 가지 가정 모두

뒤엎어질 수 있다.

하지만 우리는 다른 방식으로 시각을 터득했다. 인간은 카메라와 첨단 기술의 눈으로 무장하여 모든 곳을 들여다보는 유일한 종이다. 과학과 기술의 도움으로 우주의 먼 거리를 내다보고, 가장 작은 미생물을 보고, 인간의 몸을 꿰뚫어 보고, 물질 세계를 구성하는 원자들을 본다. 그러나 우리가 보지 못하는 한 가지 기본적인 것이 있다. 우리 종이 어떻게 생존하는가 하는 문제에 있어서 우리는 완전히 까막눈이다.

2부

우리 삶을
떠받치는
것들

4장 재앙을 향해 다가가다

가끔은 여러분 시야에 보이지 않는 고통에 대해서도 생각하라.
— 알베르트 슈바이처

부검 테이블에 놓인 시신은 형체를 알아볼 수 없었다. 한때 살아 숨 쉬던 존재는 몰라보게 달라진 모습이었다. 두 명의 병리학자 동료와 함께 검사를 맡게 된 사람은 미시시피 대학의 의과 및 소아과 교수 리처드 드샤조였다. 『미국의학저널』에 소개되는 최초의 미시시피 연구였다. 그들은 과학적 목적을 위해 치킨너겟을 잘라서 해부할 예정이었다.

포르말린에 고정시킨 패스트푸드는 세심하게 절개되고 착색되어 현미경 아래에 놓였다. 미시시피 주의 치솟는 비만율(잭슨은 인구의 1/3 이상이 심각한 과체중이어서 미국에서 최고로 뚱뚱한 도시다)이 염려되어 연구 팀은 중심가에서 팔리는 음식의 정체에 대해 자세히 알고 싶었다.

연구자들이 알아낸 것은 그들에게 '당혹'과 '충격'을 안겨 주었다. 가로무늬근은 너겟의 주요 성분이 전혀 아니었다. 너겟은 주로 지방과 뼈, 상피조직(장기와 피부의 내부 표면을 덮고 있는 세포), 신경과 결합조직으로 이루어져 있었다. 나머지 40퍼센트는 골격근이었다.

너겟에 들어가는 닭고기는 짓이겨서 반죽처럼 만들어졌다. 고압을 사용하여 뼈에서 강제로 분리해 낸 조직이므로 업계에서는 "기계적 분리육"이라고 부른다. 드샤조는 인터뷰에서 이렇게 설명했다. "진동으로 분리해 내면 이런 닭고기 찌꺼기들을 얻을 수 있습니다. 그것들을 끌어 모으고 다른 물질들과 잘 섞으면 찐득찐득한 덩어리가 만들어지죠. 그것을 튀기면 그게 바로 치킨너겟입니다. 이것은 닭고기와 탄수화물, 지방, 그리고 그것들을 들러붙게 하는 접착 물질이 뒤섞인 겁니다. 우리가 먹는 것은 거의 초강력 접착제라고 할 수 있습니다."

가끔 우리는 실제로 접착 물질을 먹는다. '트랜스글루타미나제(TG)'라는 입맛 돋우는 이름으로 통하는 달콤한 식품 첨가물이 그것이다. 인간에게도 이 효소가 있다. 무릎이 까지면 피를 엉겨 붙게 만드는 것이 바로 이것인데, 상업용으로 판매되는 것은 박테리아에서 합성하거나 소나 돼지의 혈장으로 만든다. TG는 무릎을 낫게 하듯 고기 조각에 들어 있는 단백질을 결합시킬 수도 있으므로 이를 잘 활용하면 별도의 조각들을 그럴듯한 하나의 덩어리로 만들어 고급육처럼 보이게 할 수 있다. 프랑켄슈타인 박사의 괴물이 여러 신체 부위를 짜깁기해서 만들었듯이, '프랑켄미트'도 남은 여러 부위들로 만들며 때로는 여러 동물들의 살이 들어가기도 한다.[1] 워낙 감쪽같아서 숙련된 도축업자도 여러 부위를 붙여서 만든 등심을 알아채는 데 어려움을 겪는다. 식품 산업에서 가장 흔한 '재구성육'은 필레미뇽이다. 많은 손님들을 상대하는 저렴한 연회장이나 호텔에서 이런 내부자들만 아는 술책은 값비싼 소고기 비용을 절약하게 해준다.

고기에 대해 말하자면 대체로 눈으로 보는 것과는 큰 차이가 있다. 모든 고기는 당연히 죽은 것이지만, 일부는 다른 고기보다 죽은 지 더 오래되었다. 2015년에 중국 당국은 14개 성省에서 '좀비 고기'를 유통시킨 밀수단을 적발하여 10만 톤의 냉동 돼지고기·닭고기·소고기를 몰수했다. 이 고기들은 1970년대와 1980년대에 도축된 것으로 지역 노점과 식당에 팔리고 있었다. 『홍콩자유언론』에 따르면 40년 된 고기들은 "화학 첨가물들을 퍼부어 신선하게 보이도록 했다"고 한다. 밀수단의 거점인 충칭에서 고기의 부패를 가릴 수 있었던 것은 이 지역이 향신료가 듬뿍 들어간 요리로 유명하기 때문이었다. 고기에서 수상한 맛이 나는 정도라면 그나마 잘 감춰진 것이다. 더 심각한 문제는 오래된 고기가 병균에 감염

---

1 아이크 샤플리스는 유명 셰프들이 낸 요리책 서른 권을 검토하여 「접시에 놓인 동물을 드러내다: 감응하는 동물의 죽음으로 순위를 매긴 영어권 유명 셰프 요리책」이라는 제목의 논문을 발표했다. 마리오 바탈리의 『몰토 구스토: 쉽게 배우는 이탈리아 요리』가 가장 높은 순위를 기록한 최악의 악당이었다. 레시피 하나에 평균 5.25마리의 죽은 동물이 들어갔고 총 620마리가 희생되었다.

되었을 수 있다는 것이다. 이곳은 조류 독감, 구제역, 광우병이 일어났었던 지역이기 때문이다. 냉동 고기 밀수는 이윤이 큰 사업이다. 중국 당국의 단속으로 압수된 고기는 총 30억 위안(4억 3,000만 달러)어치인데, 조사관들은 이것이 다가 아니라고 믿고 있다.

좀비 고기는 유통 기한을 훌쩍 넘긴 것이지만, 우리가 '신선하다'고 여기는 것도 마찬가지로 상대적이다. 슈퍼마켓에서 할로겐 조명을 받아 신선하게 보이는 참치는 실은 몇 주나 몇 달 전에 잡혀 냉동되고 해동되기를 두어 번 거친 다음 지구를 반 바퀴 돌아왔을 가능성이 크다. 선홍빛 참치 살은 시간이 지나면 입맛을 떨어뜨리는 갈색으로 시들해지므로 수송 중에 변색되는 것을 막으려고 일산화탄소를 뿌리는 경우가 많다. 그 자체는 인체에 무해하지만, 상한 생선을 신선한 것처럼 위장할 수 있으므로 건강에 악영향을 미칠 수 있다. 아울러 자신이 산 고기가 한 달 전에 잡혔는지, 갓 잡힌 것인지 구별하지 못하는 소비자를 기만하는 것이다.

일산화탄소는 양식 연어를 더 맛있어 보이게 하지는 않는다. 자연산 연어의 경우 크릴새우와 미세 조류 같은 야생의 음식을 먹으므로 분홍빛이 돈다. 양식 연어는 콩과 옥수수 위주의 사료를 먹인다. 그래서 살이 분홍색이 아니라 회색이다. 하지만 회색 연어를 누가 사겠는가? 판매상들도 이를 알기 때문에 양식업자들은 '새머팬SalmoFan'이라고 하는, 인테리어 디자인에 쓰는 페인트 색 상표와 비슷한 것을 보고 적절한 먹이를 줘서 분홍색 연어를 키울 수 있다. 1989년 로열 DSM이 내놓은 제품으로 "인간의 눈으로 지각되는 연어 살의 색소 정도를 시각적으로 판단하고 비교하기 위한 업계 표준"이다. 이런 과정은 '색깔 마감'이라고 부른다. 여러분은 여러분이 키우는 연어의 색깔을 은은한 분홍색에서 강한 붉은 기가 도는 주황색에 이르기까지 열다섯 가지 다른 색상 중에서 고를 수 있다. 오늘날 전 세계 시장에서 거래되는 연어의 70퍼센트는 양식 연어이며, 이들 모두는 석유 화학 물질로 만든 합성 카로티노이드인 칸타잔틴과 아스타잔틴을 사용하여 인위적으로 착색한 것이다.

달걀의 경우 같은 회사에서 '요크팬YolkFan'을 판매한다. 이름이 시사하듯이 노른자 색깔을 열여섯 가지 색상 중에서 고를 수 있게 하는 것이다. 아시아 소비자들은 살짝 옅은 노른자를 선호하는 반면, 뉴질랜드 같은 나라에서는 짙은 주황색 노른자를 선호한다. 다양한 지리적 선호도를 충족시키고자 완벽한 '황금빛 색상'을 원하는 양계업자들은 모이에 붉은색 카로필과 노란색 카로필을 추가하기도 한다. 대부분의 사람들은 노른자 색깔이 얼마나 진한지 보면 목초지에서 키운 닭의 달걀인지, 공장식 농장에서 키운 닭의 달걀인지 알 수 있다고 생각한다. 그러나 첨가물을 넣으면 얼마든지 속일 수 있다. 색깔만으로는 더 이상 건강한 달걀을 보장할 수 없다. 색깔은 그저 또 하나의 마케팅 요소일 뿐이다.

식품 산업에서 신선함을 가장한 역사는 식품 과학자들이 고기를 항생제에 담그기 시작했던 1950년대와 1960년대로 거슬러 올라갈 수 있다. 메린 매케나는 『빅 치킨Big Chicken』이라는 책에서 이렇게 썼다. "수백 명의 과학자들이 고기와 생선을 항생제 용액에 담그고 약물을 과일과 채소에 뿌리고 우유에 섞는 실험을 했다."

이런 과정은 '애크러나이징acronization'이라고 불렸으며 닭고기를 오래 보존하는 방법으로 널리 선호되었다. 도축하고 나서 항생제를 희석한 용액에 담그면 박테리아를 억제해 고기가 상하는 것을 막을 수 있어서 결과적으로 유통 기한이 늘어났다.

하지만 이 방법은 도축장 인부들을 포도상구균에 감염시킴으로써 수치스러운 종말을 맞았다. 감염의 원인은 항생제 자체가 아니라 애크러나이징에 내성이 생긴 박테리아였다. 이 방법은 발병 직후에 폐기되었다. 오늘날 가금류는 더 이상 항생제에 담그지 않는다. 그러나 미국에서는 다른 용액에 담근다. 바로 염소 용액이다. 불쾌하게 들리겠지만 염소로 소독한 닭고기는 안전한 식품이다. 염소 농도를 20ppm에서 50ppm 사이로 유지하기만 하면 아무 문제가 없다. 식중독을 일으키는 캄필로박터균과 살모넬라균을 죽여 도축 후에 병원균이 확산되는 것을 막는다. 그러나 본질적으로 염소는 화학적 맹점이다. 그것이 아니었다면 우리가 그냥 무시하지는 못했을 무언가를 보지 못하게 하기 때문이다.

대서양 건너 영국에서는 염소로 소독한 닭고기 판매를 금지하는데, 그 이유가 건강 상 위험보다는 위생 체계와 관계가 있다. 미국에서는 가금류에 대한 복지가 훨씬 미미해서 더 많은 개체들을 양계장에 밀어 넣고 키운다. 그 결과 병든 닭들이 많고 분변과 질병이 더 만연하다. 이런 상황에서 염소 소독은 닭고기가 시장으로 가기 전에 박테리아를 제거하는 안전장치다. 하지만 영국과 유럽 연합에서는 다르다. 일단 닭을 키우는 데 요구되는 공간, 빛, 환기의 최소 허용량이 미국에서보다 유럽에서 더 높다. 미국은 닭 한 마리당 확보해야 할 최소 공간이 465제곱센티미터이지만 영국은 그 두 배다. 어느 쪽이든 닭에게는 충분한 공간이 아니다. 2.7킬로그램까지 자라는 육계의 경우에는 특히 그렇다.[2]

이 모든 것이 말하는 바는, 먹는 것에 관한 한 우리의 눈은 우리를 속일 때가 많다는 것이다.

○ ○ ○

오래전부터 사람들은 '5초의 법칙'을 검증하려고 시도해 왔다. 음식이 땅에 떨어졌을 때 5초 안에 집으면 오염되지 않는다는 속설이다. 물론 이를 뒷받침하는 과학적 증거 같은 것은 없다. 그냥 우리는 이런 식으로 자신을 합리화한다. "걱정하지 마. 치즈 조각이잖아. 재빨리 털어 내고 먹으면 돼." 혹은 "(겉이 딱딱한) 젤리빈이야, (쫀득거리는) 구미베어가 아니라. 봤지? 아무것도 붙지 않았어." 하지만 과학은 단호하다. 음식이 땅에 떨어지면 거의 동시에 박테리아가 들러붙는다. 그렇다면 왜 이런 속설이 끈질기게 지속되는 걸까? 간단히 말하면 우리가 그러기를 원하기 때문이다. 박

---

2 하지만 유럽에서 할애된 공간이 넓다는 것은 닭이 좀 더 자유롭게 움직일 수 있다는 뜻이다. 병들거나 오염되지 않은 가금류에는 굳이 화학적 오염 제거를 할 필요가 없다. 달걀도 차이가 있다. 여러분도 알아차렸듯이 미국 슈퍼마켓에서는 달걀을 항상 냉장된 상태로 판매하지만, 유럽에서는 상온의 선반에 두고 판다. 미국에서는 달걀을 낳는 환경이 더 지저분해서 화학적 살균 과정을 반드시 거쳐야 하기 때문이다. 그래서 뜨거운 물로 세척한 다음 냉장고에 넣어 보관해야 한다.

테리아는 눈에 보이지 않고 어떤 해도 끼치는 것 같지 않으므로 대부분의 사람들은(한 조사에 따르면 79퍼센트) 바닥에 떨어진 음식을 그냥 집어서 먹는다. 지저분한 젤리빈은 그렇다 치고 우리 식품 체계의 지저분한 진실은 어떨까? 우리는 실상에 용감하게 맞설 수 있을까, 아니면 마찬가지로 우리가 원하기 때문에 그냥 못 본 척 외면할까?

음식과 관련하여 우리가 알려고 하지 않는 것들이 있다. 그리고 우리는 우리가 알려고 하지 않는다는 사실을 안다. 여기에 문제의 어려움이 있다. 알려져 있다시피, 우리의 뇌는 우리를 기분 좋게 하지 않거나 스트레스를 주는 정보를 차단한다. 고통을 외면하는 것이다. 하지만 마거릿 헤퍼넌은 『의도적 눈감기Willful Blindness』에서 이렇게 썼다. "알지 못하는 것은 괜찮다. 모르는 것은 쉽다. 아는 것은 어려울 수 있지만, 그게 현실이다. 최악은 대단히 나쁜 일임에 틀림없기 때문에 알고 싶지 않은 것이다. 그래서 아는 것이 그토록 어려운 것이다."

우리가 먹는 음식이 어디에서 오는지 알고 싶은 호기심이 약간이라도 있다면 실상을 아는 것은 어렵지 않다. 업튼 싱클레어가 100년도 더 전에 『정글The Jungle』이라는 책을 펴내고 난 뒤로 고기 도축 산업의 끔찍한 실상은 잘 알려져 있다. 오늘날 소고기 통조림에서 쥐가 발견될 가능성은 그리 많지 않겠지만, 도축장의 규모는 어마어마하게 커졌고, 지난 백 년 동안 기계화 공정은 충격적일 정도로 강화되었다. 제임스 피어스는 「멋진 새로운 정글A Brave New Jungle」이라는 글에서 이렇게 썼다. "20세기에 (그리고 21세기에 들어서도) 축산업 생산량이 얼마나 증대되었는지 가장 확실하게 보여 주는 방법은 단순한 통계를 보는 것이다. 오늘날 양계 산업에서 하루에 도축하는 조류의 수가 1930년 한 해 동안 도축한 수보다 더 많다."

이와 같은 대학살에서 이익을 얻는 사람들은 사실과 통계를 보이지 않게 감추려 하지만, 굳이 그러지 않더라도 불쾌한 진실은 감추기 쉽다. 알고 싶지 않다면 우리는 얼마든지 모른 채로 살아간다.

강력한 억제 요인으로 혐오감도 있다. 혐오학자들disgustologist(혐오감을 연구하는 과학자들은 스스로를 이렇게 부른다)은 혐오감이 보편적인 감정이며 여기에 이득이 있다고 말한다. 예를 들어 썩어가는 살갗에서 벌겋게 부어오른 상처를 보고 우리가 얼굴을 찌푸리는 것은 진화적 이점이다. 혐오감은 우리를 병원균으로부터 멀리 떨어뜨려서 질병에 걸리지 않도록 보호하기 때문이다.

그러나 잠재적으로 혐오감을 일으킬 수도 있는 많은 것들은 더 이상 우리 눈에 보이지 않는다. 특히 식품 산업의 저렴한 고기와 관련하여 우리는 우리가 먹는 음식에 대한 중요한 사실들을 모르고 있다. 예컨대 우리가 먹는 동물들이 쓰레기[3]와 다른 동물들의 분변을 일상적으로 먹고 자란다는 사실이 그렇다. 대부분의 베이

---

3 "'쓰레기'라는 말은 그냥 하는 말이 아니다. 온갖 종류의 찌꺼기들, 예컨대 백열전구의 부서진 유리 가루, 쓰고 버린 주사기, 새끼들의 뭉개진 고환 따위가 곡물과 혼합되어 먹이로 주어진다. 공장식 농장에서는 그냥 버리는 물건이 거의 없다." 폴 솔로타로프, 「짐승의 배 속에서」, 『롤링스톤』(2013년 12월 10일자).

컨은 가스실에서 도축한 돼지에서 얻어진다는 사실, 그리고 슈퍼마켓 육류 코너에 진열된 스테이크가 산 채로 가죽을 벗긴 거세 수소에게서 얻어진다는 사실도 사람들은 모른다.

어쩌면 여러분은 알고 싶지 않을지도 모른다. 어떤 사실들은 알고 나면 선뜻 먹기가 꺼려지고 적어도 구매하기를 망설이게 된다. 저녁 식사에서 대화로 나눌 소재는 확실히 아니다. 말하자면, 인공적인 커피 크림에 들어 있는 주요 성분들을 꼼꼼하게 살펴보면 입맛이 싹 달아날 것이다. 그러나 두툼한 고기 조각의 기원을 추적하는 일과는 비교할 수 없다. 일상을 이루는 요소들(제이인산칼륨, 모노글리세라이드와 다이글리세라이드, 이산화규소, 스테아릴젖산나트륨, 소이레시틴, 인공 감미료)에 대해서는 거의 모르고 지나가도 무방하겠지만, 한때 살아 있던 것을 먹는 문제에 대해 아무것도 모른다는 것은 불투명함의 문제이고 최소한 어느 정도는 양심의 문제다. 알지 않는 것은 양심을 더럽히지 않기 위함이다.

앞 장에서 설명했지만 동물들도 내면의 삶과 감각의 경험이 우리 인간 못지않게 풍부하다. 우리도 결국은 동물이다. 그리고 동물은 다른 동물들을 배려하는 마음을 타고난다. 미국의 저명한 생물학자 E. O. 윌슨은 이를 "생명 사랑biophilia"이라고 불렀고 "다른 형태의 생명체들과 교류하려는 충동"이라고 설명했다. 많은 사람들이 자연의 품에서 존중의 마음이나 연결되어 있다는 감정을 느낀다. 우리도 자연의 일부이기 때문이다. 강아지나 새끼 고양이를 보면 키우거나 보호해 주고 싶다는 마음을 떨치기가 어렵다. 동물에게 느끼는 연대감은 과학적 연구의 주제는 아니다. 그러나 그 증거들을 무시할 수는 없다. 우리는 동물을 사랑한다.

우리가 닮았다는 것은 부인하기 어렵다. 소의 경험, 닭의 경험, 혹은 앞서 살펴본 박쥐의 경험은 분명 우리와는 다르다. 우리는 소, 닭, 박쥐가 된다는 것이 어떤 것인지 모른다. 하지만 무엇이 닮았는지 추정할 수는 있다. 동물이 된다는 것이 어떤 것인지 생각하는 우리의 입장은 예컨대 인공 지능을 갖춘 로봇(혹은 화성인)이 인간이 된다는 것이 어떤 것인가 하는 질문을 처리할 때의 입장과 같을 것이다. 요컨대 우리의 행동들이 냉정하게 기술될 수 있다고 해서 우리가 풍부한 경험을 하지 못한다고 가정해야 하는 것은 결코 아니다. 그러니 우리가 다른 동물들에게 이런 가정을 고수해야 할 이유가 없다. 토머스 네이글은 이렇게 말했다. "우리가 결코 기술하거나 이해하지 못한다고 해서… 그 현실을 부정한다면, 그것이야말로 투박한 인지부조화이다." 우리는 사람들이 저마다 자신만의 방식으로 세상을 보고 경험한다고 믿으면서, 다른 동물들이 그런 방식으로 보고 경험한다는 것을 부인할 수는 없다.

인지부조화는 우리가 알면서도 안다는 것을 회피하고자 할 때 느끼는 불편함을 가리키는 이름일 뿐이다. 고기가 어디에서 오는가 하는 문제의 경우, 이런 의도적 눈감기는 지구의 모습을 이미 몰라보게 바꿔버린 소름끼치고 오싹하고 거대한 죽음의 행렬을 보지 못하도록 우리의 눈을 가린다. 우리가 눈 하나 깜빡이지 않고도 그런 엄청난 죽음들을 외면할 수 있다면, 또 얼마나 많은 것들이 빤히 보이는 곳에 감춰져 있을까?

○ ○ ○

먼저 우리 발밑에 있는 것을 살펴보는 것으로 시작하자. 우리가 발을 딛고 서 있는 것은 먹이 사슬의 든든한 기초다. 그것이 얼마나 중요한지 우리가 사는 행성과 같은 이름(지구/흙earth)으로 불릴 정도다. 우리는 흙에 기대어 살아간다. 슈퍼마켓 진열대에 놓인 온갖 다채로운 음식들 — 수박, 딸기, 케일, 고추, 시금치, 리치, 방울양배추, 복숭아, 호박, 감자 — 이 물과 햇빛, DNA, 그리고 흙으로 만들어 낸 똑같은 연금술의 산물이라는 것은 과학적 경이다.

흙의 건강은 맨눈으로 확인하기가 쉽지 않지만, 캐나다 농부들은 보다 확실하게 알아볼 수 있는 이례적인 방법을 찾아냈다. 면 소재의 남성용 속옷을 땅속에 한 달가량 묻어두면 토양이 얼마나 건강한지 지표를 얻을 수 있다. 면 속옷의 99퍼센트는 셀룰로오스인데, 포도당 분자들이 길게 결합된 구조여서 흙 속의 미생물들에게 성대한 잔칫상이 된다. 각기 다른 방식으로 경작된 밭 여러 곳에 남성용 속옷을 몇 벌 묻어둠으로써 미생물들이 얼마나 풍부한 토양인지 상대적으로 비교할 수 있다.

온타리오 주 농림축산식품부에서 연구 기술원으로 있는 클레어 쿰스가 이것을 실험해 보았다. 그녀는 전통적인 방식으로 경작하고 콩을 지속적으로 키운 밭과 여러 작물을 윤작하며 갈지 않은 밭에 몇 벌의 속옷을 묻어 차이점이 있는지 알아보고자 했다. 두 달 뒤에 꺼내보니 경작한 밭의 속옷은 거의 말짱해서 입을 수 있을 정도였다. 하지만 갈지 않고 윤작한 밭의 속옷은 민망하게 쪼그라들어 있었다. 고무 밴드를 제외하고는 "거의 남아 있는 것이 없었다." 미생물들이 속옷을 먹어 치운 것이다. 흙 속에 땅과 작물 모두에게 도움이 되는 생명들이 가득하다는 뜻이었다.

"문명은 토양의 질에 따라 융성하고 몰락한다"는 말이 있다. 21세기 중반이면 세계 인구가 100억 명까지 늘 것으로 예측되는 상황에서 토양이 급격하게 퇴화하고 있음을 무시하는 것은 커다란 실수다. 영국의 언론인 나피즈 아메드는 세계자원연구소의 보고서를 인용하며 이렇게 썼다.

지난 40년간 약 20억 헥타르의 토양(지구 육지 면적의 15퍼센트로 미국과 멕시코를 합친 것보다 더 넓다)이 인간의 활동으로 퇴화했고, 세계 경작지의 약 30퍼센트는 비생산적인 땅이 되었다.[4] 그러나 침식된 표토 1밀리미터를 다시 회복하는 데만도 평균적으로 한 세기가 걸린다.

그러므로 토양은 사실상 재생이 불가능하고 빠르게 고갈되는 자원이다.

보고서에 따르면 보수적으로 추정해도 12년 안에 북아메리카와 남아메리카, 서아프리카와 동아프리카, 중부 유럽과 러시아, 그리고 중동, 남아시아, 동남아시아의 모든 주요 곡창 지대가 심각한 물 부족으로 스트레스를 겪게 될 것이다.

---

4   유엔 식량농업기구에 따르면 전 세계 육지의 25퍼센트가 퇴화했는데, 사하라 이남 아프리카, 남아메리카, 동남아시아, 북유럽에서는 토질 저하가 절반 이상의 토지 이용에 영향을 미쳤다.

토양 퇴화에 단 하나의 원인은 존재하지 않는다. 초목이 없어서 가뭄이 들고 물과 바람에 의한 침식이 일어나면 토양이 퇴화한다. 산업형 농업도 원인이 된다. 단일 작물 재배가 급속하게 늘어난 것부터 비료를 과도하게 사용하는 것, 혹은 비료 사용이 너무 부족해도 토양을 퇴화시킨다. 과학자들은 우리가 발밑의 흙을 어떻게 대하느냐에 따라 조만간 지구 인구 5분의 2의 삶이 결정될 것이라는 암울한 경고를 내놓았다. 유엔의 한 고위 관료는 현재의 토양 퇴화 속도로 볼 때 앞으로 농사 가능 기한이 60년밖에 남지 않았다며 상황의 심각성을 강조했다.

토양은 씨앗을 길러내는 포궁과도 같다. 식물들을 보살피고 키워서 자라도록 한다. 세상에는 수백만 종의 다른 종자들이 있지만 (일례로 유명한 스발바르 국제 종자 저장고는 현재 89만 종의 표본을 확보했으며 450만 개 품종의 종자를 저장할 수 있는 공간이 마련되어 있다), 12종의 식물과 5종의 동물이 전 세계 소비 식량의 4분의 3을 차지하는 것이 현실이다.

우리가 먹는 식량을 그토록 제한된 종의 식물과 동물에, 그것도 각각 하나의 품종에만 의지한다는 것은 하나의 질병이나 하나의 기상 사건만으로도 식량 자원을 모두 날려버릴 수 있다는 뜻이다. 예전에 그런 일이 실제로 벌어진 적이 있었다. 19세기의 아일랜드 감자 기근은 '감자 역병균'이라고 하는 물곰팡이가 원인이었다. 지주들이 소고기를 얻으려고 소를 방목하는 바람에 땅에서 쫓겨난 아일랜드 농부들은 '럼퍼lumper'라는 하나의 감자 품종에 의지하여 살아갈 수밖에 없었다. 1845년 마름병이 돌자 300만 명의 주요 식량 자원이 검은색으로 썩어 들어가기 시작했다.

그 결과는 역사상 가장 참혹한 비극 가운데 하나였다. 이후 10년 동안 아일랜드 총 인구의 4분의 1인 150만 명이 굶어죽거나 고향을 떠났다. 손실을 회복하는 데는 한 세기가 걸렸다.

바나나도 감자만큼이나 취약한 작물이다. 1950년대까지 바나나의 주요 품종은 '그로 미셸'이었는데, 파나마병이라는 곰팡이가 농작물을 폐사시켰다. 규모를 키울 수 있고 동일한 생산물을 만들기 위해 개발된 씨 없는 바나나는 가지를 잘라 땅에 다시 심는 식으로 번식이 이루어졌다. 그 말은 유전적으로 동일한 복제품이라는 뜻이다. 실제로 바나나는 세계에서 가장 큰 단일한 생물이다. 대부분의 사람들은 '그로 미셸'을 실제로 맛본 적이 없지만, '그로 미셸'은 현재 가게에서 팔리고 있는 바나나 품종인 '캐번디시'보다 훨씬 맛이 좋았다고 하니 우리는 우리가 무엇을 잃어버렸는지 모르는 셈이다. '캐번디시'는 수출되는 바나나의 99퍼센트를 차지하며, 씨 없는 복제품으로서 마찬가지로 위협에 처해 있다. 새롭고 더 치명적인 변종 파나마병이 아시아에서 아프리카와 인도로 확산되었고 중앙아메리카로 오고 있기 때문이다. 병이 확산된다면 '캐번디시'를 포함하여 많은 바나나 품종들이 사라질 수도 있다.

생물 다양성이 사라지는 것이 우리가 식량으로 키우는 식물 때문만은 아니다. 세계자연기금에 따르면 전 세계 생물 다양성 손실의 60퍼센트는 우리가 우리의 식량을 먹이기 위해 사용하는 땅에서 기인한다.[5] 다시 말해 우리가 고기를 얻기 위해 키우는 동물들을 먹이기 위해 땅을 활용하는 것이다. 그리고 우리가 고기를 '키우는' 방식은 단일 작물 재배 방식과 유사하다. 즉 우리는 동물의 종자도 통제한다.

바나나와 마찬가지로 가축으로 키우는 많은 동물들도 교미하지 않는다. 우리는 그들의 유전자 풀도 통제한다. 여러분이 오늘 아침에 먹은 것이 어디서 왔는지 추적하다보면 자연스러운 성이 싹둑 잘려나갔음을 발견하게 될 것이다. 평균적인 젖소는 해마다 임신하겠지만, 평생 황소를 한 번도 보지 못할 가능성이 크다. 오늘날 젖소의 95퍼센트와 돼지의 90퍼센트에게 생명은 동물의 반짝거리는 눈망울이 아니라 배양 접시에서 시작하기 때문이다. 이 가축들의 대다수는 인공 수정을 통해 세상에 태어난다.

정액 채취를 위해 황소에게 거세한 수소나 모형 암소를 붙여준다. 가장 단순한 형태의 모형 암소는 고등학교 체육관에 있는 안마 기구처럼 생겼다. 황소의 정액을 '짜내는' 방법에는 일반적으로 세 가지가 있다. 첫 번째 방법은 가장 흔한 것으로 인공 질을 사용하는 것이다. 소가 뒤에서 올라타려고 할 때 '채취자'가 잽싸게 다가가 질을 소의 생식기에 끼운다. 발기하면 길이가 60센티미터에 이르므로 만만치 않은 일이다. 실제 느낌을 내기 위해 고무로 된

---

5 삼림을 벌채한 아마존에서 경작되는 콩의 80퍼센트는 동물 사료용이다. 개간된 땅은 소를 키우는 목장으로도 활용된다. 재규어, 나무늘보, 개미핥기 같은 동물들이 사라지고 있다. 그들이 살아가는 숲 70만 헥타르 이상이 2011년부터 2015년 사이에 파괴되었기 때문이다. 우리가 즐겨 먹는 햄버거와 치킨윙은 콩고, 아마존 열대 우림, 히말라야 산맥 같은 생태적으로 풍부한 지역에 서식하는 야생 동물들의 죽음과 맞닿아 있다. 둘의 연관 관계는 확실하다. 우리는 부자연스러운 것을 만들기 위해 자연스러운 것을 파괴하고 있다.

인공 질의 내부에는 윤활유를 바르고 내벽에 따뜻한 물을 채워 넣는다. 채취자는 "온기와 손동작으로 자극하여" 황소의 정액을 채취한다. 인공 수정 센터에서 황소는 일주일에 이삼 일 이런 채취 과정을 거치며, 하루에 두세 차례 사정을 한다.

모형 암소에 올라타지 못하거나 통제하기 어려운 황소의 경우에는 전기 사정 방법이 선호된다. 채취자는 소를 금속 활송 장치로 데려가 고정시키고는 장갑 낀 손으로 소의 직장을 마사지하며 긴장을 풀어 준다. 그런 다음 전극이 부착된 거대한 금속 탐침을 항문에 집어넣고 전류를 골반 신경으로 흘려 보낸다. 멸종 위기 야생 동물의 종 보존을 위해 정액을 얻을 때 이런 전기 사정법을 활용한다. 다만 야생 동물들은 일반적으로 마취를 하지만, 황소는 그런 혜택을 누리지 못한다.

마지막 방법은 인간이 좀 더 직접적으로 개입한다. 채취자는 장갑 낀 손을 소의 직장 안에 팔꿈치까지 집어넣고 정관과 부속샘을 마사지하여 사정을 유도한다.

일반적으로 우리는 암소를 수익을 위해 젖을 쥐어짜는 존재로 생각하지만, 무게당 가격으로 보면 씨수소의 정액이 훨씬 비싸다. 스트로[6] 하나에 최고 2,000달러까지 받을 수 있고, 한 번의 사정으로 500스트로까지 나온다.[7] '스타급' 씨수소 한 마리는 연간 700만

---

[6] 정액을 담아 두는 볼펜심처럼 생긴 플라스틱 막대로 정액 0.5cc가 들어간다 — 옮긴이주.

[7] 가격은 천차만별이어서 가장 저렴한 정액은 스트로에 5달러에서 15달러이며, 가장 비싼 와규 소의 정액은 스트로에 2,000달러까지 한다.

달러가 넘는 수입을 올리고 50여만 마리의 새끼를 임신시킬 수 있다. 6,000억 달러 규모의 전 세계 낙농업 시장을 떠받치는 주춧돌인 씨수소 정액은 '백색 금'으로 통한다. 최고의 우유를 생산하는 젖소들의 아비인 씨수소는 소유주에게 막대한 부를 안겨 주고 그 분야에서 유명 인사 대접을 받는다. 낙농업계에서 '컴스타 리더', '서니 보이', '토이 스토리'를 모르는 사람은 없다. 막대한 돈을 벌어들일 뿐만 아니라 막대한 양의 정액을 생산한다는 점에서도 '백만장자 클럽' 회원으로 손색이 없다.[8]

그렇다면 정액은 왜 그렇게 거대한 사업일까? 유전학자 크리스틴 배스는 이렇게 설명한다. "암소는 최근에 새끼를 낳지 않았다면 우유를 생산하지 않는다. 그래서 신체적으로 감당할 수 있는

---

8 명성이 높은 씨수소가 죽으면 부고 기사도 나온다.

〈1990년 11월 1일 ~ 2005년 10월 24일

국제적 명성의 '71HO1181 컴스타 리더 EX EXTRA'는 낙농업자라면 누구나 꿈꾸는 씨수소였다. 그는 새끼 암소들에게 머리에서 꼬리까지 자신의 자질을 고스란히 물려주었다. 최고의 우유를 생산하는 젖소들, 경연 대회 우승자, 높은 등급을 받은 자손들을 낳아 전 세계 사육자들을 만족시켰다.

"이 씨수소는 뛰어난 유방과 뼈의 질로 엄청난 유제품 생산 능력을 보여 주었다." 시멕스의 씨수소 분석가 로웰 린지의 말이다. "블랙스타, 셰이크, 마크 앤서니의 핏줄을 물려받은 리더는 세 누이들과 마찬가지로 넓은 가슴, 멋진 발과 다리를 가졌고, 이런 특징을 자식들에게 물려주었다."

리더가 업계에 남긴 충격은 이후 세대들도 계속해서 목격하게 될 것이다. 캐나다에서만 그의 자손 암소들이 2만 마리가 넘는다. 숫자도 놀랍지만 더 인상적인 것은 그 암소들의 67퍼센트가 GP나 그 이상의 등급(EX 270마리, VG 3,411마리)을 받았다는 사실이다[암소 등급은 EX(excellent), VG(very good), GP(good plus), G(good), F(fair), P(poor)로 나뉜다 — 옮긴이]. 젖소를 키우는 곳이라면 전 세계 어디서든 리더는 최고로 인기 있는 씨수소로 길이 남게 될 것이다.〉

한 자주, 그러니까 일 년에 한 번은 암소를 임신시키는 것이 중요하다. 암소는 305일 우유를 생산하고, 60일 쉬고, 그런 다음 임신에 다시 돌입한다." 여러분은 황소와 달리 낙농업계의 목줄인 우유를 실제로 생산하는 암소가 대중의 주목을 전혀 받지 못한다는 것을 알아차렸을 것이다. 그들은 눈에 보이지 않는 존재다. 매일 120잔 분량의 우유를 평생 생산하고 나면 가치가 다한 것으로 여겨져서, 도축장으로 끌려가 분쇄되어 개 먹이나 햄버거용 고기로 팔린다.

이런 '정액 사업'은 국내용만은 아니다. 미국과 캐나다는 매년 수억 달러어치의 정액 스트로를 전 세계에 수출한다. 미국은 무역 제재에도 불구하고 '인도적 도움'이라는 명목하에 이란에 200만 달러어치의 씨수소 정액을 수출하기도 했다. 살아 있는 동물들을 747 화물 수송기에 실어 보내는 것은 당연히 돈이 많이 들기 때문에 정액을 납작한 소포에 포장해서 보낸다.

나스닥과 다우존스 시대에 사는 우리로서는 주식 시장이 처음에 가축을 거래하는 것에서 시작했다는 사실을 잊기 쉽다. 하지만 오늘날에는 단순한 가축 경매도 첨단 기술이 동원되는 추상적인 것이 되었다. 살아 있는 가축을 경매대에 올리는 것이 아니라 지노믹스 같은 회사들이 정액과 배아 경매를 진행한다. 유전적으로 완벽한 혈통을 판매하는 것이 목표다. 구매자들은 고기 양이 얼마나 많이 나오는지, 성장이 얼마나 빠른지, 분만이 얼마나 쉬운지 살피고, 자신들이 원하는 유전자 특성들을 하나하나 확인한다. 씨수소 정액이 워낙 치열한 상품이다 보니 최근에는 농가를 무단으로 침입하여 암시장에서 수만 달러에 거래되는 정액을 훔치는 사례들이 일어나기도 했다.

이런 백색 금은 개인에게도 중요한 사업이지만 국가적으로도 소중하다. 냉동 보존 정액은 영하 196도의 액체 질소에 넣어 보관된다. 이렇게 하면 최소 50년, 혹은 누군가의 말처럼 무한정 보관이 가능하다. 거대한 규모의 재난이나 질병을 대비하여 미국 농무부는 식물 종자 저장고와 비슷한 액체 질소 저장 시설을 은밀하게 마련해 놓았다. 콜로라도 주 포트콜린스에 있는 국가동물유전자원프로그램(NAGP)은 유전자 버전의 노아의 방주다. 지구상의 모든 가축 동물이 절멸하는 사건이 벌어지면 NAGP에서 "전체 품종을 복원"하도록 한다는 계획이다. 열여덟 개 동물 종에서 얻은 70만 개가 넘는 정액 스트로가 그곳에 마련되어 있다. 돼지, 칠면조, 닭, 소의 일반 품종들은 물론, 뛰어난 혈통의 정액도 총 1만 제곱피트의 시설에 보관되어 있다.

이렇게 다양한 혈통을 유지하는 것은 다른 이유로도 중요하다. 인공 수정의 위험 요소인 근친 교배를 막는 것이다. '포니 팜 아린다 치프'라는 이름의 씨수소는 한때 낙농업계의 칭기즈칸이었다. 그의 핏줄을 직접 물려받은 암소가 16,000마리가 넘으며 그 아래 세대는 50만 마리, 그 아래 세대는 200만 마리에 이르렀다. 오늘날 홀스타인 품종 소 전체의 14퍼센트에 그의 유전자가 들어 있다. 사육자들은 양쪽 다 치프의 자손들인 황소와 암소를 계속해서 교배했고, 결국 결함 있는 유전자가 생겨났다. 둘 다 이 유전자를 갖고 있는 경우에는 자연 유산이 일어났다. 그로 인해 업계가 입은 재정적 손실은 4억 2,000만 달러가 넘었다.

따라서 품질 관리는 건강한 정액을 확보하려면 꼭 필요하다. 정액 채취 센터에서 정자는 현미경을 통해 숫자가 충분히 많은지, 활력이 충분한지, 물리적 기형이 없는지를 분석하는 과정을 거친다. 시멕스 같은 회사는 또한 "컴퓨터를 활용한 정액 평가 시스템"을 가동하여 소프트웨어와 고해상도 비디오 영상으로 정자의 상태를 평가한다. 그러나 여전히 옛날 방식으로, 즉 눈으로 보고 냄새를 맡음으로써 평가가 이루어지는 곳도 있다.

링크드인 사이트에서 직업 프로필을 찾아보기는 어렵겠지만, 핀피그 같은 회사의 직원들은 정액에 코를 대고 이상한 냄새가 나면 폐기 표시를 해야 한다.[9] 이것은 돼지 축산업에서 중요한 일이다. 에든버러 대학에서 수의학을 공부하는 사브리나 에스타브룩-러셋은 돼지 농장 일꾼으로 일했던 자신의 경험을 잡지 『모던 파머』에 상세하게 털어놓았다. 슬로베니아 농장에서 일하면서 그녀는 정액의 품질을 평가하는 관행적인 방법을 배웠다. 농부가 그녀에게 말했다. "우리는 시각, 촉각, 후각, 미각 등 모든 감각을 다 동원하여 평가합니다. … 어린 수퇘지의 정액은 달콤하죠. 늙으면 정액에서 쓴맛이 납니다." 다행히도 그녀는 맛으로 평가하는 것은 면했다.

정자도 일종의 상품이어서 다양한 구성으로 소비자에게 선보인

---

9 "이 문제와 관련하여 우리는 신중하게 타협안을 찾았습니다. 가축에게서 채취한 정액은 어떻게 보이는지, 어떤 냄새가 나는지 살펴봅니다. 그래서 색깔이나 구성, 냄새에 뭔가 이상한 점이 있으면 비정상적인 것으로 간주하고 폐기 처분합니다."

다. 예컨대 지금은 성 판별 정자가 가장 일반적인 상품이다. 우유를 생산하는 암소를 원하는 고객이라면 XX 정자를 사는 것이 합당하다. 어린 수컷은 송아지 판매상이 아니라면 아무도 원하지 않는다. 요즘은 세포 분석기를 사용하여 질량으로 수컷 염색체와 암컷 염색체를 구별하고, 자기 전류로 XX 정자와 XY 정자를 분리해낸다. 그래서 소비자는 90퍼센트 정확도로 원하는 성별을 낳는 정자를 구입할 수 있다.

심지어 '로봇 레디'라는 상표를 달고 판매되는 정액도 있다. 이는 로봇 착유기를 더 잘 견디는 젖꼭지를 가진 암소를 낳는다는 뜻이다. 젖소는 유방 조직이 세균에 감염되는 유선염 같은 병에 걸릴 수 있는데 이렇게 되면 우유 생산에 차질이 생긴다. 이를 해결하기 위해 낙농 회사들은 기술을 바꾸는 대신 젖소를 바꾸고 있다. 시멕스 회사의 보도 자료는 이렇게 설명한다. "시멕스의 '로봇 레디'는 자동화된 농장에서 더 많은 이윤이 남는 젖소를 키우도록 낙농업자들을 도와줄 것입니다. … 우리는 이런 체계에 최적화된 암소를 생산하는 것이 자동화된 로봇 기술을 이미 활용하고 있거나 활용할 계획인 고객들에게 꼭 필요하다고 생각합니다."

우리는 가축 동물의 생명 활동을 유린하는 과정에서 그들로부터 자연스러운 교미를 빼앗았을 뿐만 아니라 이제는 개체수를 늘리는 방안도 손에 넣었다. 사업의 관점에서 보자면 생산물의 수를 늘려야 재정적 이득이 커진다. 돼지는 융자받을 수 있는 담보물로 간주되며, 자손의 수를 늘리면 손에 쥐는 이득이 커진다. 개체수는 매년 10배씩 늘어난다. 첫 해에 암돼지 한 마리가 새끼 20마리를 낳는다. 둘째 해에 암퇘지 10마리가 200마리를 낳고, 이듬해가 되면 암퇘지 100마리가 2,000마리를 낳는다. 이런 속도로 하면 여섯째 해에는 200만 마리까지 돼지 수가 늘어난다. 그러나 여기에는 감당해야 할 결과가 따른다. 1990년대에 돼지는 일반적으로 매년 20마리를 낳았지만, 오늘날에는 품종 개량 덕분에 25마리에서 30마리까지 늘어났으며, 심지어 한 해에 40마리의 새끼를 낳는 돼지도 있다.[10] 인공 수정과 배아 판매를 통해 동물의 생산량이 이렇게 급증하면서 번식 과정이 달라졌고, 그 결과 지구상 가축 동물의 생물량이 급격하게 늘어났다.

오늘날 지구에는 가축으로 키우는 돼지가 10억 마리가 넘고 암소는 15억 마리에 이르며,[11] 유엔 식량농업기구 통계에 따르면 매년 660억 마리의 닭이 도축된다. 『사이언티픽 아메리칸』의 편집자 조지 머서는 "지구상에 존재하는 거의 모든 척추동물은 인간이거나 아니면 농장 동물이라는 뜻"이라고 이를 정리했다. 말, 양, 염소, 그리고 애완동물을 포함시키면 지구 생물량의 65퍼센트가 가축이고, 32퍼센트가 인간이며, 야생에서 살아가는 동물들은 기껏해야 3퍼센트만을 차지한다.

현재 75억 명에 육박하는 세계 인구는 매년 1.2퍼센트씩 늘어

---

10 높은 출산율은 암퇘지의 폐사율이 높아지는 것과 맞닿아 있다. 한 배에서 나는 새끼들이 많아지면 "직장, 질, 포궁이 정상 위치보다 낮게 내려앉는 탈출증이 곤혹스러울 만큼 빈번해지기" 때문이다.

11 유엔 기후변화협약의 자료로 보면 "소를 하나의 국가라고 할 때 온실가스 배출 3위 국가가 된다."

나는 중이다. 가축의 증가율은 그보다 두 배 높은 2.4퍼센트다. 인구가 세기 중반에 100억 명에 이르면 우리는 1억 2,000만 톤의 인간을 추가로 먹여 살려야 할 뿐만 아니라, 4억 만 톤의 농장 동물까지도 추가로 부양해야 한다. 2050년이면 가축이 먹을 식량을 키우기 위해 필요한 물리적 공간만 해도 현재 농경지의 4분의 3에서 경작 가능한 모든 땅의 절반까지 늘어나야 한다.

○ ○ ○

해파리와 오이는 95퍼센트가 물이다. 인간은 60퍼센트가 수분이다. 모든 육지 식물과 동물의 공통점은 물이 몸을 구성하는 요소이고 물을 마셔서 갈증을 푼다는 점이다. 우리는 물 없이는 살 수 없다. 하지만 우리는 물이 어디서 오는지에 대해 얼마나 많이 알고 있을까?

물은 당연히 하늘 저 높은 곳에 있다. 구름은 하늘 위를 떠다니는 강이나 마찬가지다. 그리고 공기보다 가벼워 보이지만 엄연히 무게가 있다. 예컨대 평균적인 뭉게구름에 포함된 물의 양은 110만 파운드(49만 5,000리터)로 코끼리 100마리 무게에 맞먹는다. 구름은 어디에나 있을 수 있지만 변덕스러워서 언제 어디서 비를 뿌릴지 모른다. 우리가 산업용·농업용·가정용으로 쓰는 물은 주로 지하 깊은 곳에 있는 대수층과 빙하에서 녹은 눈과 얼음, 이렇게 두 가지 수원에서 얻는데, 둘 다 사라지고 있다.

먼저 높은 곳, 산봉우리에서 시작하자. 빙하가 녹은 물은 아래로 흘러 강과 개울을 이룬다. 미국 지질연구소에 따르면 "쌓인 눈에서 흘러내린 물만으로 미국 서부에 사는 7,000만 명이 매년 사용하는 물의 60퍼센트에서 80퍼센트가 공급된다."[12] 사라져가는 빙하 사진에 경각심을 느껴야 하는 이유다. 쌓인 눈이 얼음이 되었다가 녹으면서 물이 되는데, 기온이 따뜻해지면서 유출된 빙하가 보충되지 않고 있다.

이 일은 충격적인 속도로 진행되고 있다. 캐나다 브리티시컬럼비아에서 매년 빙하에서 빠져나가는 물은 220억 세제곱미터에 이른다. 해마다 엠파이어스테이트 빌딩 2만 2,000개 부피의 물이 산봉우리에서 사라지고 있는 셈이다. 산악인 데이비드 브리시어스는 아시아 고지대에서 "얼어붙은 저수지"가 사라지고 있는 모습을 기록했다. 빙하 연구 영상 프로젝트(GRIP)의 공동 창립자인 그와 동료 산악인들은 기록 사진들을 토대로 지난 세기에 산악 등반가들이 걸은 경로를 다시 따라가며 후퇴하고 있는 빙하의 실상을 사진으로 찍어 확인했다. 그는 이렇게 적었다.

우리는 우려해야 한다. 이 얼어붙은 저수지들의 물이 사라지는 것은 가공할 충격이다. 아시아의 거의 모든 주요 하천으로 흘러드는 물줄기를 이런 고지대 빙하가 제공하기 때문이다. 남아시아의 인더스 강, 갠지스 강, 브라마푸트라 강, 그리고 중

---

12 '어떤 지역에서는 높은 산 계곡에 흐르는 물의 대다수를 공급하는 것은 빙하가 녹은 물이 아니라 비와 눈이다.' 하지만 빙하 유출에 의존하는 지역도 있다.

국의 황허 강과 양쯔강에 기대어 살아가는 수억 명의 사람들은 많건 적건 이런 거대한 고지대 빙하에서 물을 얻는다. 빙하가 후퇴하고 저장된 물을 내보내면 강의 수위가 일시적으로 높아진다. 그러나 이렇게 소모되고 나면 이리저리 뻗은 과밀한 대륙에 물이 원활하게 공급되지 않으며, 수자원과 식량 안보에 끔찍한 충격이 가해질 수 있다.

2016년 탐사 보도 센터는 위키리크스에서 공개한 미국 기밀 외교 전문을 검토하기 시작했다. 전문은 "물 부족 사태가 전 세계에 불안을 초래할 수 있다는 우려가 전 세계 정치 지도자들과 기업가들 사이에서 커지고 있음을 보여 주었다." 공식적인 자료는 아니지만, 세계 최대 식품 기업 네슬레는 세계 모든 이들이 평균적인 미국인들처럼 먹었다면 지구의 민물이 15년 전에 고갈되었을 것이라고 추산했다. 이제 인도와 중국 같은 인구 대국들이 경제적으로 치고 올라오면서 육류 소비가 치솟고 있다. 여기에 줄어드는 빙하와 고갈되는 대수층 문제가 결합되어 지구의 수자원은 "잠재적 재앙"으로 치닫고 있는 듯하다.

문제는 이런 위협이 눈에 보이지 않는다는 것이다. 농작물에 사용되는 지하수의 고갈은 '눈 밖에 있는' 위기로 불린다. 지하 대수층에 수천 년 동안 고여 있던 오래된 빗물을 우리는 전례 없는 속도로 퍼 올리고 있다. 이런 물은 일단 고갈되고 나면 다시 채워지는데 수천 년이 걸린다. 우리는 물을 비가 내리거나 눈과 얼음이 녹은 것에서 나온다고 생각하기 쉽지만, 사실 현대 농업은 대부분 이런

'화석' 물에 의지한다. 잡지 『마더 존스』의 톰 필포트는 이렇게 표현했다. "지표수에 의지하는 것은 월급으로 살아가는 것과 같다. … 반면 지하수에 의지하는 것은 예금으로 살아가는 것이다."

현재 전 세계 지하수의 3분의 1이 위태로운 상황이다. 그리고 이런 지하수의 맹점은 인구가 가장 밀집된 몇몇 대도시 아래에서 나타난다. 지하에서 무슨 일이 벌어지고 있는지 볼 수 있는 방법이 있다. 다소 놀랍게도 위성을 이용하는 것이다. 미국항공우주국의 '그레이스-포' 관측 프로젝트는 같은 궤도를 연달아 도는 두 대의 인공위성을 이용한다. 두 위성 사이의 거리를 계속해서 측정함으로써 그들이 훑고 지나가는 중력장의 변화를 감지할 수 있다. 지하수의 이동이 중력장을 변화시키는 요인이므로 과학자들은 수집된 자료를 보고 지표 아래에 있는 지하수의 부피를 확인할 수 있다. 이렇게 위성을 통한 중력 측정으로 캘리포니아의 센트럴 밸리 같은 지역에서는 과거에 수십 년에 걸쳐 고갈되던 양의 지하수가 이제 3년 만에 사라지고 있음이 밝혀졌다.

인간은 매년 4,600세제곱킬로미터의 물을 사용한다. 지구에 있는 모든 강들의 부피를 다 합친 것의 두 배다. 유엔 보고서에 따르면 2050년이면 50억 명이 물 부족을 겪게 되며, 불과 몇 년 남지 않은 2025년이면 18억 명이 "절대적인 물 기근"으로 고생한다고 한다. 그래서 물 가격이 오르고 있다. 미시간 주립 대학 과학자들의 2017년 연구는 앞으로 5년 뒤에 미국 인구의 무려 3분의 1이 수도 요금을 감당하지 못하게 될 것이라고 추산했다.

자연적으로 지표수는 항상 있다. 전선前線이 지나면서 비를 뿌린다. 그리고 비는 공짜다. 그러나 물 순환이 바뀌고 있다. 지구 기온이 매년 올라가면서 따뜻해진 공기로 더 많은 수분이 증발되어, 일부 지역에는 가뭄이 들고 일부 지역에는 대홍수가 일어난다. 건물과 하부시설을 활용하여 빗물을 받도록 도시를 설계하면 두고두고 이를 식수로 사용할 수 있다.

○ ○ ○

물은 인간에게는 귀하겠지만 물고기에게는 항상 풍부하게 있다. 하지만 물고기는 다른 위협에 처해 있다. 최근 들어 그들은 무적의 포식자를 만났다. 사냥 솜씨가 너무도 탁월해서 해양 동물들의 번식 속도가 따라잡지 못하는 포식자는 당연하게도 우리 인간이다.

1920년에 우리는 물고기를 잡는 새롭고 기발한 방법을 개발했다. 하늘에서 잡는 것이다. 당시에 잡지 『주간 항공 시대*Aerial Age Weekly*』에 실린 기사는 버지니아에서 낚시를 하러 나가는 모습을 이렇게 묘사했다. "새벽 5시마다 조종사와 무선 통신사, 어류 탐지기를 실은 비행정이 어선을 돕기 위해 출항한다." 1940년이면 "비행기를 이렇게 새롭게 활용하는" 기술은 600피트에서 800피트 상공에서 어류 탐지기로 물고기 떼를 찾아내기에 이르렀다. 1970년대가 되면 탐지 비행기는 상업용 선박에서 일상적으로 활용되었다. 대규모 어획은 물고기를 찾는 이런 새로운 기술에 의존하게 되었다. 아니나 다를까, 미국 수산청에 제출된 연구 자료에 따르면 비행기를 사용하는 고기잡이배의 92퍼센트가 전보다 어획량이 늘어났다고 한다.

물고기에게 이런 기술은 날벼락이나 마찬가지였다. 하늘에서 내려다보면 물고기들은 도망칠 곳이 없다. 그래서 지중해에서는 참다랑어 낚시에 항공 탐지기를 사용하는 것이 금지되어 있다. 음파 탐지와 항공기를 대동한 선박들이 스페인, 프랑스, 이탈리아, 일본, 리비아에서 몰려들어 최첨단 기술과 릴로 물고기를 싹쓸이하면서 개체수가 급감했다. 그러나 그것이 핵심이다. 물고기 수가 줄어 예전보다 잡기가 어려워지자 남아 있는 것을 잡으려면 모든 방법을 총동원하는 수밖에 없다. 문제는 정상적인 개체수가 어느 정도인가 하는 우리의 시각이 바뀐다는 점이다. 과학자들이 "기준점 이동"이라고 부르는 현상이다. 일본의 어부 카즈토 도이는 태평양 참다랑어의 실태를 이렇게 말한다. "20년 전만 해도 참다랑어 떼가 배 아래로 2마일까지 길게 이어지며 헤엄치는 모습을 볼 수 있었어요. … 지금은 전혀 보지 못합니다." 그도 그럴 것이 태평양 참다랑어의 개체수가 현재 한창 때의 4퍼센트에 불과하기 때문이다. 유엔 보고서에 따르면 "세계 해양 어종의 거의 90퍼센트가 남획되고 있거나 고갈되었다." 전 세계 수십억 명의 식단에서 빼놓을 수 없는 부분이 사라져 가는데, 대부분의 사람들은 이를 알지도 못한다. 오히려 생선에 대한 수요는 계속해서 늘고 있다.

수요를 충당하고자 우리는 야생 어종을 잡을 뿐만 아니라 물고기를 직접 양식하기도 한다. 여기서도 해악이 발생한다. 비좁은 어장에 갇힌 물고기들은 병에 걸리고 기생충에 감염되고 기형어가

된다. 스코틀랜드에서 양식 연어를 검사하는 어류 보건 조사관들은 "혈성 병변, 눈 손상, 장기 기형, 살갗을 파먹는 바다 이 감염" 등의 증거를 정기적으로 발견한다. '스코틀랜드 연어 감시'라는 이름의 환경 단체에 따르면 "스코틀랜드 연어 양식장에서 폐사율은 26.7퍼센트다." 1,500만 마리에서 2,000만 마리의 사육 어류들이 양식 과정에서 죽어 가는 것이다.

게다가 우리가 먹으려고 잡는 게 아닌 물고기도 있다. 너무 작거나, 원하는 종이나 성별이 아닌 '물고기 폐기물'은 축산 농장에 사료로 팔린다. 작은 경골어를 말려 가루로 만든 어분魚粉은 그저 어업의 부산물이 아니라 전 세계에서 잡히는 물고기의 무려 60퍼센트를 차지한다. 어업에서 가장 비중이 큰 부분이지만 소비자들은 이에 대해 거의 알지 못한다. 매년 이런 '폐기물' 물고기 540만 톤이 가루 형태로 만들어져 값싼 단백질 공급원으로서 농가에 사료로 판매된다.

바다에서 물고기 남획이 심해지면서 불법을 저지르는 어선들이 생겨나고 있다. 태국의 해상 공원에서는 열대어를 잡아서 어분으로 만들어 타이거 새우의 사료로 만드는 일이 빈번하다. 유럽과 북아메리카 저녁 식사에 오르는 바로 그 새우다. 영화 「그라인딩 니모」는 저인망 어선들이 해상 공원에서 50종의 고기들을 낚아 올리는 모습을 보여 준다. 어분은 형형색색의 산호초 물고기, 해마, 멸종 위기의 아기 상어 등을 갈아서 만든다. 이런 작은 물고기들이 사라지면 먹이 사슬에 타격이 간다. 어린 물고기들이 성체로 자라지 못하며, 더 큰 해양 포식자들이 먹을 것이 없어진다.

페루는 세계 최대의 어분 생산국이다. 페루에서 잡히는 물고기의 3분의 1이 노르웨이산 양식 연어를 키우는 데 들어간다. 양식연어 1킬로그램을 얻으려면 작은 물고기들을 갈아서 만든 사료 2킬로그램에서 5킬로그램이 필요하다. 페루 사람들을 먹여 살릴수도 있는 물고기가 해외에 수출품으로 팔려가고 있다.[13]

비슷하게 서아프리카에서도 어분 공장들이 세네갈과 모리타니의 해안을 중심으로 속속 들어서고 있다. 세네갈에서 저인망 어선들의 잔악무도한 활약으로 어류의 생물량은 100만 톤에서 40만 톤으로 급감했다. 비록 우리의 시야 너머에 있지만 우리 동네 슈퍼마켓에 진열된 닭고기는 아프리카의 물고기들을 먹고 자란 것이다. 한때 남부럽지 않게 풍부한 어장을 끼고 살았던 서아프리카인들은 이제 자신들의 바다에서 나는 생선을 먹기가 갈수록 어려워지고 있다. 그들의 물고기가 우리의 닭을 살찌우기 위해 해외로 수출되고 있기 때문이다.

○ ○ ○

1960년대에는 닭의 80퍼센트가 온전한 형태로 소비자에게 팔렸다. 그래서 당시에는 닭고기가 인기 있는 육류가 아니었다. 온전한 새의 형태에 양념을 바르고 굽고 자르는 것은 시간이 많이 걸리는 일이었으므로 주로 일요일 저녁이나 특별한 만찬에 닭고기

---

13 일례로 멸치는 페루 사람들이 수천 년 동안 먹어 온 생선이다.

요리가 올랐다. 이런 상황은 코넬 대학의 식품학 및 마케팅 교수 로버트 베이커가 닭에서 고기를 떼어내는 기계를 처음으로 발명하면서 완전히 달라졌다.

'양계업의 토머스 에디슨'으로 통했던 베이커는 뼈를 발라내는 기계의 발명에도 도움을 주었고, 살과 연골을 들러붙게 하는 접합제를 연구해서 가공육 시장을 개척했다. 덕분에 아이들이 좋아하는 별 모양, 하트 모양, 공룡 모양의 '재미있는' 닭고기를 만들 수 있게 되었다.

온전한 새의 형태였던 닭이 여러 부위들(닭봉, 닭날개, 닭다리, 닭가슴살)로 포장되고 다양한 모양의 가공육으로 변신하면서 판매가 대폭 늘어났다. 1960년대에 연간 40억 달러 규모였던 닭고기 산업은 수요가 치솟았다. 오늘날에는 해마다 600억 마리가 넘는 닭이 도축되는데, 대부분을 차지하는 75퍼센트가 공장식 농장에서 키운 닭이다.

계속되는 마케팅 공세로 닭은 더 이상 그저 동물이 아니라 브랜드이자 상품이 되었다. 그리고 늘어나는 수요로 가공 공장에서는 공급을 늘려야 했다. 이를 위해 도축장 설비는 점차 자동화되었고 동물을 해체하는 공정이 가속화되었다. 오늘날에는 이곳이 상업용으로 기르는 암탉의 마지막 종착지이다. 닭의 삶은 인간의 손이 아니라 기계의 칼날에서 끝이 난다.

이로써 우리는 참으로 소름끼치는 맹점에 다가선다. 용감하게 계속 나아가 보자.

도축장의 살육의 장에는 '교수형 집행인'이 있다. 일꾼들이 닭을 스테인리스 쇠고랑에 거꾸로 매단다. 쇠고랑 줄이 재빨리 움직인다. 여기에 보조를 맞추려면 일꾼은 평균적으로 1분에 20마리를 매달아야 한다. 그 다음은 기계의 몫이다. 공포 영화의 한 장면과 놀이공원의 탈것을 떠올리게 하는 풍경이 펼쳐진다. 레일을 따라 이동하던 닭은 수조 위를 지나게 되고, 전기가 흐르는 물속에 머리가 처박혀 기절한다.

이제 살해 기계가 나선다. 닭은 일정한 간격으로 놓인 막대 사이에 목을 끼우는 자세가 된다. 칼날이 돌아가며 닭의 목을 길게 자른다. 피가 흐르는 가운데 카메라가 지나가는 닭의 숫자를 계산한다. 도축이 끝나면 고압실에 도착한다. 이것은 '자극기'라고 불린다. 닭은 40초가량 전극판 위를 지나게 된다. 근육에 남아 있는 화학적 에너지를 소진시키기 위해 가슴을 수축시키고 몸을 퍼덕이게 만드는 과정이다. 이렇게 하면 가슴 근육이 부드러워져서 뼈를 발라내는 작업이 신속하고 용이하게 이루어진다.

다음으로, 쇠고랑에 매달린 닭은 탕박 터널scalding tunnel을 통과한다. 공정 중에서 가장 긴 부분이다. 뜨거운 김을 쏘여 닭의 깃털 모공을 이완시켜 다음 단계에서 깃털을 벗겨내는 작업이 수월해지도록 하는 것이다. 탕박은 '연성'과 '경성'이 있다. 55도에서 이루어지는 연성 탕박을 하면 닭의 껍질이 노랗게 되며, 57도에서 하는 경성 탕박은 흰색 껍질의 닭을 만든다.

컨베이어 벨트가 닭을 다시 들어올려 마지막 단계로 데려간다. 칼날이 목을 동강내고 발을 자르면 닭은 쇠고랑에서 풀려난다.

이 단계에서 닭은 발과 머리는 없지만 여전히 온전한 모습을 하고 있다. 이제 내장을 제거하고 냉기를 쏘이고 검사를 거친 후 다시 매단다. 죽은 닭은 '이등분 바퀴' 속에서 두 동강난다. 이렇게 해서 닭다리와 닭봉이 포함된 뒤쪽 절반과 날개와 가슴살이 포함된 앞쪽 절반이 나뉜다. 각각은 기계로 분리되어 개별적으로 포장된다. 현대의 자동화된 기계는 2.5초마다 한 마리의 뼈를 발라낼 수 있다.

유럽과 아시아, 캐나다에서 가공 처리 공장은 분당 175마리에서 200마리를 처리한다. 한 시간에 12,000마리, 하루 여덟 시간 가동하면 96,000마리를 처리하는 셈이다. 미국에서만 매년 거의 90억 마리의 닭이 이렇게 도축된다.

효율을 극대화하고자 도축 공정의 속도를 높이는 것은 비단 가금류만이 아니다. 육류 시장은 거대한 사업이다. 이런 풍조는 닭, 돼지, 소 할 것 없이 농장 동물 전 부문에 걸쳐 있다. 그리고 이런 동물들만 피해를 보는 것이 아니다. 미국 가공육 공장에서의 처리 속도 증가는 일꾼들에게 심각한 부상을 유발하기도 한다. 미국직업안전위생관리국의 기록을 보면 평균 일주일에 두 번꼴로 절단 사고가 벌어진다.

우리는 어떻게 농장에서 공장으로 가게 되었을까? 육류 가공 시설에서 사용하는 컨베이어 벨트 시스템을 처음으로 발명한 사람은 시카고의 정육업자 구스타부스 프랭클린 스위프트였다. 사업 수완이 남달랐던 스위프트는 항상 이윤을 극대화할 방법을 찾았고, 철도로 시카고에서 미국 주요 도시들로 온전한 동물을 수송하는 것이 비효율적임을 알아보았다. 당시는 동물 질량의 60퍼센트가 먹지 못하는 것으로 여겨졌다. 머리, 발굽, 뼈, 내장 모두 무게만 차지해 운송비만 쓸데없이 높았다. 스위프트의 생각은 돼지와 소 같은 큰 동물을 미리 잘라서 보내자는 것이었다. 예컨대 가축 사육장에서 돼지를 손질하면 햄, 갈비, 베이컨, 소시지를 냉장 열차로 전국 곳곳에 수송할 수 있었다.

'아머 앤드 컴퍼니'의 창립자로 스위프트와 동시대를 살았던 필립 댄포스 아머는 동물 사체에서 좀 더 많은 이윤을 끌어내는 다른 방식을 찾았다. 그는 상온 보관이 가능한 고기를 칠리·해시·스튜 통조림 형태로 소비자에게 처음으로 선보여 큰돈을 벌었다. 하지만 아머는 도축장에서 나오는 폐기물의 새로운 용도를 찾아내 동물의 경제적 가치를 극대화하기도 했다. 예컨대 돼지 꼬리는 그림 그리는 붓, 돼지털은 빗, 내장은 테니스 라켓 줄이 되었고, 지방은 비누로, 뼈는 비료로 만들었고, 발굽은 끓여서 접착제로 썼다.

시카고의 유니언 스톡 야즈는 "야멸찬 혁신"의 중심지가 되었다. 아머 본인은 "꽥꽥거리는 비명소리 말고는 모든 것"을 다 판다며 자랑스럽게 말했다. 오늘날 육류 산업은 '공장식 농장'이라는 말을 경멸하지만, 가축 동물들이 모든 점에서 상품 취급을 당하는 것이 엄연한 현실이다. 즉 '생산물'로 키워지고 '단위'로 거래된다.[14] 테드 제노웨이스가 『체인The Chain』이라는 책에서 썼듯이 전

---

[14] 예를 들어 아이오와 주에서는 가축이 마릿수가 아니라 '동물 단위'로 거래된다. 표준 크기의 소를 기준으로 무게 측정한 것으로, 돼지는 0.4를 곱해서 계산한다.

체 모델은 "공장이 그렇듯 정밀하게 가동되며, 다른 공장들(통조림 공장, 포장업체, 운송 창고)의 필요를 수시로 확인해서 공급에 차질이 생기지 않도록 한다. 공정의 매 단계는 인근 주민들만 허락한다면 거의 어디에서나 동일하거나 거의 동일한 시설을 짓고 얼마든지 그대로 반복할 수 있다."

닭의 도축은 언제부턴가 완전하게 자동화가 이루어졌지만, 가치가 더 높은 돼지와 소 같은 덩치 큰 동물은 여전히 사람 손이 많이 필요하다. 대부분의 육류 공장에서 구속되거나 기절한 동물의 목은 사람 손으로 딴다. 흐르는 피를 받아서 분말로 만들면 혈분blood meal이 된다. 이를 곱게 간 뼈와 섞어서 골분으로 포장해서 판다. 채식주의자들은 비위가 상할 수도 있겠지만, 곡물에서 정원의 채소에 이르기까지 모든 작물은 골분을 "유기질 비료"로 사용한다.

구미베어, 사탕, 마시멜로, 젤리 같은 디저트에도 도축장의 부산물이 들어 있다. 핵심 성분인 젤라틴은 도축하고 남은 동물의 껍질, 뼈, 뿔, 연결조직을 석회수에 석 달가량 담가서 그 안에 든 콜라겐을 추출하여 만든다. 이를 끓여서 젤이나 가루로 만들어 틀로 찍어내는 거의 모든 디저트에 사용한다. 그러나 젤라틴의 접착력은 비단 식품에만 사용되는 것이 아니다. 알약 캡슐에서 종이에 이르기까지 다양한 상품에 활용된다. 사진용 필름도 젤라틴으로 만든다. 플라스틱 재질에 입히는 '필름'이 바로 젤라틴이다. 빛에 반응하는 할로겐화은 입자를 젤라틴 수용액에 현탁한 것이다. 그 말은 「스타워즈」에서 「반지의 제왕」에 이르기까지 모든 영화들이 도축장의 부산물을 통해 스크린에서 상영된다는 뜻이다.

내부 관계자들에게 이것은 '눈에 보이지 않는 산업'으로 알려져 있다. 먹을 수 없는 동물 부위를 다른 제품으로 탈바꿈시키는 '렌더링rendering'은 이제 수십억 달러 산업으로 성장했다. 북아메리카에서만도 매년 600억 파운드가 넘는 '동물 폐기물'이 상업용 제품으로 만들어지고 있다. 1940년대에 가공한 동물 부위는 대략 75개 품목에서 활용되는 정도였다. 오늘날에는 목록이 이루 말할 수 없이 길어졌다. 부동액, 시멘트, 총알, 방수 처리제, 섬유 유연제, 세제, 껌, 폭죽, 석고 보드, 합판, 크레용, 페인트, 절연재, 리놀륨 등등. 동물 부위가 들어갔는지 그냥 봐서는 모르는 일상 용품들이 너무도 많다.

동물 부위는 애완동물 사료로도 들어간다. 전 세계적으로 애완동물 사료 판매가 급성장하고 있다. 규모로 보면 매년 660억 달러가 넘는 거대한 산업이다. 그러나 어떤 동물에서 나온 '고기'인지 묻는 사람은 없다. 도축장 찌꺼기나 우리가 먹지 않는 눈, 발, 뇌같은 부위로 만드는 육분meat meal은 물론 '수수께끼 고기'도 애완동물 사료로 들어간다. 캘리포니아에 있는 채프먼 대학의 연구자들은 상업용으로 시판되는 52종의 애완동물 사료에서 DNA를 조사하여 그중 16개 제품에서 라벨에 표기되지 않은 종의 고기가 들어갔음을 확인했다. 잡지 『모던 파머』에 실린 한 기사에 따르면, 애완동물 사료 산업은 추잡한 비밀이다. 사료 제조업자들은 "보호소에서 안락사한 동물들을 받는다고 알려진 렌더링 공장"으로부터 육분을 구입하다가 발각되었다. "그 밖에 도로에서 치여 죽은 동물, 레스토랑의 폐기름, 슈퍼마켓의 상한 고기, 동물원에서 병에 걸려 죽은 동물의 유해가 포함되었다고 폭로한 보고서들도 있다."

한해 700억 마리가 넘는 동물들이 산업화된 공정으로 죽음을 맞이한다. 그 숫자만큼이나 충격적인 것은 동물들의 이런 죽음이 보이지 않게 이루어진다는 점이다. 홀로코스트 이후로 우리는 가스실의 끔찍한 공포가 종식되었다고 생각하겠지만, 동물들에게 1980년대와 90년대에 이런 방법이 다시 도입되어 오늘날까지 널리 사용되고 있다. '공기 통제 기절(CAS)' 방식은 돼지와 가금류를 도축 전에 무감각한 상태로 만드는 인간적인 방법으로 여겨지지만, 가스실 안에서는 이루 말할 수 없는 고통이 일어난다. 이산화탄소가 주입되면 동물들은 숨이 막혀 비명을 지르고, 경련을 일으키고, 도망치려고 발버둥 친다. 전기로 가금류를 기절시키는 방법의 경우, 수조에 처박혀서도 여전히 의식이 남아 있는 닭들이 있다. 게다가 작업 공정이 점차 빨라지면서 일꾼들이 쇠고랑을 제대로 채우지 못하는 일이 벌어져서 자동 칼날을 비켜가는 닭들이 나온다. 그 결과 미국에서 매년 70만에서 100만 마리의 가금류가 의식이 있는 상태로 탕박 터널을 지나게 된다.

점잖은 문명사회에 사는 우리는 짐승 수준의 야만성을 넘어섰다고 믿기 쉽지만 실상은 그렇지 못하다. 감정을 완전히 배제한 살상 방식을 도입함으로써 식량 생산의 공포를 못 본 척 외면했을 뿐이다. 영국의 저술가 조지 몽비오는 이렇게 말한다. "우리 자손들이 혐오스럽게 여길 우리 시대의 광기에는 무엇이 있을까? 여러 가지가 있겠지만 고기나 알, 젖을 얻으려고 동물들을 대규모로 가

뒤둔 것이 틀림없이 포함될 것이다. 우리는 스스로를 동물 애호가라고 여기며 개와 고양이에게 친절을 베풀면서도, 마찬가지로 고통을 느낄 줄 아는 수십억 마리의 다른 동물들에게는 잔혹한 박탈을 가한다. 추악한 위선이다. 미래 세대는 우리가 어떻게 그것을 보지 못했는지 알고는 경악할 것이다."

5장 검은색 황금

모호한 것은 결국 보게 된다. 완벽하게 분명한 것을 보는 데는 시간
이 더 오래 걸린다.

— 에드워드 R. 머로

새끼 판다가 등장하기 전까지는 모든 상황이 순조롭게 진행되
고 있었다. 영국 송전 회사 내셔널 그리드의 운영자들은 평소처럼
텔레비전 수상기를 지켜보고 있었는데, 이번에는 예상했던 전력
수요 급등이 일어나지 않았다. 그들이 기다리고 있었던 것은 '텔레
비전 픽업'이라고 하는 현상이었다. 영국에서는 월드컵 같은 스포
츠 이벤트나 인기 있는 프로그램의 시즌 마지막 에피소드가 방영
될 때 이런 일이 일어난다. 프로그램 중에 상업용 광고가 방송되
면 영국인들은 일제히 자리에서 일어나 차를 마시러 가는 습관이
있다. 이게 무슨 문제인가 싶겠지만 이로 인해 연쇄적으로 사건이

촉발된다. 물을 끓이기 위해 수백만 개의 주전자 스위치가 동시에 올라가면 전력 수요가 치솟아서 전력망에 갑작스러운 전압 상승이 일어난다.

내셔널 그리드가 예비해 두고 있는 기준치를 넘어서는 대용량 전력이 필요해지면 곧바로 가동할 수 있는 추가 전력을 써야 한다. 그러나 전력 수요가 절정일 때는 운영자들이 그저 추가로 발전소의 '스위치'를 켠다고 해서 상황이 해결되지 않는다. 가동하는 데 시간이 걸리기 때문이다. 컴퓨터 전원을 켜는 데 소요되는 시간도 아깝다고 생각한다면, 화석 연료 발전기를 돌리는 데 30분이나 걸리고 원자력 발전소는 그보다 더 시간이 걸리는 것은 문제가 아닐 수 없다. 상업용 광고 방송에 맞춰 사람들이 일제히 주전자로 몰려드는 때라면 지체할 시간이 없다. 곧바로 전력이 가동되어야 한다. 그래서 엔지니어들은 양수 발전을 사용한다. 전력 수요가 낮을 때 물을 상부 댐으로 끌어올려 놓았다가 수요가 치솟으면 물을 아래로 내려보내 수력 발전 터빈을 돌리는 것이다.

이날 화제의 제빵 경연 프로그램 「그레이트 브리티시 베이크 오프」가 끝나고 크레디트 자막이 올라가기 시작하자 전력망 관리 센터에서는 광고 시간에 맞춰 준비해 둔 것을 가동하려고 대기했다. 그러나 그들이 미처 예측하지 못한 것이 있었으니 BBC가 후속 프로그램으로 편성한 새끼 판다가 나오는 자연 다큐멘터리였다. 아무도 자리에서 일어나 차를 만들러 가지 않았다. 내셔널 그리드의 대표에 따르면 "픽업 같은 것은 없었다." 검은색, 흰색 귀여움으로 무장한 판다의 모습에 다들 매료되어 텔레비전 화면에서 눈을 떼지 못했던 것이다.

사람들은 전기가 주문하면 곧바로 만들어지는 것이라고 생각하지 않겠지만, 사실 전기는 우리가 요청하는 순간에 만들어진다. 그레첸 배크가 『그리드The Grid』에서 밝히고 있듯이 우리가 휴대폰을 충전할 때 사용하는 전기는 "만든 지 1분도 채 안 된 새것이다. 전기는 여러분이 풍력 발전 지역에 산다면 세차게 부는 바람이고, 석탄이 풍부한 나라에 산다면 거대한 산업용 화로 속에 던져진 미분탄 가루이다. 수자원이 풍부한 나라에 사는 사람에게는 거대한 콘크리트 벽에 가둬 놓은 물이 흘러내리는 것이다. 그러니까 여러분이 바로 지금 사용하는 전기는 1초 전에는 물방울이었다."

대부분의 사람들은 전력망은 고사하고 전기에 대해서도 결코 생각하지 않는다. 전력망은 거의 모든 나라에서 가장 거대하고 가장 막강한 기계이지만, 우리는 그것이 바로 눈앞에 있을 때에도 모르고 넘어간다.

하지만 19세기 말과 20세기 초에는 전력망이 우리의 일상과 맺는 관계를 모르고 넘어가기가 어려웠다. 왜냐하면 공공 설비 회사들의 검은색 전선 더미가 어떻게 손쓸 수 없는 거미줄처럼 복잡하게 도시 중심가를 뒤엉켜 지나가고 있었기 때문이다. 새로 설치한 전화선과 전신선에 전깃줄까지 전봇대에 내걸려 있었고 서로 말끔하게 나눠져 있지 않았다. 미적으로든 기능적으로든 악몽이었다. 런던에서는 무려 65개 설비 회사들의 전선이 거리 위에 걸려 있었다. 기술사학자 토머스 휴즈는 『전력 네트워크Networks of Power』에서 이렇게 썼다. "전기를 설치할 여유가 있었던 런던 사람들은 하나의 전선을 통해 아침에 빵을 굽고, 다른 전선으로 사무실 불을 밝혔고, 또 다른 전선을 사용하는 근처 사무실에 가서 동료를 만났으며, 다른 전선으로 가로등 불빛을 밝힌 거리를 걸어 퇴근했다."

미국에서는 직류 전기를 생성하는 서로 다른 유형의 발전기 특허가 수백 개가 넘었다. 1890년대에 시카고에서만 45개의 전기 회사가 난립하면서 100 / 110 / 220 / 500 / 600 / 1,200 / 2,000볼트로 직류 전기를 공급했다. 그야말로 난장판이었다.[1]

오늘날 우리는 전기가 어떻게 여기까지 오는지 거의 생각하지 않는다. 버튼을 누르거나 스위치를 켜거나 전선을 꽂기만 하면 전기가 연결되는 것을 당연하게 여긴다. 이런 "일상"을 배크는 "감지하지 못하는 사치"라고 했다. 가끔 우리는 동네를 걷다가 잃어버린 고양이 사진이나 요가 수업 전단지가 전봇대에 나붙은 것을 보지만, 시선을 전봇대 위로 올려 도시 풍경을 어지럽히는 전선들을 보는 경우는 드물다.

---

1 맨해튼의 전선들("검은 스파게티")을 보이지 않게 치우기 시작한 사람은 유명한 발명가이자 최초로 직류 전기 회사를 설립한 토머스 에디슨이었다. 그가 수차례 설득하자 뉴욕 시장은 마지못해 에디슨이 땅을 파고 '전깃불'을 사람들 가정에 공급하고자 8만 피트의 전선을 지하에 매몰하도록 했다. 하지만 에디슨의 전기 프로젝트는 오래가지 못했다. 또 다른 유명한 발명가 니콜라 테슬라의 업적에 가려 빛을 잃었기 때문이다. 테슬라의 교류 송전 시스템은 전기를 훨씬 더 먼 거리까지 보낼 수 있었다. 그 말은 교류 발전기가 덜 흉물스러웠고 사람들로 북적이는 도시에서 먼 곳에 건설할 수 있었다는 뜻이었다. 하지만 한편으로는 우리의 에너지원이 눈에 보이지 않게 감추어졌다는 뜻이기도 했다.

우리가 전기의 존재를 알아차리는 것은 갑자기 전기가 나갔을 때다.

2011년 3월 11일, 진도 9의 지진과 쓰나미가 일본을 덮치고 나서 후쿠시마 다이이치 원자력 발전소는 전력 생산을 멈췄다. 지진으로 일본의 54개 원자로 가운데 11개가 가동을 중단했고, 그 결과 1,000만 킬로와트의 전력이 부족해졌다. 도쿄는 즉각 에너지 감축에 돌입했다. 순차적인 정전으로 도시가 사용하는 전력을 배급했는데, 어떤 현에서는 하루에 여섯 시간까지 정전되기도 했다. 어쩔 수 없이 공장들이 문을 닫았고, 식당도 냉장고를 가동하거나 음식을 조리할 전기가 없었으므로 영업을 할 수 없었다. 사람들은 어둠 속에서 지냈고, 열차 절반이 운행을 멈췄다. ATM 기계는 아예 작동하지 않았고, 에스컬레이터와 엘리베이터는 간간이 운행했으며, 휴대폰을 충전하지 못했고, 신호등이 작동하지 않아 교통사고가 급증했다. 도쿄의 상징인 도심부의 광고판은 불이 꺼졌다. 일상이 워낙 전기에 크게 의존하고 있던 터라 제대로 돌아가는 것이 없었다. NBC 뉴스 기자는 이렇게 보도했다. "세계에서 기술적으로 가장 앞서갔던 사회가 하룻밤 사이에 제3세계의 곤궁 속으로 추락했다." 전기 없는 일본은 그냥 고꾸라지고 말았다.

대규모 자연 재해만이 전력난을 일으키는 것은 아니다. 이렇게 말하면 해외 해커의 침입이 전력 공급망을 망가뜨리는 상상을 하겠지만, 악의 없는 동물도 기반 시설에 치명적인 피해를 줄 수 있다. 미국국가안보국의 전임 부국장인 존 C. 인글리스는 이렇게 말했다. "[전력 공급망] 마비가 자연 재해보다 사이버 공격에 더 취약하다고는 생각하지 않는다. 솔직히 말하면 지금까지 미국 전력 망에 가장 큰 위협이 된 것은 다람쥐들이다."

다람쥐로 인한 정전은 금세 복구되고 한 지역에 그치는 경우가 많다. 훨씬 큰 피해를 끼치는 것은 나무들이다. 2003년 북아메리카 역사상 최악의 정전은 서로 다른 전력망 지역에서 웃자란 나무 세 그루가 넘어져서 송전선을 쓰러뜨리는 바람에 다른 송전선들이 추가적인 짐을 떠맡으면서 일어났다. 정전은 연쇄적으로 24만 제곱킬로미터 면적으로 확대되었고, 이틀 동안 캐나다와 미국의 5,000만 명이 전기 없이 지내야 했다. 피해액은 60억 달러에 이르러 미국 GDP에 흠집을 냈다.

이에 대한 대응책으로 '송전선 식생 관리 프로그램'이 마련되었다. 쉽게 말하면 나무들과 나뭇가지들이 높은 송전선으로 넘어지지 않도록 미리 쳐내는 서비스다. 그러나 흉한 송전선과 송전탑은 사람들 눈에 띄지 않게 경사진 구릉이나 접근이 어려운 지역에 설치하는 경우가 많으므로 나무를 손질하는 것은 여간 어려운 일이 아니다. 도보나 지상의 차량만으로는 넓은 지역을 관리하기가 너무도 어렵다보니 황당하게 들릴 수도 있는 위험한 직업이 생겨나기도 했다. 헬리콥터에서 톱질하는 사람으로 공식적인 명칭은 "공중 측면 다듬기aerial side-trimmers"다. 헬기는 10개의 둥근 칼날이 장착된 40피트 길이의 톱을 수직으로 매달고 운행한다. 조종사는 능숙한 솜씨로 송전선들이 이어진 옆을 쭉 따라가며 지나치게 가까이 자란 나무들을 쳐내야 한다.

첨단 기술이 동원된 이런 해법으로 하나의 문제는 해결되겠지만, 더 심각한 문제는 전력망 자체가 갈수록 노후되어 망가질 위험이 높아지고 있다는 것이다. 오늘날 전력망을 이루는 변압기와 송전선의 70퍼센트가 25년 이상 된 것이다. 오래된 설비로 인한 비효율로 정전이 더 자주 일어날 뿐만 아니라 전력을 복구하는 데 걸리는 시간도 해마다 길어지고 있다.[2] 한 추정치에 따르면 미국에서 이런 통합된 전력망을 업그레이드하고 교체하는 비용이 5조 달러가 넘는다고 한다.

전력망에 들어가는 에너지원이 다변화되는 것도 걱정거리다. 전력 기반 시설은 원래는 전통적인 핵·석유·석탄·가스 발전소에서 일정하게 공급되는 에너지를 전달하고자 만들어졌기 때문이다. 이것은 중앙 집중식 에너지 전달 체계다. 그러나 오늘날에는 재생 가능한 에너지가 각광을 받으면서 바로바로 만들어지는 많은 새로운 탈중심적 에너지원들이 전력망에 공급되고 있다. 우리에게 친숙한 재생 에너지로 풍력·태양광·지열이 있지만, 지금은 거의 모든 것에서 에너지를 얻을 수 있다. 심지어 치즈에서도 말이다.

○ ○ ○

사부아는 한 폭의 그림 같은 프랑스 알프스 지방이다. 겨울이면 스키장과 아늑한 마을로, 여름이면 수목이 울창한 고봉들로 널

---

2 배크가 말하기를 미국에서 정전이 되면 복구하는 데 평균 120분이 걸리며 계속 길어지는 추세라고 한다. 반면 다른 나라들은 10분 만에 복구되고 점차 짧아지고 있다.

리 알려진 이곳은 보포르 치즈로도 유명하다. 치즈 만드는 과정에서 나오는 주요 부산물로 크림과 유청이 있다. 크림으로는 버터와 리코타 치즈를 만들고, 유청은 다른 성분들을 걸어 내고 건조시켜서 셰이크와 에너지 음료에 들어가는 유청 단백질 보충제를 만든다. 그러나 유청을 만들고 남은 액체는 그냥 버리는 것이 아니라 마을의 전기를 만드는 데 사용한다. 알베르빌 마을에서는 주민 1,500명이 집에서 사용하는 전기를 치즈에서 얻는다.

비밀은 고세균archaea이라고 하는 미생물에 있다. 산소가 들어 있지 않은 혐기성 소화조에 남은 유청액을 붓고 고세균을 추가하면, 그 안에서 나흘 동안 당을 먹고 이산화탄소와 메탄을 트림으로 토해 낸다. 이런 바이오 가스를 정제하여 천연가스처럼 태우면 물을 거의 끓는 온도인 90도까지 가열할 수 있다. 여기에서 나오는 증기로 터빈을 돌리고, 터빈의 회전축에 연결된 자석이 돌아가면서 그 안에 빼곡하게 감긴 전선 코일도 재빠르게 돌아간다. 자석은 전선을 이루고 있는 원자에서 전자가 떨어져나가게 한다. 물리적으로 전기를 만들어 내는 것은 바로 이런 자기력이다.

치즈가 충분하지 않다면 석탄이나 석유를 태워서 나오는 증기로 터빈을 돌려도 된다. 혹은 우라늄-235의 방사성 붕괴를 이용하여 물을 끓여도 된다(혹은 위에서 아래로 떨어지는 물의 운동 에너지를 이용할 수도 있다. 앞서 보았듯이 영국에서 주전자 물을 일제히 끓일 때 전기를 만드는 방법이다). 아무튼 기본적인 원리는 똑같다. 우리는 터빈을 돌려 전기를 만든다.

우리 문명을 떠받치는 것은 이렇듯 눈에 보이지 않는 전기와 자기의 힘이다. 우리 모두가 그것을 원하고 그것을 요구하지만, 막상 대부분의 사람들은 그것이 정확히 뭔지 알지 못한다. 여러분이 예컨대 1암페어 전류를 소비하는 120와트 전구를 켜면, 600경 개에 상응하는 전자가 매초 전선의 한 지점을 통과한다. 그러나 전자는 발전소에서 곧바로 눈 깜짝할 사이에 그곳에 오는 것이 아니다. 전자 자체는 속도가 느리며, 빠르게 움직이는 것은 에너지다.[3] 아원자 입자인 전자는 파이프 속에서 물이 흐르듯 전선을 따라 흐르는 것이 아니기 때문이다. 그 과정은 물결이 이는 것과 비슷하다. 멀리서 누군가 노래하는 소리를 들을 때, 여러분의 고막에 닿는 음압은 가수의 입에서 나온 공기 분자가 만들어 내는 것이 아니다. 소리는 압축파이다. 공기 분자는 바로 옆의 공기 분자를 때리고 그것은 바로 옆의 분자를 때리고 하는 식으로 먼 거리를 물결친다. 결국 여러분이 듣는 것은 가수가 일으킨 소리의 반향으로, 분자의 도미노 효과에서 마지막 도미노 패에 해당한다.

이와 비슷하게 전기도 물결처럼 움직인다. 해질녘에 도시를 운전하다 보면 가로등 불빛이 일제히 켜지는 모습을 보게 된다. 전기는 스위치를 떠나 거리에 내려앉는 것이 아니기 때문이다. 하나의 전자를 전선의 한쪽 끝에 더하자마자 다른 전자가 반대 쪽 끝

---

3 전자가 전선을 따라 움직이는 속도가 터무니없이 느리다는 것을 안다면 놀랄지도 모르겠다. 실제로 거북이보다도 느려서 시간당 1미터의 유동 속도로 움직인다. 자그마한 아원자 입자인 전자는 질서정연하지 않다. 마구잡이식으로 움직인다. 그리고 오늘날 전력망을 구성하는 교류(AC)에서는 전자가 계속해서 앞으로 몇 발짝 뒤로 몇 발짝 움직이고 있다.

에서 튀어나온다. 발전기가 구리 코일에 감긴 자석을 돌릴 때 원자 수준에서 일어나는 일이 이것이다. 구리 원자에서 떨어져나간 전자들은 이제 '집을 잃고' 어디로든 가야 한다. 그들이 향하는 곳은 옆에 있는 원자다. 그 원자의 궤도에 합류하면 원래 그곳에 있던 전자들이 떨어져나간다. 그러면 그것은 다시 옆의 원자로 가서 궤도에 합류하고, 같은 과정이 또다시 반복된다. 그러나 모든 원자가 전자를 환영하지는 않는다. 예컨대 고무 같은 물질은 외부의 전자가 들어오지 못하도록 원자의 문을 단단하게 잠궈서 전자가 통과하기 어렵다. 우리는 이런 물질을 절연체(혹은 부도체)라고 부른다. 반면에 금속은 전자에게 문을 활짝 열어 두고 있다. 그래서 도체라고 한다. 도체에서는 전자가 자유롭게 이동할 수 있어서 문과 문을 빠르고 쉽게 건너뛴다.

과연 빠르고 쉽다. 평균적인 캐나다 가정은 식기 세척기, 건조기, 조명, 온수기, 에어컨, 냉장고, 컴퓨터, 텔레비전, 기타 전자 제품을 가동하느라 한 달에 900킬로와트의 전력을 소비한다(참고로 말하자면 이것은 미국도 가뿐하게 넘어서는 세계 최고 수준의 소비다). 그러나 이것이 어느 정도인지 아직 실감나지 않을 것이다. 천체 물리학자 애덤 프랭크는 가정에서 평균적으로 사용하는 전기를 만들려면 얼마나 많은 '페달력'이 필요한지 계산해 보았다. 인간이 몸을 움직임으로써 얼마나 많은 (혹은 적은) 에너지를 만들 수 있는지 여러분의 이해를 돕자면, 한 가정에 필요한 전기를 공급하려면 50명이 매일 여덟 시간씩 페달을 밟아야 한다. 한 명이라면 어떨까? 하루에 여덟 시간 페달을 밟아 봐야 등불 하나 밝히는 정도가 고작이다.

우리는 전기를 생산하는 것은 아주 잘하지만 극히 최근까지도 그것을 저장하는 데는 서툴렀다. 그러니 여러분이 다음에 휴대폰을 충전한다면 전기가오리에게 감사하는 마음을 갖는 것도 좋겠다. 휴대폰을 비롯하여 여러분이 소유하고 있는 전자 제품에 배터리가 있는 것은 전기가오리 덕분이다. 200볼트로 먹잇감을 기절시키는 놀라운 이 물고기의 능력에 매료된 이탈리아 물리학자 알레산드로 볼타는 1790년대에 이것을 모방하여 인공적인 전기를 만들고자 했다. 그는 전기가오리의 등에 독특한 패턴의 기관이 있음을 확인했다. '발전판electroplaque'이라고 하는 젤리로 채워진 납작한 세포 400개가 포개진 기둥이 400개에서 500개 촘촘하게 박혀 있는 기관이었다.

실험 정신이 남달랐던 볼타는 이런 관찰을 자신이 얼마 전에 우연히 알게 된 동전의 맛과 결합시켰다. 그는 다른 금속으로 만들어진 동전들을 혀에 올려놓고 그 위에 은수저를 포개면 약하지만 확실하게 전기가 오르는 것을 느낄 수 있었다. 그는 전기가오리가 자연에서 그랬듯이 이런 금속들을 더 많이 포갠다면 이런 묘한 힘을 더 많이 생성할 수도 있겠다고 생각했다.

그의 발명품은 '파일pile'이라는 이름으로 알려지게 되었다. 서로 다른 금속인 구리판과 아연판을 팬케이크처럼 포개고 그 사이에 소금물을 적신 천을 끼워 차곡차곡 쌓은(pile) 것이기 때문이다. 맨 위와 아래에 전선을 연결하고 양쪽 끝을 다시 혀에 갖다 대자 그는 일정한(이번에는 더 강력한) 전류가 흐르는 것을 느꼈다. 세계 최초의 전지를 발명한 것이다.

오늘날 전지는 없는 곳이 없다. 우리는 전자 제품에 전기를 공급하기 위해 전지를 사용한다(전자electron에 의지하여 돌아가는 기계라서 전자 제품electronics이라고 부른다). 우리는 기기들을 충전시켜야 한다는 생각을 하루도 빼놓지 않고 하지만(휴대폰 배터리가 소진되었다고 생각하면 덜컥 두려워진다), 정작 전기가 어떻게 돌아가는지에 대해서는 그다지 생각하지 않는다.

전자 제품에 들어가는 리튬-이온 전지든, 아연-탄소 전지든, 니켈-카드뮴 전지든, 납 축전지든 기본적으로 전지는 똑같은 방식으로 작동한다. 전지에는 전자를 '주는 것'을 좋아하는 금속과 '받는 것'을 좋아하는 금속, 이렇게 두 가지 금속이 필요하다. 그래야 아원자 입자에 운동 방향이 정해진다. 주머니 속에 들어가는 크기의 전지는 흔하게 보지만, 오늘날 앞 다투어 개발하려는 것은 훨씬 많은 에너지, 필요하다면 전력망에 연결하여 긴급한 전력을 채워 줄 수 있는 대용량 에너지를 저장하는 건물 크기의 거대한 전지들이다.

영국에서 상업용 광고에 맞춰 사람들이 일제히 차를 끓이려고 일어날 때처럼 전력 사용량이 치솟을 것이 예측되는 시기가 있다. 일례로 한여름 오후에는 로스앤젤레스 도시 전체가 에어컨을 가동한다. 사람들이 퇴근하고 텔레비전을 켜고 저녁 준비를 할 때도 전력이 추가로 필요하다. 하지만 모든 도시에 전력 생산을 위한 양수 발전 시설을 갖추고 있는 것은 아니다. LA에서는 전력 사용량이 치솟을 때를 대비하여 '피커peaker'라고 하는 천연가스 발전소를 가동한다. 그런데 화석 연료 발전소는 1950년대에 지어진 것으로 낡고 비효율적이다. 그래서 LA 시에서는 이를 개선하고자 2020년까지 세계에서 가장 큰 저장용 전지를 건설할 계획이다. 몇 시간이 아니라 몇 분 만에 가동시킬 수 있는 18,000개 리튬 전지로 LA에 네 시간 동안 추가적인 전력을 공급하겠다는 방침이다. 오스트레일리아에서는 일론 머스크의 거대한 테슬라 배터리가 이미 사용 중이다. 2017년 12월, 1,000킬로미터 떨어진 석탄 설비하나에 문제가 생겨 전력 공급에 차질이 빚어졌을 때 최초의 대규모 테스트를 마친 바 있다. 인근 석탄 발전기보다 훨씬 빠른 속도인 몇 밀리초 만에 배터리가 가동되어 7.3메가와트를 전력망에 공급했다.

과거의 전지는 크고 투박했고 차에 넣고 다니기에도 번거로웠다면, 오늘날 전지는 가볍고 작다. 덕분에 우리는 주머니에 전등을 넣고 다니고, 휴대폰과 다른 전자 제품들을 소형화할 수 있었다. 그리고 리튬이라는 금속으로 가동되는 새로운 배터리가 개발되어이런 기기들이 훨씬 더 강력해졌다.

리튬은 지구에서 가장 가벼운 금속 물질이다. 2세기에 그리스의사인 에페소스의 소라누스가 발견하여 같은 마을에 사는 조증 환자들을 알칼리 광천수로 치료했다. 우리가 전기 자동차의 동력으로 사용하는 바로 그 리튬은 오늘날에도 우울증과 양극성 장애치료에 사용된다. 과학자들은 리튬이 뇌의 세로토닌 수치에 영향을 미친다는 것을 알지만, 자세한 기제는 아직 밝혀지지 않았다.

리튬의 최대 매장지 중 하나는 자연이 만들어 낸 가장 커다란 거울 아래에 숨겨져 있다. 볼리비아의 우유니 사막은 세계에서 가장 큰 소금 평원이다. 면적이 1만 제곱킬로미터에 이르며 소금에 물이 살짝 고여 있을 때 하늘 위로 멋진 반영을 만든다. 워낙 넓고 평평해서 우주에서도 보인다. 리튬에 대해 말하자면, 선사 시대에 생긴 호수가 증발하고 오래된 화산에서 금속이 흘러들어, 바깥에는 소금 층이 덮이고 5미터 아래에는 "회색 금"이 함유된 청록색 소금물이 고이게 되었다. 미국 지질연구소는 우유니 사막에 540만 톤의 리튬이 매장된 것으로 추정하지만, 볼리비아 정부는 그보다 훨씬 많은 1억 톤, 그러니까 세계 총 매장량의 70퍼센트가 매장되어 있다고 주장한다. 외세의 침입으로 은과 주석을 약탈당한 아픈 역사 때문에 볼리비아인들은 자신들의 자원을 지키려고 한다. 그들의 목표는 대기업을 개발에 참여시키지 않고 인민을 위해 인민이 운영하는 리튬 광산을 독자적으로 개발하는 것이다.

그런 이유로 볼리비아의 리튬 채굴은 속도가 더디다. 여러분의 휴대폰에 들어가는 리튬은 전략적으로 시장을 장악하고자 애쓰는 국가들인 오스트레일리아, 칠레, 아르헨티나, 중국[4]에서 온 것일 가능성이 크다. 미국도 네바다의 소금 사막에서 리튬이 나온다. 리튬 금속 1그램을 얻으려면 대략 소금물 1리터가 필요하다. 휴대폰 배터리 하나에 탄산리튬(리튬을 가루 형태로 만든 것) 5그램에서 7그램이 들어가고, 자동차 배터리에는 30킬로그램까지 필요하다.

---

4 리튬은 페그마타이트 암석에도 함유되어 있으며, 보다 전통적인 채굴 방식으로 광석에서 금속을 채취한다. 오스트레일리아와 중국 일부에서 이렇게 리튬을 얻는다.

'테슬라 모델 S' 같은 고가의 전기 자동차에는 무려 63킬로그램의 탄산리튬이 들어간다. 휴대폰 1만 대에 들어가는 것과 맞먹는 양이다.

○ ○ ○

1905년 스물여섯 살의 알베르트 아인슈타인은 광전 효과를 발표했다. 사실상 빛이 전기를 어떻게 만들어 내는지 보여 주는 이론이었다. 20년 전, 셀레늄 같은 몇몇 원소에 빛을 쪼이면 전류가 흐른다는 것이 관찰된 바 있었지만, 어떻게 해서 그런 현상이 일어나는지 아무도 알지 못했다.

당시 지배적인 이론은 빛이 파동이라는 것이었다. 그렇다면 빛의 세기를 늘리면 더 많은 전기가 만들어져야 했다. 하지만 실상은 그렇지 않았다. 희미한 빛도 전자를 궤도에서 이탈시킬 수 있었다. 아인슈타인의 통찰력이 빛난 대목은 빛이 그저 파동일 뿐만 아니라 입자이기도 하다고 상정한 것이다. 그리고 이런 입자(광자)는 당구장의 포켓볼처럼 행동했다. 개수가 충분히 많으면(다시 말해 강도(세기)가 아니라 빈도(주파수)가 충분히 높으면) 전자를 원자 궤도에서 밖으로 떨어뜨릴 수 있었다. 매 순간 지구에 도달하는 광자는 많다. 어느 정도인가 하면, 맑은 날 지표면 1제곱미터에 대략 1,000와트의 태양 에너지가 도달한다. 지구 표면적은 총 500조 제곱미터가 넘는다. 그러니 충분한 태양광이 있는 셈이다.

오늘날 우리가 사용하는 태양광 패널은 아인슈타인에게 노벨상을 안겨 준 발견의 직접적인 결과물이다. 광전지는 빛 입자를 이용하여 전자를 원자에서 떨어뜨려 전류를 생성하는 장치다. 그러나 여기서 전자는 바깥으로 튀어나오지 않고 반도체 물질 안에 보관된다. 그런 다음 이렇게 흐르는 전류를 전력으로 사용한다. 효율이 높아지고 가격이 떨어지면서 태양광 전지는 에너지를 저장하는 용도인 리튬 전지와 더불어 친환경 에너지로 각광받고 있다.

태양 에너지 수요는 나날이 높아지고 있어서 패널 설치가 전 세계적으로 50퍼센트나 증가했다. 대단히 고무적인 일이지만, 현재로서는 태양광이 전력망에서 담당하는 비중이 여전히 미미한 수준이다. 『가디언』에 따르면 태양광이 가장 보편화되어 있는 유럽에서조차 고작 4퍼센트의 전기를 담당하는 정도라고 한다. 문제는 사람들이 주전자에 물을 끓이려고 할 때 햇빛이 비출시 보장할 수 없다는 것이다. 실제로 태양은 우리가 가장 필요로 하지 않을 때 비춘다. 북쪽 지역에서, 특히 겨울에 전력 수요가 급증하는 것은 주로 날이 어두울 때다. 태양 에너지를 저장해 둘 수 있는 전지가 개발될 때까지, 그리고 정부가 전력망을 (발전소에서 가정으로만 오도록 설계된) 일방향 체제에서 (가정에 설치한 패널에서도 전력망으로 전기를 보낼 수 있는) 탈중심적인 체제로 개선할 때까지는 깨끗한 태양 에너지의 대부분이 계속해서 우주로 반사되어 나갈 것이다.[5]

태양의 힘을 활용하는 다른 방법은 바람에 기대는 것으로 1세기

---

5 광합성이나 물 순환으로 흡수되는 에너지, 그리고 햇빛에 의지하는 여러 많은 것들이 돌아가게 하는 에너지는 제외해야 한다.

부터 사람들이 해온 방법이다. 네덜란드는 예전부터 풍차로 유명하여 1850년이면 전국 곳곳에 1만 개가 넘는 풍차가 있었다. 태양이 지표면을 데우면 따뜻해진 공기가 위로 올라가고 기압이 낮아진다. 그러면 균형을 맞추려는 자연의 작용으로 서늘하고 기압이 높은 지역에서 공기 분자들이 이곳으로 이동한다. 이런 식으로 돌고 도는 상호 작용이 바람을 일으키는 보이지 않는 힘이다. 풍차는 이런 힘을 이용하는 것이며, 현대의 풍력 터빈은 이를 전기로 바꾼다.

그러나 바람은 변덕스러운 짐승이다. 꾸준하게 불지 않으며 가끔은 전혀 불지 않을 때도 있다. 반면에 전력망은 꾸준하게 공급되어야 하며 들어오는 것과 나가는 것이 균형이 맞아야 한다. 지나치게 많아도, 지나치게 적어도 안 된다. 그래서 문제가 된다. 풍력 터빈이 돌지 않으면 전력은 없다. 좋은 것이 지나치게 많으면 훨씬 큰 문제가 생긴다. 바람이 작정하고 몰아치면 걷잡을 수 없는 상황이 생길 수도 있다. 그레첸 배크의 말이다. "바람을 진정시킬 수는 없다. 바람이 세게 불면… 풍력 발전소의 전력이 급등하는 것을 눈으로 볼 수 있다. 전력망으로 전기가 획 획 들어가 포화 상태가 된다. 폭풍이 몰아칠 때 거센 파도가 방파제를 무너뜨리듯 기반 시설을 망가뜨린다. 바람이 정말로 거세게 몰아치는 날에 태평양 북서부 지역에서 만들어지는 모든 전기는 로스앤젤레스조차 감당하지 못한다. … 전선에 전력이 지나치게 많아지면 과부하가 걸리거나, 이를 보호하고자 경로를 차단시켜 전력이 들어가는 모든 길이 닫힌다."

이렇게 되면 정전이 일어날 수 있다.

○ ○ ○

편안하게 앉아서 쉴 곳을 찾으려면 셀카봉을 든 많은 관광객들을 밀치고 들어가야 한다. 그만큼 인기 있는 곳이기 때문이다. 한밤의 태양 아래서 따뜻한 물에 몸을 담그고 칵테일을 한잔 하려고 해마다 수십만 명의 관광객들이 아이슬란드의 남서쪽 해안을 찾는다. 아이슬란드의 가장 유명한 관광지 블루 라군의 풍광은 그야말로 근사하다. 용암 평원 지대에 위치해 있고 청록색 온천수에서 상쾌한 대기로 수증기가 올라온다. 이산화규소, 조류, 미네랄이 들어 있어서 치료 효과노 있다고 한다. 그러나 낭혹스럽게도 블루 라군은 자연적으로 만들어진 온천이 아니다. 신비스러운 경험을 망치고 싶지는 않지만, 사람들은 바로 옆에 있는 스바르트셍기 지열 발전소에서 흘러나오는 물로 온천을 즐기는 것이다.

지표면에서 2킬로미터 아래로 파고 들어간 13개의 시추공이 마그마 근처에서 뜨겁게 데워진 지하수를 위로 끌어올린다. 화산 지대에 위치한 덕분에 아이슬란드는 지구 중심부에서 나오는 강력한 열기를 이용할 수 있다. 이렇게 얻은 증기로 터빈을 돌려 인근 21,000가구가 사용하는 전기를 생산하고 온수를 공급한다. 오늘날 아이슬란드는 다섯 개 주요 지열 발전소와 수력 발전소를 돌려 재생 가능한 에너지원으로 100퍼센트 전기를 충당하는 세계에서 몇 안 되는 나라 가운데 하나다. 지열 산업은 번창하는 중이지만

(40개국이 지열이 풍부한 지대에 있다) 땅속 깊이 시추공을 건설하는 비용이 만만치 않고 조건도 맞아야 해서 현재 지열 발전으로 생산되는 전력량은 전 세계 전기의 1퍼센트도 되지 않는다. 앞으로 기술이 발전하면 더 큰 역할을 기대할 수 있다. 세계에너지협의회는 미래에 지열 발전이 전체 에너지의 8퍼센트까지도 담당할 수 있다고 추산한다.

○ ○ ○

폭포의 가공할 힘도 화석 연료의 대안이다.[6] 사실 전력망의 출발점은 '세계 신혼여행의 수도' 나이아가라 폭포에 건설된 발전소였다. 엄청난 물을 토해 내는 자연의 아름다움은 1896년 이곳에서 물의 힘을 이용하여 최초로 거대한 터빈을 돌려 전기를 생산하면서 활용되기 시작했다. 나이아가라 폭포는 니콜라 테슬라가 교류 발전기를 처음으로 사용한 곳이었다. 그는 '다상 교류'라고 하는 것을 발명함으로써 시간에 따라 자기장 방향이 바뀌는 회전 자기장을 만들어 모터를 돌릴 수 있었다. 이 방법을 사용하면 전류를 전선으로 멀리까지 보내 그곳에 있는 물체를 자기를 통해 움직일 수 있었다. 멋진 발명품이었고, 처음 본 사람들에게는 틀림없이 마술처럼 보였을 것이다. 곧 우렁찬 폭포는 남쪽으로 32킬로미터 떨

---

6 자연 폭포를 활용할 수 없으면 경사로를 건설하는 식으로 인공적인 폭포를 만든다. 축대를 쌓고 중력을 이용하여 터널을 통해 물을 아래로 흘려 보내면 같은 효과를 거둘 수 있다.

어진 버팔로 시에 전기를 공급했고, 몇 년 뒤에는 뉴욕 시의 거리를 환하게 밝혔다.[7]

테슬라의 발명품은 지금도 역사상 최고 발명 가운데 하나로 거론된다. 나이아가라 폭포 전력 회사의 준공식에서 그는 이렇게 말했다.

> 우리에게는 수많은 과거의 기념물이 있습니다. 예컨대 궁전과 피라미드, 그리스 신전과 기독교 대성당은 인간의 힘, 국가의 위대함, 예술에 대한 사랑, 종교적 열정을 보여 주는 예들입니다. 그러나 나이아가라의 기념물에는 이와 다른, 우리가 현재 갖고 있는 사고와 경향에 더 부합하는 뭔가가 있습니다. 그것은 우리가 사는 과학의 시대에 어울리는 기념물이자 계몽과 평화를 기리는 기념물입니다. 자연의 힘을 인간의 필요에 예속시키는 것, 야만적인 방법을 종식하는 것, 수백만 사람들의 결핍과 고통을 덜어주는 것을 나타냅니다.

테슬라는 확실히 미래를 내다보는 혜안이 있었지만, 그가 미처 예상하지 못했던 것도 있었다. 수력 발전을 할 때 모든 곳에 운 좋게 장대한 폭포가 있는 것은 아니어서, 그 경우 인공적으로 댐을 건설해야 한다. 이렇게 되면 강을 고향으로 여기는 해양 동물들이

---

7 오늘날 나이아가라 폭포에서 생산되는 전력량은 캐나다 방면으로는 거의 200만 킬로와트, 미국 방면은 240만 킬로와트에 이른다.

돌아가는 물길이 막힌다.

지구에서 인간이 만든 가장 거대한 구조물은 중국의 싼샤댐이다. 양쯔강에 지어진 이 댐은 길이 660킬로미터에 달하는 저수지를 만들기 위해 130만 명을 이주시켰을 뿐만 아니라 물고기에게도 심각한 영향을 미쳤다. 중국의 어종의 3분의 1이 한때 양쯔강 유역에 살았지만, 댐이 건설되고 나서 잉어 네 종이 50퍼센트에서 70퍼센트까지 급감했고, 멸종 위기에 처한 다른 동물들도 있다. 이제 기능적으로 멸종된[8] 양쯔강 돌고래가 대표적인 예다.

아마존강이나 메콩강 유역처럼 섬세한 생태계들도 똑같은 위협에 처해 있다. 그리고 캐나다에서는 수력 발전 댐이 산란기를 맞은 연어가 알을 낳으려고 물길을 거슬러 오르는 것을 가로막는다. 이를 해결하고자 수력 발전소에서는 부자연스럽고 기이한 구조물을 차선책으로 만들었다. '어도魚道'는 댐 옆에 계단을 만들어 물고기가 상류로 올라갈 수 있도록 해놓은 것인데, 상류로 올라가는 도중에 터빈 날개에 끼는 물고기가 11퍼센트에 이른다. 과포화된 물(기포)도 물고기에게 위협이 된다. 댐 아래에서 물이 떨어지고 휘돌면서 질소 가스가 뭉쳐서 기포를 형성하고, 이런 용존 기체는 결국에는 물고기가 호흡할 때 물고기의 혈액 속으로 들어간다. 기포병에 걸리면 물고기는 방향 감각을 잃을 수 있고, 더 심각하게는 여러 차례 댐을 오가다가 몸에 축적된 질소 농도가 유독한 수

---

8 생태계에서 더 이상 의미 있는 역할을 맡지 못할 정도로 개체수가 줄어들었다는 뜻 — 옮긴이주.

준에 이르러 죽는 경우도 많다.

'물고기 대포'는 물고기를 댐 위로 옮기는 수송 수단으로 현재 연구 중이다. 압축 공기로 물건을 운반하는 공기 수송관과 비슷한 원리의 거대한 튜브다. 댐 아래에서 진공 튜브가 물고기를 빨아들여 시속 35킬로미터의 속도로 100피트 이상 끌고 올라가 댐 위쪽에 던져 놓는다. 우스꽝스럽게 여겨지겠지만, 몇몇 야생 동물 협회에서 동물들을 포획해서 산란 장소로 옮길 때 사용하는 방법인, 그물로 잡아 트럭이나 헬리콥터로 운반하는 것보다는 오히려 이 방법이 정신적으로 충격이 덜하다고 한다.

댐을 만들거나 강의 물줄기를 돌리는 것은 물고기에게만 영향을 미치는 것이 아니다. 사람에게도 영향을 미친다. 이웃하는 국가들과 여러 지역 주민들이 강에 대한 권리를 주장하지만, 강은 인간의 경계에는 관심이 없다. 그러므로 강 상류에 사는 사람들은 식량과 물의 중대한 동맥을 틀어쥐고 있는 셈이다.

우리는 동력을 얻는 기상천외한 방법들을 생각해 내서 지구에서 가장 막강한 종이 되었다. 그중 가장 논란이 많은 방식은 눈에 보이지 않는 에너지원에서 나온다. 물질의 가장 작은 단위인 원자를 더 작은 입자들로 쪼개면 원자력이 만들어진다. 이를 위해 우리는 쉽게 분열되는 원소인 우라늄, 구체적으로 말하면 동위 원소 우라늄-235를 사용한다. 우라늄에 중성자들을 충돌시키면 원자가 쪼개지고 쪼개진 원자가 연쇄 반응을 일으켜 어마어마한 열을 낸다. 첨단 기술이 동원되는 방식이지만, 그것을 제외하면 원자력 발전소는 석탄이나 가스를 사용하는 발전소, 심지어 치즈를 사용하는 사부아의 발전소와도 거의 같은 방식으로 작동한다. 열을 이용해 물을 끓이고 거기서 나오는 증기로 터빈을 돌려 전기를 생산한다.

하지만 모든 형태의 에너지 생산이 그렇듯이 원자력 발전에도 심각한 문제가 있을 수 있다. 이 가운데 가장 오싹한 것은 멜트다운이다.

2011년 도호쿠 지진이 일본을 강타하면서 거대한 쓰나미가 발생했다. 무려 17,000킬로미터를 건너 칠레 서해안에 도달했을 때에도 2미터 높이의 파도가 일었을 정도로 위력적이었다. 진원지에서 훨씬 가까운 160킬로미터 거리에 있던 후쿠시마 다이이치 원자력 발전소는 지진과 5.7미터의 쓰나미를 견디도록 설계된 것이었지만 15미터 높이의 사나운 파도에는 속수무책이었다. 거센 물결이 담장을 밀고 들어가 지상층에 있던 발전기 연료 탱크가 파괴되었다. 전력이 끊기자 냉각수를 돌리는 펌프가 멈췄고, 그 결과 원자로 세 대가 과열되어 멜트다운이 일어났다.

원자로 3호기의 우라늄 연료봉을 마침내 찾는 데까지 6년이 걸렸다. 재난 지역 중심부에는 방사능 수치가 시간당 650시버트에 이르는 곳도 있었다. 그곳에 들어가는 사람은 1분 만에 죽게 된다는 뜻이다. 그래서 로봇을 보내 연료봉을 찾도록 했고, 그 과정에서 로봇조차 여러 대가 망가졌다. 결국 '리틀 선피시'라고 하는 구두 상자 크기의 작은 로봇이 엉망이 된 원자로 내부를 헤집고 들어가 바닥 여기저기 녹아 내린 우라늄을 찾아냈다.

전 세계 전기의 11퍼센트를 원자력 발전소에서 얻는다. 비록 억울한 누명을 쓰고 있지만 대체로 안전한 에너지원이라는 사실은 강조해야 한다. 문제는 '불가항력'이라 불리는 천재지변이나 예기치 못한 일로 상황이 통제되지 않으면 끔찍한 일이 벌어진다는 것이다. 일본에서 9만 7천 명이 아직 고향으로 돌아가지 못했고 일부는 영영 못 돌아가게 될 것이다. 후쿠시마의 상황을 수습하는 비용은 1,880억 달러로 추산되며, 그 지역은 앞으로 최소한 30년에서 40년은 계속해서 오염된 상태로 남을 것이다.

정말로 공정한 세상이라면 석유 회사는 휘발유를 사용하는 우리에게 돈을 주려 할 것이다. 휘발유는 원유를 정제하는 과정에서 나오는 유독한 부산물이기 때문이다. 우리가 석유에서 얻는 것으로 잉크, 크레용, 풍선껌, 주방 세제, 탈취제, 안경, 레코드판, 타이어, 암모니아, 심장 판막이 있다. 그것 말고도 아스팔트, 윤활유, 파라핀 왁스, 난방유, 타르, 기타 공산품 재료들, 특히 플라스틱 제조에 들어가는 석유 화학 원료들이 있다. 경유는 대형 트럭, 기차, 중장비 기계를 돌릴 때 쓰는 연료이며 항공기 연료로도 들어간다. 경유가 없다면 항공기가 운행하지 못한다. 휘발유는 19세기에 고래 기름 대신에 등불의 연료로 사용하기 시작했던 등유의 부산물이다. 석유 회사가 그것을 우리에게 시장성 있는 상품으로 내놓기 전까지는, 즉 우리에게 돈을 받고 파는 방법을 찾아내기 전까지는 그냥 가까운 강에 내다 버렸다(터무니없는 말처럼 들린다면, 석유 회사는 지금도 석유를 시추할 때 나오는 천연가스를 공기 중에 그냥 태워 버린다는 것을 생각하자. 우리가 난방에 사용하는 바로 그 천연가스를 말이다).

오늘날 우리는 휘발유 없는 삶은 상상할 수 없다. 일요일 아침 이웃집 정원에서 나는 낙엽 송풍기 소리에 잠을 깬 사람이라면 고개를 끄덕일 것이다. 어떤 관점에서 보자면 자동차와 오토바이, 제트 스키와 낚싯배, 예초기와 전기톱은 누군가 쓰고 남은 유독한 부산물을 처리해 주는 값비싼 장비일 뿐이다. 그러나 관점을 달리해서 보면 풍족한 삶을 상징하는 것이 된다. 자동차는 특히 더 그렇다.

우리가 사는 세상에서 휘발유는 많은 일들을 더 빠르고 쉽게 만들어 준다. 그도 그럴 것이 휘발유는 에너지가 말도 안 되게 응축된 물질이기 때문이다. 토머스 호머-딕슨은 『추락의 긍정적인 면The Upside of Down』이라는 책에서 원유의 열량을 계산해 킬로그램당 대략 12,000와트시라는 것을 알아냈다. "원유 세 큰술에 인간의 여덟 시간 노동에 맞먹는 에너지가 들어 있다. 자동차 연료 탱크에 석유를 가득 채우면 인간의 2년 치 노동력을 담는 것이다."

그러므로 석유 자체는 말 그대로 힘이다. 그로 인해 우리가 힘든 노동에서 얼마나 많이 해방되었는지 이해한다면 우리가 여기에 그토록 매료되는 것도 무리가 아니다. 매일 전 세계에서 9,000만 배럴이 넘는 석유를 소비한다.[9] 아주 오래된 이 물질에는 놀라운 힘이 있다. 예전에는 근육을 직접 쓰거나 가축 동물의 힘을 이용하여 밭일을 했지만, 오늘날 석유로 돌아가는 기계는 훨씬 많은 일들을 해낼 수 있다. 친환경 에너지와 달리 석유는 원하는 어디든 갖고 갈 수 있다. 그래서 석유를 생각할 때면 발전기가 아니라 자동차를 먼저 떠올린다. 그러나 사우디아라비아처럼 여유만 된다면 석유로 전기를 생산하는 것은 일도 아니다.

휘발유와 경유는 인간을 육체노동에서 해방시켰을 뿐만 아니라 대다수 황소와 말들도 해방시켰다. 자동차의 다른 이름이었던 '말 없는 마차horseless carriage'는 태곳적 에너지를 동력으로 변환시키는 내연 기관의 힘 덕분에 각광을 받았다. 자동차 엔진은 재빠른 속노로 연이어 폭발하는 폭연爆燃을 통해 연료를 점화시킴으로써 작동한다. 여러분이 엔진을 켜둔 상태로 주차장에 앉아 있다면, 가령 750rpm으로 공회전하는 4행정 4기통 엔진이라면, 1분에 1,500회 연소 폭발이 일어난다. 연료가 점화하면 폭발하는 힘으로 피스톤이 위아래로 움직이면서 화학 에너지가 기계 에너지로 바뀌어 자동차의 동력이 된다. 오늘날에도 석유의 힘으로 돌아가는 엔진이 발명되기 전 시대를 떠올리게 하는 잔재가 남아 있다. '마력馬力'이라는 말을 통해 우리는 엔진이 만들어 내는 에너지가 말의 에너지에 비해 얼마나 큰지 짐작할 수 있다.

---

9 2020년이면 하루 석유 소비량이 1억 배럴에 이를 것으로 예상된다(실제로는 코로나 대유행의 여파로 소비량이 오히려 줄었다 — 옮긴이).

석유 사용이 늘어나고 기술 개발로 마력이 가파르게 소요된 것은 군대 때문이었다. 제1차 세계대전 때 미군 1개 사단은 평균적으로 4,000마력을 사용했다. 제2차 세계대전에 이르면 사단의 휘발유 사용량이 100배 넘게 늘어 187,000마력에 달했다. 지금도 석유를 가장 많이 사용하는 곳은 군대다. 미군 혼자서 매년 1억 배럴의 석유를 사용한다.[10]

이렇듯 석유에서 나오는 힘은 그저 기계의 힘만이 아니라 국력이기도 하다. 세계 강대국들이 대부분의 석유를 손에 쥐고 이용하는 국가들인 것은 우연이 아니다. 석유를 얻지 못하면 힘을 발휘하지 못한다는 것은 일찌감치 간파되었다. 제1차 세계대전 때 윈스턴 처칠은 석유가 공격 전략에서 핵심적 역할을 한다는 것을 알아보았다. 결국 석유 보급을 차단하면 군대를 무력화시킬 수 있다. 석유가 없는 나라는 전함과 전차, 비행기를 가동할 에너지원이 없기 때문이다.

석유가 없다면 현대전은 아예 불가능하다. 정제한 석유는 "활주로를 깔고, 폭탄에 들어가는 톨루엔(TNT의 주요 성분)을 만들고, 타이어에 필요한 합성 고무를 제조하는 데 꼭 필요한 재료다. … 총기류와 기계류의 윤활유로 사용된다는 것은 말할 필요도 없다." 우리는 전쟁이 석유를 두고 벌이는 싸움이라고 생각한다. 석유가 전쟁을 하는 최종 목표인 것처럼 말하지만, 실상은 석유가 있어야

---

10 석유 값 상승은 군대에 엄청난 압박이 된다. 배럴당 10달러씩 오르면 다 합쳐서 10억 달러가 더 든다. 그래서 군대는 친환경, 태양광 기술 사용에 앞장서고 있다.

만 전쟁을 치를 수 있다.

석유가 없는 나라는 곧바로 패배할 수 있다. 그래서 전쟁을 수행할 때 이란과 베네수엘라 같은 산유국을 확보하는 것이 아주 중요해졌다. 그들의 석유를 손에 넣는다면 에너지를 계속 공급받을 수 있었다.

1973년 이후로 국가 간 전쟁의 50퍼센트는 석유와 관련된 것이었으며, 21세기에 가장 많은 희생자들이 중동 지역에서 발생했다. 지질학자의 관점에서 볼 때 흥미진진한 질문이 아닐 수 없다. 어째서 그토록 많은 석유가, 전 세계 매장량의 60퍼센트에서 70퍼센트에 이르는 석유가 이런 특정 지역에 몰려 있을까?

이 질문을 풀려면 우리는 석유 채굴의 문제를 넘어 선사 시대를 들여다봐야 한다. 지구에 서식하는 존재들은 물론 지구의 지형도 판이하게 달랐던 시대로 돌아가야 한다. 지금으로부터 8,500만 년에서 1억 2,500만 년 전 백악기 중반으로 돌아가면 대륙들은 지금보다 서로 훨씬 가깝게 붙어 있었다. 초대륙 곤드와나와 로라시아에서 막 분리되기 시작하는 시점이었다.

땅덩어리들은 오늘날 우리가 알아보는 배열로 서서히 자리를 잡아가는 중이었다. 북아메리카와 유라시아는 북쪽으로 나아가기 시작했고, 남아메리카, 중동, 아프리카, 오스트레일리아, 남극은 천천히 남쪽으로 이동했다. 그리고 북쪽과 남쪽 대륙들 사이, 적도 바로 위에 오래전에 사라진 광활한 고대 바다가 있었다.

고대 그리스의 바다의 여신에서 이름을 따서 '테티스 해'라고 불린 바다가 존재했을 때 지구는 사실상 물의 세계였다. 육지는 18퍼센트에 불과했고 바닷물 수위가 평균적으로 오늘날보다 170미터 더 높았다. 또한 화산 활동과 지각 운동이 한층 활발하여 말 그대로 온실이었다. 화산들이 막대한 양의 이산화탄소를 대기 중에 뿜어 냈고, 그 결과 백악기 말이면 대기 중 이산화탄소 농도가 오늘날보다 대략 네 배에서 열여덟 배 높았다. 지구는 지금보다 훨씬 뜨거운 행성이었다. 극지방에 빙산은 없었다. 수온은 10도에서 15도 사이였고 적도 부근의 바다는 온도가 25도에서 30도에 이르렀다. 지질학자이자 해양학자 도릭 스토가 『사라진 대양Vanished Ocean』이라는 책에서 강조하듯이, 주목할 점은 따뜻한 물이 산소를 덜 잡아 둔다는 사실이다. 산소량이 부족하고 높은 수온으로 물의 순환이 지금보다 느려서 갑갑한 해양 환경이 만들어졌다. 바로 이런 숨 막히는 환경이 지금으로부터 9,400만 년 전 중동 지방에 거대한 유전을 만들었다. 스토가 "검은색 죽음"이라고 부르는 거대한 대양 산소 결핍 사건이 일어난 것이다.[11] 이런 환경에서 혐기성 박테리아는 대양 바닥에 비처럼 떨어지는 죽은 동물과 식물을 아주 느린 속도로 분해했다. 유기물은 아주 부분적으로만 부패했고 탄소가 퇴적물에 그대로 남았다. 이렇게 진흙과 토사 아래에 겹겹이 묻혀 수백만 년을 거치는 동안, 죽은 동물과 식물은 지구 중심부에서 나오는 고온의 열기에 압축되고 가열되었다.

이것이 석유의 정체다. 죽은 물질이며 대부분이 멸종 사건에서

---

11 연구자들은 백악기 중반에 두 차례에서 일곱 차례 거대한 대양 산소 결핍 사건이 있었다고 말한다.

만들어진다.[12] 오늘날 우리가 살아가는 첨단 기술 사회는 태곳적 세상을 직접적인 연료로 삼는다. 우리는 자동차 엔진을 켜고 회전수를 높일 때마다 고대의 화학적 잔여물에 불을 붙이는 것이다. 그리고 알다시피 생명은 탄소로 이루어져 있으므로 매번 연소할 때마다 이런 죽은 유기물의 잔여물이 하늘로 날아가 이산화탄소라는 유령이 된다.

자동차 연료 탱크에는 평균적으로 한때 1,000톤이 넘었던 고대 생물이 들어 있다. 무려 23톤의 고대 생물들이 휘발유 1리터로 변환된다. 자동차를 운행하기 위해 우리는 생물량 40에이커에 상응하는 것을 탱크에 담고 달리는 셈이다. 유타 대학의 생태학자 제프 듀크스에 따르면 "매일[강조는 필자] 우리 인간들이 사용하는 화석 연료는 육지와 대양에서 1년 동안 꼬박 자란 모든 식물들을 다 합친 것에 해당한다."[13]

석유와 달리 석탄은 대부분 3억 년 전 석탄기에 형성된 고대의 숲에서 만들어졌다. 당시 육지는 거인들의 시대였다. 무성한 초목으로 뒤덮인 풍경에서 양치식물처럼 생긴 큰 나무들이 45미터 높이로 우뚝 솟아 하늘을 점령했다. 거대한 곤충들이 돌아다니는 무덥고 습한 이런 정글에서 나무들은 오늘날과는 현저히 달랐다. 뿌리가 땅속으로 깊이 박히지 않았고, 나무들이 쓰러지면 거대한 몸통 전체가 그냥 습지에 쌓였다. 나무의 셀룰로오스와 리그닌을 소

---

12 앨버타 대학의 과학자들은 바다 속 화산 활동이 주요 유전들을 형성시킨 9,300만 년 전 대량 멸종 사건의 원인일 수도 있다는 증거를 제시했다.

13 휘발유 1 갤런(4리터)에 3,100만 칼로리가 들어 있다.

화시키는 미생물은 아직 진화하지 않았다. 그래서 썩지 않고 나무가 그대로 보존되었으며 안에 들어 있는 탄소도 마찬가지였다. 더 많은 나무들이 숲의 바닥에 쌓이면서 압착되어 토탄이 되었고, 기나긴 세월이 흘러 오늘날 우리가 이용하는 석탄이 되었다.

이런 고대의 숲이 우리의 집을 따뜻하게 하고, 차량을 움직이게 하고, 기계와 공장을 돌리고, 우리에게 전기를 만들어 준다. 그러나 석탄을 태우면 엄청난 양의 오염 물질이 배출된다. 산업 혁명 시대에 하늘을 시커멓게 만들었고, 오늘날 중국과 인도에 숨 막히는 스모그를 만들어 내는 주범이기도 하다. 석탄의 유해한 변성은 기후 변화에도 영향을 준다. 석탄을 1톤 태울 때마다 그보다 거의 세 배 많은 양의 이산화탄소가 대기 중에 배출되기 때문이다.

이런 문제 때문에 다행히도 석탄은 단계적으로 폐기되는 추세다. 전 세계 여러 국가들이 낡은 석탄 발전소를 폐쇄하고 있지만, 그럼에도 석탄은 우리가 일상적으로 사용하는 전력에서 여전히 재생 가능한 에너지보다 비중이 훨씬 더 높다. 전력망에서 생산되는 전기의 30퍼센트를 담당한다.[14]

한편 우리가 자동차에 넣는 석유는 주로 해양 생태계의 산물이다. 고대 바다에는 매혹적일 만큼 다양한 극소 생명체들로 활기가 넘쳤다. 오늘날 바닷물 한 스푼에 수많은 생명이 들어 있듯이 고대 바다를 현미경으로 들여다본다면 우리가 존재를 의식하지 못

---

14 석탄 수요는 유럽과 미국에서는 줄고 있지만, 인도와 다른 아시아 국가들에서 그만큼 늘었다.

했던 자그마한 동물성 플랑크톤과 식물성 플랑크톤,[15] 해조류를 보게 될 것이다.

공룡 같은 거대한 동물들이 석유에 들어갔는지 가끔 질문하는 사람들이 있다. 그럴 수도 있겠지만 오늘날의 석유 대부분은 공룡이 지구를 활보하기 오래전에 침전된 것이다. 오늘날 우리가 시추해서 사용하는 유전 가운데 몇몇은 무려 6억 년 전에 만들어졌다. 그러니 공룡의 분자 몇 개가 여러분이 슈퍼마켓에 가는 길에 연료가 될 수는 있겠지만, 석유를 이루고 있는 자그마한 식물과 동물들의 거대한 집합체에 비교한다면 공룡의 기여는 극히 미미하다.

이런 선사 시대 스튜는 해양 생물들이 죽고 해저에 가라앉는 흐름이 계속 이어지면서 만들어졌다. 진흙과 토사 아래에 묻혀 낮은 산소 농도 덕에 썩지 않고 케로겐이라고 불리는 끈끈한·물질이 되었다. 일반적으로 지질학자들은 "유기물이 지구 깊은 곳에 묻혀 오랜 기간 낮은 온도에서 '요리'되거나 짧은 기간 높은 온도에서 '요리'될 때 석유가 만들어진다"고 한다. 시간이 흐르면 케로겐 분자는 수소와 탄소 원자로 쪼개진다. 50도에서 100도로 요리된 무거운 액체 혼합물은 원유가 되고, 더 높은 150도에서 250도로 요리된 가벼운 혼합물은 위로 올라가 바위층에 갇혀 가스가 된다.

정리해 보면 석유, 석탄, 가스는 백만 년에서 평균 1억 년의 시

---

15 햇빛으로 매년 55억 톤이 넘는 식물성 플랑크톤이 만들어진다. 이 단세포 원생생물은 태양 에너지를 포착하는 먹이 사슬의 일차적 생산자이다. 수백만 년에 걸쳐 이런 플랑크톤의 죽음이 쌓이고 쌓여 형성된 석유에는 태양 에너지가 저장되어 있다. 석유는 사실상 자연이 만들어 낸 거대한 배터리인 셈이다.

간을 두고 충전된, 자연의 가장 오래된 배터리들이다. 우리가 현대 문명을 영위하는 힘을 갖게 된 것은 광합성 작용을 통해 고대의 햇빛을 포착한 극소 생명체들 덕분이다. 오늘날 태양이 식물을 키우고 그것을 우리가 동물을 키우는 '식량 배터리'로 삼듯이 말이다. 화석 연료와 유일하게 다른 점은 이 고대의 햇빛은 우리가 먹는 것이 아니라는 점이다. 그것은 기계를 위한 식량이다.

오늘날 중동의 산유국들이 부를 누리는 것은 지질학적 우연이다. 이런 국가들은 어쩌다 보니 화석 연료가 만들어진 테티스 해 주위에 위치하게 된 것이다. 지금도 세계 석유의 대다수(3분의 2)와 가스의 4분의 1을 이 지역이 책임지고 있다. 우리가 사용하는 연료의 대부분은 선사 시대 생물들과 백악기의 조건이 결합한 산물이다.

지구 온난화가 진행 중인 오늘날에 이와 비슷한 일이 벌어지기 시작했음을 독자 여러분은 잊어서는 안 된다. 여러분이 이 책을 읽고 있는 바로 지금, 극지방의 거대한 얼음 덩어리들이 갈라져서 대양으로 흘러들고 있다. 적도 지방의 해수면 온도는 욕조에 받아놓은 물과 비슷한 30도에 육박한다. 무산소 해수도 확산되고 있는데 백악기의 상황만큼 심각하지는 않지만[16] 과학자들은 지난 50년간 대양의 산소 농도가 2퍼센트 줄었고 무산소 해수의 소리 없는 확산이 450만 제곱킬로미터에 이르렀음을 확인했다.[17] 참고

[16] 지구 화학자 마틴 파울러에 의하면 백악기의 무산소 수준은 오늘날 우리가 사해에서 보는 것보다 더 높았을 것이라고 한다.
[17] "산소 농도가 낮은 지역이 넓어지고 수직적으로 수평적으로 퍼지고 있다. 여기에

로 말하자면 유럽 연합과 똑같은 크기다.

대부분의 사람들에게 물속에서 벌어지는 일은 보이지 않아서 관심 밖이겠지만, 산소가 고갈된 해수를 연구하는 과학자들은 깊은 우려를 나타낸다. 해저에서 살아가는 불가사리, 게, 말미잘이 점차 사라지면서 먹이 활동을 위해 수심 800미터까지 내려가기도 하는 청새치, 돛새치 같은 심해 물고기들이 최근 들어 훨씬 얕은 곳에서 먹이를 잡는 모습이 포착되고 있다. 중앙아메리카 연안에서 돛새치를 연구하는 과학자들은 산소가 고갈된 해수가 아래로 가라앉으면서 돛새치가 더 이상 깊게 내려가지 못하는 것을 보았다. 더 내려가면 질식하게 되므로 얕은 물에 머무르는 것이다.

우리는 산소가 여기 육지에서 중요한 만큼 해양 생물에게도 마찬가지로 꼭 필요하다는 사실을 잊는다. 우리가 숨 쉬는 공기에서 산소가 줄어든다고 상상해 보라. 주위 생물들이 하나둘 숨이 막혀 사라지게 될 것이다.

○ ○ ○

인간은 지구에서 인공적으로 막강한 힘을 거머쥔 유일한 종이다. 우리는 죽은 생물의 힘, 태양의 힘, 바람의 힘, 물의 힘, 심지어

는 태평양 동부의 광활한 지역, 벵골만의 거의 전 지역, 서아프리카 옆 대서양 지역이 포함된다. … 서아프리카 옆의 지역은 1960년 이후로 15퍼센트(1995년 이후로는 10퍼센트) 넓어져서 현재 미국 대륙 넓이에 이른다. 캘리포니아 남부 연안 태평양의 수심 200미터 지역에는 산소가 사반세기 동안 30퍼센트 가까이 줄어든 곳도 있다."

보이지 않는 원자의 힘까지도 이용하고 이런저런 형태로 바꾼다. 이 에너지 덕분에 타고난 능력 이상으로 주위의 세상을 통제할 수 있다. 만화책에서 슈퍼맨을 보고 자란 우리는 그의 능력이 대단하다고 상상하지만, 우리 인간도 이제 똑같은 능력을 갖고 있다. 그 능력을 스위치로 끄고 켤 수 있다는 점이 다를 뿐이다. 슈퍼맨이 할 수 있는 모든 것, 예를 들어 하늘을 날아다니고, 꿰뚫어 보고, 엄청난 힘과 속도를 내고, 열을 감지하고, 물체를 얼리고, 막강한 화염을 일으켜 반경 0.5킬로미터 이내에 있는 모든 것을 쓸어버리는 것, 이런 일들은 충분한 에너지와 적절한 기술만 있다면 우리도 할 수 있다. 우리는 지구 곳곳을 날아갈 수 있다. 우주로도 날아갈 수 있다. 세계 여러 곳에서 무슨 일이 벌어지는지 보고 들을 수 있다. 동굴에 살던 우리 선조들이 본다면 마술을 부린다고 생각할 것이다. 그들에게 우리는 신과 같은 존재로 보일 것이다.

대부분의 사람들은 이런 힘이 실제로 어디서 오는지, 어떻게 작동하는지에 대해 거의 알지 못한다. 그러므로 인간의 힘의 근원은 맹점이다. 그러나 우리의 힘은 우리의 크립토나이트(약점)이기도 하다. 버튼을 누르거나 열쇠를 돌리기만 하면 에너지를 쉽게 가동할 수 있으므로, 우리는 에너지를 얼마나 많이 사용하는지 모르고 있다. 우리의 생명 활동을 이어가기 위해 필요한 에너지는 하루 2,000칼로리, 대략 90와트다. 즉 물질대사를 위해서는 백열전구 하나의 에너지가 든다. 그러나 현대의 물건들을 모두 다 가동하려면 그보다 훨씬 많은 에너지가 필요하다. 물리학자 제프리 웨스트의 말이다. "이제 우리는 집, 난방, 조명, 자동차, 도로, 비행기, 컴퓨터 등등이 필요하다. 결과적으로 미국에 사는 평균적인 사람 한 명을 떠받치는 데 드는 에너지가 무려 11,000와트까지 치솟았다. 이런 사회적 대사율은 코끼리 열두 마리에 맞먹는다."

전 세계적으로 에너지 수요는 계속 늘어나고 있다. 우리는 일 년에 대략 150조 킬로와트시의 전력을 사용한다. 세계 인구는 75억 명이지만, 우리가 연간 사용하는 에너지는 2,000억 명을 부양하기에 충분하다.

그 결과 우리는 무시무시하게 많은 이산화탄소를 대기 중에 쏟아내고 있다. 하지만 이에 대해 잘 모르고 있다. 왜 그럴까? 국제보존협회 선임 과학자 M. 산자얀은 이렇게 설명한다. "바로 지금 자동차 배기관에서 나오는 이산화탄소가 있다. 건물에서 나오는 이산화탄소가 있다. 공장 굴뚝에서 나오는 이산화탄소가 있다. 그러나 우리는 그것을 볼 수 없다. 이 문제의 근본적인 원인은 대부분의 사람들에게 보이지 않는다."[18]

우리는 우리가 지하에서 뽑아 내는 연료에 대기 중 이산화탄소에 저장된 것보다 다섯 배 많은 탄소가 들어 있다는 것을 보지 못

18 이런 맹점은 얼마나 클까? 그것은 전 부문을 아우르고 있어서 우리는 그 바로 옆에서 돌아다니고 있는데도 문제를 보지 못할 수 있다. 연비가 낮은 자동차는 당연히 문제의 일부다. 그러나 여러분이 사는 지역에 따라서는 하이브리드나 전기 자동차가 휘발유를 먹는 SUV에 비해 더 깨끗하지 않을 수도 있다. 전기의 3분의 1은 자동차 연료만큼이나 지저분한 석탄에서 얻는다. 즉, 지역에 따라서는 이른바 해결책조차 문제의 일부일 수 있다. '깨끗한' 전기를 전력망에 공급하기 전에 발전용 터빈을 만들고 운반하고 조립하는 데 드는 화석 연료를 생각하면, 가장 야심찬 미래의 계획도 과거의 에너지와 밀접하게 얽혀 있음을 깨닫게 된다.

한다. 자연적인 탄소 순환에서 탄소가 대기에 머무는 기간은 3년이다. 식물에서는 평균적으로 5년을 머문다. 토양에서는 30년을, 바다에서는 300년을 머물며, 1억 5,000만 년마다 지구 화학적 순환을 거친다. 그러나 우리는 지하 깊은 곳에 있는 탄소를 인위적으로 대기 중에 내보냄으로써 이런 자연의 순환을 대단히 근본적으로 교란시키고 있다. 오늘날 대기 중에 있는 이산화탄소는 산업혁명 이전 시대보다 45퍼센트 더 많다. 이렇게 높은 이산화탄소 농도는 80만 년 전 이후로 처음 있는 일이다.

우리에게 초능력을 안겨 주는 에너지는 쓰고 나면 흔적도 없이 사라지는 것 같다. 그러나 여기에 거대한 역설이 있다. 국가들은 누가 탄화수소를 소유할지 결정하려고 전쟁을 벌일 것이고, 그 다음에는 누가 이산화탄소를 소유하지 않을지 결정하려고 다시 모일 것이다.

하지만 우리가 태우는 화석 연료로 인해 얼마나 많은 열이 축적되었는지 확실하게 보여 주는 방법이 있다. 기후학자 제임스 한센은 이렇게 말했다. "우리 지구가 더워지고 있는 전례 없는 추세는 히로시마 핵폭탄 40만 개를 매일 터뜨리는 것과 맞먹는다."

6장 쓰레기와 보물

우리는 빠르게 플라스틱 사회가 되고 있다. 머지않아 우리는 자연보다는 켄이나 바비 인형과 더 많은 공통점을 갖게 될 것이다.

— 앤서니 T. 힝크스

우리가 마음속에 떠올리는 달의 모습은 여기저기 구덩이가 파인 회색빛 풍경 그대로이다. 지금도 그곳에는 기념비적인 인류 최초의 발자국과 미국 국기, 그리고 다음과 같은 글귀가 적힌 명판이 있다. "서기 1969년 7월, 행성 지구에서 온 인간들이 여기 달에 첫발을 내딛는다. 우리는 모든 인류의 평화를 위해 이곳에 왔다."

하지만 50년의 세월이 지난 지금 달의 깃발은 자연의 힘에 굴복하기 시작했다. 태양에서 오는 혹독한 자외선에 노출되어 성조기 문양은 온데간데없이 사라졌고 나일론 천은 하얗게 바랬다. 그러나 미국인들은 달에 하나의 국기가 아니라 여섯 개를 꽂았다. 그리고 우주 여행자들은 인간이 걸어간 흔적 이상의 것을 그곳에 남겨 놓았다. 달 표면에 무려 181,000킬로그램의 쓰레기를 흩어 놓고 온 것이다.

미국항공우주국에 따르면 소변과 토사물을 담은 봉투 96개 외에 낡은 부츠, 수건, 배낭, 젖은 물수건도 있다. 쓰레기통을 갖고 가지 않았으므로, 우주 비행사들은 착륙 장소에 잡지, 카메라, 담요, 삽도 버렸다. 이후 여러 국가들이 달 탐사에 나서서 현재 달 표면에는 실패한 궤도선과 탐사선을 포함하여 총 70개의 우주선이 있다.

지구와 비교하면 달의 대기는 대단히 희박하다.[1] 그래서 우리가 달을 방문한 증거가 풍화되어 사라지기까지는 오랜 시간이 걸릴 것이다. 애리조나 주립 대학의 과학자 마크 로빈슨은 입자 크기의 자그마한 운석들이 쓰레기와 충돌할 것이므로 1,000만 년에서 1억 년이 지나면 우리가 달에 잠깐 머무른 증거가 분해되어 사라질 거라고 말한다.

달 표면에서 보면 우리가 사는 행성은 지평선 위로 솟아올라 푸른 달처럼 밤하늘에 빛난다. 멀리서 보면 아주 말끔해 보이지만, 가까이 다가가면 구름처럼 자욱한 우주 쓰레기가 지구 궤도를 도는 것이 보인다. 지구는 『피너츠』 만화에 나오는 픽펜[2]을 닮게 되었다. 현재 지구를 도는 우주 쓰레기는 거의 3,000톤에 이른다.

---

1   세간의 인식과 달리 달에도 대기가 있다. 물론 지구 대기의 밀도에 비교하면 하찮은 수준이지만 말이다. 밀도가 낮아서 충돌이 일지 않는 이런 유형의 대기를 전문 용어로 '표면 경계 외기권'이라고 한다.
2   항상 먼지를 묻히고 다니는 지저분한 아이 ― 옮긴이주.

물론 항상 그랬던 것은 아니다. 지구 궤도에 체류자가 처음으로 들어선 것은 1958년 3월 17일이었다. 쓸모가 다한 인공위성 '뱅가드 1호'는 오늘날 가장 오래된 궤도 잔해라는 칭호를 얻었다. 132.7분마다 지구를 한 바퀴 돈다. 하지만 더 이상 혼자가 아니다. 29,000여 개의 다른 우주 쓰레기들이 옆에서 같이 돌며, 활발하게 작동 중인 인공위성도 1,700여 개가 있다. 미국 공군은 대부분이 발사 로켓과 해체된 위성인 궤도 잔해를 추적하고 있으며, 야구공보다 큰 물체는 무엇이든 다 기록한다. 그보다 작은 부품들은 열외다. 크기가 1센티미터에서 10센티미터 사이인 물체는 67만 개인데, 여기에는 페인트 조각, 너트, 볼트, 포장지, 렌즈 덮개 등 온갖 것이 포함된다.

크기가 작아지면 숫자가 늘어난다. 크기가 1밀리미터에서 1센티미터인 잔해는 대략 1억 7,000만 개에 이른다. 하지만 크기가 작다고 위협적이지 않은 것은 아니다. 유럽 우주국에 따르면 궤도 속도로 움직이는 1센티미터 크기의 물체는 국제 우주 정거장의 장갑을 뚫거나 우주선의 작동을 망가뜨릴 수 있다. 그 충격은 수류탄이 폭발하는 것에 맞먹는다.

우리가 우주선을 우주에만 버리는 것은 아니다. 바다에도 내다 버린다. 남태평양 한가운데, 수면 아래 수 마일 지점에는 '포인트 니모'라고 불리는 장소가 있다. 우주선들의 무덤으로 활용되는 곳이다. 고립된 위치 때문에 선택되었는데(가장 가까운 땅이 거의 2,400킬로미터 떨어져 있다), 세계 각국의 우주 기관들은 대기로 재진입할 때 타지 않는 거대한 우주 물체space object들을 여기에 버린다. 1971년부터 2016년까지 260여 개의 우주선이 포인트 니모에 버려졌다. 이곳은 러시아 물자 보급선 140대, 스페이스X 로켓 하나, 소비에트 시대의 미르 우주 정거장, 유럽 우주국의 우주 화물선 몇 대가 영원히 잠든 곳이다. 모두 여기 해저에 누워 서서히 해체되고 있다.

발사할 때는 어마어마한 돈을 들인 첨단 기술의 걸작에 모두가 열광하지만, 쓸모를 다하고 나면 아무리 기술적으로 앞서고 값비싼 것도 결국에는 쓰레기가 된다. 인간은 도구를 만드는 종種이지만 그렇기에 쓰레기를 만드는 종이기도 하다. 우리는 물건과 애증 관계를 형성하진 않지만, '애정-무관심' 관계는 보여 준다. 소유하기 전에는 탐을 내지만, 시간이 지나면 내던져 버리고 다시는 그것에 대해 생각하지 않는다. 쓰레기가 바로 그렇다. 우리는 쓰레기가 세상에 존재하지 않는 듯 행동하는 데 선수다. 실제로 우주 쓰레기는 우리가 만들어 내는 엄청난 양의 쓰레기에 비하면 한 줌도 되지 않는다. 못 쓰게 된 가정용 전기제품, 컴퓨터, 휴대폰, 기타 전자 폐기물로 우리가 매년 쏟아내는 쓰레기는 4,500만 톤에 이른다. 에펠탑 4,500개에 해당하는 양이다. 쓰레기는 도시의 스카이라인을 가릴 수 있을 정도다. 하지만 현실에서 우리는 쓰레기를 보지 못할 뿐만 아니라 대부분은 어디로 가는지도 모른다.

쓰레기에 대해 우리가 아는 것도 있다. 쓰레기 생산 부문에서 세계 1위가 미국이라는 사실이다. 부유한 나라와 부유한 사람들이 쓰레기를 더 많이 만든다. 미국인은 매일 3.2킬로그램의 쓰레기를 내다 버린다. 평생 90톤이 넘는 쓰레기를 만드는 셈이다. 에드워드 훔스가 『102톤의 물음*Garbology*』이라는 책에서 썼듯이 "[미국인] 한 명이 102톤의 쓰레기를 유산으로 남기며 이를 처분하려면 무덤 1,100개만큼의 면적이 필요하다. 그런 쓰레기의 대부분은 파라오의 피라미드, 대도시 마천루보다도 오래 남는다."

그러나 우리가 내다 버리는 것은 쓰레기라는 빙산 전체의 일각에 지나지 않는다. 대부분의 쓰레기는 제조 과정에서 나온다. 우리가 쓰레기통에 버리는 것(최종 제품)은 제조, 포장, 운송 과정에 들어가는 원재료의 5퍼센트에 불과하다. 그러니까 우리가 마트 선반에서 150킬로그램짜리 제품을 본다면, 그 배후에는 우리가 보지 못하는 3,000킬로그램의 쓰레기가 있다는 이야기다. 전 세계가 매일 쏟아내는 쓰레기를 다 합치면 대략 300만 톤에 이른다. 그것도 2025년이면 두 배로 늘어날 전망이다. 경제가 지금처럼 유지된다고 가정하면, 21세기 말이면 매일 말도 안 되는 1,100만 톤의 고형 쓰레기가 나오게 된다.

쓰레기를 만드는 것은 공장만이 아니다. 생명체인 이상 우리도 쓰레기를 만든다. 지구에 사는 75억 명이 먹고 배설하는 것이 여기에 더해진다. 『배설물의 기원*The Origin of Feces*』이라는 책에서 데이비드 월트너-테이브스는 인간 배설물의 극적 증가 추세를 이렇게 정리했다. "기원전 1만 년에는 지구에 100만 명가량이 있었다. 5,500만 킬로그램의 인간 배설물이 세계 곳곳에 조금씩 흩어져 있었고, 이는 천천히 풀과 과일나무들의 비료가 되었다. … 2013년이면 70억 명이 넘는 사람들이 지구에 사는데, 이들이 매년 쏟아내는 똥은 4억 톤(4,000억 킬로그램)에 육박한다."

인간의 생물학적 쓰레기와 제조로 인한 고형 쓰레기의 양이 그처럼 엄청나므로 우리 눈에 보이지 않게 치워진다는 것은 대단한 마술처럼 느껴진다.

오물 수거인이 등장하기 전에는 사람들이 자기 똥을 직접 치워야 했다. 바로 눈앞에서 김이 나고 파리가 들끓고 지독한 악취를 풍겼으므로 피할 방법이 없었다. 「세서미 스트리트」로 우리에게 익숙한 브루클린의 현관 앞 층층대는 단순히 네덜란드에서 건너온 건축 양식이 아니라 19세기에 배설물을 처리하는 방법이기도 했다. 현관 입구까지 계단을 놓은 것은 당시 뉴욕 사람들이 자기 집 창문에서 거리로 쓰레기를 버렸기 때문이다. 그것이 하도 높이 쌓여서 — 겨울에는 눈과 말의 배설물(매일 1,000톤의 똥과 22만 7,000리터의 오줌이 나왔다)과 뒤섞여 1미터까지 쌓였다 — 현관문이 쓰레기에 파묻히지 않으려면 층층대가 있어야 했다.

19세기에 쓰레기를 처리하는 데 먹을 것을 찾아 돌아다니는 개와 쥐, 바퀴벌레도 도움이 되었지만, 으뜸가는 거리 청소부는 돼지였다. 미국의 양돈장은 1만 마리 넘게 수용하도록 거대하게 지어졌다. 우리의 배설물이 그들의 만찬이었다. 돼지 75마리가 매일 평균적으로 1톤의 배설물을 먹어 치웠다. 당시 뉴욕의 모습을 그린 그림에 거리를 돌아다니는 돼지가 등장하는 것은 이상한 일이 아니다. 그림을 그린 유럽인에게는 도시에 돼지가 있는 것이 진기했겠지만, 뉴욕 사람들에게는 돼지가 거리를 멋대로 돌아다니는 데 그만한 이유가 있었다.

1840년대에 이르면 수천 마리의 돼지들이 월 스트리트 인근을 돌아다녔다. 오늘날 이 지역은 은행가들과 고액 투자자들로 유명하지만, 월 스트리트라는 이름은 원래 돼지들이 거리와 지역 주민들의 정원에 피해를 주지 못하게 세웠던 3.5미터 높이의 담장에서 유래됐다.

파리에서도 쓰레기와 인간 배설물이 거리에 넘쳐나서 골칫거리였다. 프랑스는 세계 최초로 환경 미화원 부대를 조직하여 4세기 전에 이런 방법으로 도시의 쓰레기를 처리하기 시작했다. 그러나 거리 옆의 오물은 계속해서 문제가 되었다. 급기야 프랑스 왕은 1539년 불결함에 대처하는 칙령을 발표했다.

신의 가호를 받는 프랑스 왕 프랑수아는 이 자리에 함께한 모두에게 우리의 멋진 도시 파리와 인근 지역이 확연히 나빠지고 있음을 보고 불편한 심정을 알리는바, 너무도 많은 곳이 심하게 망가지고 파괴되어 마차를 이용하거나 말을 타고 그곳을 들를 때 상당한 위험과 불편을 마주치지 않을 수 없다. 이 도시와 인근 지역은 이런 유감스러운 상태를 오랫동안 견뎌왔다. 게다가 거리는 불결하기가 말할 수 없고 모두가 보았겠지만 당장이라도 발길을 돌리게 만드는 진창, 동물 배설물, 돌무더기, 짐승 내장이 사방에 널려 있으니 이치에도 맞지 않고 선조들 법령에도 어긋나는 이런 상황은 단호한 모든 재력가에게 크나큰 경악과 더 큰 불쾌감을 일으킨다.

파리에서 배설물은 개인의 문제가 되었다. 파리 사람들은 거리에 내다 버리는 대신 뒤뜰에 오물 구덩이를 파야 했다. 당연하게도 이웃에서 나는 악취는 참기 어려운 수준이 되었고, 콜레라가 돌았다.[3] 프랑스인들은 중국인들이 수천 년 동안 해온 방식으로 바꿨다. 인분을 농사의 거름으로 활용한 것이다. 주로 밤에 처리했다고 해서 완곡어법으로 '밤의 흙'이라고 부른다.

도시가 성장하면서 1800년대에 이르면 도시 자체가 배설물을 거대한 규모로 모아 두는 곳이 되었다. 이런 표현이 어떨지 모르겠지만, 도시는 거대한 똥 무더기를 생산하는 엔진이 되었다. 중국인들은 인구가 밀집된 지역에서 시골로 인분을 옮김으로써 상황을 분산시켰다. 시골에서 똥은 쓰레기가 아니었다. 갈색 황금이었다. 인분은 흙으로 다시 돌아가 사람들을 먹여 살렸다. 이런 시스템은 실제로 대단히 잘 돌아갔고, 최근까지도 중국은 기름진 토양과 지속 가능한 농업을 자랑했다. 수천 년 동안 인분의 약 90퍼센트가 재활용되어 중국이 필요로 하는 비료의 3분의 1을 책임졌다.

잠시 우리 인간의 소화력을 생각해 보자. 평균적으로 우리는 매년 50에서 55킬로그램의 똥과 500리터의 오줌을 만들어 낸다. 그러나 이런 '쓰레기'에는 귀중한 영양분이 들어 있다. 독일 국제협력공사에 따르면 "식물이 자라기 위해 필요한 세 가지 주요 영양분인 질소, 인, 칼륨 화합물이 거의 적절한 비율로 10킬로그램" 들어 있다고 한다. 한 명의 인분뇨로 200킬로그램이 넘는 곡물을 키울 수 있다.

3 1832년 파리에서만 2만 명이 콜레라로 사망했다.

일본인들도 똥의 가치를 알아보았다. 에도 시대(1603년부터 1868년까지)에 현재 도쿄 지역에서는 폐기물을 재활용하는 시스템이 운영되고 있었다. 지속 가능한 농업에 시모고에('인간의 밑에서 나오는 비료'라는 뜻)가 아주 중요하게 쓰였다. 밭 근처 도로 옆에 양동이를 두고 여행자들이 그곳에 용변을 보도록 했다. 데이비드 월트너-테이브스는 이렇게 썼다. "17세기에 에도 도시는 채소와 다른 농작물들을 오사카로 보내고 인분을 대가로 받았다. 도시와 시장이 성장하고(에도는 1721년에 인구가 백만 명을 넘었다) 집약적인 논농사가 늘어나면서 인분을 포함하여 비료 값이 극적으로 높아졌다. 18세기 중반에 이르면 똥 주인은 채소뿐만 아니라 은도 요구했다."

똥은 고가의 상품이 되었다. 집주인은 자기 건물에 사는 세입자 수가 줄어들면 집세를 올려 받을 수 있었다. 수입을 보충해 주는 배변하는 사람이 줄어서 수익성이 그만큼 떨어졌기 때문이다. 거래를 정부가 아니라 당사자들끼리 합의했는데, 집주인이 시모고에 가격을 터무니없이 높게 부르는 바람에 농부와 갈등을 빚는 경우도 많았다.

똥에도 좋은 똥과 나쁜 똥이 있었다. 부자들 똥은 확실히 냄새가 고약했지만 그만큼 높은 값을 받았다. 부자들은 다양한 음식을 골고루 섭취했으므로 농부들에 따르면 영양분이 더 많았다고 한다.[4] 시모고에 가격은 수요에 달려 있었지만, 가장 비쌀 때는 가구

---

4 "인분은 사실상 사람들이 필요한 영양분을 흡수하고 난 뒤에 남은 잔여물이다. 생

당 145몽까지 받았다. 1805년에 100몽이면 버섯과 피클, 밥과 국이 나오는 괜찮은 점심을 살 수 있었다. 1800년대에 이르면 인분 가격이 워낙 올라서 그것을 훔치면 범죄 행위로 간주하여 투옥되었다.

인간의 배설물은 퇴비와 다른 동물의 배설물에 견주어 비교되기도 했다. 1849년에 발행된 미국 잡지『워킹 파머』의 한 호에 저명한 독일 농학자 헴프슈타트 교수의 다음과 같은 말이 인용되어 있다.

땅에 퇴비를 주지 않고 씨를 뿌리면 수확이 세 배다.

같은 땅에 가축 사료로 쓰는 오래된 건초나 썩은 풀, 나뭇잎, 정원에서 이것저것을 모아 퇴비로 주면 수확이 다섯 배다.

소똥을 거름으로 주면 일곱 배다.

비둘기 똥을 주면 아홉 배다.

말똥을 주면 열 배다.

염소 똥을 주면 열두 배다.

양의 똥을 주면 열두 배다.

사람의 오줌이나 젊은 황소의 피를 주면 열네 배다.

선과 고기를 많이 먹는 사람의 인분에는 대체로 질소와 인이 더 많이 들어 있다. 반면 곡물과 채소 위주의 채식을 하는 사람은 질소와 인은 부족하지만 칼슘과 염분이 풍부한 인분을 남긴다." – 카요 타지마, 「초기 근대 에도/도쿄 대도시 지역에서 인간의 배설물 마케팅」, Environnement urbain: cartographie d'un concept. Vol.1(2007).

그러나 배설물로 퇴비를 만드는 기술에 관심 있는 사람들이 항상 최고로 꼽는 것은 따로 있었다. 세계 최고의 비료라면 구아노에 견줄 만한 것이 없었다.

역사적으로 사람들이 전쟁을 벌인 원인은 수도 없이 많지만, 1864년부터 1866년까지 이어진 구아노 전쟁은 새똥의 주권을 두고 벌어진 최초의 전쟁일 것이다.[5] 구아노는 페루에게 금광이나 다름없었다. 스페인이 이 사실을 알고는 자신의 식민지였던 나라에게서 그것을 빼앗아가려고 했다. 그러자 칠레까지 가세하여 남아메리카 국가들은 이전에 자신들을 식민 통치했던 나라에 맞서 싸웠다.

배로 근처를 지나는 중이라면, 친차제도가 눈에 들어오기 한참 전부터 냄새가 난다. 펠리컨, 부비새, 가마우지가 둥지를 틀고 사는 이곳은 백만 마리가 넘는 새들의 고향이었다. 새 한 마리가 하루에 귀한 20그램의 똥을 생산했고, 합치면 매년 11,000톤의 똥이 이곳에서 만들어졌다. 오랜 세월에 걸쳐 쌓이고, 비가 적게 내리는 지역이다 보니 똥 더미는 점차 산이 되었다. 그래서 1800년대 초에 친차제도에 쌓인 구아노는 10층 건물 높이를 넘겼다.

구아노가 강력한 비료 역할을 한다는 것은 오래전부터 지역 주민들에게 알려져 있었다. 그들은 이것을 '우아누huanu'라고 불렀다. 바닷새의 배설물은 해양 질소가 풍부하게 들어 있어서 특히 효과적이었다. 바닷새들은 멸치와 플랑크톤을 풍부하게 먹고 자

---

5 구아노 전쟁의 공식적인 명칭은 '친차제도 전쟁'이다.

라므로 질소를 육상 생태계로 보내는 '생물학적 펌프' 역할을 한다.[6] 토양을 기름지게 하는 구아노는 일찌감치 높은 가치를 인정받아 잉카인들은 바닷새를 죽이면 사형에 처했다.

유럽인들은 탐험가 알렉산더 폰 훔볼트가 1804년에 구아노를 가지고 오면서 그 가치를 깨닫게 되었다. 농토에 구아노를 처음으로 써본 농부들은 기적과도 같은 결과를 보았다. 고갈된 땅이 순식간에 다시 기름진 토양이 되었고, 작물 수확량이 30퍼센트나 늘었다. 농가에서 얻은 퇴비와 달리 구아노는 특별한 똥이었다. 한 전문가에 따르면 35배나 효과가 강력했다.

과학 저술가 토머스 헤이거가 말하듯이 1850년이면 친차제도(새똥으로 뒤덮인 척박한 섬)는 "평당 지구에서 가장 값비싼 땅"이 되었다. '구아노 열광'이 일어났다. 매년 수만 톤의 구아노가 해외로 수출되어 페루 경제의 60퍼센트를 책임졌다. 미국인들은 구아노 매장지를 확보하고자 1856년 8월 18일에 구아노 제도법을 통과시켰다. 구아노가 있는 섬을 발견하면 미국의 소유권을 주장할 수 있다는 법령이었다. 법령 1절은 이렇게 되어 있다. "다른 나라 정부의 사법 통제하에 있지 않고 다른 나라 시민이 점유하지 않는 구아노가 매장된 섬이나 바위, 산호초 섬을 미국 시민이 발견하여 평화롭게 소유하고 점유한다면, 그와 같은 섬, 바위, 산호초 섬은 미국 대통령의 재량에 따라 미국에 부속되는 영토로 판단한다."

---

6 새들의 똥은 매년 380만 톤의 질소를 바다에서 끌어낸다. 공기 중에 있는 질소가 물에 녹아 고정된 질소로 바뀐다. 1800년대에 이런 과정은 주로 시아노박테리아가 담당했다.

지금까지 미국이 이런 식으로 영유권을 선언한 섬이 카리브해와 태평양에 100여 개 있다. 대부분은 구아노 자원이 고갈된 후에 포기했지만, 법령은 오늘날에도 여전히 유효하다.

결국에는 그것이 친차제도의 문제였다. 구아노는 소모되는 속도 만큼 빠르게 채워질 수 없는 유한한 자원이었다. 구아노 전쟁(스페인이 칠레와 페루 연합군에 패했다)이 벌어질 무렵이면 10년 치도 안 되는 구아노가 남아 있었다. 구아노를 다 써버리고 나자 페루는 결국 파산했다.

재앙을 앞서 내다본 사람이 있었다. 그는 유럽이 조만간 배설물로 인해 난감한 상황에 처하리라는 것을 깨달았다. 구아노의 주요 공급처가 바닥나자 비료 산업은 칠레산 질산염으로 옮겨갔다. 칠레 사막에서 발견된 흰색 알갱이의 광물이 차선책으로 각광을 받은 것이다. 영국의 과학자 윌리엄 크룩스는 계산을 해보았다. 그의 추정에 따르면 현재 수요가 계속 이어진다면 질산염도 수십 년 안에 바닥날 터였다. 그는 1898년 영국 과학진흥협회 회장 취임사에서 강당을 가득 메운 청중에게 이렇게 호소했다. "영국과 모든 문명사회는 먹을 것이 충분치 않은 치명적인 위험에 처해 있습니다. 입이 늘면 식량이 줄어듭니다. … 이 같은 거대한 딜레마에서 벗어나는 방법을 하나 제시하고자 합니다. 우리 사회를 위기에서 구해낼 사람은 화학자들입니다. 실험실을 통해 굶주림은 마침내 풍요로움으로 전환될 수 있습니다. … 대기 중 질소를 고정시키는 것은 위대한 발견으로, 천재적인 화학자가 해낼 수 있습니다."

크룩스가 절실하게 요청한 것은 합성 거름의 개발이었다. 그러나 그의 예지적 언급에도 불구하고 이런 비료가 말 그대로 공기 중에서 얻어진다는 것을 세상은 알지 못했다.

○ ○ ○

그것은 사람들이 기억하지 못하는 역사상 가장 위대한 발명이 었다. 하버-보슈 공정이 없었다면 지구에 사는 인간의 절반은 오늘날 살아남지 못했을 것이다. 당시 비료의 주요 공급처였던 페루의 새똥이 거의 바닥을 드러내고 칠레 사막의 질산염이 전략적으로 비축되는 상황에서[7] 이에 의존하지 않고 세계를 먹여 살릴 방법을 찾아달라는 크룩스의 절박한 외침에 화학자들이 응답한 것이었다.

새똥과 질산염의 공통점은 고정 질소가 풍부하다는 것이다. 질소는 우리 주위에 너무도 많지만(우리가 들이마시는 공기의 78퍼센트가 질소다)식물이 토양에서 흡수해야 하는 질소는 이와 다른 형태인 고정 질소다. 육지에서 고정 질소가 자연적으로 만들어지는 방법은 두 가지가 있다. 극적인 방법은 번개다. 폭풍이 몰아칠 때 일어나는 고압의 전류는 대기 중 질소의 분자 결합을 끊을 만큼 강력하며, 이것이 물과 접촉하면 질산의 형태가 되어 땅속으로 내려앉

---

7 질산염은 두 가지 용도가 있었으니 비료로도 사용되고 폭약으로도 사용되었다. 유럽까지 배로 도착하는 데 장장 석 달이 걸렸다. 특히 독일인들은 전쟁이 일어나면 해상이 봉쇄되어 식량 생산이 타격을 입고 화약 제조에 차질이 생길 것을 알았으므로 자체적으로 질산염을 확보하려고 혈안이 되었다.

는다. 두 번째 방법은 콩과 식물과 공생 관계를 이루는 박테리아를 통하는 것이다. 이런 박테리아는 복잡한 효소로 질소 원자들의 결합을 끊을 수 있어서 식물 뿌리가 이것을 이용하도록 만든다.[8]

질소 분자는 두 개의 질소 원자로 이루어져 있는데 이것은 자연에서 가장 단단하게 결합되어 있는 원자다. 그래서 공기 중에 있는 질소를 '이용할 수 없는 질소'라고 한다. 얼마나 단단히 잠겨 있는가 하면 그것을 끊으려면 막대한 에너지(대략 1,000도의 온도)가 필요하다. 우리는 대기 중의 질소를 들이마시고 내뱉지만, 이런 형태는 다른 화합물과 쉽게 반응하지 않는 불활성이어서 우리 몸에 흡수되지 않는다. 그 대신 우리의 혈액과 피부, 털을 구성하는 질소는 우리가 먹는 음식에서 얻는 것이다. 그리고 그것은 필수적이다. 질소는 살아 있는 생물의 모든 유전자와 모든 단백질에서 발견된다. 우리의 DNA를 이루는 원자적 근간이므로 질소 없이는 우리가 존재할 수 없다.

하버-보슈 공정에서 단연 돋보이는 점은 공기에서 질소를 곧바로 '채굴'할 수 있었다는 점이다. 그 방법을 알아낸 과학자 프리츠 하버와 이를 산업화시킨 공학자 카를 보슈에서 이름을 따온 하버-보슈 공정은 세상에 무제한적인 비료를 약속했다. 공기는 사방에 널려 있으므로 마침내 고갈되지 않는 공급처를 찾아낸 것이다. 이런 '합성 거름'은 영리한 화학에 의존했지만 생산하는 것은 결

---

[8] 오늘날 우리의 식량 체계에서 자연적인 과정(질소를 고정시키는 박테리아와 번개)으로 얻어지는 질소는 대략 9,000만 톤에서 1억 2,000만 톤에 이른다.

코 만만치 않았다. 대량 생산을 위해서는 규모를 키워야 했으므로 두 사람은 이제 또 하나의 거대한 도전에 직면했다. 그들은 세상에서 가장 큰 기계를 만들어야 했다.

독일 로이나에서 그들이 사용한 공장은 거의 8제곱킬로미터에 이르러 "자그마한 도시 크기"였다.[9] 여기에는 기체를 200대기압으로 압축시키는 거대한 반응기가 있었다. 200대기압이 어느 정도인가 하면 토머스 헤이거가 『공기의 연금술The Alchemy of Air』에 썼듯이 "현대의 잠수함을 짜부라뜨리기에" 충분한 정도였다. 과정 자체는 그리 복잡하지 않다. 질소와 수소 기체를 가열한 다음 철을 촉매제로 사용하여[10] 순환시킨다. 이렇게 만들어진 기체 혼합물에 고압과 고온을 가하면 수소와 질소 원자의 결합이 쪼개지고 새로운 결합이 만들어진다. 그 결과 반응기 반대쪽으로 액화 암모니아(NH_3)가 나온다. 하버와 보슈는 공기에서 질소를 취함으로써 식물을 키우는 완전히 새로운 방법을 만들어 냈다. 그들은 "공기에서 빵"을 얻었다고 표현했다.

오늘날 전 세계 모든 공장은 하버-보슈 공정을 이용하여 합성 질소 비료를 생산한다. 2016년에 이렇게 생산된 비료는 총 1억

---

9 오파우에 있었던 첫 시범용 공장보다 두 배나 컸다. 오파우 공장은 저장탑에 있던 비료가 들러붙으면서 폭발하여 600명이 죽고 2,000명이 부상당하는 참극으로 끝났다. 화약용으로 제조 중이던 질산나트륨과 뒤섞여 불안정한 상태가 되어 강한 폭발을 일으킨 것이다. 지금까지도 역사상 최악의 산업 재해로 꼽힌다. 오늘날 로이나 공장은 13제곱킬로미터에 이른다.

10 촉매제를 사용하는 것은 반응 역치를 낮추기 위함인데, 두 사람은 수많은 테스트를 거친 후에 철에 산화알루미늄과 칼슘을 넣은 것을 촉매제로 사용하기로 했다.

4,600만 톤이었다. 그리고 인구가 증가하면서 비료 수요도 덩달아 늘었다. 실제로 합성 비료 생산과 인구 증가는 긴밀한 관계가 있다. 1900년에 16억 명이던 인구가 불과 한 세기 만에 76억 명으로 치솟은 것은 우리가 식량을 키울 때 거름을 더 이상 사용하지 않기 때문이다. 이렇게 고정 질소를 비료로 사용하고 농약 개발과 새로운 품종 개발이 이루어지면서 이른바 농업 혁명이 일어났다. 인간은 땅을 길들였고 그 결과로 개체수가 폭발적으로 늘어났다. 우리는 합성 비료를 사용하여 공기를 식량으로 바꾸는 완전히 새로운 방식을 통해 스스로를 먹여 살릴 수 있었다.

다음으로 넘어가기 전에 한 가지 껄끄러운 사실을 더 지적해야겠다. 오늘날 우리의 먹이 사슬에 있는 질소의 절반은 합성된 것이므로 여러분의 DNA에 있는 질소의 절반 또한 하버-보슈 공장에서 만들어졌다.

해마다 8,300만 명이 지구 인구에 새로 더해진다. 사람들이 많아졌다는 말은 쓰레기도 많아졌다는 뜻이다. 그 쓰레기에서 터무니없이 큰 비중을 차지하는 것이 먹지 않고 내다 버리는 음식이다. 어느 정도인가 하면 미국에서 2010년에 버려진 음식물 쓰레기가 3,100만 톤이 넘었다. 미국 환경보호청에 따르면 무게로 따져서 그해 나온 전자 제품 쓰레기보다 음식물 쓰레기가 10배 이상 많았다고 한다.

버려지는 식량을 키우고 운송하고 판매하는 데 드는 에너지도 모두 낭비된다. 온실가스 배출로만 보자면 미국은 연안에서 퍼올리는 모든 석유와 가스를 헛되이 버리고 있는 셈이다.[11] 유엔 식량농업기구에 따르면 전 세계에서 인간의 식량으로 생산되는 것의 대략 3분의 1이 소비되지 않는다고 한다. 해마다 이렇게 버려지는 음식물이 자그마치 13억 톤이다.

하지만 음식물 쓰레기는 이게 전부가 아니다. 하버-보슈 공정으로 만들어지는 합성 비료의 형태를 취하는 쓰레기가 있다. 우리가 사용하는 비료의 양은 엄청나다. 인구 한 명을 부양하기 위해 대략 20킬로그램의 암모니아가 해마다 밭에 뿌려진다. 그러나 그렇게 제조된 질소 가운데 음식의 형태로 우리 입에 들어가는 것은 15퍼센트밖에 되지 않는다.[12] 화학 비료의 나머지 대부분은 물에 용해된다.

봄이 되어 비가 내리면 비료에 들어 있는 질소와 인 화합물이 개울과 강, 호수로 쓸려가고 최종적으로 바다로 흘러든다.[13] 비료

---

11 불필요하게 만들어지는 이산화탄소는 우리 눈에는 보이지 않겠지만 지금도 계속 퍼올려지고 있다. 음식물 쓰레기로만 매년 33억 톤의 이산화탄소가 배출된다. 이것은 미국의 모든 차량이 배출하는 이산화탄소를 합친 것보다 2.5배 이상 많은 것이다.

12 "농작물과 풀에서 얻어지는 질소의 약 80퍼센트는 사람을 직접적으로 먹이는 것이 아니라 가축을 기르는 용도로 들어간다. 대부분의 질소는 거름으로 나오고 이어서 가스로 배출된다. 거름은 축사 근처에 있는 거대한 늪에 쌓이거나 아니면 흙과 적절하게 섞이지 않고 밭에 뿌려진다." ― 조너선 밍글, 「위험한 고정」, 『슬레이트』(2013년 3월 12일자).

13 지나치면 좋을 게 없다. 비료가 바다로 흘러들면 물고기에게 먹을 것이 과하게 넘쳐나는 상황이 된다. 우리는 자연계에서 형성되는 것보다 질소를 두 배, 인을 세 배 많

와 하수에 포함된 영양분은 해조류를 끌어들여 수십 내지 수백 제곱킬로미터에 걸쳐 조류가 퍼지게 된다. 우리는 뜻하지 않게 바다에 비료를 주고 있는 셈이다. 하지만 이런 조류의 확산은 치명적이다. 점액질의 해조류가 해수면에서 두터운 막을 형성하면 그 아래에서 살아가는 해양 동물과 식물들은 햇빛을 보지 못한다. 그리고 과도하게 자란 해조류가 죽어서 해저에 가라앉으면 분해되는데 이때 엄청난 양의 산소가 필요하다. 이렇게 산소를 빼앗긴 해양 생물들은 호흡하지 못하게 된다. 다른 곳으로 옮겨가지 못하는 종들은 꼼짝없이 죽을 수밖에 없으며, 그렇게 남겨진 생물학적 사막을 죽음의 해역, '데드 존'이라고 한다.

현재 바다에는 500개가 넘는 데드 존이 있으며 갈수록 커지고 있다. 생명을 키우고자 했던 비료가 해안 지대를 무덤으로 만들고 있다. 생존하려고 만든 인위적 체계로 자연의 균형을 교란시킴으로써 악순환을 만들고 말았다. 이제 우리는 더 많은 식량을 얻고자 더 많은 화석 연료 에너지(에이커당 TNT 2.5톤에 상당하는)를 필요로 하며, 그 결과 먹여 살릴 인구가 늘어 더 많은 식량을 필요로 한다. 매년 이런 순환이 증대되고 있다.

하버-보슈 공정에 드는 에너지만 전 세계 에너지의 거의 2퍼센트를 차지한다. 그리고 암모니아 1톤을 만들 때마다 이산화탄소 2톤이 대기로 배출된다. 우리는 이산화탄소 쓰레기가 눈에 보이지 않아서 외면하듯 바다에 버려지는 질소 쓰레기도 외면한다. 그러

이 인위적으로 바다에 추가했다.

나 우리 손을 떠난 쓰레기 중에서 우리가 볼 수 있는 형태의 쓰레기가 하나 있다. 그건 대기 오염이다.

○ ○ ○

2014년 11월 베이징에서 새로운 색깔이 명명되었다. 사람들은 이를 'APEC 블루'라고 불렀다. 몇 달 전에 중국 중앙 정부가 베이징, 산둥성, 톈진, 산시성, 허베이성, 내몽골 자치구, 허난성의 공무원 43만 4,000명에게 야심찬 계획을 실행하도록 명령을 내린 결과였다. 계획의 목표는 하늘의 색깔을 바꾸는 것이었다.

그해 아시아-태평양 경제협력체(APEC) 정상 회의를 위해 세계 각국 대표들이 도착하기 며칠 전부터 강제적으로 1,140만 대의 차량이 운행을 중단했고 1만 개가 넘는 공장이 가동을 멈췄다. 엄격한 감시 속에서 4만 개의 공장들은 단계별로 작업 시간을 조정해야 했다. 그 결과 이런 공장에서 일상적으로 배출했던 연기와 배기가스가 줄어들었다.

계획은 멋지게 작동했다. 11월 2주 동안 악명 높은 베이징의 짙은 잿빛 갈색 연무가 걷혔고, 대기 오염은 무려 80퍼센트나 감소했다. 이를 대신하여 외국의 고위 관리와 정상들, 세계 각국 언론을 맞이한 것은 폭신한 흰 구름과 눈부시게 맑은 'APEC 블루' 하늘이었다. 그러나 정상 회의가 끝나자마자 푸른 하늘은 언제 그랬냐는 듯 사라지고 말았다.

오늘날 중국 시민들은 2014년의 'APEC 블루' 하늘이나 2015년의 '열병식 블루' 하늘을 그리워한다. 과학자들은 자신의 본분에 충실하게, 오염원의 일시적 제한이 걷히기가 무섭게 하늘이 다시 흐려진 이유를 분석했다. 특별한 행사를 위한 미봉책이 끝나자 산업계의 반격이 있었음이 밝혀졌다. 오염 물질은 행사 기간에 급격하게 줄었다가 행사가 끝나고 공장들이 잃어버린 시간과 돈을 만회하고자 생산량을 끌어올리면서 "보복성 급증"이 일어났다.[14] 당연하게도 경제 활동과 오염 간에는 직접적 상관관계가 있다.

오염이 심한 도시에 사는 사람에게는 대기환경지수(AQI)라는 용어가 '섭씨'와 '화씨'만큼이나 익숙할 것이다. 0에서 500까지의 척도로 공기의 질을 나타내는 숫자다. 경험 있는 주민이라면 연무가 낀 것만 봐도 공기의 질이 어느 정도인지 추산할 수 있다. 수평선에 연무가 살짝 걸렸다면 100이다. 200이면 잿빛으로 흐려진 수평선이 가깝게 보인다. 300이면 연무로 인해 햇빛이 가릴 정도다.

AQI가 300을 넘으면 인간 건강에 유해하다고 간주된다. 이것이 건강에 미치는 효과에는 "심장과 폐 질환의 심각한 악화, 심폐질환자와 노약자의 조기 사망, 인구 전반의 심각한 호흡력 손상"이 포함된다. 정상 수치를 훌쩍 넘겨서 700이상이면 공장 매연이나 마찬가지다. 이 정도면 "화학 약품 맛이 나고 눈물이 흐른다." 2017년 5월 4일, 베이징은 모래 폭풍까지 겹쳐서 말 그대로 숨을 쉬지 못했다. AQI가 무려 905를 기록해 위험 한도를 세 배나 넘

---

14 정치적 입김으로 푸른 하늘이 열린 날은 오염 수치가 평균보다 4.8퍼센트 낮았지만, 직후 나흘간은 수치가 8.2퍼센트 높았다.

졌다.

심각한 날까지는 아니더라도 공기 질이 나쁜 날, 야외에서 20분만 보내면 속이 울렁거릴 수 있다. 목구멍이 따끔거리고 감기나 독감 증상이 없는데도 기침이 나는 일이 많다. 주민들, 특히 공장 근처에서 살거나 일하는 사람들은 기침이 영영 떨어지지 않는 것 같은 느낌을 받는다.

중국인들이 마스크를 쓴 모습은 이제 상징적인 이미지가 되었다. 그러나 베이징에서 오염이 걷잡을 수 없게 될 때 마스크를 비교적 쉽게 구입할 수 있는 계층은 한정적이다. 부자들만이 숨 막히는 하늘로부터 스스로를 보호하여 건강을 챙길 여유가 있다.

베이징에서 부자들은 자식을 사립 학교에 보내는데, 아이들이 들어가 놀 수 있는 거대한 '놀이터용 거품'을 갖추고 있는 학교가 많다. 이런 가압식 에어 돔에는 병원 등급의 공기 필터가 장착되어 공기를 정화하고 일 년 내내 완벽한 '날씨'를 제공한다. AQI가 실내에 머무르도록 권고하는 날이면 아이들은 밀폐된 공간에서 안전하게 놀 수 있다.

이렇게 오염에서 안전한 시설은 가격이 만만치 않다. 에어 돔은 수백만 달러나 하며, 가정에서 온 가족이 신선한 공기를 들이마시려면 수만 달러를 지불해야 한다. 호화로운 고층 아파트에는 정상 상태와 비슷하게 살아가도록 최첨단 공기 청정기와 정수기가 마련되어 있다.

이와 달리 가난한 사람들은 나쁜 공기를 그냥 마시고 사는 수밖에 없다. 이는 중국만의 일이 아니다. 인도는 세계에서 대기 오염이 최악인 12개 도시 가운데 11개가 몰려 있는 나라다. 사우디아라비아와 이란도 거주하기에 위험한 오염 수치를 보이는 도시들이 많다. 세계보건기구(WHO)는 103개국 3,000개 도시의 데이터베이스를 추적하여 수입이 낮거나 중간 정도인 국가들의 경우에는 도시들의 98퍼센트 이상이 WHO의 공기 질 규준을 충족시키지 못한 반면, 잘 사는 국가들은 그 수치가 거의 절반인 56퍼센트로 떨어진다는 것을 확인했다.

물론 우리 몸에는 생물학적 공기 필터(폐)가 내장되어 있으며, 이를 살펴보면 우리가 외부에서 흡수하는 특정한 물질을 밝혀 낼 수 있다. 하버드 공중보건대학원의 과학위원회 회원이자 WHO의 공기질위원회 회원으로 있는 병리학자 파울로 살디바는 실외 대기 오염에 노출된 사람들의 폐를 부검했다. 시꺼멓고 탄소로 얽은 자국들이 있어서 흡연자의 폐라고 해도 믿길 정도였다.

매일 우리는 약 23,000번 호흡하며 평균 12,000리터의 공기를 들이마신다. 코털과 폐를 보호하는 섬모가 커다란 입자들은 걸러 내지만, 가장 위험한 것은 크기가 2.5마이크로미터 이하여서 PM2.5이라고 불리는 자그마한 입자다. 눈에 보이지 않게 날리는 황산염, 질산염, 탄소 검댕, 광물성 먼지, 염화나트륨, 암모니아 등 우리가 '오염 물질'이라고 통칭해서 부르는 것이 그것이다.

자동차 엔진, 광산, 발전소, 산업용 보일러의 배기가스에서 나오는 이런 소각 입자들은 천식뿐만 아니라 폐암, 신장병, 심혈관 질환과도 강한 상관성이 있다. 중국은 안 그래도 폐암 발병률이 세계에서 가장 높은 나라인데, 의료 전문가들은 2020년이면 폐암 환자가 매년 80만 명까지 치솟을 것이라고 예측한다. 이것은 소리 없는 세계적 유행병이다. WHO는 전 세계적으로 한 해에 300만 명이 실외 대기 오염으로 조기 사망한다고 추산한다. 참고로 말하자면 AIDS로 죽는 사람은 그 3분의 1인 94만 명이다.

　찬찬히 생각해 보면 우리가 매년 만들어 내는 오염 물질의 양은 실로 엄청나다. 오염 물질에는 아래의 것이 포함된다.

- 제조 화학 물질: 매년 3,000만 톤
- 해양 플라스틱: 매년 800만 톤
- 위험 폐기물: 매년 4억 톤
- 석탄, 석유, 가스: 매년 150억 톤
- 금속과 직물: 매년 750억 톤
- 채광, 광물 쓰레기: 매년 대략 2,000억 톤
- 오염된 물(대개는 위에 언급된 쓰레기들로 인해 오염됨): 매년 9조 톤

　베테랑 과학 저술가 줄리안 크립에 따르면 이것은 거대한 유해 폭탄을 구성하는 요소들이다. 우리는 매년 이런 폭탄을 세계에 하나씩 만들고 있다. 차이라면 요란한 굉음을 내며 터지지 않는다는 점이다. 오히려 소리 없이 내려앉는 낙진과도 같다. 눈에 보이지 않는 입자들이 우리가 먹는 음식에, 우리가 마시는 물에, 우리가 숨 쉬는 공기에 스며든다. 크립은 말한다. "산업적 독소는 이제 신생아에서, 모유에서, 먹이 사슬에서, 전 세계 가정용 식수에서 일

상적으로 발견된다. 에베레스트 산 정상(식수 기준을 충족시키지 못할 정도로 눈 오염이 심각하다)에서 심해 깊은 곳, 도시 중심부에서 가장 외딴 섬에 이르기까지 곳곳에서 검출된다. … 우리가 먹는 물고기와 북극곰에서 검출되는 수은은 석탄을 태운 결과물이며 매년 증가하고 있다."

우리가 '바깥' 세상과 독립적으로 존재할 수 있다는 것은 착각이다. 과학은 우리 눈으로 직접 볼 수 없는 것을 우리에게 보여 준다. 존재하는 모든 것은 연결망의 일부, 흐름의 일부임을 보여 준다. 우리가 환경에 집어넣는 것은 결국에는 우리 몸속으로 되돌아온다.

○ ○ ○

지난 30년 동안 수백 개의 새로운 도시들이 중국에 들어섰다. 오늘날 중국에는 600개가 넘는 도시가 있는데, 대부분은 아주 최근까지도 작은 마을에 불과했다.

중국이 경제적으로 두각을 나타낸 것은 뭐니 뭐니 해도 제조업 부문 덕분이다. 중국인들은 세계의 물건을 생산했고, 저렴하게 만들었다. 그토록 많은 인구를 부양하고 수출품을 만들고 새로운 도시들을 건설하는 데 엄청난 에너지가 소요되었음을 생각하면 중국이 탄소 오염에 가장 큰 책임이 있다는 것은 놀랍지 않다. 중국은 2017년 말이면 전 세계 탄소 배출의 28퍼센트를 담당하여 세계가 매년 배출하는 410억 톤의 이산화탄소에서 상당한 비중을 차지했다.

우리가 이산화탄소 410억 톤을 눈으로 볼 수 있다면 에베레스트 산 41개를 쌓아 놓은 것과 맞먹을 것이다.[15] 아쉽게도 우리가 이를 보지 못하는 것이 기후 변화를 논할 때 가장 큰 장벽으로 작용한다. 그러나 화석 연료 쓰레기의 효과를 보다 확연하게 보는 방법이 있다. 이런 형태의 쓰레기는 우리 주위 어디에나 존재한다. 지금 내가 말하는 것은 플라스틱이다.

미국 화학협회의 말을 인용하면 "대부분의 플라스틱은 탄소 원자를 기초로 한다. … 탄소 원자들은 네 가지 화학적 결합 구조를 보인다. 탄소 원자들끼리 어떤 결합으로 맺어지느냐에 따라 다이아몬드가 될 수도 있고 흑연이나 검댕/숯이 될 수도 있다. 플라스틱은 탄소 원자가… 수소, 산소, 질소, 염소, 황과 결합하여 만들어진다." 생각해 보면 묘한 일인데, 100년 전만 하더라도 플라스틱은 세상에 존재하지도 않았다. 에드워드 흄스는 『102톤의 물음』에서 이렇게 말한다. "플라스틱은 등장하자마자 순식간에 세상을 점령했다. 우리가 의식하지 못할 정도로 곳곳에 존재한다. 여러분이 지금 앉아 있는 방 안을 한번 둘러보라. 약병, 부엌 찬장 손잡이, 바지 단추, 양말 고무 밴드, 방석에 들어가는 발포 고무, 강아지 먹이를 담는 그릇, 치아 충전재에 이르기까지… 없는 곳이 없다."

오늘날 북아메리카 사람은 한 해에 평균 100킬로그램의 플라스틱을 사용한다. 포장할 때 사용하고 내다 버리는 것이 대부분이다.

---

15 에베레스트 산의 무게는 대략 10억 톤이다.

하지만 맨 처음 발명되었을 때만 해도 플라스틱은 오래가도록 튼튼하게 만들어진 것이었다. 1907년 화학자 리오 베이클랜드는 동아시아에 서식하는 락깍지벌레를 대체하기 위해 플라스틱을 개발했다. 나무에서 살아가는 이 곤충은 셸락이라고 하는 단단한 물질을 분비했다. 사람들은 이것을 나무껍질에서 손으로 긁어내서 채집했으며, 당시 막 생겨난 전기 산업이 전선을 피복하는 재료로 이를 사용했다.

베이클랜드는 더 나은 방법이 분명 있으리라 생각하고는 합성 대체물을 개발하기로 했다. 실험실에서 그는 포름알데히드와 페놀(콜타르에서 추출되는 산)을 혼합하여 걸쭉하고 끈끈한 합성수지를 만들었다. 그 자체로는 딱히 쓸모가 없었지만 톱밥이나 석면 같은 충전재를 추가하자 놀라운 강도의 물질이 되었다. 뿐만 아니라 틀에 넣으면 원하는 형태를 만들 수도 있었다. 그는 세계 최초의 열경화성 플라스틱을 만들어 냈다. 베이클랜드는 합성 셸락을 만드는 데 성공했다.

'베이클라이트'라는 이름으로 불린 신소재로 만든 멋진 신제품들은 1927년 미국에 첫선을 보였다. 기적의 물질로 보였다. 이제 나이프나 수저 손잡이에 코끼리 상아를 쓰거나 안경테를 만들려고 거북딱지를 찾지 않아도 되었다. 원하는 형태 무엇으로든 만들 수 있는 플라스틱이 대체물로 있었으니 말이다. 1944년이면 베이클라이트는 15,000개 제품에 사용되기에 이르렀다.

오늘날 우리가 쓰는 일상적인 플라스틱들이 대량으로 생산되기 시작한 것이 이 무렵이다. PVC, 강력 접착제, 벨크로, 스판덱스, 폴리에틸렌 가방, 폴리스티렌 폼은 모두 1940년대와 1950년대에 시장에 소개되었다. 그러나 당시에 전 세계 플라스틱 생산량은 연간 100만 톤에도 못 미쳤다.

그때 이후로 우리가 지금까지 만든 플라스틱은 80억 톤이 넘는다. 이 가운데 60억 톤이 쓰레기로 버려졌다.

미국의 경우, 사용하는 석유의 일부분인 대략 5퍼센트만이 플라스틱 생산에 들어간다. 여기서 우리는 냉철한 깨달음을 얻게 된다. 우리 주위에 널린 모든 플라스틱을 다 합쳐 봐야 환경에 존재하는 탄화수소의 작은 부분만을 차지할 뿐이기 때문이다.

우리는 일상적인 물건들을 보지만 그 배후에 있는 과정은 보지 못한다. 예컨대 플라스틱 샴푸 병을 보면서 기름 유출 사고, 쓰레기 매립지, '태평양 거대 쓰레기 지대'를 떠올리는 사람은 거의 없다. 수십억 명이 매일 그렇게 하듯 우리는 1만 년이나 버틸 수 있는 플라스틱 물품을 한 번 쓰고 버린다. 참으로 부조리하게도 "땅에서 기름을 뽑아내고, 정유 공장으로 보내고, 플라스틱으로 만들고, 적절하게 모양을 잡고, 트럭으로 상점까지 운반하고, 구매하고, 집으로 가져오는 데 드는 노력이 사용한 스푼을 물에 씻는 것보다 덜 수고스럽게 여겨지는 사회가 되었다."

항상 그렇지는 않았다. 1950년대까지도 가정에서 쓰는 물건들은 귀한 대접을 받았다. 사람들은 품질을 중요하게 여겼다. 그래서 은식기나 향수 병, 의자, 식탁, 침대 프레임을 대대로 물려주었다. 그것들은 골동품이 되었다. 그러나 1955년에 새로운 라이프 스타일이 등장하기 시작했다. 1955년 8월호 『라이프』지는 새로운 미국 가정의 모습을 소개했다. 기사 제목은 '쓰고 버리는 삶Throw-away Living'이었으며, 남자와 여자, 아이가 일회용 물품들을 마치 색종이 조각처럼 공중에 내던지며 즐거워하는 모습이 사진으로 실렸다. 물질적 풍요는 물건들이 이제 잠깐 쓰고 버리도록 만들어지고 그런 분위기가 장려된다는 뜻이었다. 『라이프』는 "일회용 물품들이 집안일을 줄여 준다"고 약속했다.

일회용 플라스틱이 등장하고 얼마 지나지 않아 물건에는 '철'이라는 것이 있게 되었고, 소비자들은 '유행'에 따라야 하는 분위기가 형성되었다. 계획된 노후화가 디자인 원칙의 일부로 자리 잡았다.[16] 유행을 타지 않는 물건이라면 어느 정도 시간이 지나면 쓰지 못하도록 설계되었다. 그래야 그것을 대체할 물건을 새로 구매할 테니까. 여기서 기억할 점은 이것이 인류의 사고방식에서 상대적으로 대단히 최근에야 일어난 변화라는 사실이다. 하지만 그 여파는 실로 심각하다. 오늘날 플라스틱 안 쓰기 운동이 대대적으로 벌어지고 있고 생분해되는 새로운 형태의 플라스틱이 개발되기도 했지만, 그럼에도 전통적인 플라스틱 생산은 해마다 늘어나고 있으며, 앞으로 10년 동안 40퍼센트 가까이 더 늘 전망이다.

플라스틱이 화석 연료로 만들고 화석 연료는 한때 살아 있는 생명체였다면, 대부분의 플라스틱은 왜 생분해되지 않을까 하는 궁

---

16 계획된 노후화의 가장 유명한 예는 백열전구다. 오늘날 백열전구는 평균 수명이 1,200시간이다. LED 전구는 그보다 50배 더 오래간다. 그러나 처음 발명되었을 때만 해도 백열전구는 그보다 수명이 훨씬 더 길었다. 캘리포니아 리버모어의 제6호 소방서에는 1901년 이후로 지금까지 계속 빛을 내고 있는 백열전구가 있다.

금증이 생길 수 있다. 그 이유는 대기 중 질소 분자의 결합을 끊기가 너무도 어려운 이유와 같다. 플라스틱을 제조할 때는 탄소 분자를 촉매제와 함께 가열하는데, 그것은 분자들을 (떼놓는 것이 아니라) 서로 맞물리게 하여 극도로 단단한 결합을 만들기 위함이다. 이렇게 결합이 만들어지고 나면 플라스틱은 화학적으로 불활성이 된다. 유기물을 분해하도록 진화한 미생물들은 이런 식의 탄소 결합을 자연에서 만난 적이 없다. 그래서 수십억 년의 진화를 거쳤으면서도 이를 소화시키는 대사 경로를 마련하지 못했다.[17]

플라스틱은 소화시킬 수는 없지만 삼킬 수는 있다. 과학자들이 해양 먹이 사슬의 맨 아래 있는 동물성 플랑크톤에서 물고기와 바닷새, 심지어 고래에 이르기까지 모든 동물의 내장에서 플라스틱을 발견했다는 소식은 더 이상 뉴스거리가 아니다. 매년 500만 톤에서 1,300만 톤에 이르는 플라스틱이 바다에 버려지며, 매년 10만 마리가 넘는 해양 포유동물과 100만 마리가 넘는 바닷새가 플라스틱을 삼키고 죽는다. 플라스틱 쓰레기 문제는 아주 심각해서 2050년이면 바다에 물고기보다 플라스틱이 더 많을 것으로 추산된다.

당연히 우리도 먹이 사슬의 일부이며, 플라스틱은 식탁 접시에만 있는 것이 아니라 이제 접시에 오르는 음식에도 들어간다. 2015년 캘리포니아와 인도네시아 해안가 어시장을 살펴본 과학

---

17 플라스틱을 생분해할 수 있는 몇몇 종이 있다. 최근에 발견된 '이데오넬라 사카이엔시스'라는 박테리아는 적절한 온도 조건하에서 플라스틱 병을 분해하는 효소를 분비한다.

자들은 물고기 네 마리 가운데 한 마리꼴로 내장에서 플라스틱을 확인했다. 영국 해협의 사정은 더 심각해서 이곳에서 저인망 어선으로 잡은 물고기(대구, 해덕, 고등어) 3분의 1의 뱃속에 합성 고분자 화합물이 들어 있었다. 스코틀랜드에서는 더블린만 새우의 무려 83퍼센트에서 플라스틱 섬유가 발견되었다. 캐나다 연구자들도 양식 및 야생 조개와 굴 다수에서 미세 플라스틱을 발견했다.

플라스틱은 우리가 먹는 음식에만 있지 않다. 우리가 마시는 물에도 들어 있다. 다섯 개 대륙 열두 개 나라를 조사한 자료를 보면 전체 수돗물 표본의 83퍼센트가 플라스틱으로 오염되어 있었다. 플라스틱 입자는 맨눈으로는 보이지 않을 만큼 작지만, 그렇다고 해서 매일 수십억 명이 플라스틱을 먹고 마신다는 근본적인 진실이 바뀌지는 않는다.

공기, 흙, 물은 결국에는 우리가 된다. 고기후학자 커트 스테이저의 말처럼 궁극적으로 우리는 쓰레기로 이루어진 존재다. "여러분의 손톱을 한번 보라. 탄소가 그 절반을 차지하며 대략 탄소 원자 여덟 개 가운데 하나가 최근에 공장 굴뚝이나 자동차 배기관에서 나온 것이다. … 그러니 [여러분은] 부분적으로는 배기가스로 만들어졌다."

우리 몸만이 아니다. 제국 전체가 쓰레기 위에 세워졌다. 중국이 갑작스럽게 세계 초강대국으로 부상한 배경에는 북아메리카의 쓰레기를 효율적으로 활용하여 스스로를 재건한 전략이 크게 작용했다. 물건을 가득 실은 컨테이너가 대양을 건너 미국 해안에 짐을 내려놓고 그냥 빈손으로 돌아오는 것은 경제적으로 타당하지 않았다. 기업가들은 이런 저렴한 운송 기회를 놓치지 않고 돌아가는 배에 폐기물과 재활용 쓰레기를 실었다. 미국의 쓰레기는 말 그대로 중국의 금… 그리고 은, 구리, 알루미늄, 아연이 되었다.

이는 누군가의 쓰레기가 다른 사람에게는 보물이 된다는 옛 속담의 완벽한 예이다. 재활용되는 재료가 꾸준하게 유입되면 재료를 직접 채굴하는 것보다 확실히 저렴하다. 예를 들어 강철을 재활용하면 철광석에서 철을 제련하는 데 드는 에너지의 40퍼센트를 아낄 수 있다. 2010년에 중국이 미국으로 수출한 주요 품목은 컴퓨터와 전자기기들로 총 500억 달러에 달했다. 반면 미국이 중국에 수출한 것은 대부분 금속 폐품과 폐지였다. 에드워드 흄스의 말을 빌리자면 "푼돈 받고 팔린 낡은 신문, 마분지, 녹슨 철, 음료수 캔 따위로 다 합쳐도 80억 달러에 불과하다." 2016년 중국은 세계 최대 쓰레기 수입국이 되었다. 매년 전 세계에서 수입하는 금속 폐품, 폐지, 플라스틱이 4,500만 톤, 금액으로는 180억 달러에 달한다.

이런 쓰레기를 재활용하여 이윤을 얻으려고 중국 곳곳에 마을과 도시들이 들어섰다. 스자오라는 마을은 '크리스마스트리 조명'의 수도가 되었다. 최소한 아홉 개 재활용 공장이 매년 버려지는 900만 킬로그램(추정치)의 크리스마스트리 조명에서 구리를 뽑아내고 있다. 동중국의 칭다오는 전 세계 플라스틱을 처리하는 중심지가 되었다. 중국이 매년 수입하는 900만 톤의 플라스틱 대부분이 이곳에 모인다. 중국 남동부에 위치한 구이위에서는 5,500개가 넘는 업체들이 들어서서 쓰고 버린 컴퓨터, 휴대폰, 기타 전자 폐기물 68만 킬로그램을 해체하여 그 안에 들어 있는 값비싼 금, 납, 구리를 채취한다.

재정적으로는 상당한 이득이었지만 나라 환경에는 재앙이었다. 많은 도시에서 유독 폐기물에 노출된 노동자들이 선천적 기형, 결핵, 호흡기 질환, 혈액 질환의 높은 발병률을 보였다. 한편으로 중국은 40년 가까이 전 세계의 쓰레기장을 자처한 뒤 세계 2위의 경제 대국으로 성장했다. 『쓰레기로 뒤덮인 행성Junkyard Planet』의 저자 애덤 민터는 CBC와의 인터뷰에서 이렇게 말했다. "중국은 부유해지고 있는데, 부유해지면 더 많은 물건을 버리게 됩니다. 더 많이 버리면 자체적으로 재활용할 것이 그만큼 많아지죠."

따라서 중국은 이제 세계의 쓰레기를 더 이상 받아들일 필요가 없다. 자체적인 쓰레기로 충분하기 때문이다. 2018년 1월 1일, 중국은 마침내 유독 물질 수입을 중단시켰다. 스물네 가지 유형의 외국 쓰레기 수입을 금지시켜 '녹색 담장'을 세웠다. 금지령이 내려지기가 무섭게 북아메리카의 산더미 같은 쓰레기들이 달리 갈 곳이 없어서 미국과 캐나다 전역의 창고에 쌓이기 시작했다.

중국의 금지령으로 많은 선진국들은 자신의 쓰레기를 직시하게 되었다. 다른 단기적인 해결책을 찾아야 하는데, 그 말은 더 많은 매립지, 더 많은 소각장을 건설하든지 자신의 쓰레기를 받아 줄 다른 나라를 찾아야 한다는 뜻이다. 그게 아니라면 우리는 이제 쓰레기를 스스로 올바르게 처리하는 법을 배워야 할지도 모른다.

○ ○ ○

1985년 SF 코미디 영화 「백 투 더 퓨처」에 나온 들로리안 타임 머신 자동차는 쓰레기를 연료로 사용한다는 점에서 참으로 시대를 앞서간 것이었다. 오늘날 우리는 바로 그런 미래에 살고 있다. 자동차, 버스, 심지어는 쓰레기 수거차 자체도 쓰레기로 만든 바이오 가스로 달릴 수 있다. 매년 유기 폐기물(음식 쓰레기를 포함하여) 200만 톤이 나오는 뉴욕 같은 도시에서는 매립지에서 발생하는 가스를 포획하여 에너지로 활용하고 있다.

하지만 이렇게 폐기물을 독창적으로 활용하는 연금술의 챔피언은 스웨덴인들이다. 스웨덴에서는 인간의 배설물과 도축장 폐기물, 그리고 술이라는 다소 기묘한 조합이 버스 연료로 사용된다. 술은 스웨덴의 배기가스를 줄이는 데 한몫한다. 스웨덴은 술값이 비싸서 사람들이 외국에 나갔다 돌아오면서 술을 사오는 경우가 많기 때문이다. 세관이 허용하는 한도를 넘는 경우가 많아서 한 해에 수십 만 리터의 맥주, 와인, 위스키가 압수된다. 그리고 스웨덴인들은 이런 술을 배수구에 그냥 버리지 않고 연료로 쓴다. 술 1리터가 바이오 가스 0.5리터로 만들어진다. 그들이 애정을 담아 '거대한 칵테일'이라고 부르는 이런 연료는 스웨덴을 달리는 트럭과 버스, 바이오 가스 기차의 동력으로 활용된다.

스웨덴인들은 쓰레기 활용에 능해서 가정에서 나오는 쓰레기의

1퍼센트만이 매립지로 간다. 화석 연료를 태우지 않고 쓰레기 소각에서 나오는 열로 난방을 하는 가구가 거의 100만 가구에 이른다. 모든 주거지에서 300미터 이내에 재활용 기지를 두도록 법으로 정해 놓고 있다. 기지국에는 쓰레기를 수거해서 전국 32개 소각장 가운데 하나로 보내는 최첨단 진공 시스템이 갖춰져 있다. 이런 소각 시설에서 폐기물을 열이나 전기로 바꾼다. 시스템이 워낙 효율적으로 돌아가다 보니 스웨덴은 이제 노르웨이, 영국, 아일랜드에서 돈을 내고 쓰레기를 사들인다.[18] 스웨덴은 쓰레기 1톤에 대략 43달러를 부과하므로 연간 세입이 1억 달러를 넘는다.

하수에서도 가치 있는 것을 건져 낼 수 있다. 매일 전 세계 수많은 사람들이 자그마한 금 입자를 물속에 내다 버리며 이것이 차곡차곡 쌓인다. 미국 지질연구소의 캐슬린 스미스에 따르면 하수 찌꺼기(슬러지)에서 발견되는 미량의 금, 은, 백금은 상업적 광산 하나에 맞먹는 양이라고 한다. 비록 미량이지만 귀금속은 산업 폐기물[19]과 샴푸, 세제 같은 일상용품, 심지어 냄새를 줄이기 위해 양말에 첨가하는 나노 입자에서도 나온다.

추출 방식은 광석에서 금속을 뽑아내는 채굴 과정과 마찬가지로 침출액을 사용하는 것이다. 통제된 환경에서 대규모로 이루어지는 하수 채굴은 바이오 고형물을 깨끗하게 정화해서 비료로 활용하도록 할 수 있다. 물론 돈 문제도 있다. 하수에서의 귀금속 회

---

18 덤으로 탄소 배출권도 추가로 확보하게 된다.
19 "금 같은 귀금속은 채굴, 전기 도금, 전자 제품과 보석 제조, 산업용 촉매제나 자동차 촉매제를 통해 하수관으로 유입될 수 있다."

수를 연구한 애리조나 주립 대학의 자료를 보면, 100만 명의 인구가 매년 하수로 흘려보내는 금속이 1,300만 달러어치라고 한다. 도쿄의 스와 하수 처리장은 이미 하수에서 금을 채굴하기 시작했다. 다소 놀랍게도 생산율이 광석에서 채굴하는 것보다 훨씬 높다. 세계 최대 금광 가운데 하나인 일본의 히시카리 금광에서는 광석 1톤에서 나오는 금이 평균 20에서 40그램이다. 이와 비교하자면 스와 하수 처리장에서는 슬러지를 소각하고 난 재 1톤에서 거의 2킬로그램에 가까운 1,890그램의 금이 회수된다.

우리 문명은 이제야 쓰레기가 귀중할 수 있음을 깨달은 듯하다. 유럽의 공학자들은 하수관과 소각장에서 발생하는 열을 이용하여 건물에 난방을 공급하고 있으며, 구글과 국가안보국 같은 곳에 있는 거대한 서버 팜은 화장실 물과 폐수 시스템을 활용하여 데이터가 보관된 시설의 온도를 낮춘다. 본능적인 혐오감 때문에 대부분의 사람들은 영양소 순환에서 쓰레기의 중요성을 제대로 인식하지 못한다. 그러나 중금속과 병균, 유기물을 깨끗하게 걸러 낸 배설물은 비료로 활용할 수 있고, 혐기성 소화조에 두면 바이오 가스가 된다. 최근 유엔의 한 보고서에 의하면 인간의 배설물을 에너지원으로 활용하면 매년 95억 달러의 잠재적 가치가 있다고 한다.

한편 우리의 오줌은 이미 살균된 상태. 화장실에서 그냥 흘려보내 민물을 오염시키는 상업용·병원·산업용 쓰레기에 합류시키지 않고 다른 용도로 활용할 수 있다. 성인 한 명이 매년 오줌으로 배출하는 질소만으로도 곡물 100에서 250킬로그램을 키우기에 충분하다. 나중에 바다로 흘러드는 합성 비료에 과하게 의존하지 않으면서 우리는 쓰레기의 악순환을 끊을 수 있다. 세계보건기구에 따르면 한 사람이 매년 오줌과 똥으로 4.5킬로그램의 질소를 배출한다고 한다. 현대 기술로 규모를 늘리면 우리는 중국인들이 수천 년 동안 땅을 기름지게 했던 옛날 방식으로 돌아갈 수 있다.

수학자 알프레드 노스 화이트헤드는 언젠가 이런 말을 했다. "문명은 우리가 의식적으로 생각하지 않고 행할 수 있는 중요한 일들의 수를 늘려 감으로써 발전한다." 우리가 먹는 식량은 우리가 보지 못하는 곳에서 온다. 에너지는 우리가 이해하지 못하는 방식으로 생산된다. 쓰레기는 우리가 굳이 생각하지 않아도 알아서 치워진다. 우리의 식량, 에너지, 쓰레기와 관련하여 그토록 거대한 맹점들이 있다면, 우리가 사는 사회가 '발전한' 사회라고 말할 수 있을까?

인간은 자신의 생존을 떠받치는 체계의 근본과 더 이상 접촉하지 않는다. 오히려 삶과 죽음, 재생이라는 자연의 거대한 순환을 체계적으로 무너뜨렸다. 생명의 순환을 멋대로 이용하고 공장식 사육으로 동물을 생산한 결과, 이제 가축의 수가 야생에서 살아가는 포유동물보다 15배나 많다. 이것이 우리의 식량 체계다.

우리는 선사시대 무덤을 제멋대로 파헤쳐 죽음의 순환을 유린했다. 화석 연료를 땅에 묻어 두지 않고 끌어내서 쓴 결과, 자연적으로 존재하는 것보다 45퍼센트 더 많은 이산화탄소가 대기 중에 풀려나게 되었다. 이것이 우리의 에너지 체계다.

그리고 우리는 더 이상 인간의 배설물을 이용하여 식량을 기르지 않는다. 재생의 순환을 무시했고 기계에 의지하여 공기에서 질소를 인위적으로 뽑아냈다. 이것이 우리의 쓰레기 체계다.

그 결과 세계 인구가 폭발적으로 늘었고(더 많은 식량, 더 많은 에너지가 필요해졌고 더 많은 쓰레기가 생겨났다)조만간 100억을 넘어서게 될 것이다. '체계'가 무너졌다는 말을 할 때 사람들이 보통 이야기하는 것은 이런 것이 아니다. 하지만 이것은 지구에서 우리가 살아가도록 해주는 체계다. 생명줄 같은 체계다. 그리고 이것이 무너지면서 파괴적인 되먹임이 빠르게 늘고 있다. 인구 과밀, 기후 변화, 데드 존. 하나하나가 그 자체로 치명적이다. 합쳐지면 재앙이다.

우리가 이런 체계를 결국에는 통제하고 있다고 말하는 사람도 있을 수 있다. 이것은 우리의 체계, 인간이 만든 체계라고 말이다. 그러나 뭔가 잘못되고 있다는 것을 우리가 볼 수 있다면, 그리고 우리의 생존에 필요한 시간이 얼마 남지 않았다면, 경로를 극적으로 바꾸지 않으면 안 된다. 3부에서 나는 그 이유를 우리를 지금의 위치에 붙잡아 두는 또 다른 체계가 존재하기 때문이라고 주장할 것이다. 질서를 유지하고 현재 상태를 유지하려고 하는 다른 체계가 있다고 말이다. 하지만 그것을 보려면 우리의 시야를 우리가 몸담고 있는 보이지 않는 차원으로 넓혀야 한다. 우리는 시간과 공간의 맹점을 깊이 들여다봐야 한다.

3부

우리를
통제하는
것들

7장   시간의 지배자

> 그들은 내가 미쳤다고 생각한다. 내 삶을 금과도 바꾸지 않을 것이므로.
> 나는 그들이 미쳤다고 생각한다. 내 삶에 값을 매길 수 있다고 생각
> 하므로.
>
> — 칼릴 지브란

2018년 1월 1일, 오전 12시 5분, 뉴질랜드 오클랜드에서 수백
명의 승객들이 금속으로 된 타임머신에 올라 2017년으로 돌아가
는 여행을 했다. 세상을 떠들썩하게 만든 뉴스였다. 하지만 그 타
임머신은 새로운 발명품이 아니었다. 하와이 항공 446편이 예정
된 정기 운항을 한 것이다. 특이한 점이라면 자정 직후에 출발했
다는 것이다. 비행기는 북동쪽으로 날아서 날짜 변경선을 넘어 하
와이로 갔는데, 하와이는 뉴질랜드보다 스물세 시간 늦으므로 비
행기가 도착했을 때는 지난해 오전 10시 15분이 되어 있었다.

세계를 두 개의 날짜로 나누는 가상의 선을 날짜 변경선이라고

한다. 1884년에 처음 그어졌으며, 전 세계 시간 체계의 기준점인 영국 그리니치를 지나는 본초 자오선에서 지구 반대쪽으로 남북을 잇는 선이다. 경도를 따라 일직선으로 쭉 이어지지는 않는다. 날짜선은 국제적으로 법적 지위를 갖지 않으므로 국가들은 어느 편에 서고 싶은지 자유롭게 정할 수 있다. 그래서 국경선을 따라 지그재그로 이어진다.

이 때문에 어떤 국가들은 하루가 아니라 이틀 차이가 나기도 한다. 어떻게 된 사연일까? 100여 년 전에 사모아는 날짜를 '하루 늦춰' 가기로 했다. 미국과 같은 시간대에 있어야 교역이 용이했기 때문이다. 사모아보다 살짝 동쪽에 있고 한 시간 늦는 키리바시는 날짜선의 반대쪽에 계속 남기로, 즉 하루 먼저 가기로 결정했다. 그러다가 2011년에 서사모아는 마음을 바꾸기로 했다. 오스트레일리아와 뉴질랜드가 더 중요한 교역국이 되었으므로 서사모아는 미래로 다시 건너뛰어 12월 29일 다음날이 (12월 30일 없이) 12월 31일이 되었다. 하지만 미국령 사모아(동사모아)는 그냥 남기로 했다. 그 결과 매일 한 시간 동안 지구상에는 세 개의 날짜가 존재하게 되었다. 미국령 사모아가 화요일 오후 11시 반일 때, 토론토는 수요일 오전 6시 반, 키리바시는 목요일 오전 12시 반이다.[1]

이렇듯 정치는 시간을 규정하지만 지리도 마찬가지다. 예를 들어 북극과 남극은 지구상의 모든 경도가 만나는 곳이므로 시간대

---

1 시간대는 또한 고정되어 있지 않다. 예컨대 겨울에는 캐나다 토론토와 브라질 상파울로의 시간차가 세 시간이지만, 3월에는 북반구가 일광 절약 시간을 위해 시간을 앞당기고 남반구는 늦추므로 시간차가 한 시간으로 줄어든다.

가 없다. 북위 90도에는 얼음이 계속해서 이동하므로 살고 있는 주민도 없다. 따라서 엄밀히 말하면 시간이 존재하지 않는다. 극지방 탐험가들이 그곳의 시간을 정할 때는 몇 가지 선택권이 있다. 편한 시간을 고를 수도 있고, 고국의 시간을 사용할 수도 있고, 하루 열여섯 번 지구를 도는 우주 비행사들처럼 그리니치 표준시를 사용할 수도 있다.

세상의 모든 사람들이 영국 그리니치 왕립 천문대가 세운 기준에 따라 시계를 맞춰야 한다는 사실은 지구에서 우리가 사용하는 시간이 자연스러운 것이 아니라는 단서다. 그것은 기술의 산물이며 많은 기술들이 그렇듯 실제적 필요에서 나온 것이다.

본초 자오선이 다른 곳이 아닌 그리니치를 통과하는 이유는 바로 이 도시가 18세기에 천문학자와 시계 제작자 사이에서 벌어진 장대한 싸움의 현장이었기 때문이다. 그들은 당시 시간을 재는 가장 정확한 방법을 서로 자신들이 제공한다고 주장했다. 별을 관찰하는 사람들은 오랫동안 해온 대로 하늘에서 시간을 읽었고, 시계 제작자들은 시간을 측정하는 기계를 만드는 자신들의 솜씨와 능력을 믿었다.

뱃사람들에게는 시간을 아는 능력이 결코 사소한 문제가 아니었다. 삶과 죽음의 문제였다. 그리고 국가적 관심사이기도 했다. 1714년 영국 의회는 경도를 정확하게 측정할 수 있는 첫 번째 사람에게 2만 파운드(현재 가치로 수백만 달러)의 상금을 주겠다고 했다. 위도야 태양의 위치를 보면 알 수 있지만, 경도는 육지가 보이지 않으면 파악하기가 훨씬 어려웠다. 수 세기 동안 항해할 때 사람들은 밤하늘을 보고 도움을 받았지만 딱히 정확하지는 않았고, 당연히 항해사들은 낮에도 자신들이 어디에 있는지 알고 싶어 했다. 낮 시간에 배가 동쪽이나 서쪽으로 얼마나 멀리 갔는지 파악하려면 시간을 정확히 기록하는 것이 중요했다. 해당 지역에서 시간이 어떻게 되는지 알기란 쉬웠지만, 지역의 시간과 집에서의 시간을 비교하고 나서야 비로소 자신들이 집에서 얼마나 멀리 왔는지 알 수 있었다. 그러려면 시계가 필요했다.

데이바 소벨이 『경도 이야기Longitude』에서 한 말을 인용하자. "경도 1도는 세계 어디서든 4분minutes에 해당한다. 하지만 거리의 관점에서 보자면, 1도는 적도에서는 68마일이지만 극지방에 가면 사실상 0이 된다. … 경도를 확정할 현실적 방법이 없었으므로 탐험의 시대에 위대한 선장들은 너나 할 것 없이 최고의 도표와 나침반을 갖고도 바다에서 길을 잃곤 했다."

마침내 문제를 해결한 사람은 오차가 하루에 3분의 1초밖에 되지 않을 정도로 정확한 시계를 만들었던 장인 시계공 존 해리슨이었다. 그가 발명한 해상 시계, 즉 크로노미터가 보급되면서 대영제국도 세계로 뻗어갔다. 영국이 새로운 땅을 정복하도록 도와준 것은 재레드 다이아몬드의 책 제목인 '총, 균, 쇠'만이 아니었다. 그들이 시간을 지배했기 때문이기도 했다. 시계학자들에 따르면 크로노미터의 기술 덕분에 영국은 "해상을 꽉 틀어잡았고" 그 너머 미지의 땅을 정복할 수 있었다.

하지만 시간은 그저 가상의 선이기만 한 것이 아니다. 하나의 차원으로 눈에는 보이지 않지만 우리는 그 존재를 느낄 수 있다. 나이가 들면서 시간이 우리 몸에 미치는 효과를 보고, 계절에 따라 푸르게 붉게 희게 바뀌는 자연의 모습에서 시간의 순환을 확인할 수 있다. 사람들은 오래전부터 이런 식으로 자연에 의지하여 시간을 이해했다. 아름다운 꽃의 형태도 여기에 포함된다. 1750년 스웨덴의 식물학자이자 유명한 분류학자 카를 린네는 시간을 파악하는 기발한 방법을 떠올렸다. "꽃 시계horologium florae"라고 이름 붙인 것이 바로 그것으로, 몇몇 식물은 하루의 특정한 때에 꽃잎을 연다는 것에 착안하여 그는 정원을 둘러보고 어떤 꽃이 피었는지 보기만 하면 시간을 알 수 있으리라 생각했다.

린네는 이런 특별한 식물을 '아에퀴녹탈레스aequinoctales'라고 불렀다.[2] 린네가 특정한 시간에 꽃잎을 연 것을 확인한 식물 종으로는 원추리, 조밥나물, 상추, 만수국이 있었다. 그리고 시인 톰 클라크가 상상한 꽃 시계에는 아래와 같은 모습의 정원이 포함된다.

- 오전 6시 서양금혼초 꽃잎을 열다
- 오전 7시 천수국 꽃잎을 열다
- 오전 8시 알프스민들레 꽃잎을 열다
- 오전 9시 방가지똥 꽃잎을 닫다
- 오전 10시 뿌리뱅이 꽃잎을 닫다
- 오전 11시 베들레헴별꽃 꽃잎을 열다

---

2 날씨에 따라 꽃잎을 열고 닫는 시간이 정해지는 식물은 '메테오리치meteorici', 낮의 길이에 따라 달라지는 식물은 '트로피치tropici'라고 불렀다 ─ 옮긴이주.

린네의 꽃 시계는 결코 사람들로부터 호응을 얻지 못했다. 왜냐하면 그가 관찰한 식물 대부분이 특정 시간이 아니라 햇빛의 양에 따라 꽃잎을 열었기 때문이다. 그러므로 꽃은 지역에서나 통하는 시계다. 해가 긴 여름에 스웨덴 웁살라의 북위 고도에서는 뉴욕 브루클린에서와 같은 시간에 꽃잎이 열리지 않는다.

하루의 때를 말해 주는 것은 모습만이 아니다. 소리를 통해서도 시간을 알 수 있다. 우리는 자명종 소리와 학교 종소리에 다들 익숙하지만, 자연의 기상 신호는 지금도 새소리의 형식으로 우리에게 전달된다. 『시계학 저널 *The Horological Journal*』은 특정한 새가 언제 노래하는지 안다면 이런 "조류 시계"를 통해 시간을 알 수 있다고 말한다. 예를 들어 푸른머리되새("깃털 달린 종 가운데 가장 일찍 일어나는 새")는 오전 1시 반에서 2시에 노래하고, 검은머리꾀꼬리가 뒤를 이어받아 2시에서 3시 반, 바위종다리는 3시에서 3시 반에 노래한다. 이어 대륙검은지빠귀는 3시 반에서 4시, 종다리는 4시에서 4시 반, 검은머리박새는 4시 반에서 5시, 마지막으로 참새는 새벽 5시에서 5시 반에 노래한다. 그러나 여기서도 자연의 시계는 똑같이 재현될 수 없다. 장소와 개체에 따라 차이를 보이기 때문이다.

소리와 모습 말고 우리가 시간을 파악하는 데 사용할 수 있는 감각이 또 있다. 송나라(960~1279년) 시대에 중국인들은 시간의 경과를 냄새로 파악하도록 향香 시계를 만들었다. 로버트 레빈이 『시간은 어떻게 인간을 지배하는가 *A Geography of Time*』에서 한 말을 인용하면 이렇다. "나무로 만들어진 이 장치에는 똑같은 크기의 작은 상자들이 연이어 연결되어 있었다. 상자마다 각기 다른 향을 내는 물질이 들어 있다. 상자에 든 향이 타는 데 걸리는 시간과 향들이 타는 순서를 알면, 사람들은 공기의 냄새로 하루 시간을 알 수 있었다."

위의 예들은 우리 인간이 시간을 파악하는 데 사용하는 몇 가지 방법들이다. 물론 인간이 시간을 재는 유일한 종은 아니다. 벌, 쥐, 매미를 포함하여 많은 동물들이 시간의 경과를 정확하게 추적하는 것으로 알려져 있다. 이와 관련하여 핵심적인 질문 하나가 있다. 이런 동물들은 태양과 같은 외부적 환경 단서를 보고 시간을 아는 것일까, 아니면 내부적으로 시간을 추적할 수 있는 생체 시계가 따로 존재할까?

동물들이 시간을 어떻게 경험하는지 알아본 실험 중 가장 유명한 것은 1955년 막스 레너와 카를 폰 프리슈에 의해 이루어졌다. 꿀벌들은 매일 같은 시간에 먹이 활동에 나서는 경우가 많고, 특정 시간에 먹이를 찾도록 훈련시키는 것이 가능하다고 알려져 있었다. 연구자들은 만약 시간대가 바뀌면 꿀벌의 활동에 변화가 생길지 알아보고 싶었다. 그래서 40마리의 꿀벌을 파리의 한 밀폐된 장소에 두고는 매일 밤 8시 15분에서 10시 15분 사이에 먹이를 먹으러 오도록 훈련시켰다. 불빛, 온도, 습도는 일정하게 유지했다. 그러던 어느 날 레너는 먹이 주는 시간 중간에 꿀벌들을 상자에 집어넣고 대서양을 건너 함께 데려갔다. 그가 상자를 다시 열었을 때 꿀벌들은 동일한 조건으로 밀폐된 장소에 있었다. 다만 이번에는 뉴욕이었다.

꿀벌들은 언제 먹이를 먹으러 나왔을까? 지구 위치와 관련된, 햇빛과는 상관없는 어떤 외부적 단서가 있어서 뉴욕 시간으로 오후 8시 15분에 나타났을까? 꿀벌들이 나타난 것은 한낮인 오후 3시 15분이었다. 그때 파리는 오후 8시 15분이므로 꿀벌들은 사실 내부적으로 시간을 추적하고 있었던 것이다.

남태평양에도 정확하게 시간을 맞추는 동물이 있다. 팔롤로 벌레가 그것이다. 바다에 사는 이 벌레들은 매년 달의 위상에 맞춰 짝짓기를 하러 수백만 마리가 동시에 수면으로 올라오며 거대한 산란의 축제를 벌인다. 지역 사람들에게는 미식 잔치이기도 하다. 『내셔널 지오그래픽』은 이렇게 소개한다. "벌레들은 기름에 튀기거나 구워서 코코넛 밀크와 양파를 곁들여 먹는다. 토스트에 팔롤로 벌레를 얹은 것은 지역 식당에서 특식 메뉴로 팔리는데 별미다." 실제로 바누아투에서는 팔롤로 축제가 태음력에 표시될 정도로 중요한 행사로 간주된다.

그렇다면 벌레와 같이 단순해 보이는 동물이 시간을 파악하는 법을 어떻게 알까? 바다에 사는 다른 종인 플라티네레이스 두메릴리(일종의 갯지렁이)를 연구한 신경생물학자 크리스틴 테스마-라이블은 달과 관련된 생체 시계가 존재한다는 증거를 찾아냈다. 실험실 환경에서 LED 전구와 일반 백열전구를 사용하여 연구했는데, 수족관에서 불을 계속 켜두거나 꺼둔 채로 벌레를 키우면 번식 주기가 결코 생기지 않았다. 그러나 조명을 일정 기간 켜둬서 인공적인 달처럼 만들자 벌레들은 자체적인 생체 시계를 여기에 맞추었다.[3] 이런 행동의 정확한 기제는 아직 수수께끼로 남아 있지만, 연구자들은 벌레들의 뇌에 있는 빛에 민감하게 반응하는 뉴런이 특정한 신경 회로를 반복적으로 가동시킴으로써 이런 밤의 불빛의 기억을 보존한다고 믿는다.

물론 인간에게도 일주기 시계가 있다. 대부분의 생물들이 그렇듯 우리의 하루는 태양에 맞춰 돌아간다. 완벽하게 24시간에 딱 맞지는 않지만 그래도 놀랄 만큼 비슷하다. 하버드 대학 연구자들은 사람의 생체 시계가 평균적으로 24시간 11분을 주기로 돌아가며, 대부분의 사람들은 16분의 오차 내에 있음을 확인했다.

과학자들은 인간의 일주기 리듬이 꿀벌과 같은 식으로 교란될 수 있는지 궁금했다. 이를 알아보고자 지질학자 미셸 시프르는 1972년 미국항공우주국이 기금을 댄 연구에 참여하여 텍사스 델리오의 한 동굴에서 혼자서 6개월을 지내기로 했다. 인간의 몸이 장기간의 고립에 어떻게 반응하는지 알아내는 것이 연구의 목표였다. 시프르는 동굴에서 굶주림에 시달리지 않았다. 음식과 물이 충분해서 기본적인 욕구는 충족되었고, 온도와 인공 불빛도 통제할 수 있었다. 하지만 그것 말고는 시간을 알려주는 햇빛이나 계절 같은 외부적 단서가 전혀 없었다.

노련한 동굴 탐험가답게 시프르는 첫 두 달은 비교적 편안하게 지냈다. 그는 플라톤을 읽고 음악을 듣고 새로운 환경을 탐사했다. 연구의 일환으로 그의 몸에 전극이 부착되어 그의 뇌, 심장, 근

---

3 그러니까 바다 벌레에게는 두 가지 시계, 즉 (낮에 맞춰진) 일주기circadian 시계와 (달에 맞춰진) 월주기circalunar 시계가 있다.

육의 활동을 모니터했다. 또한 그는 자신의 경험을 상세하게 일기에 기록했다. 중요한 발견이라면, 생체 시계를 조정해 줄 햇빛이 없어지자 시프르의 몸이 24시간의 속박에서 풀려나 다른 시간 주기를 나타냈다는 것이다. 이따금씩 그는 32시간을 깨어 있고 16시간을 내리 잤다. 두 차례, 그의 몸이 잠깐 동안 48시간 주기에 맞춰졌고, 일반적으로는 18시간 주기와 52시간 주기 사이에서 왔다 갔다 했다.

동굴 안에서 지내며 빛이 충분하지 않으니 시간 경계가 지워지기 시작했다. "사방이 온통 밤에 둘러싸여 있으면(동굴은 백열전구 하나밖에 없어서 완전히 깜깜했다)기억이 시간을 포착하지 못합니다." 그가 말했다. "그래서 잊게 됩니다. 하루나 이틀이 지나도 자신이 전날이나 그 전날에 무엇을 했는지 기억이 나지 않아요. 언제 일어나고 언제 잠자리에 드는지만 바뀔 뿐이죠. 그것을 제외하면 완전히 깜깜합니다. 마치 긴 하루 같습니다."

79일째가 되자 시프르는 시간 감각을 잃었을 뿐만 아니라 정신도 잃기 시작했다. 외부와의 접촉이 끊겨서 극심한 적막함을 느꼈다. 먹을 것을 훔치러 온 생쥐가 유일한 '친구'였다. 그랬기에 어느 날 그가 생쥐를 (애완동물로 삼으려고 작은 접시로 잡으려다가) 부주의하게 짜부라뜨렸을 때는 상실감이 어마어마했다. 이제 옆에 아무도 없어서 우울증이 악화되었고, 그는 자살을 생각하기 시작했다. 시프르가 정신적으로 얼마나 망가졌던지, 언젠가 동굴 밖에 번개가 쳐서 그의 심장에 연결된 전극에 전류가 흘렀는데도 그는 넋이 나가서 네 차례나 전류가 흐를 때까지 전선을 치울 생각조차

하지 않았다.

　마침내 179일째 날에 그는 밖으로 나왔다. 연구는 극심한 후유증을 남겼다. 그나마 작은 소득이라면 시프르가 동굴 안에서 시간이 덜 흐른 것으로 느꼈음을 알아냈다는 것이다. 후속 연구들을 통해 외부적 단서와 고립되면 시간이 확장된다는 것이 밝혀졌다. 시프르는 자신이 동굴 안에서 고작 151일을 지냈다고 생각했다.

　시간이라는 차원은 인간의 척도와 지각을 훌쩍 넘어선다. 시간의 실상은 빅뱅에서 시작하여 현재에 이를 정도로 깊고도 무한하기 때문이다. 힌두교와 불교의 우주론에서 산스크리트어 '칼파'[4]는 이런 확장된 시간 인식을 나타낸다. 각각의 칼파는 인간의 시간으로 43억 2,000만 년 동안 지속된다. 이렇게 시간을 거대한 척도로 늘리면 우리의 인식이 달라지며[5] 연속선상에서 우리가 어디쯤에 놓이는지 더 잘 파악할 수 있다. 우리가 2020년이라는 연도 표기 대신에 출발점을 다르게 잡으면 어떻게 될지 한번 상상해 보자. 예수의 탄생이 아니라 태양계의 탄생을 기점으로 셈하여 '45억 4,300만년 1월 26일'이라고 날짜를 표기한다면, 지구에서 살아가는 우리는 시간을 얼마나 다르게 보게 될까?

4　세상이 창조된 후 파괴될 때까지의 시간으로 '겁劫'이라고 번역된다 ― 옮긴이주.
5　롱 나우 재단은 현재 네바다에 1년에 한 눈금만 움직이는 '1만 년 시계'를 만들고 있다. 사람들로 하여금 시간의 본질과 관련하여 긴 관점으로 생각하도록 하기 위해서다.

우리는 척도를 좁혀서 당면한 짧은 시간에 대해서도 이야기한다. 어쩌면 일상 대화에서 '곧바로', '당장'이라는 뜻으로 '두 셰이크 후에in two shakes'나 '한 지피 후에in a jiffy'라는 표현을 들어 본 적이 있을지도 모르겠다. 그런데 '지피jiffy'는 전자 공학 용어로서 보다 정확한 의미가 있다. 교류 전기의 한 주기가 마무리되는 시간을 나타내며 60분의 1초를 가리킨다. '셰이크shake'는 물리학에서 10나노초(10^{-8}초)로 규정된다. 핵폭발 때 연쇄 반응 시간을 재는 척도로 사용되는 단위다.

과학자가 아닌 일반인들이 시간에 대해 이야기할 때는 대체로 인간의 척도로 경험하는 것을 가리키는 것이다. 대부분의 역사에서 시간은 몸으로 체감되는 무엇이었다. 우리는 몸으로 낮과 밤을 파악하며 천체의 위치와 움직임을 보고 계절과 천체력을 만들었다. 하늘에서 가장 크고 빛나는 천체인 태양은 지금도 우리가 시간의 경과를 나타내기 위해 여전히 의지하는 별이다. 고대 이집트인은 해가 떨어지고 나면 시간 측정 자체가 불가능했다. 이것은 로마 해시계의 경우도 마찬가지였다. 한 해시계에 적힌 글귀처럼 "해가 없으면 소용이 없다Absque sole, absque usu."

물시계clepsydra는 해가 지고 난 후 시간의 경과를 표시한 최초의 장비였다. 구멍을 통해 그릇으로 흘러내린 물의 양을 측정하여 시간을 알아내는 원리였다. 오늘날 주로 장식용으로 사용되는 모래시계도 마찬가지로 중력을 이용하여 시간을 잰다.

세계에는 지금 우리에게 다소 특이하게 보일 수도 있는 방법으로 시간을 측정하는 지역이 있다. 역사학자 E. P. 톰슨의 말을 인용하자. "마다가스카르에서는 '밥 짓기'(대략 30분)와 '메뚜기 튀기기'(한 순간)로 시간을 재기도 한다. 크로스 강 유역에 사는 부족들은 '옥수수가 완전히 익는 시간(15분)도 지나기 전에 사람이 죽었다'고 말한 것으로 전해진다." 이렇듯 시간은 추상적인 구성물이 아니라 일정한 시간이 소요되는 사건들로 나타낼 수 있는 실질적인 척도다. 그러나 과거의 시간을 재는 방법들은 (별이나 물을 사용하든, 밥이나 메뚜기를 끌어들이든) 모두 물리적 실체의 변화를 측정 수단으로 삼았다. 시계가 발명되면서 비로소 시간은 완전히 독자적인 척도가 되었다.

오늘날 우리의 손목시계가 알려주는 시간은 시계가 만들어 낸 것이다. 요컨대 시계의 시간은 인간의 발명품이다. 지금도 우리가 시간을 말할 때 '시계의o'clock'라는 줄임말을 뒤에 붙이는 것이 이 때문이다. 시계의 시간과 몸으로 경험하는 시간의 구분이 한때 중요하게 여겨지기도 했지만, 오늘날에는 '시계의 시간'이 보편적이다. 강의 수위나 별의 위치를 보고 시간을 재는 사람은 거의 없다. 시간은 더 이상 우리가 나머지 자연과 더불어 그 안에서 살아가는 차원적 흐름이 아니라, 구성물이다. 우리 삶을 규정하고 우리가 따라야 하는 '것'이다.

그렇다고 해서 서로 맞춰진 시간을 갖는 것이 나쁘다는 말은 아니다. 시간이 통일되기 전에는 약속 잡기가 힘들었고, 대부분의 만남은 새벽처럼 모두가 알 수 있는 특정한 때에 이루어져야 했다. 과거에 시간이 정확하지 않았다는 것은 유연했다는 뜻이기도 하다. 오늘날에도 세계 여러 곳에서는 시간이 엄격한 독립체가 아니다. 많은 사람들이 느긋한 '섬 시간'을 좋아하는 하나의 이유다. 섬으로 떠난 여행객들은 현대 사회의 엄격한 보폭에서 해방되어 그곳의 시간을 따른다. 여기서는 시간이 지역 주민들을 통제하지 않는다. 주민들이 시간을 통제한다.

역사의 대부분에서 우리는 시간을 이렇게 지역마다 다르게 경험했다. 최초의 기계식 시계가 등장한 것은 14세기 초로 '굴대 탈진기verge escapement'라고 하는 장치를 사용했다. 추를 매단 장치가 앞으로 뒤로 기울면서 톱니바퀴를 움직이는 원리다. 이로 인해 시간의 째깍거림, 시간의 박동이 생겨났다. 초창기 시계는 마을 중심지와 교회에 설치되었고 공적 사건들의 시간을 알렸다. 1500년대 초에 독일의 자물쇠공 페터 헨라인이 최초의 휴대용 시계를 만들었다. 그는 1524년에 최초의 회중시계를 만든 사람이기도 했다. 시간을 재는 장비가 이렇게 들고 다닐 수 있도록 작아진 것은 개인용 컴퓨터가 휴대폰 크기로 줄어든 것과 비슷했다. 그리고 최초의 휴대폰과 마찬가지로 이런 시계는 비쌌다. 헨라인이 만든 시계는 부유한 사람들만이 가질 수 있었다.

휴대용 시계는 1800년대 초가 되어서야 비로소 보편화되었다. 경도를 알아야 하는 뱃사람들은 휴대용 크로노미터를 가장 먼저 채택한 사람들이었다. 1737년 세상에 하나밖에 없던 크로노미터는 1815년이면 5,000대가 넘었다. 손목시계의 사용을 대중화한 것은 사실 군대였다. 1880년 스위스의 시계공 콘스탄트 지라드는 독일 해군 장교들을 위해 2,000대의 손목시계를 대량 제작했다. 제1차 세계대전 때 이런 손목시계(일명 '트렌치 시계')가 보급된 덕분에 병사들은 배낭을 뒤져 회중시계를 찾지 않고도 서로의 동작을 맞출 수 있었다. 비행사들에게 손목시계는 말 그대로 손에 붙는handy 것이어서 시계를 차고도 양손을 자유자재로 놀릴 수 있었다.

하지만 시간은 세계 각지에서 자체적인 지역의 보폭을 여전히 유지했다. 그리고 유럽 기준에 맞춘 세계 전역 시간을 제정하겠다는 움직임은 저항에 부딪혔다. 이언 비콕이 『애틀랜틱』지에 기고한 「(현대) 시간의 짧은 역사」라는 글에서 지적했듯이 지역 시간을 표준시로 바꾸는 과정에서 폭력 사태가 일어나기도 했다.

1906년 1월, 면직 공장 노동자 수천 명이 봄베이 교외에서 폭동을 일으켰다. 그들은 방직 작업을 거부하고 공장에 돌을 던졌고, 반란은 곧 도시 중심부로 퍼져 15,000명이 넘는 시민들이 탄원서에 서명하고 분노에 차서 거리를 행진했다. 그들은 지역 시간을 폐지하고 그리니치보다 다섯 시간 반 빠른 인도 표준시를 도입하기로 한 처사에 항의한 것이다. 20세기 초 인도인들이 볼 때 이런 조치는 지역 전통을 탄압하고 영국의 지배를 공고히 하려는 또 하나의 시도였다. 하나의 시간대가 인도 전역에 채택된 것은 독립하고도 3년이 지난 1950년에 이르러서였다. 언론인들은 이런 논란을 '시계 전쟁'이라고 불렀다. 거의 반세기 가까이 이어진 전쟁이었다.

곧 살펴보겠지만 시간은 누군가는 희생시키고 누군가에게는 혜택을 안겨주게 되었다. 그리고 시간 측정이 보다 정확해지면서 현대 시간은 갈수록 덜 유연해졌다. 우리가 몸으로 인식할 수 있는 척도와 연결되어 있던 것이 끊어졌으므로 현대 시간은 몸이나 사건들로 나타낼 수 있는 척도가 아니다. 우리가 감지하지 못하는 것이다. 이것이 바로 우리의 맹점이다. 우리는 시간 측정을 시간 자체와 혼동하고 있다. 시간의 위력은 손에 잡히지 않는다는 것이다. 그렇다면 우리는 통제력을 행사하지 못하는 것을 어떻게 통제할 수 있을까?

일반적인 쿼츠시계는 1초에 32,768회 진동하는 석영의 미세한 진동을 바탕으로 한다. GPS에서 스마트폰, 신호등에 이르는 모든 것을 지배하는 원자시계는 눈에 보이지 않는 스트론튬 원자의 진동을 활용한다. 미국 해군천문대의 원자시계는 3억 년에 1초의 오차를 보이는 정확성을 자랑하지만, 가장 최근의 시계 장치에 비하면 아무것도 아니다. 오늘날 세계에서 가장 정확한 원자시계는 900억 년에 1초의 오차만을 허용한다. 시간의 측정은 이제 전적으로 추상적이다. 딘 부오노마노는 『당신의 뇌는 타임머신이다*Your Brain Is a Time Machine*』에서 이렇게 썼다. "1967년 국제 협의체는 1초를 '세슘-133 원자가 기저 상태에서 두 초미세 준위 사이를 91억 9,263만 1,770번 진자 운동하는 시간'으로 정의했다. 이로써 시간의 기본 단위는 행성의 관찰 가능한 운동과 완전히 결별하고, 한 원소의 감지 불가능한 운동 영역에 놓이게 되었다."

과거에 시간이 주관적이었다면 오늘날에는 완전히 객관적이다. 하루의 때를 우리에게 말해 주는 것은 태양이 아니다. 그 대신 우리는 원자시계의 박자에 맞춰 행진한다. 모든 인간의 시간이 통일되었다. 시간은 더 이상 태양이 아니라 하늘의 위성에서 우리에게 송출되는 일정한 맥박으로 정해진다.

○ ○ ○

2013년 일본 NHK 방송국에서 일하던 서른한 살의 기자 미와 사도가 손에 휴대폰을 든 채로 갑작스럽게 사망했다. '과로사'였다. 이런 용어가 존재하는 것은 일본에서 근무 중에 죽는 일이 실제로 종종 벌어지기 때문이다. 사도는 그 달에 울혈성 심부전으로 쓰러지기 전에 159시간을 초과 근무했다.[6] 도쿄에서 활동하는 기자 제이크 아델스타인에 따르면 매년 일본에서 과로사로 추정되는 죽음이 수천 건이나 있다고 한다.

일본 정부는 조사에 착수하여 2016년 과로사에 관한 첫 번째 백서를 발간했다. 자료를 보면 일본 노동자의 무려 5분의 1이 과로사 위험에 처해 있는 것으로 밝혀졌다. 조사에 응했던 회사들에 따르면 직원의 22.7퍼센트가 (건강의 위험을 초래하는 수준인) 매달 80시간이 넘는 초과 근무를 했고, 더 나아가 12퍼센트는 100시간

---

6 이것은 일본에만 국한되는 상황이 아니다. 하버드 의대 수면 의학 교수로 있는 찰스 체이슬러는 때로는 24시간에서 34시간 교대 근무를 해야 하는 병원 인턴들의 수면 현황을 살펴보았다. 수면 부족은 실질적인 위험을 일으켰다. 잠이 부족한 인턴들은 심각한 의료적 실수를 36퍼센트 더 많이 했고, 진단 실수는 5.6배나 많았다. 그리고 메스나 주삿바늘로 자해할 위험이 61퍼센트 더 높았다.

이상 일을 더 했다.

시간의 독재는 새로운 것이 아니며 일본 특유의 현상도 당연히 아니다. 시간은 수천 년간 우리의 일상에 체계를 부여해 왔다. 이에 대한 불만은 2,000년 전에도 있었다. 기원전 224년 로마 극작가 플라우투스가 쓴 희곡에 보면 해시계에 저주를 퍼붓는 유명한 장면이 나온다.

신이시여, 시간을 구분하는 법을 맨 처음 알아낸 사람을 벌하소서.

아울러 나의 나날들을 비참하게 쪼개 작은 조각들로 나눈 해시계를 이곳에 설치한 사람도 벌하소서!

어렸을 때는 나의 배가 해시계였소.

어떤 시계보다 확실하고 듬직하고 정확했지.

저녁 먹을 때가 되면 배 시계가 때가 되었다고 알려줬소.

그러나 이제는 배가 고파도 해가 허락하지 않으면 나설 수가 없소.

게다가 마을 곳곳에 이런 망할 해시계가 어찌나 많은지요.

어제의 해시계 역할을 오늘날에는 디지털시계가 한다. 우리는 선조들이 살았던 과거가 혹독했다는 말을 자주 하지만, 식량 마련을 위해 성인 수렵 채집인이 일한 시간은 평균적으로 하루 세 시간에서 다섯 시간, 일주일에 스무 시간 남짓이었음을 기억할 필요가 있다. 물질적으로는 빈곤했을 수 있지만 시간적으로 넉넉했다.

그리고 시간이 돈임을 생각한다면 그렇게 곤궁한 삶은 아니었다.

사회학자 대니얼 벨은 "산업화는 공장들이 들어서면서 시작된 것이 아니라 노동의 측정을 통해 일어났다"고 예리하게 간파했다. 달리 말하면 세상을 바꾼 것은 증기 기관이나 다축 방적기의 발명보다는 시간에 대한 우리의 태도라는 것이다. 초과 근무라는 발상은 1300년대 유럽의 방직 노동자들로부터 시작되었다(이는 처음에 원했던 것이 꼭 생각만큼 바람직한 결과로 이어지지는 않음을 제대로 깨닫게 해주는 예다). 중세 시대의 노동 시간은 전에도 그랬듯이 해가 뜰 때부터 질 때까지 할 수 있는 일의 양을 의미했다. 여전히 다소 여유가 있었다.[7] 마을에서 교회 종소리가 하루 일의 시작과 끝을 알렸다. 농사일을 하는 사람들은 어두워지면 일을 못했으므로 굳이 시간을 알 필요도 없었다. 이와 달리 방직 노동자들은 공장 안에서 일했고, 당시 빈번했던 종교 기념일에는 옷감을 짜는 일이 금지되었다. 이는 일을 완전히 마무리하지 못할 때가 있었다는 뜻이다. 작업을 마무리하도록 그들은 더 긴 노동 시간과 더 높은 임금을 요구하기 시작했다. 오늘날 우리에게는 너무도 익숙하지만 당시에는 낯선 것이었다. 하지만 밤에 일하는 것은 불법이었다. 촛불을 켜고 일하다가 발각되기라도 하면 벌금을 내고 평생 업계에서 쫓겨났다.

1315년에야 방직 공장 주인들은 야간 작업을 승인하기 시작했다. 이것이 우리가 아는 한 시계의 시간에 따라 임금을 지불한 최

---

7   14세기 영국의 농부들은 매년 150일가량 일했다.

초의 사례였다. 역사학자 페터 스타벨이 지적하듯이 아르투아와 플랑드르 같은 방직 마을에서 '노동자들의 종소리clocke des ouvriers'라는 말이 생겨나기 시작했다. 그리고 곧 새로운 리듬이 방직업계에 정착되었다.

앞서의 교회 시계와 달리 노동자들이 새롭게 준수하게 된 시간은 보다 엄격하게 집행되었다. 새로운 시계는 방직공들이 속임수를 부리고 시간을 헛되게 보내지 않도록 그들이 일하는 시간, 점심 먹는 시간, 식사를 끝내고 작업에 복귀하는 시간, 하루 일을 끝내는 시간을 알렸다. 방직공들은 생각했던 것과 달리 새로운 조치를 달갑게 여기지 않았다. 아침 종이 울린 후 늦게 일하러 오는 사람에게는 벌금이 부여되었고, 새로 규정된 시간에 저항하면 불이익이 주어졌다.

극단적인 몇몇 사례를 보면, 종소리를 이용해 무장한 노동자들을 소집하여 왕이나 시의원, 마을 관리에게 저항하거나 반역하면 사형에 처할 수 있었다. 역사학자 자크 르 고프의 말처럼 이와 같은 시간의 변모는 자연의 주기가 지배하는 옛 세계와 오늘날 우리가 아는 세계를 구분 짓는 문턱이 되었다. "방직 마을에는 새로운 시간, 방직공들의 시간이 부과되었다."

중세 시대에 방직공들에게 죽을 만큼 열심히 일하도록 장려하기란 어려웠다. 살아가는 데 필요한 것 이상으로 임금을 후하게 줘도 딱히 쓸 데가 없었기 때문이다. 산업화로 인해 소비 사회가 등장하면서 비로소 추가적인 임금은 더 호화로운 삶과 신분 상승의 기회를 약속했다. 그러나 시간은 항상 귀하게 여겨졌으며 사람들은 시간을 쉽게 포기하려 하지 않았다.[8] 노동자들은 이를 위해 훈련을 받아야 했다.

'시간을 엄수하는punctual'이라는 말이 우리 어휘에 처음 들어온 시기는 17세기 말이다. 그전까지는 의미가 살짝 달라서 세세한 것에 까다롭게 집착한다는 뜻을 나타냈다. 하지만 시간을 지키는 것은 점차 미덕으로 추앙받았다. 영국의 J. 클레이튼 목사는 1755년 『가난한 이들에게 보내는 우호적인 조언』이라는 책자에서 시간을 지키지 않는 "게으르고 지저분한 아이들"에 대해 불만을 나타냈다. 그는 학교에서 새로운 목표를 함양할 것을 주창했다. "여기서 학생들은 의무적으로 일찍 일어나고 시간을 대단히 엄격하게 준수해야 한다." 일상에 체계를 부여하고자 학교에 종이 도입되었다. 반복적인 질서라는 공장 모델을 통해 아이들을 열심히 부지런히 일하도록 준비시키기 위해서였다. 앨빈 토플러가 『미래 쇼크Future Shock』에서 썼듯이 "아이들은 행군하듯 걸었고, 지정된 자리에 앉았다. 종이 울려 시간이 바뀌었음을 알렸다. 학교라는 삶의 본질은 이리하여 산업 사회로 진입하기 위한 예비 거울 같은 것이 되었다. 오늘날 교육에서 가장 비판받는 특징들, 예컨대 엄격한 통제, 개성 말살, 엄격한 자리 배치, 집단 분류, 등급 매기기, 채점하기, 교사의 권위적 역할은 대중 교육을 그토록 효과적인 적응의 도구로 만든 바로 그 특징들이다."

---

8 미국 노동자 1,018명을 대상으로 한 조사에서 41퍼센트가 돈보다 시간을 더 선호했다. 그러나, 보다 여유로운 스케줄을 위해 현재의 봉급을 기꺼이 포기하겠다는 사람은 30.3퍼센트에 불과했다.

이렇게 하여 기계가 중심이 되는 제조 사회로 나아가는 문화가 마련되었다. 장대한 변화였다. 그리고 시간을 남용하는 사람들에게 창피를 주는 것은 이를 시행하는 하나의 방법이었다. 18세기가 되면 시간 엄수와 정확함은 훌륭한 시민의 미덕으로 칭송되었고, 일터에서 나태하고 '시간에 인색한 것time-thrift'은 가난하고 지저분한 사람들의 특징으로 여겨졌다.

벤저민 프랭클린이 시간은 돈이라는 유명한 말을 남긴 것이 바로 이 무렵이다. 1748년「젊은 상인에게 충고함」이라는 글에서 그는 이렇게 썼다. "시간이 돈임을 명심하라. 하루에 노동으로 10실링을 벌 수 있는 사람이 돌아다니거나 빈둥거리며 하루의 절반을 보냈다면, 비록 그가 이렇게 놀면서 6펜스를 썼다고 해서 그 비용만 계산해서는 안 된다. 그는 사실상 5실링을 더 허비한 것이다."

산업 자본주의자들은 이제 노동 시간을 '소유'했고 그렇게 하여 노동자들을 소유했다. 시간을 남에게 팔면 자신이 원하는 대로 시간을 쓸 수 없다. 관리자가 볼 때 수익과 무관하게 시간을 사용하는 것은 절도였으므로 시간을 낭비하는 습관이 몸에 배지 않도록 해야 했다. 불이익을 주는 것이 하나의 방법이었다. 영국 더럼 카운티의 앰브로스 크롤리 경과 그의 아들은 명백히 시간을 다루는 『크롤리 철공소 법규집』이라는 책에서 94개 조항을 열거했다. 낭비한 시간은 무급으로 처리했다. "이 일은 여관, 선술집, 커피 하우스에 있는 시간, 아침과 저녁 식사, 놀고 잠자고 담배 피우고 노래하고 세상 소식 읽는 시간, 싸움, 말다툼, 기타 사업과 무관한 것, 빈둥거리는 것은 전부 제하고 셈해야 한다."

하지만 공장 시간은 공장이나 학교의 영역에만 머무르지 않고 곳곳으로 확산되었다. 시간은 거대한 차원을 넘어 '가치'로 승화되면서 그 자체가 곧 '생산물'이 되었다.

○ ○ ○

1800년대에는 시간이 뒤죽박죽이었다. 1875년에 미국 철도는 75개의 다른 지역 시간에 걸쳐 있어서 이를 조율하느라 골머리를 앓았다. 대부분의 마을은 태양이 하늘 가장 높은 곳에 걸리는 정오에 여전히 지역 시간을 맞추고 있었던 것이다. 독일에서는 이언 비콕이 썼듯이 "여행객들은 출발 시간이 베를린, 뮌헨, 슈투트가르트, 카를스루에, 루트비히스하펜, 프랑크푸르트 가운데 어느 것을 기준으로 하는지 명확히 밝혀야 했다." 이런 혼란을 모두가 인식했으므로 이를 개선하고자 철도가 주도하여 시간을 맞추고 시간대를 정하는 일이 시행되었다.

문제는 시계가 아니었다. 이 무렵이면 시계는 지역 시간을 정확하게 나타냈다. 하지만 국가나 대륙 차원에서 시간이 표준화되어 있지 않아서 서로 시간을 맞출 기준이 없었다. 그러던 차에 두 명의 사업가가 시간 싸움에 묵묵히 뛰어들었고, 그로 인해 우리가 시간을 인식하는 방법이 영원히 바뀌었다.

새뮤얼 P. 랭글리는 시간을 판 최초의 인물이었다. 1867년 피츠버그의 알레게니 관측소 소장으로 있던 랭글리는 지역 사업체들을 설득해서 자신의 시보時報에 돈을 지불하도록 했다. 그의

'주master 시계'가 전보로 시간을 알리면 고객들의 '종속slave 시계'를 거기에 맞추는 체계였다. 웨스턴 유니온과 펜실베이니아 철도 같은 회사들이 곧 그의 고객이 되었고, 펜실베이니아 철도는 관측소의 시보를 얻는 조건으로 1년에 1,000달러를 지불했다.

천문학자이자 예일 대학의 윈체스터 관측소 소장이던 레너드 왈도는 한 걸음 더 나아갔다. 과학자들이 더 잘할 수 있다고 믿었던 그는 (일이 초 오차가 있었던) 랭글리보다 더 정확한 시간을 제공하겠다고 약속했다. 두 사람의 공통점은 이런 새로운 시간의 신봉자가 되어 지역 시간의 종말을 외치고 다녔다는 점이다. 랭글리는 지역 시간을 '허구', 과거의 유물이라고 선언했다.

하지만 새로운 시간이 정착되려면 대중의 재교육이 필요했다. 왈도는 철도 회사 이사들에게 이런 편지를 썼다. "고용된 시간에 따라 임금을 준다고 할 때, 이런 사람들에게 정확함과 시간 엄수의 습관을 키워 주고 고용주와 고용인 할 것 없이 모두를 똑같이 엄격하고 공정하게 대하는 서비스가 있다면, 국가적으로 커다란 이득이 됩니다."

1891년 일렉트릭 시그널 시계 회사에서 '오토크래트(독재자)'라는 적절한 이름의 공장용 시계를 판매하기 시작했다. 안내 책자는 새로운 시스템을 이렇게 소개했다. "군대와 같은 정확함을 약속하며 어디서든지 실용성, 신속함, 정확성을 가르칩니다. … 관리자와 감독에게 **자신의 규율을 보이는 곳 너머로 확장할 수 있는 수단**을 제공합니다[강조는 필자]."

1893년 종소리가 장착된 주/종속 시계 시스템이 공장들에 설치되었다. 그해 시카고 세계 박람회에서 새로운 공장용 시계가 선보였기 때문이다. 하나의 주 시계를 200개의 종속 시계와 연결해서 노동자들이 동시에 작업을 시작하고 멈추도록 종을 울리는 시스템이었다.

관리자에게 시간 통제는 새로운 권력이 되었다. 자신들의 제품을 팔고자 여념이 없던 시계 제작자들 또한 행동에 나서서 시간 엄수를 미덕으로 추켜세우고, 시간 지체는 버릇없고 바람직하지 않은 것으로 내몰았다. 로버트 레빈이 썼듯이 시계 제작자들은 "모두를 감시하는 것"[9]이 중요하다는 생각을 퍼뜨리기 시작했다. 이로 인해 앞으로 어떤 일이 벌어질지 우리는 곧 보게 될 것이다. 노동자들이 일터로 오고 나가는 정확한 시간이 카드에 찍히는 펀치 시계도 이 무렵에 등장했다. 몇십 년 지나면 시간을 기록하는 모든 회사들은 윌리엄 번디의 회사에 합병되었다. 그는 인터내셔널 타임 레코딩 컴퍼니를 설립했는데 이는 나중에 인터내셔널 비즈니스 머신스(IBM)가 된다.

오늘날 이런 '기술을 통한 길들이기'는 비즈니스 시간이 우리의 내면에 새겨지도록 하는 데 성공했다. 이제 우리는 더 이상 카드에 시간을 찍지 않고도 일터에 제 시간에 도착하는 것이 중요하다는 것을 안다. 전 세계 수십억 명이 매일 아침 알람 소리에 맞춰 일어나고, 일제히 출근하고, 예정된 시간에 일터에 도착하고 떠난다.

---

9 'keep a watch'는 감시한다는 의미 외에 시간을 지키게 한다는 뜻도 있다 — 옮긴이주.

자신이 왜 어떻게 이런 식으로 길들여겼는지 생각하지 않고 말이다. 시간 엄수의 발명과 결코 뒤처져서는 안 된다는 새로운 강박을 통해 공장의 시간은 우리를 자연의 주기로부터 멀어지게 했다. 이렇게 되기까지 몇 세대가 걸렸지만, E.P. 톰슨의 말처럼 "분업, 노동 관리, 벌금, 종과 시계, 장려금, 해고와 교육 등 온갖 방법을 통해 새로운 노동 습관이 형성되었고, 새로운 시간 규율이 강제되었다." 우리는 이제 이런 제도화된 시간을 물려받아 후대에게 가르친다. 비록 완전히 (그리고 최근에) 만들어진 것이지만 덕분에 기계의 시간은 계속 현재로 흘러들고 있다.

○○○

오늘날 기계의 시간은 도처에 있다. 시간은 여전히 돈이지만, 열악한 환경의 노동자들이 많은 인도나 동남아시아 같은 지역에서는 그렇게 큰돈이 못 된다. 여러분이 13달러를 주고 온라인에서 괜찮은 셔츠를 구입할 수 있는 것은 기술의 발달 때문만이 아니다. 방글라데시에서는 시간당 0.13달러만 주면 바느질 할 사람이 있기 때문이다.[10]

역사학자 이브 피셔는 중세 시대였다면 똑같은 셔츠의 가격이 수천 달러였을 것이라고 주장한다. 중세 노동자들의 몸값을 현대

---

10 방글라데시의 섬유 노동자들은 전 세계를 통틀어 임금이 가장 낮은 축에 속한다. 평균적으로 월급이 최저 생계비에 한참 못 미치는 68달러다. 그들은 일주일 내내 일할 때가 많고, 하루 열네 시간에서 열여섯 시간 일하기도 한다.

미국의 최저 시급으로 계산했을 때 말이다. 그녀는 실을 뽑아내고 엮어서 천을 만들고 바느질하는 데 걸리는 시간을 계산했다. 각각의 작업에 480시간, 20시간, 8시간이 소요되어 셔츠 한 벌을 만드는 데 평균적으로 508시간의 노동이 필요하다고 보았다. 연방 최저 시급이 7.25달러인 미국에서 이런 셔츠를 손으로 만들려면 총 3,683달러의 비용이 든다. 방글라데시에서는 똑같은 셔츠를 65달러면 만들 수 있다.

물론 값싼 노동력이 있다고 해도 모든 작업을 일일이 손으로 할 필요는 없다. 사실 산업 혁명 시기에 방적기가 가장 먼저 발명되었고, 직물이 대량 생산된 최초의 생산물이었던 것은 옷감을 만드는 일이 워낙 시간을 많이 잡아먹었기 때문이다. 지금은 방적과 직조는 모두 기계로 하며 공정 마지막에 노동자가 역시 기계를 이용하여 봉제 작업을 한다. 한때 만드는 데 508시간이나 소요되었던 셔츠가 하루 임금의 몇 분의 1만 주면 살 수 있게 된 것은[11] 이런 눈에 보이지 않는 노동, 즉 보이지 않는 시간 덕분이다.

더 빨리 일하고, 더 많은 시간을 절감한다는 것은 더 많은 이윤을 얻는다는 뜻이다. 이런 관행은 20세기 초에 프레더릭 테일러가 작업을 개별적인 동작들로 나누는 "과학적 관리법"을 도입한 이후로 꾸준하게 기세를 늘렸다. 그래서 1960년대가 되면 관리 전문가들은 사무실과 공장의 작업을 분 단위로 쪼개 효율을 한층 극대화

---

11 피셔가 설명한 것과 비슷한, 어깨를 덧대고 품이 넉넉한 '시인 스타일'의 셔츠가 H&M에서 13달러에 팔리는 것을 확인했다.

했다. 미국 시스템절차협회가 펴낸 매뉴얼에는 고용주들에게 기본 업무에 소용되는 시간이 어느 정도인지 알려주는 아래와 같은 "보편 표준 자료"가 실려 있었다.

서류함을 열고 곧바로 닫는 데 0.04분, 책상 가운데 서랍을 여는 데 0.026분, 가운데 서랍을 닫는 데 0.027분, 옆 서랍을 닫는 데 0.015분, 의자에서 일어나는 데 0.033분, 의자에 앉는 데 0.033분, 회전의자를 한 바퀴 돌리는 데 0.009분, 의자를 (최대 4피트 떨어진) 옆 책상이나 서류함까지 옮기는 데 0.05분.

1980년대가 되면 앤드루 고틀리가 『세뇌 *Washing the Brain*』에서 썼듯이 이런 비인간적인 템포는 노동 착취 공장에도 들어섰다. "사무직 노동자의 25퍼센트에서 30퍼센트가 계속적인 긴장과 집중을 요하는 따분하고 반복적이고 빠른 템포의 작업을 하며 컴퓨터의 감시를 받아 전자적 노동 착취를 당한다고 느꼈다."

오늘날 공장과 사무실 노동자들은 생산성을 위해 상시적인 감시를 받고 시간에 쫓긴다. 대만에서 두 번째로 큰 애플 협력사인 페가트론의 경우 "근무일에는 일반적으로 생산 라인에서 12시간 작업한다. 식사와 화장실 사용에 90분의 휴식 시간이 주어진다. 잡담은 금지다. 자리에서 일어서는 것도 안 된다. 자리에서 물을 마셔도 안 된다. 휴대폰도 금지. 자기 일을 일찍 마치면 자리에 앉아 직원 매뉴얼을 읽어야 한다. … 맡은 일은 아이패드 후면 케이스 조립이다. 할당량은 하루 600대, 일 분에 한 대꼴이다."

이것이 대만에서만 벌어지는 일은 아니다. 영국 아마존 물류 창고에 잠입 취재한 연구를 보면, 노동자의 74퍼센트가 할당량을 맞추지 못할까 봐 화장실 가는 것을 꺼렸다. 많은 이들이 병에다 오줌을 눴다. 오스트레일리아 콜센터 센터링크에서는 직원들이 화장실에 갈 때마다 ID 카드를 찍게 했다. 시간을 재서 5분이 넘으면 질책을 했다. 화장실 문제는 사소해 보일 수도 있겠지만, 시간이 본인의 것이 아닐 때 인간이 어떻게 품위를 잃게 되는지 단적으로 보여 주는 예다. 자선 단체 옥스팜이 3년간 조사하여 펴낸 보고서에 따르면 미국의 많은 가공 처리 공장에 "공포 분위기"가 조성되어 있어서 거기서 일하는 사람들은 잠깐 쉬겠다는 말을 감히 꺼내지도 못한다. "노동자들은 작업 라인에 선 채로 오줌을 누고 변을 본다. 기저귀를 차고 일터에 나온다. 액체가 많은 음식은 가급적 섭취하지 않는다. 고통과 불편함을 감내한다. … [이런 문제들로 인해] 심각한 건강 문제가 일어날 수 있다."

시간을 잃는 것은 돈을 잃는 것이다. 그러나 우리의 현대 시스템에서 1분은 한평생이다. 마이크로초도 소중하다. 기계가 확립한 속도를 인간이 도저히 따라잡을 수 없다는 것을 전 세계 금융 시장만큼 잘 보여 주는 분야도 없다. 월 스트리트에서는 인간의 뇌가 인지할 수조차 없는 시간 척도로 거래가 이루어진다. 과거에는 상인들이 물건을 거래하기 위해 몇 주나 몇 달을 이동해야 했다면, 오늘날 주식 거래에서는 수십억 달러를 사고파는 결정이 컴퓨터의 승인하에 빛의 속도로 벌어진다.

오늘날 우리는 60밀리초면 뉴욕에서 런던으로 다시 뉴욕으로 신호를 거뜬히 주고받는다. 여러분이 이 문장을 읽는 시간이면 대서양을 오가는 금융 거래를 여섯 차례 할 수 있다는 뜻이다. 시간은 항상 우리에게 보이지 않았지만 과거에는 그래도 시간이 인간의 척도로 표현되었다. 우리는 해시계의 그림자를 보거나 분침이 넘어가는 것을 볼 수 있었다. 오늘날 주식 시장에서 이루어지는 고빈도 거래[12]는 우리가 전혀 감지할 수 없는 시간에 이루어진다.[13] 너무도 빠른 속도로 휙 하고 지나가는 디지털 시간이다. 인간은 더 이상 시간을 읽을 수 없고 컴퓨터만이 이해할 수 있다는 의미에서 제러미 리프킨은 이를 '컴퓨터 시간computime'이라고 부른다.

우리는 1밀리초가 경과하는 것을 알아차리지 못한다.[14] 실제로 인간의 뇌가 하나의 이미지를 처리하는 데는 13밀리초가 걸린다. 그러나 컴퓨터는 바로 이런 찰나의 순간에 알고리즘을 가동하여 수익이 예상되는 금융 결정을 내린다. 『망가진 시장Broken Markets』의 저자 살 아르누크는 이렇게 말했다. "일반 투자자가 주식 시세표를 보는 것은 마치 5만 년 전에 불타버린 별을 보는 것과 같다." 그렇다 해도 금융의 시간은 세계에서 균등하게 작동하지 않는다.

---

12 수익이 매우 작은 거래를 컴퓨터 알고리즘을 통해 대량으로 빠르게 실행하는 것으로 '초단타 매매'라고도 함 — 옮긴이주.

13 고빈도 거래는 현재 주식 시장 거래의 50퍼센트에서 70퍼센트를 차지한다.

14 인간의 뇌는 이미지를 처리하는 데 13밀리초가 걸리고 눈을 깜빡이는 데는 100밀리초에서 400밀리초가 소요된다. 시카고와 뉴저지를 오가는 고빈도 거래가 이루어지려면 13밀리초면 충분하다. 이 말은 눈을 한 번 깜빡이는 동안 30건의 거래가 이루어질 수 있다는 뜻이다.

컴퓨터의 시간이 있고 인간의 시간이 있다. 우리는 전 세계 시장에서 거래할 때 시계의 시간이 어떻게 활용되는지 방금 살펴보았다. 하지만 우리의 가치는, 그리고 우리가 자신의 시간을 파는 가격은 대체로 우리의 지성, 노동 윤리, 타고난 능력보다는 우리가 지구 어디서 태어났는지와 관계가 많다.

시간은 모든 인간에게 소중하다. 나의 시간이 당신의 시간보다 더 가치 있는 것은 아니다. 하지만 시간에 대한 보상은 결코 평등하지 않다. 스펙트럼의 양 극단은 차이가 어마어마하다. 2018년 억만장자 제프 베조스는 잠자는 시간을 포함하여 시간당 896만 달러를 벌었다. 인도 카스트 제도의 '불가촉천민' 달리트는 변소 청소라는 궂은일을 하며 하루에 46루피를 번다. 여덟 시간 일한다고 보면 시급은 5센트 정도다.

천재가 대중적으로 인정받게 될 때 예기치 못한 일은 시간이 늘 부족해 보인다는 것이다. 기자들은 알베르트 아인슈타인을 끈질기게 쫓아다니며 그의 난해한 이론에 대해 질문을 해댔다. 하지만 시간은 CEO에게만 중요한 것이 아니다. 이론 물리학자에게도 중요하다. 다행히도 아인슈타인에게는 오랜 비서 헬렌 듀카스라는 우군이 있었다. 누군가 전화를 걸거나 찾아와서 아인슈타인이 상대성 이론을 직접 설명해 주기를 부탁하면, 그녀는 이렇게 대답하도록 지시를 받았다. "공원 벤치에서 예쁜 여자와 한 시간을 보내면 1분처럼 느껴지죠. 하지만 뜨거운 난로 옆에서 보내는 1분은 한 시간처럼 여겨져요. 그게 상대성이에요." 아인슈타인의 천재성은 '정확한' 시간 따위는 존재할 수 없음을 간파한 것이다.

20세기가 시작할 때까지 과학자들은 시간이 절대적이라는 생각을 하고 있었다. 1687년 아이작 뉴턴이 발표한 유명한 논문 「자연 철학의 수학적 원리」가 물리학의 지침이었다. 논문에서 뉴턴은 절대적 공간과 시간의 원칙과 더불어 세 가지 운동 법칙을 서술하면서 우주가 어떻게 기능하는지 설명했다. 우리는 이제 이것을 뉴턴 역학이라고 부른다. 뉴턴의 세계관에 따르면, 만약 시계가 충분히 정확하고 이와 똑같은 기준으로 맞추면, 시계 둘을 하나는 지구, 하나는 목성에 둘 때 같은 속도로 돌아가고, 따라서 두 장소에서 시간의 흐름이 똑같을 것이다. 그럴듯해 보인다. 하긴 영국 항해사들이 이런 식으로 경도를 알아냈다.

아인슈타인이 제안하고 수학적으로 증명한 것은 일이 전혀 그렇게 돌아가지 않는다는 것이었다. 우선 공간과 시간은 별개로 존재하는 것이 아니라 통합된 것이다. 이 때문에 공간상의 운동은 시간에 영향을 미친다. 이런 관점에서 보자면, 다른 속도로 서로에 대해 상대적으로 움직이는 지구와 목성에 놓인 두 시계는 다르게 돌아가고 다른 시간을 나타낸다.

우리는 이것이 사실임을 안다. 오늘날 GPS로 지구에서 여러분의 위치를 결정하려면 최소한 네 개 위성에서 신호를 받아야 한다. 신호가 각각의 위성에서 도착하는 데 걸리는 시간 차이를 측정하여 원자시계가 여러분의 위치를 삼각 측량으로 정한다. 민간

GPS의 신호는 쇼핑몰에 있는 여러분 휴대폰의 위도, 경도, 고도를 4.9미터 오차 내로 알려준다. 그러나 GPS가 정확하려면 시계 자체도 엄청나게 정확하여 오차가 40에서 50나노초 이내여야 한다. 그러나 여기 지표면과 2만 킬로미터 상공에서는 시간이 똑같지 않다.

위성들은 시속 14,000킬로미터의 궤도 속도로 우리 주위를 돈다. 아인슈타인의 특수 상대성 이론에 따르면 이 정도 속도는 시계가 느리게 가게 만들 만큼 충분히 빠르다. 실제로 하루 7마이크로초씩 늦어진다. 한편 지구와의 거리 문제가 있어서 중력에서 더 멀리 놓이는 시계는 중력의 영향을 덜 받아 더 빠르게 간다. 아인슈타인의 일반 상대성 이론에 따르면 그렇다. 미세 조정하지 않으면 위성에 있는 원자시계는 매일 45마이크로초 앞서 간다. 이제 특수 상대성 효과와 일반 상대성 효과를 함께 감안하면, 위성의 시계는 매일 (7마이크로초 늦고 45마이크로초 빨라지므로) 38마이크로초, 즉 100만분의 38초 뒤로 돌려야 한다.

38마이크로초가 대수롭지 않게 들리겠지만, 이를 보정하지 않으면 몇 분 만에 오차로 인해 GPS는 쓸모없는 것이 되고 만다. 오하이오 주립 대학 천문학과 교수 리처드 포그에 따르면, 단 2분만 지나도 공간의 위치는 완전히 어긋나며, 매일 10킬로미터씩 GPS 시스템에 오차가 축적된다.

따라서 우리는 이것이 그저 이론만이 아님을 안다. 수학은 정확하다. 그리고 고급 물리학이 이런 차이를 설명하고 그것이 일상생활에서 우리에게 어떻게 영향을 미치는지 우리가 이해하도록 할 수는 있지만, 정작 물리학자 본인들은 시간이 그 자체로 존재하는 '것'인지, 그러니까 시간이 우리가 만들어 낸 것인지, 우리가 알고 있는 것처럼 정말로 존재하는지 확신하지 못한다.[15]

이렇게 생각해 보자. 가시적인 것이 아니라 개념에 가까운 '허수(제곱하면 음수가 되는 i)'가 수학에 있듯이 물리학자들도 '허시간imaginary time'을 가지고 연구한다. 실시간real time은 우리가 시계로 하루하루 측정하는 시간이다. 스티븐 호킹의 말처럼 이것은 "우리가 지나간다고 느끼는 시간, 우리가 늙어가는 시간"이다. 실시간이 '빅뱅'이라고 하는 시점에서 시작하여 '빅크런치'라고 하는 시점에서 끝난다면, 허시간에서는 이런 시간의 척도 너머를 감싸고 있어서 우리가 아는 시간이 과연 '실재'에 따라 제대로 기능하는지 질문을 던지도록 해주는 시간(시간 바깥에 있는 시간)이 있다. 『시간의 역사A Brief History of Time』에서 호킹은 이렇게 말했다.

이것은 이른바 허시간이라고 하는 것이 사실은 실시간이고, 우리가 실시간으로 알고 있는 것은 우리의 상상력의 산물에 불과할 수도 있음을 암시한다. 실시간에서 우주는 특이점에서 시작과 끝을 갖는다. 특이점은 시공간의 경계를 이루고, 여기서는 과학 법칙들이 통하지 않는다. 그러나 허시간에서는 특이점도 경계도 없다. 따라서 어쩌면 우리가 허시간이라고 부르는 것이 실은 더 근본적이며, 우리가 실시간이라고 부르는 것은 우주의

---

15 '우주는 초시간적timeless'이라고 제안하는 물리학자들도 있다.

모습이라 생각되는 것을 기술하기 편하도록 우리가 만들어 낸 개념에 지나지 않을 수도 있다.

결국 물리학자들에게 허시간은 비록 경험할 수는 없지만 수학적으로 기술될 수 있기 때문에 '존재'하는 것이다. 시계의 시간에 대해서는 반대의 말을 할 수 있다. 우리는 그것을 경험하지만 과연 실제로 존재하는지 제대로 알지 못한다. 그런 이유로 우리는 시간을 측정하는 도구인 시계를 발명했다. 그것은 측정된 결과를 기술한다. 시계는 줄자가 공간을 재는 것과 마찬가지로 시간을 잰다. 그러나 줄자는 사실 공간을 재는 것이 결코 아니다. 간격(우리가 센티미터, 인치라고 부르는 것)을 잰다. 다음 장에서 살펴보겠지만 우리가 만들어 낸 것은 측정이다.

2장에서 새뮤얼 존슨이 걷어찬 돌과 마찬가지로 시간의 실재성도 돌의 실재성처럼 어쩌면 기만적일 수 있다. 비슷한 맥락에서 탁월한 물리학자 브라이언 그린은 다음과 같은 난제를 제안했다. 시간이 실재가 아니라 마음의 투사물에 불과하다면 어떻게 될까? 어쩌면 과거가 현재로 돌아서는 것과 미래로 바뀌는 것 사이에는 눈에 보이지 않는 경계가 없을 수도 있다. 어쩌면 시간은 "저기 바깥" 어딘가에 존재하지 않을 수도 있다. 시간은 지각, 우리의 뇌 안에서 투사한 것이기 때문이다. 그린은 『우주의 구조』에서 이렇게 썼다. "이것은… 핵심적인 질문을 미해결 상태로 둔다. 과학은 인간의 폐가 공기를 들이마시듯 인간의 마음이 흔쾌히 받아들이는 시간의 근본적인 성격을 이해하지 못하는 것일까? 아니면 인간의 마음이 시간에 자신이 만들어 낸 성격을, 그러니까 인위적이어서 물리학 법칙으로 드러나지 않는 성격을 부과한 것일까?"

다시 말해, 인간이 경험할 수 있는 것이라고는 우리가 지금이라고 부르는 영원한 순간밖에 없다면, 과학은 무엇을 측정하는 것일까?[16]

우리가 확실하게 말할 수 있는 것은, 차원이나 지각으로서 시간이 실재든 아니든 간에 우리는 만들어진 뭔가를 기준 삼아 살아간다는 사실이다. 아인슈타인은 보편적인 시간의 박동이 존재하지 않는다는 것을 증명했지만, 여기 지구에 사는 우리는 통일된 시간 체계에 자신의 삶을 맞추고 있다.

광고 속 목소리가 말한다. "미래에서 자기 자신을 만난다고 상상해 봐요." 화면에서 한 남자가 출근길에 버스를 놓쳐 좌절하며 달리고 있다. 갑자기 텔레비전의 마술로 장면은 미래로 바뀌고, 그는 나이든 자신을 만난다. 둘은 화창한 날씨에 멋진 해변을 나란히 조깅한다. 나이든 남자는 햇볕에 그을린 피부에 편안한 모습으로 미소를 짓고 있다. 그는 젊은 자신을 돌아보며 말한다. "아직도

---

16 '지금'이라고 하는 개념조차도 지연된다. 과학자들에 따르면 심리적 현재는 불과 3초만 지속되며 "우리의 의식은 실제 사건이 벌어지고 80밀리초 뒤에 이어진다." 신경과학자 데이비드 이글먼의 말을 인용하자면 "여러분이 사건이 일어나고 있다고 생각할 때면 이미 사건은 일어난 다음이다."

숨 가쁘게 경쟁하며 살아?"

많은 캐나다 사람들에게 친숙한 광고다. 1990년대에 런던 생명보험회사가 내놓은 금융 상품 '프리덤 55' 광고로 당시 55세가 이상적인 은퇴 나이를 나타낸다고 해서 붙여진 이름이다. 하지만 2010년이면 물가와 경비 상승으로 65세에 은퇴하는 것도 비현실적으로 보이기 시작했다. 선 라이프 파이낸셜 회사가 그해에 설문 조사한 결과를 보면, 65세에 은퇴하는 것이 바람직하다고 보는 캐나디안은 28퍼센트에 불과했다. 기대치는 계속해서 바뀌어 이듬해 뉴스 헤드라인에는 "프리덤 75가 베이비부머의 새로운 목표?"라는 질문이 등장했다. 그리고 2017년 은퇴 나이를 또 한 차례 올린 기준선이 주류 매체에 등장했다. 「프리덤 85: 일터에서 어떻게든 버티기」라는 기사가 실린 것이다. 오늘날 많은 사람들에게 이른 은퇴는 실현 불가능한 꿈이다. 다음에는 "프리덤 100" 혹은 "죽어서야 누리는 자유"라는 헤드라인이 나올지도 모르겠다.

은퇴는 숨 가쁜 경쟁에 내몰린 우리 앞에 던져진 치즈다. 우리 모두가 태어나면서 손에 쥐게 된 개인의 시간은 우리가 발명한 시계의 시간에 종속된다. 우리는 평생 열심히 일하면 노년에는 자유로운free 시간을 보상받아 마침내 하고 싶은 일을 할 수 있다는 말을 듣는다. 그러나 오랫동안 실직 상태에 있어 본 사람은 알겠지만 여가 시간은 결코 '공짜free'가 아니다. 여가도 돈을 받고 우리에게 판매되는 것이다. 요컨대 여가를 즐기려면 돈이 있어야 한다.

설령 시간이 아주 많아도 호주머니가 가벼우면 할 수 있는 일이 별로 없다. 도보 여행을 떠나거나 수영이나 체스 게임을 하거나 도서관에서 책을 읽을 수 있지만, 대부분의 여가는 상품화되어 거대한 산업이 되었다. 미국에서만 매년 요가 수행자들이 수업, 의복, 장비, 액세서리에 소비하는 금액이 160억 달러다. 골프는 훨씬 가치가 높아서 미국에서 700억 달러의 산업이다. 공짜 시간이라는 착각은 자신의 꼬리를 물고 있는 자본주의의 실상을 보여 준다. 여가는 시장의 상품이 되어 다시 자본주의 경제의 활력소가 된다.

1950년대까지도 귀찮은 일로 치부되었던 쇼핑이 어떻게 취미가 되고 심지어는 '쇼핑 치유retail therapy'라는 말까지 생겨났는지 생각해 보라. 오늘날 쇼핑은 특별한 나들이로, 기분 좋게 주말을 보내는 방법으로 여겨진다. 일요일에 시내 중심가나 쇼핑몰을 돌아다니는 것도 모자라 이제 사람들은 무리를 지어 '쇼핑 투어'에 나선다. 이 투어의 목적은 명소를 구경하는 것이 아니다. 버스를 타고 창문 없는 매장으로 실려가 브랜드 상품을 괜찮은 가격에 구입하는 것이다.

우리는 마치 행복이 쇼핑에 달려 있기라도 하듯 쇼핑에 몰두한다. 그렇다는 말을 들었기 때문이고, 시대에 뒤지는 죄를 짓고 싶지 않기 때문이다. 패션이 우리를 유행에 밝은 사람으로 만들어 준다고들 한다. 1950년대에 스커트 스타일이 10년가량 이어졌다면, 1980년대에는 패션이 시즌 단위로 바뀌었다. 그래도 이런 시즌은 물리적 계절과 연관성이 있었다. 겨울에는 따뜻한 옷을, 여름에는 가벼운 옷을 필요로 했기 때문이다. 런웨이 무대에서 2월과 3월이면 전통적으로 가을/겨울 컬렉션이 소개되고, 9월과 10월에는 모델들이 이듬해 봄/여름을 겨냥한 옷을 입고 나온다. 그러나 오늘날 패션 주기는 그보다 훨씬 빨라졌다. '패스트 패션' 세계에서는 1년에 52개 시즌이 있다. 뭔가가 유행하기 무섭게 빠지고 다른 것이 치고 들어오므로 패션 리더들은 뒤처지지 않으려면 더 많은 옷을 계속해서 사야 한다.

우리가 유행을 따르는 노예로 길들여지는 동안 유행을 만드는 노예가 있음을 잊어서는 안 된다. 글로벌 체인 자라가 일주일에 두 번 옷을 공급 받고, H&M이나 포에버 21 같은 회사들이 매일 새로운 스타일을 소개할 수 있는 것은 쥐꼬리만 한 임금에 과로로 내몰리는 눈에 보이지 않는 섬유 노동자들이 있기 때문이다.

이토록 정신없이 바쁘게 돌아가는 제조 주기는 자연계에도 영향을 미친다. 다큐멘터리 「리버블루」에서 패션 디자이너이자 사회운동가 오르솔라 드 캐스트로는 이런 말을 한다. "중국에는 강물의 색을 보면 시즌에 '유행하는' 색깔을 알 수 있다는 우스갯소리가 있어요." 그녀 뒤로 염료로 더럽혀진 강이 보인다. 강물은 푸른색이 아니라 마젠타(자홍색)이다.

70억이 넘는 인구를 위해 이런 가파른 속도로 물건들을 만들고 홍보하고 운송하느라 어마어마한 양의 전기와 에너지를 소모한 결과, 지구의 날씨 패턴에 대단히 실질적이고 물리적인 변화가 일어났다. '패션'을 통한 자본주의의 맹렬한 가속화가 말 그대로 계절을 바꾸고 있다는 사실은 여간 심각한 일이 아니다. 우리의 경제가 기후 변화의 원인이다. 경제학자들에게는 이것이 성장이고, 생태학자에게는 대대적인 파괴다.

산불과 치명적인 허리케인이 급속하게 느는 가운데 상승하는 기온은 계절을 바탕으로 이주와 먹이 활동을 하는 종들에게 심각한 결과를 초래한다. 앞서 보았듯이 자연에서는 시간을 맞추는 것이 전부다. 그러나 최근 들어 현대 사회를 하나로 맞추는 원자시계는 갈수록 정확해지고 있는 반면, 자연의 시계에서는 뭔가 이상한 일들이 벌어지고 있다. 우리 주위 도처에서 시간이 어긋나고 있기 때문이다.

○ ○ ○

평상시와 다르지 않은 수요일 오후 뉴욕 센트럴파크였다. 티셔츠와 반바지 차림으로 조깅하는 사람들과 소풍 나온 가족들로 붐볐고, 풀밭에서 뒹구는 아이들 얼굴에는 아이스크림이 녹아 흘러내렸다. 기온은 25.5도로 여름 날씨로는 완벽하게 정상적이었다. 하지만 주위를 둘러보면 뭔가 이상하다는 것을 알아차릴 수 있었다. 공원 어디를 보든 낙엽수들에 잎이 하나도 붙어 있지 않았다. 2018년 이 무더운 날은 6월이 아니라 2월의 모습이었다.[17]

유별난 날씨는 전 세계에서 점차 빈번하게 일어나고 있다. 그러나 과학자들이 이를 기후 변화 탓이라고 말하는 것은 지속적인 패턴을 보이기 때문이다. 정원을 가꾸는 사람들에게는 이런 변화가

---

17 최근 들어 이런 이상 기온은 단발성이 아니다. 그러니까 2018년 2월 21일만 이랬던 것이 아니다. 2017년과 2016년에도 유별나게 더웠다.

갈수록 명백하게 보인다. 그저 뒤뜰을 둘러보기만 해도 자신들의 '꽃 시계'가 평상시와는 다른 때에 피기 시작한다는 것을 알 수 있다. 영국 아일랜드 식물학회의 연구에 따르면, 식물들은 봄에 예정된 일정을 앞당겨 꽃을 피우고 있다. 2016년 600종이 넘는 식물이 이른 시기에 꽃을 피웠는데 이는 지난해의 거의 두 배에 달했다. 대서양 너머에서도 똑같은 현상이 보고되고 있다. 2010년과 2012년에 미국 동부 해안의 식물들은 역사상 그 어느 때보다 빠른 시점에 꽃을 피웠다. 과학자들은 이런 현상의 원인을 종자가 성장하기 시작하는 최적의 온도가 점차 이르게 찾아오기 때문이라고 본다. 예컨대 애기장대라고 하는 식물의 최적 개화 온도는 14에서 15도 사이다. 이상 기온은 봄철에 꽃피는 많은 식물들에게 영향을 주고 있다. 기온이 1도 오를 때마다 식물들의 개화 시기가 평균 4.1일 앞당겨진다.

파급 효과는 전체 식물과 동물의 삶에 영향을 미친다. '생물 계절학phenology'이라고 하는 과학 분야가 있다. 다양한 종들 사이에서 생물학적 주기가 기후와 계절과 관련하여 어떻게 연결되는지 연구한다. 많은 종들은 먹이 활동, 이주, 번식 등의 시기가 서로 세심하게 맞물려 있다. 이런 종들 간에 탈동조화desynchronization가 나타나고 있다.

애꽃벌miner bee과 거미난초early spider-orchid의 관계가 대표적인 예다. 거미에서 이름을 따왔지만 거미난초는 실은 벌, 특히 암컷 벌과 닮은 모양의 꽃을 피운다. 1848년부터 식물학자들은 거미난초의 개화 시기를 기록했는데 이는 벌의 번식 주기와 일치한다. 암컷 벌과 유사한 호르몬을 분비하여 수컷을 유인하여 수정하는 전략이다. 하지만 기온이 오르면서 이런 번식 주기가 어긋나게 되었다. 기온이 1도 오를 때마다 거미난초는 6일 앞서 꽃을 피운다. 기온의 변화는 벌에게는 더 급격한 영향을 미쳐 수컷은 9일, 암컷은 15일 앞서 모습을 보인다. 그 결과 수컷은 더 이상 꽃과 '짝짓기'를 하지 않고 암컷과 교미하는 것을 선호한다. 벌에게는 좋은 일이지만 난초에게는 그렇지 않다. 수정을 거의 전적으로 벌에게 의지해온 난초는 결국 생존을 위협받는 처지가 되었다.

대륙을 이동하는 철새들에게도 꽃이 피고 곤충이 등장하는 시기가 바뀌면서 이런 불일치가 일어나고 있다. 북아메리카 조류를 연구하는 과학자들은 일부 철새 — 예컨대 유리멧새, 아메리카휘파람새, 회색머리노랑딱새, 푸른죽지솔새, 검은안경솔새 — 가 봄이 시작되고 한참 뒤에야 도착하는 것을 보았다. 일찍 일어나는 새가 벌레를 잡는다는 옛말도 있지만, 15일이나 늦게 도착하면 식물의 개화에 번식 주기를 맞추는 애벌레와 곤충들은 이미 떠나고 난 뒤여서 오랜 시간을 날아온 새들은 굶주리게 된다.

왜 이런 일이 벌어질까? 새들이 태양에 맞춰 이주하기 때문이다. 해가 일찍 뜨기 시작하면 이동해야 할 시간이라는 의미가 된다. 그러나 나무와 풀들은 '생물학적 봄'을 빛이 아니라 기온 변화에 맞춘다. 곤충들은 나무들이 천연 방충제를 분비하기 전에 일제히 나와서 어린잎들을 갉아먹는다. 그러므로 중앙아메리카와 남아메리카에서 날아온 새들이 매년 차려지는 만찬을 즐기려고 도착할 즈음이면 근본적인 불일치가 연쇄 효과를 일으키는 것이다.

이런 연구를 주도적으로 했던 스티븐 메이어는 이렇게 말한다. "불일치가 갈수록 늘어난다는 것은 살아남아 번식하고 이듬해 돌아오는 새들이 점차 줄어든다는 뜻이다. 사람들이 예전에 자신의 집 뒷마당에서 보고 들었던 새들이다. …『침묵의 봄』과 같은 상황이지만 누가 범인인지 딱 잘라 말하기 어렵다."

딱 잘라 말하기 어려운 범인은 타이밍이다. 전 세계 많은 종들과 생태계가 서로 맞물려 돌아가지 않는 것이다. 데이미언 캐링턴은 『가디언』에 기고한 칼럼에서 이렇게 썼다. "짐작컨대 바닷새와 물고기 사이에 불일치가 일어나고 있다. 가령 바다오리와 청어, 코뿔바다오리와 까나리가 서로 때를 맞추지 못하고 있다. 붉은제독나비와 그 숙주 식물 가운데 하나인 쐐기풀도 마찬가지다." 그야말로 나비 효과로, 그것이 가져올 영향은 대단히 파괴적일 수 있다.

과학자들은 또한 우리의 먹이 사슬 맨 아래에서 일어나는 변화에 주목하고 있다. 농작물 거의 대부분의 수분을 맡고 있는 꿀벌과 곤충으로부터, 조개, 어류, 바닷새, 상어, 바다표범과 고래 같은 해양 포유류로 이어지는 먹이 사슬의 출발점이 되는 플랑크톤에 이르기까지, 자연의 복잡한 시스템은 갈수록 더 많은 압박을 받고 있다.

우리가 시계를 발명하고 자체의 주기를 만들어 현실 거품 속에서 우리 행동을 통제하면서 자연의 시간 주기가 망가지기 시작했다. 우리는 우리가 만들어 낸 시간의 인위적인 박동에 속박되는 데 그치지 않고 다른 식물과 동물 종들도 이런 불화를 느끼도록 만들었다. 우리 주위에서 벌어지는 변화는 갈수록 빨라지고 있지만, 우리는 이런 근본적인 균열이 우리가 만들어 낸 시간과 관련이 있음을 아직 알아차리지도 못했다. 버트랑 리샤르의 말처럼 "기후 혼란, 주식 시장 패닉, 식량 부족, 전염병 위협, 경기 침체, 선천적 불안, 실존적 두려움"에 마주하여 우리는 속도를 늦추지 않는다. 오히려 정반대로 가속 페달을 밟아 질주한다.

다음 주제로 넘어가기에 앞서 과학자들이 고안해 낸 또 하나의 시계를 언급해야겠다. 이것은 물리적이라기보다 은유적인 시계에 가깝다. 『핵과학자회보』는 1947년부터 매년 기후 변화, 핵무기, 기타 우리가 만든 기술로 인해 인류의 멸망이 얼마나 가까운지 나타내기 위해 자정까지 얼마나 남았는지 보여 주는 시계를 제시해 왔다. 이른바 '지구 종말 시계'다. 2018년 1월 25일, 세계 지도자들과 시민들에게 보낸 공개 서한에서 과학자들은 인류가 이제 재앙에 가장 취약한 시점이 되었다고 알렸다. 종말은 1분 더 앞당겨져서 이제 자정을 2분 남겨 놓고 있다.

과연 우리는 파국을 몇 분 뒤로 늦출 수 있을까?

8장 공간의 침입자

측정은 착각임에 틀림없다. 인치inch는 바닥에 놓여 있지 않고 손으로 집을 수도 없다. 그러므로 인치는… 실은 가상의 것이다.

— 앨런 와츠

잉글랜드에서는 여러분이 마돈나의 개인 소유지를 산책하는 것이 허용된다. 시골길을 '돌아다닐 권리'가 법으로 보장되기 때문이다. 자연에서는 이런 자유가 최소한 동물들에게는 당연하게 주어진다. 상공을 날아다니는 새들이나 땅 위를 기어가는 곤충들에게 인간이 사유지와 공유지를 구분하려고 그어 놓은 금은 아무 의미가 없다. 그러나 우리 인간은 그렇지 않다. 우리는 건드리면 폭발물이 터지도록 부비트랩을 설치해 놓은 세계에 살고 있는 듯하다. 지역 사회 심리학 전문가 플로이드 루드민의 말처럼 "우리 주위의 세상은 99퍼센트 이상이 출입 금지 구역인데, 우리는 이런 사실을 거의 알아차리지 못한다."

그러나 1930년대 영국에서 이런 사실에 주목한 몇몇 젊은이들이 있었다. 그들은 공업 중심지 맨체스터에서 일하는 공장 노동자들이었다. 당시 맨체스터는 분위기가 음울했고 오염이 심각했지만, 굽이치는 푸른 언덕으로 아름다운 풍광을 자랑하는 피크 디스트릭트가 인근에 있었다. 문제는 노동자들은 그곳에 들어갈 수 없었다는 점이다. 아직 영국에 국립 공원이 만들어지기 전이었다. 노동자들이 신선한 공기를 마시며 자연을 즐기려면 사유지를 무단으로 침입하는 수밖에 없었다.

그래서 1932년 4월 24일, 스스로를 '산보객rambler'으로 칭한 젊은이들은 단순한 항의 행동에 나서기로 결심했다. 오늘날 그들의 행동을 보고 '반항적'이라고 여길 사람은 거의 없을 것이다. 그들이 하려고 했던 것은 등산이었다. 그러나 산보객들은 인원수가 적으면 제지당할 것을 알고 사람들을 끌어 모았다. 총 400명이 피크 디스트릭트 내에 위치한 '킨더 스카우트'라고 하는 산에 오르려고 출발했다.

처음에는 지역 사냥터를 관리하는 사람들이 곤봉으로 그들을 제지하려고 나섰고, 몸싸움이 벌어지기도 했지만 자신들 수가 적다는 것을 알고는 물러났다. 곧 경찰이 왔고 여러 명이 체포되어 투옥되었다. 놀랍게도 이런 상황은 산보객들에게 유리하게 작용했다. 소식이 삽시간에 퍼져 더 많은 사람들이 시골길을 걸을 수 있는 권리를 요구하기 시작하면서 대중의 공감은 전국적인 외침이 되었다. 킨더 스카우트 무단 침입은 이제 영국 역사에서 가장 성공적인 시민 불복종 운동으로 여겨지며 매년 이를 기리는 행사가 열린다. 산보객들은 자신들의 자유를 말 그대로 몸으로 행사함으로써 국립 공원이 조성되도록 길을 열었고 일반인들에게 자연을 선사했다.

오늘날 잉글랜드에서 여러분이 자유롭게 돌아다닐 수 있는 시골은 7퍼센트다. 그렇게 많아 보이지 않을 수도 있겠지만(그리고 얼마나 많은 땅이 아직도 출입할 수 없는 곳인지 생각하게 만든다) 이 정도면 충분히 의미가 있다. 스코틀랜드에서는 상황이 훨씬 낫다. 여기서 현대의 산보객들은 걷는 권리를 누릴 뿐만 아니라 공짜 숙소도 이용할 수 있다. 보시bothy라고 하는 버려진 시골 오두막이 곳곳에 있기에 가능한 일이다. 고지대 시골 사람들을 강제로 퇴거시킨 '하이랜드 주민 축출Highland Clearances'의 유물이다. 수수한 이런 오두막들은 이제 여행객들에게 비공식적인 숙소로 활용된다. 침대와 난로 같은 기본 시설만 갖춘 곳도 있지만, 보시는 여행객들에게 밤을 보낼 수 있는 무료 숙소를 제공하는 스코틀랜드의 아름다운 전통이 되었다.

자유는 물론 멋있게 들리는 말이지만 그 이면에는 안전이 보장되지 않는다는 문제가 있다. 구속받지 않고 시골을 돌아다닐 수 있다는 건 근사하겠지만, 낯선 사람이 여러분의 뒷마당을 돌아다닌다고 생각하면 마음이 그리 편하지는 않을 것이다. 우리 인간도 많은 동물들과 다르지 않게 영역을 탐하는 존재이기 때문이다.[1]

---

1 인간에게 공간은 감정을 자극하는 것이기도 하다. 지역 토착민들은 땅과 자신의 영

그것은 우리 뇌에 새겨져 있는 본능이다. 과학자들은 곤충에서 침팬지에 이르는 동물들이 개인 공간이라는 감각을 갖도록 진화했다고 이해한다. 야생에서 자신의 공간이 침해되면 생존에 위협이 될 수 있으므로 이것은 당연한 일이다.

인간에게는 네 가지 구별되는 개인 공간이 확인되었다. 1960년대에 미국의 인류학자 에드워드 홀은 자신이 반응 "거품"이라고 부른 것을 최초로 측정하고 정의했다. 우리 몸을 둘러싸고 있는 가장 근접한 거품은 "친밀한 공간"이다. 몸에서 대략 46센티미터 이내의 공간으로 가족, 파트너, 가까운 친구들에게 허용된다. 그 다음은 "개인적 공간"이다. 0.46미터에서 1.2미터에 이르며 우리가 지인들과 공유할 때 편암함을 느끼는 공간이다. 세 번째 거품은 "사회적 공간"이다. 1.2미터에서 3.7미터에 이르며 낯선 사람과 새로 알게 된 사람을 위한 공간이다. 그 너머는 공적 공간, 그러니까 누구든지 자유롭게 드나들 수 있는 공간이다. 물론 예외가 있으며 사회적 존재로서 우리의 지위, 성욕, 문화적 차이 같은 것들이 우리가 '안전'하다고 느끼는 공간 개념에 영향을 미친다. 하지만 전반적으로 이런 거품들이 가장 기본적인 영역의 감각을 규정한다.

우리가 두려움이나 안전함을 느끼도록 하는 뇌 부위는 편도체다. 우리가 위험에 맞닥뜨릴 때 싸우거나 도주하는 반응을 일으키는 신경 회로가 바로 이것이다. 그러나 드물게 편도체가 손상되면

혼이 연결되어 있다는 말을 자주 한다. 우리도 잘 아는 곳에 가면 그와 같은 감정을 경험한다. 누구나 자라면서 좋아했던 공간에 대한 기억이 있고, 자신의 집에 각별한 애정을 느낀다.

이런 공간 경계의 감각이 지워질 수 있다. 대표적인 예가 심각한 편도체 손상으로 개인 공간이라는 감각이 완전히 사라진 SM이라는 환자다. 드라마 「사인필드」의 한 에피소드에 나온 '얼굴을 가까이 대고 말하는 사람' 애런과 마찬가지로 SM도 모르는 사람과 코가 맞닿을 정도로 가까이 있어도 전혀 아무렇지 않다.

그러니까 공간 확보는 자신을 방어하기 위한 진화인 것이다. 적어도 아주 가까운 공간은 그렇다. 그러나 개인이 위협을 느끼는 공간을 넘어서는 더 넓은 영역의 방어에는 참작할 사항이 있다. 동물의 왕국에서 아메리카울새 같은 새들은 자신의 영역으로 들어오는 다른 울새에게는 공격적으로 굴지만 흰가슴동고비 같은 새는 들어오게 한다. 두 종은 먹이가 달라서 경쟁하지 않기 때문이다. 침팬지도 마찬가지로 자신과 같은 종에 대해서는 자신의 영역으로 들어오지 못하도록 경계한다. 그들의 영역은 48킬로미터에서 241킬로미터에 이를 만큼 넓다. 수컷은, 그리고 때로는 암컷과 미성체도 정기적으로 경계를 순찰하여 이웃 침팬지가 자신들 영토로 들어오지 못하게 한다. 그리고 이웃의 수컷이 침입하면 항상 공격을 받지만, 새끼를 낳을 수 있는 암컷 침팬지는 적어도 그곳에 살던 수컷들에게는 새로운 주민으로서 환대를 받는다. 기존의 암컷들은 새로운 암컷을 처음에는 쫓아내려 하지만 결국에는 받아들인다.

하지만 인간은 자신의 영역을 그저 물리적으로만 관리하는 것이 아니라 마음으로도 관리한다는 점에서 독특하다. 우리는 경계와 지도를 만들어 다른 종들로부터 자신을 분리하고 정해 놓은 공간들을 표시한다. 또 하나 독특한 점은 우리 인간의 영역이 엄청나게 넓을 수 있다는 것이다. 실제로 우리의 영역을 구성하는 것은 이제 지구 전체에 걸쳐 있다.

○ ○ ○

핀란드에 사는 사미족에게는 대단히 특별한 측정 단위가 있다. '포론쿠세마poronkusema'라고 하는 단위로, 순록이 걸음을 멈추고 오줌을 누기 전까지 달릴 수 있는 거리를 뜻한다. 수백 년을 순록과 함께 살아온 사미족은 순록이 걸으면서 동시에 볼일을 보지는 못한다는 사실에 주목했다. 순록은 1포론쿠세마, 대략 7.5킬로미터마다 걸음을 멈추고 방광을 비운다. 이런 측정은 순록을 키우지 않는 부족에게는 살짝 터무니없게 여겨지겠지만, 미터법이 제정되기 전에는 많은 나라와 문화에서 다소 독특한 자체의 시스템을 갖고 있었음을 기억해야 한다. 미래의 사람들은 우리가 잃어버린 열대 우림의 면적을 '축구장' 크기로 세는 것을 보고 마찬가지로 이상하게 여길 것이다.

공간을 규정하고 재는 능력은 우리를 다른 종들과 구별 짓는 바로 그것이다. 우리는 (길이, 너비, 선, 지도를 사용하여) 세상에 대한 심적 도해를 투사함으로써 물리적 공간을 규정할 줄 아는 유일한 종이다. 하지만 우리가 이렇게 지도로 담은 세상을 어떻게 구성했는지 이해하려면 먼저 우리가 기본 측정 단위를 어떻게 만들게 되었는지 살펴보는 것이 중요하다.

1장에서 보았듯이 공간이라는 차원은 우리의 작은 뇌로 헤아리기에는 지나치게 거대하므로 우리가 감당할 수 있는 조각들로, 인간 크기에 맞도록 잘게 나눔으로써 거대한 간극을 줄였다. 시간의 차원과 비슷하게 원래 모든 측정들은 몸으로 이루어졌다. 비톨트 쿨라가 『척도와 인간Measures and Men』에서 썼듯이, 대부분의 역사에서 인간의 몸은 "모든 것들의 척도" 역할을 했다. 기원전 2700년으로 거슬러 가면 이집트인들은 '로열 큐빗'이라는 단위를 사용했다. 팔을 쭉 뻗을 때 팔꿈치에서 손가락 끝까지 이어지는 길이로 523.5밀리미터에서 529.2밀리미터 정도 되었다. 큐빗은 대략 75밀리미터인 '셰세프shesep'(손바닥) 7개로 세분되었고, 이것은 다시 19밀리미터인 '제바djeba'(손가락) 4개로 나눠졌다.

팔을 활용한 이런 측정은 세계 곳곳에서 있었다. 그리고 타당했다. 우리 모두 팔을 갖고 있으므로 각자 측정 도구를 들고 다니는 셈이었으니 말이다. 고대 그리스인들이 큐빗을 460밀리미터로 삼았다면, 고대 로마인들의 '울나ulna'는 444밀리미터였다. 딱 정확하지는 않았지만 필요한 만큼은 비슷했다. 다른 신체 부위들도 측정에 활용되었다. 예를 들어 일본에서는 발('샤쿠shaku'), 인도에서는 팔뚝('하스타hasta'), 중국에서는 손('치chi'), 캄보디아에서는 손가락 마디('스낭 다이thnang dai'), 태국에서는 쭉 뻗은 팔('와wa')이 측정 단위로 쓰였다.

하지만 신체 부위를 기초로 측정할 때 문제는 여러분도 알아차렸겠지만 동일하지 않다는 것이다. 통치자가 세금을 부과하려 할 때 한 움큼이나 한 바구니의 밀, 60걸음의 밭은 해석하기 나름이었다. 농부들로서는 당연히 긴 보폭을 선호했고, 세금 징수원들은 큰 바구니를 선호했다. 따라서 사회학자 지그문트 바우만의 말처럼 통치자가 다스리는 영토에서 이런 각양각색의 측정은 "표준적이고 구속력 있는 거리·면적·부피 측정 단위"로 포괄되어야 했고 "지역마다 집단마다 개인마다 다른 해석은 금지시키는 것이 옳았다." 측정은 표준화되어야 했다.

중세 잉글랜드에서 토지는 한때 한 가족을 부양하기 위해 필요한 양을 기준으로 쟀다. 이런 측정 단위를 '하이드hide'라고 불렀다. 전통적으로 1하이드는 대략 120에이커였지만, 하이드의 정의는 면적보다는 가치(가족에게서 거두는 세금)를 측정하는 것에 가까웠으므로 유연했다. 예컨대 비옥한 땅은 척박한 땅보다 소출이 많으므로 같은 1하이드라 해도 더 작았다. 요점은 공간의 측정이 고정된 것이 아니라 협상할 수 있는 것이었다는 점이다.

이와 대조적으로 우리가 아는 최초의 표준은 1196년에 리처드 1세가 제정했다. 그는 도량형에 관한 칙령Assize of Measures을 공표하면서 "왕국 전역에 똑같은 크기의 똑같은 야드가 통용되어야 하며 쇠막대를 기준으로 정해야 한다"고 명했다. 그러나 그는 자신의 표준이 받아들여지려면 사람들에게 이롭게 보여야 한다는 것을 알았다. 그래서 1215년에 서명된 마그나 카르타는 군주의 권리를 제한하고 그가 정치적 지지를 얻고자 하는 귀족들에게 더 많은 권리를 부여했을 뿐만 아니라, 다소 놀랍게도 맥주에 대한 최초의 표준을 마련했다. 헌장의 "권리"는 누가 만든 맥주든 결국에는 "왕국 전역에서" 똑같도록 해서 주민들이나 탐욕스러운 상인이 서로 속이는 일이 없도록 했다.

헌장의 35조는 이렇게 되어 있다. "왕국 전역에 걸쳐 포도주, 에일, 곡물(런던 쿼터)에 표준 척도가 적용되어야 한다. 염색 천, 러셋, 방모직에도 표준이 마련되어 식서 사이의 폭이 2엘ell이어야 한다. 무게도 마찬가지로 표준화되어야 한다."

수백 년 동안 여러 군주가 권좌에 오르면서 도량형에도 변화가 일어났다. 에드워드 1세 치하(1272~1307년)에는 '로드rod'가 공식적인 토지 측량 단위였다. 로드의 정의는 몬티 파이선의 코미디에 어울릴 법한 것으로 "일요일 오전에 교회를 먼저 나서는 열여섯 명의 남자들의 왼발 길이를 전부 더한 것"이었다. 헨리 7세 치하(1485~1509년) 전까지 '야드'는 "색슨 족의 가슴너비"라고 자랑스럽게 정의되었다. 헨리는 이것을 표준화된 '엘'로 대체했다. 엘은 파리 포목상에서 가져온 단위로 대략 1.25야드다. 이어 엘은 1588년 엘리자베스 1세의 야드로 대체되었다. 이것은 꽤 오래 이어져서 200년 넘게 지속되었다. 그러다가 1824년 조지 4세가 왕립학회에 제국의 표준을 정하도록 의뢰하면서 또 다른 야드가 자리를 넘겨받았다. 불행히도 그의 야드는 9년 198일밖에 지속되지 않았다. 이를 측정하는 공식적인 쇠막대가 1834년 10월 16일, 의회 건물을 잿더미로 만든 거대한 화재로 훼손되었기 때문이다.

도량형은 역사의 변덕에 휘둘린 것만이 아니었다. 나라에 따라서도 달랐고 심지어 한 나라 안에서도 지역에 따라 달랐다. 『만물의 척도The Measure of All Things』에서 켄 앨더가 썼듯이 혁명 이전 프랑스 상황을 보면 "약 800개의 이름으로 무려 25만 개나 되는 별도의 도량형 단위가 프랑스 구체제에서 사용되고 있었다"고 추정된다. 하지만 '보편적인' 도량형 표준을 최초로 생각해 내서 오늘날 대부분의 사람들이 사용하는 미터법 체계를 마련한 것도 프랑스인들이었다.

프랑스 혁명은 군주제를 타파하면서 케케묵은 사고방식도 단두대로 보냈다. 이에 따라 뒤죽박죽이던 낡은 도량형도 정리하기로 했다. 프랑스인들은 "모든 사람을 위해, 모든 시대를 위해" 통하는 새로운 체계를 마련하겠다고 선언했다. 그들의 발상은 인간의 몸(그리고 인간 형태의 복잡한 특징들)을 관점의 중심 자리에서 몰아내고 더 보편적인 것, 즉 우리가 사는 행성을 새로운 측정 단위의 바탕으로 삼겠다는 것이었다. 실로 장대한 포부였다.

1792년 여름, 두 명의 천문학자 장-밥티스트 들랑브르와 피에르 메생이 파리를 출발하여 정반대 방향으로 떠났다. 들랑브르는 북쪽으로 향했고, 그의 동료 메생은 남쪽으로 향했다. 그들에게는 그야말로 야심찬 목표가 있었다. 세계를 측정하는 최초의 사람이 되는 것이었다. 이를 위해 두 사람은 덩케르크에서 파리를 지나 바르셀로나까지 이어지는 자오선 길이를 측정하기로 했다. 그 결과를 바탕으로 계산하면 적도에서 북극까지 거리를 알아낼 수 있었다.

대단한 위업이었고 오늘날까지도 그렇다. 두 사람은 백금 막대를 이용하여 경도를 측량하여 적도에서 북극까지 거리를 계산했다. 이것을 1,000만 미터로 규정했다. 그러니까 미터는 북극과 적도 사이의 거리의 1,000만분의 1로 정의된 것이다. 오늘날 우리는 위성 측정을 통해 그 정확한 거리가 10,002,290미터임을 알고 있다. 들랑브르와 메생은 불과 2킬로미터밖에 틀리지 않았다. 그들의 계산은 미터당 0.2밀리미터(머리카락 두 가닥 굵기) 이내에 드는 정확성을 보였다.

이 측정치는 백금으로 제작되었고, '기록 보관소 미터mètre des Archives'라고 불린 미터 표준기가 1799년 6월 22일 파리 국립 기록 보관소에 보관되었다. 곧 복제품들이 제작되어 여러 나라에서 사용하도록 수출되었다. 하지만 골치 아픈 문제가 하나 있었다. 복제품들은 흠집이 생기고 마모되기가 쉬웠다. 그래서 국제 미터 원기(IPM)라고 하는 새로운 미터 표준기가 생겨났다. 백금-이리듐 합금으로 제작된 이 막대는 눈금 간격을 읽는 '선도기'라고 하는 방식을 도입했다. 1미터를 나타내는 눈금 두 개가 새겨져 있어서 막대 끝이 마모되더라도 미터를 알아보는 데 문제가 없도록 했다. IPM은 파리 외곽 세브르에 새로 만들어진 국제 도량형국에 보관되었다. 이것이 '공식적인' 미터 표준기가 되어 곧 30여 개국에 복제되어 사용되었다.

하지만 영국 의회 건물 화재에서 보듯 추상적인 것을 물리적으로 나타내는 데는 여전히 문제가 있었다. (다른 모든 것들을 나타내는 기준이 되는) '진정한' 미터도 여전히 망가질 수 있었다. 그러므로 미터법의 표준이 되는 백금 미터는 보호되어야 했다. 세브르에서는 복잡한 시스템의 화재 경보기와 도난 방지 장치가 가동되었다. 차르 치하 러시아에서는 공식적인 측정치를 상트페테르부르크의 페트로파블롭스크 요새에 안전하게 보관했다. 그러나 아무리 정교한 예방책을 마련해도 충분히 안전하지 않았다. 비톨트 쿨라의 말을 인용하자. "언젠가 지진이나 대형 화재가 일어나 '미터 없는 세상'이 될 수도 있다고 상상하면 참으로 끔찍하다. 1961년에 도입된 새로운 규정은 '표준'이라고 하는 개념 자체를 폐기했다. 오늘날 진정한 혹은 불변의 미터는 '진공에서 크립톤-86 원자가 방출하는 오렌지 빛 파장의 1,650,763.73배에 해당하는 길이'로 정의된다. 적절한 과학 장비만 갖춘다면 세계 어디서든 이를 똑같이 재현할 수 있다."

이렇게 하여 변환 표준이 생겨나게 되었다. 미터는 인간이 관찰할 수 있는 양으로 재는 치수가 아니라 이제 추상적이고 보이지 않고 만질 수 없는 것이 되었다. 시간 측정과 마찬가지로 우리는 미터 측정을 지각하는 일에서도 쫓겨나게 되었다. 측정은 이제 너무도 엄밀해서 고도의 기술 장비가 있어야만 얻을 수 있다. 크립톤 측정도 이미 시대에 뒤떨어졌다. 오늘날 비물질화된 미터는 또 다른 정의를 갖고 있다. 레이저의 발명으로 공간은 이제 빛으로만 측정하는 것이 아니라 시간으로도 측정할 수 있다. 21세기의 미터는 요오드 분자를 사용하여 안정화시킨 헬륨-네온 레이저로 빛을 쏠 때 '진공에서 빛이 1/299,792,458초 동안 진행한 경로'로 정의된다.

이런 상황은 단순해야 하는 것을 지나치게 복잡하게 만드는 것 같다. 이케아에서 쇼핑해 본 사람은 알겠지만 대부분의 사람들은 여전히 손과 발을 사용해서 물건의 치수를 잰다. 그러나 그것이 측정의 핵심이다. 측정은 세상에 관한 모든 것을 규정하지만, 우리는 이에 대해, 그것이 어떻게 생겨났는지에 대해 생각하지 않는다. 하지만 측정은 말없이 우리가 사는 시스템을 이룬다. 켄 앨더는 말한다. "측정은 우리가 가장 일상적으로 하는 행동이다. 정확한 정보를 주고받거나 물건을 정확하게 거래할 때마다 우리는 측정의 언어를 말한다. 하지만 이렇게 어디에나 있기 때문에 측정은 눈에 보이지 않는다. 이렇게 되려면 표준 척도가 사람들이 서로 공유하는 전제로, 우리가 일일이 확인하지 않고 그것을 바탕으로 합의하고 구별하는 배경으로 작용해야 한다. 그러므로 우리가 측정을 당연하게 여기고 진부하게 취급하는 것은 놀랍지 않다."

이러한 진부함이 당연한 것으로 공식화된다. 경계 없는 무한한 세상은 측정된 세상이 된다. 우리가 개인적으로 공간과 맺는 관계가 바뀐다. 공간은 사물이 된다. 맹점이 된다. 그러나 우리는 추상적인 것을 문제 삼지 않는다. 그래서 세월이 흐르면서 우리가 공간을 구성하는 방식은 우리에게 자연스럽고 불가피하게 보이기 시작한다. 그러나 곧 살펴보겠지만 측정은 우리가 사는 세상의 경계를 규정할 뿐만 아니라 누가 그것을 차지하는지도 규정한다.

○ ○ ○

오늘날 미군은 합성훈련환경(STE)이라고 하는 전장에서 훈련을 받는다. 이미 미군은 북한, 남한, 뉴욕, 샌프란시스코, 라스베이거스의 실제 환경을 완전한 삼차원으로 구현한 가상 공간을 꾸며 훈련장으로 활용하고 있다. 현실이 속속들이 다 드러나므로 고도로 정확한 측정이 필수적이다. 가상 공간에서는 지도가 펼쳐지면서 영역이 된다.

군부대가 실제로 작전을 수행하려고 상륙해야 할 경우를 대비하여 미리 지형을 파악하도록 하겠다는 발상이다. 관련 기술은 향상되었지만 새로운 발상은 아니다. 이미 1993년 『와이어드』지에, 군이 실제 공간을 정복하기 위해 가상 공간을 어떻게 활용하고 있는지 과학 소설가 브루스 스털링이 쓴 글이 실린 바 있었다.

프로젝트 2851은 지구 전체 모습을 가상으로 재연하고 보관하려는 것이다. 시뮬레이터 기술은 현재 위성 사진들을 자동으로 삼차원 가상 풍경으로 변환할 수 있는 수준에 이르렀다. 이런 풍경은 데이터베이스에 저장된 다음 탱크, 항공기, 헬리콥터, 네이비실, 델타포스 특공대에게 고도로 정확한 훈련장으로 활용될 수 있다. 이것은 무엇을 의미할까? 조만간 미군에게 '알려지지 않은 영토' 같은 것은 존재하지 않게 된다는 뜻이다. 미래에는… 미군이 지구 전체를 자신의 손바닥 보듯 훤히 알게 될 것이다. 다른 나라를 그 나라보다 오히려 더 잘 알게 될 것이다.

펜타곤이 여러분이 살고 있는 도시를 가상의 지도로 만들었다는 생각에 마음이 살짝 불편하다면, 지난 수백 년간 천문 시계와 경위의를 비롯하여 지도 제작에 필요한 도구들을 가지고 자신들의 땅에 온 유럽인들을 바라본 사람들의 마음을 잠깐 헤아려 보

자. 페루에 도착한 프랑스인이든, 세인트로렌스에 도착한 캐나다인이든, 아프리카에 온 영국인이든, 미국을 횡단하여 온 메이슨과 딕슨[2]이든, 지도를 만들고 나면 외세 침입이 틀림없이 있었고 폭력이 빈번하게 일어났다.

그러나 지도 제작은 평화를 유지하고 상충하는 이해를 신사적으로 화해시키기 위해 사용되기도 한다. 얼음과 바다 아래에 35조 달러어치의 원유와 어류, 광물 자원이 매장되어 있는 북극은 오늘날 전략적으로 아주 중요한 곳이 되었다. 인접한 다섯 나라 — 미국, 캐나다, 노르웨이, 덴마크(그린란드), 러시아 — 가 북극 지방으로 이어지는 영토의 영유권을 갖고 있다. 그렇다면 어느 나라가 무엇을 가질까?

해양법에 따르면 각국은 자국의 해안 너머 200해리(370.4킬로미터)까지의 바다를 '배타적 경제 수역'으로 주장할 수 있다. 그러나 물속에는 대륙붕도 있고 이는 한 나라의 '소유'가 될 수 있다. 해안에서 바다로 연장된 대륙의 경계 끝이 해양법이 규정하는 범위를 넘어서는 경우에 나라들은 다른 '외측 한계'를 주장할 수 있으며 이는 둘 중 하나로 정의된다. "(1) 대륙 사면 끝에서 60해리(111킬로미터)까지, 혹은 (2) 퇴적암 두께가 그 지점에서 대륙 사면 끝까지 거리의 1퍼센트 이상인 지점까지."

이 문제는 복잡하고 전문적이다. 각국의 통치권을 규정하는 경

---

2 1763~1767년 당시 식민지이던 메릴랜드와 펜실베이니아의 영토 분쟁을 해결하기 위해 경계선을 측정한 영국의 천문학자와 측량사 — 옮긴이주.

계선이 여기서부터 뒤얽히기 시작한다. 대륙붕이 200해리(370.4킬로미터) 너머로 뻗어 있는 지점에서는 기준이 되는 해안선에서 그 너머 350해리(648킬로미터)까지를 더하거나 대륙붕이 수심 2,500미터인 지점에서 100해리(185킬로미터)까지를 더할 수 있기 때문이다. 그래서 캐나다가 유엔에 자국의 대륙붕이 끝나는 지점을 다시 측정해 달라고 요청했다. 러시아도 요청했는데 이는 덴마크와 겹치며 캐나다 경계와도 겹칠 가능성이 크다. 한편 덴마크와 그린란드 정부도 새로운 '외측 한계'를 주장했고 이는 노르웨이의 대륙붕과 겹친다. 이렇게 하여 경계는 풀어진 실타래처럼 서로 뒤엉킨다.

북극의 얼음이 남아 있는 지금은 자원을 둘러싼 각국의 마찰이 아직 본격적으로 달아오르지 않았다. 하지만 러시아가 2007년에 북극점을 상징적으로 주장하고 나섰다. 러시아 과학자들이 잠수정 미르-1과 미르-2를 이용하여 얼음 아래 수심 4,300미터 지점까지 내려갔다. 퇴적물과 해수 표본을 수집하여 북극점 해저가 러시아 대륙붕에서 떨어져 나온 일부임을 과학적으로 증명하려는 것이 목표였다. 아울러 그들은 국제적 논란을 일으키고자 티타늄으로 제작된 1미터 길이의 러시아 국기를 로모노소프 해령에 꽂았다. 그것은 지금도 북극 얼음 아래 캄캄한 물속에 서 있다.

그러나 핵심은 이것이다. 지도는 설령 정확할 때일지라도 틀릴 수 있다. 왜냐하면 지도가 정말로 주장하는 것은 공간의 경계가 아니라 힘이 미치는 범위이기 때문이다. 그리고 북극점이 러시아 것이라는 주장을 정당화하는 데 지질학과 엄격한 과학을 동원할 수는 있었지만, 국제 사회에서 설득력을 얻기엔 그것으로 충분치 않았다. 『가디언』과의 인터뷰에서 노르웨이 극지연구소 연구부장 김 홀멘은 러시아의 영유권 주장을 이렇게 반박했다. "미국과 유럽은 한때 연결되어 있었어요. 애팔래치아 산맥과 스코틀랜드의 산들도 동일한 지질학적 형성물이죠. 하지만 그런 이유로 스코틀랜드인들이 미국을 자기 영토라고 주장할 수는 없습니다. 이런 표본으로 모든 논의를 최종적으로 잠재울 수는 없어요."

당시 캐나다 외무장관이던 피터 매케이도 러시아의 깃발 쇼를 이렇게 조롱했다. "지금은 15세기가 아니다. 아무데나 가서 깃발을 꽂고 우리가 이 영토를 손에 넣었다고 우기는 시대는 지났다."

모두 맞는 말이다. 대륙들은 한때 모두 연결되어 있었다. 반론의 여지가 없는 사실이다. 그리고 땅에 깃발을 꽂는 것이 훌륭한 외교 수완으로 여겨지지 않은 지도 오래되었다. 그러나 모든 사람이 놓친 것이 있었으니 북극의 지배권을 둘러싼 아주 난감해 보이는 문제의 원인은 러시아의 모략이 아니었다. 지도가 문제였다. 국가가 어디까지인지 나타내기 위해 우리가 그리는 선들과 경계는 자의적인 것이다. 그렇다고 해서 대륙붕이 상상의 것이라는 말은 아니다. 그것은 실재하는 것이다.[3] 하지만 대륙붕이 우리가 국가라고 부르는 것과 관계가 있다는 생각은 말 그대로 생각이다. 그리고 완벽하게 정확한 두 지도가 서로 다른 말을 하는 것처럼 보일 때 지도가 소유권을 부여한다는 생각은 우스꽝스럽게 보이기 시

---

3 조지 버클리 주교에게는 죄송한 일이다.

작한다. 요점은 둘 가운데 어느 하나가 틀릴 수 있다는 말이 아니다. 얼음 아래에 있는 자원의 소유권이 누구에게 있느냐 하는 문제를 해결하는 수단으로 보자면 양쪽 지도 모두 틀릴 수 있다.

○ ○ ○

1969년 7월 24일, 세관원 어니스트 무라이는 하와이의 통관항인 호놀룰루에서 세 사람의 특별한 도착을 처리했다. 여행객들은 8일 동안 해외에 나가 있었는데 그것은 딱히 이례적인 일이 아니었다. 이례적인 것은 그들의 출발지였다. 그들이 타고 온 비행기는 아폴로 11호였고, 세관 신고서의 출발지를 적는 공간에는 그저 '달'이라고 말끔하게 타이핑되어 있었다.

우주 비행사들이 세관을 통과하여 귀환한다는 생각은 거의 행위 예술처럼 보인다. 닐 암스트롱, 버즈 올드린, 마이클 콜린스는 달로 떠날 때는 당연히 비자나 여권이 필요하지 않았지만, 지구로 귀환하는 순간에는 입국 도장을 찍을 서류가 필요했다. 오늘날 국제 우주 정거장도 마찬가지다. 이곳의 우주 여행객들은 하루에 열여섯 차례 지구 주위를 자유롭게 돌지만, 일단 그들이 땅에 내려서면 미국항공우주국은 그들의 여권을 챙겨야 한다. 그래야 다시 지구에서 돌아다닐 수 있는 권리가 생긴다.

생각해 보면 이런 종이 서류가 그토록 막강한 힘을 나타낸다는 것은 놀라운 일이다. 그것도 최근에야 등장한 발명품이 말이다. 오늘날 여권은 공식적인 신분증 역할을 하는 것 외에 지구에서 우리의 동맹국(과 적국)이 누구인지도 알려준다. 가장 막강한 여권은 다른 많은 나라들과 동맹 관계에 있는 국가가 발급하는 것으로 가장 큰 자유를 승인한다. 예를 들어 싱가포르나 남한의 여권을 소지한 사람은 163개국을 비자 없이 드나들 수 있다. 반면 아프가니스탄 여권 소지자는 겨우 26개국만 드나들 수 있다.

이런 자유의 불균형은 '좋은' 여권을 소지한 사람들이 생각하지 않는 것이다. 언론인 카니슈크 타루어는 말한다. "미국 같은 서양 국가의 시민들은 자신들의 여권이 얼마나 큰 특권인지 거의 알지 못한다. 미국이나 영국의 여권을 제시하면 국경이 열린다. 최악의 불편이라고 해봐야 공항에서 비자를 발급받으려고 줄을 자주서야 하는 것이 고작이다." 이와 달리 시리아 난민들은 유럽에 오려면 터키에서 그리스까지 배를 타고 건넌 후 도보로 발칸 지역을 지나 중부 유럽으로 들어와야 한다. 게다가 비용도 비싸다. 이런 식으로 시리아에서 유럽으로 오는 데 최소한 3,000달러가 든다. 시리아인은 그냥 비행기를 타고 도착해서 비자를 받을 수 없기 때문이다.

엄밀히 말하면 여권은 수 세기 전부터 '여행 서류'의 형식으로 존재하고 있었지만(안전한 통행을 약속하는 왕의 편지는 기원전 450년까지 거슬러 간다), 오늘날 우리가 아는 현대의 여권은 1914년에야 등장했다. 앨런 다우티는 『닫힌 국경Closed Borders』에서 이렇게 된 원인을 그저 19세기 말까지 필요한 하부 구조가 마련되지 않아서라고 본다. 그의 말을 인용하자면 "사실상 국경을 포괄적으로 통제할 수 있는 물리적 능력을 갖추거나 국경 지대를 통과하는 합법

이민자들과 불법 이민자들을 가려낼 만큼 정교한 관료 체제를 갖춘 정부가 거의 없었다."

제1차 세계대전으로 제국이 더 작은 국가들로 쪼개지고 나서야 안전과 이민 통제를 목적으로 여권이 사용되기에 이르렀다. 당시 국가들은 국경 너머로 들어오는 사람들보다 국경을 떠나는 사람들에게 훨씬 더 신경을 썼다. 작가 슈테판 츠바이크는 자서전 『어제의 세계*The World of Yesterday*』에서 이렇게 회고했다. "1914년 이전에는 지구가 모두의 것이었다. … 사람들은 원하는 곳에 가서 원하는 만큼 오래 머물렀다. 허가증이나 비자가 없었다. 1914년 이전에 나는 여권 없이 유럽에서 인도와 미국으로 여행을 다녔고 여권을 본 적도 없다고 젊은 사람들에게 말하면 그들이 놀란 표정을 하는 것이 항상 즐겁다."

하지만 우리는 여권을 그저 발명하기만 한 것이 아니다. 18세기 이전에는 세상에 민족 국가가 존재하지도 않았다. 국경선은 언제라도 영원한 것으로 보이겠지만 오랜 세월을 거치면서 극적 변화를 거쳤다. 지도들을 포개 놓고 지난 1,000년 동안 국경선이 어떻게 바뀌어왔는지 살펴보면, 특히 유럽의 경우 국경선이 사인sine 곡선처럼 꿈틀거리는 것을 볼 수 있다. 우리는 국경선이 어느 지역이 어느 쪽에 속하는지 말끔하게 구별하는 중요한 일을 한다고 가정하곤 한다. 그러나 예를 들어 바를러-헤르토흐(벨기에)와 바를러-나사우(네덜란드) 마을에 사는 이웃들은 상황을 다소 다르게 바라본다. 이곳은 중세 시대에 영주들이 토지를 화폐처럼 주고받은 덕분에 국경이 스크램블드에그 가장자리처럼 나뉘어져 있다.

그 결과 오늘날 네덜란드 내에는 22개의 작은 벨기에 월경지가 있고, 그 안에 있는 7개의 땅은 네덜란드 영토로 되어 있다. 그러니까 "네덜란드 내에 위치한 벨기에 땅 안에 네덜란드의 영토"가 들어 있는 것이다.

국경선은 마을 곳곳을 십자 모양으로 지난다. 어떤 국경선은 술집과 식당을 관통하는가 하면, 공원과 거리를 나누고 심지어 주거용 건물을 나누는 국경선도 있다. 부엌과 거실이 서로 다른 국가에 속하는 가정도 있다. 국경선을 따라 옆집에 사는 이웃이 서로 다른 유선 방송 서비스를 받고, 쓰레기를 수거해 가는 사람도 다르다. 그것이 다가 아니다. "두 개의 정부가 있다는 것은 시장 선거가 둘이라는 뜻이다. 지역 선거, 총선거도 둘이다. 우편 서비스도 둘이다. 한 나라에서 (길 건너) 다른 나라로 편지를 부치면, 그 편지는 바를러에서 암스테르담이나 브뤼셀로 갔다가 다시 바를러로 돌아오는 긴 경로를 거치게 된다. … 게다가 소득세율도 둘, 전기 시스템도 둘, 전화 시스템도 둘, 교육 시스템도 둘, 테니스 클럽도 둘이다."

언젠가 네덜란드 쪽의 술집이 더 이른 시각에 문을 닫아야 했던 적이 있었다. 술집 중간에 국경선이 지나가는 경우라면 손님을 벨기에 쪽으로 옮겨 식사를 계속하도록 함으로써 법의 허점을 피할 수 있었다. 그러나 이렇게 국경선이 어지러이 뒤엉키면서 재정적 구멍이 만들어지기도 했다. 주민들은 여전히 국경선을 지켜야 하지만, 체제를 활용하는 방법에는 여러 가지가 있다. 일례로 세금은 집의 정문이 어느 국가에 놓이느냐에 따라 부과한다. 그래서 가게 주인들은 더 유리한 세율을 따르려고 가게 정문의 위치를 옮겨서 국적을 바꾼 경우도 있었다.

이런 모든 일들은 우리가 긋는 보이지 않는 선들이 막강한 힘을 가지고 있음을 말해 준다. 그리고 국경선이 항상 민족이나 문화를 가르는 것은 아니겠지만, 이에 따라 법이 나뉘는 것은 틀림없는 사실이다.

바를러-나사우와 바를러-헤르토흐의 주민들은 비록 다른 나라에 살지만 세계 어느 집단보다 서로 많은 공통점을 가지고 있다. 한편으로 나라마다 서로 뚜렷하게 구별된다고 주장할 수 있겠지만, 그 안을 들여다보면 아무리 동질적으로 보이는 나라에도 민족 집단들과 정치적 파벌과 종교적 차이가 항상 있다. 이것이 민족 국가와 영토 국가를 혼동하는 경향이 생기는 이유다. 존 A. 애그뉴는 『공간의 지배Mastering Space』에서 이런 말을 한다. "별 의도가 없어 보이지만 이런 경향은 영토 국가에 민족의 '성격'이나 '의지'를 대표하고 표현하는 적법한 권한을 부여한다. … 많은 국가들은 이런 단일한 의미에서의 민족이 확실히 아니다."

아프리카의 많은 나라들 상황이 바로 이러했다. 식민지 시대에 유럽 강대국들이 그곳에 사는 민족들을 고려하지 않고 대륙을 분할한 결과다. 아프리카 대륙 동쪽 끝 '아프리카의 뿔'에 사는 소말리족은 고향이 영국령 소말릴란드, 이탈리아령 소말릴란드, 프랑스령 소말릴란드, 에티오피아의 소말리 지역, 북부 케냐의 소말리 지역으로 쪼개졌다. 유목민들과 특히 목축민들은 이동을 제한하는 식민지 시대 국경선 때문에 그들의 전통적인 생활 양식이 파괴까지는 아니더라도 망가진 경우가 많았다. 많은 부족들이 어쩔 수 없이 정착해서 이웃하는 부족과 자원 경쟁을 벌여야 했고, 그 과정에서 갈등이 커져 갔다.

정반대 상황이 문제를 만들어 내기도 했다. 공통의 관습이나 유산을 전혀 갖고 있지 않은 완전히 다른 민족 집단들이 하나의 국경선 안에 욱여넣어진 경우다. 아프리카의 신생국 하나를 예로 들어보자. 앙골라는 열 개의 다른 민족 집단들로 이루어진 국가다. 그들의 공통점은 딱 하나, 포르투갈의 식민 통치를 받았고 1975년에 독립했다는 점이다. 유럽인들은 그곳에서 물러나면서 가지고 갈 수 있는 모든 것을 가져갔지만 국경선은 그대로 남겨 놓았다. 그 결과 이전에 존재하지 않았던 국가가 생겨나고 말았다.

기본적으로, 같은 나라에 속한다고 해서 모두가 같지는 않으며 다른 나라 사람이라고 해서 다른 것도 아니다. 이렇게 생각해 보자. 세계에는 대략 6,500개의 언어가 있다. 그리고 언어는 문화의 가장 중요한 구심점이다.[4] 총 195개국이 있다고 할 때 평균적으로 한 나라에 33개의 다른 언어권 문화가 있는 셈이다. 파푸아 뉴기니에는 무려 800개 이상의 언어가 있고, 인도네시아에는 742개의 언어가 있다. 그러니 확실히 국경선은 문화적 집단과 일치하지 않는다. 그렇게 될 수가 없다.

---

4 제국은 광대한 영토를 통치하려면 이데올로기적으로 한 목소리를 낼 필요가 있다. 마오쩌둥은 1949년 북경어를 중국의 '공식' 언어로 선포했을 때 이를 잘 알고 있었다. 사람들이 "중국어 할 줄 알아요?"라고 물을 때는 최소한 여덟 개의 다른 언어 집단과 수백 개의 방언들을 하나로 뭉뚱그려 말하는 것이다.

국경을 다르게 보는 방법도 있다. 우리는 국경일, 음식, 관습을 통해 국경 안쪽의 사람들과 공유하는 것들을 축하하지만, 우리가 국경 밖으로 몰아내고 싶은 사람들도 얼마든지 있을 수 있다. 우리는 결국은 동물이며 다른 동물들처럼 때로는 영역을 두고 다툼을 벌인다. 우리의 이런 동물 본능은 공간과 자원이 풍족할 때는 누그러질 수 있다. 외계 우주 같은 미답의 공간을 차지하기 위한 경쟁이 대체로 벌어지지 않는 이유다. 태양계와 우주에는 공간이 너무도 많으므로 그것을 차지하고자 다툼을 벌이는 것이 사실상 무의미하다. 마찬가지로, 사막 지역에서는 소수의 유목민들이 수천 년 동안 광대한 영역을 자유롭게 돌아다녔다. 프레드 피어스가 『토지 수탈자들The Land Grabbers』에서 썼듯이 우리가 지금 보고 있는 변화는 상대적으로 최근에 생긴 것이다. "한 세대 전만 하더라도 베두인족은 낙타를 끌고 중동의 사막들을 돌아다녔다." 그러나 당시에도 그곳은 "모두에게 활짝 열려 있지 않았다. 소유권과 접근권이 엄격하게 협의되고 감시되었다. 울타리와 공식적인 법, 국경선이 없었을 뿐이다."

유목민들은 사막, 스텝, 북극, 툰드라 같은 냉혹한 불모의 땅에 주로 적응하고 살았으므로 인구가 얼마 되지 않았고 민첩했다. 그들은 계절에 따라 가축들을 데리고 장소를 옮겨 다니며 초목을 채집하고 야생 동물들을 사냥했다. 하지만 땅이 비옥한 곳에서는 부족들이 정착하여 영구적인 거처로 삼기 시작했다. 1만 년 전에 농업이 등장하면서 우리는 처음으로 많은 잉여 식량을 갖게 되었다. 이로써 정착지를 개발할 여력이 생겼고, 결국 더 많은 식량은 더 많은 사람들을 의미했다. 공간이 귀해지면 충돌이 일어났다. 그리고 정착민들이 더 이상 외부로 확장될 수 없게 되자 새로운 유형의 집단 체제가 생겨났다. 우리는 위로 확장하기 시작했다. 계층이 등장한 것이다.

계층 덕분에 사회가 복잡해질 수 있었고 더 많은 집단들을 조직적으로 통치하는 것이 가능해졌다. 『뉴 사이언티스트』지에 기고한 글에서 데버라 매켄지는 국가의 진화를 살펴보면서 이렇게 말했다. "더 많은 계층의 사회는 더 많은 전쟁에서 승리했을 뿐 아니라 규모의 경제를 통해 더 많은 사람들을 부양했다. 관개, 식량 저장, 문서 기록, 사람들을 통합시키는 종교 같은 기술적, 사회적 혁신이 가능했다. 도시와 왕국, 제국이 등장했다." 그러나 중요하게도 "이것은 민족 국가가 아니었다. 도시나 종교가 정복되면 그 주민들의 〈민족적〉 정체성과 무관하게 제국 속으로 통합될 수 있었다." 다시 말해 제국은 수천 년 전부터 다문화적 성격이었고 그것은 결코 바뀌지 않았다.

초창기 도시 국가와 제국의 진짜 골칫거리는 다른 도시 국가와 제국이 아니라 정착하지 않은 사람들, 자신의 에너지를 농사에 다 쏟지 않은 사람들이었다. 그들은 자유로운 사람들, 유목민이었다.

정착민의 관점에서 보자면 유목민은 자신들의 경계, 공간 구분에 개의치 않는 사람들이다. 돌아다니는 사람들은 대체로 농부들보다 신체적으로 훨씬 건강하고 힘이 셌다. 일부는 말을 타고 활을 쏘며 사냥을 했는데 그들은 자연의 전사로 여겨졌다. 그러니 농부들로서는 유목민을 두려워할 이유가 충분했다. 우리가 아는 역사는 성서 시대에서 현재에 이르기까지 두 집단 간의 피비린내 나는 갈등으로 얼룩져 있다. 유목민에 대한 정형화된 관념들이 많지만, 그들은 과연 포식자였을까, 아니면 먹잇감이었을까?

유목민에 대해서는 두 가지 설명이 있다. 하나는 그들이 농경 사회를 갈취한 침입자였다는 설명이고, 다른 하나는 팽창주의 농경 사회에 맞서 자신들의 전통적 방식을 지키려 했을 뿐이라는 것이다. 사실은 둘 다 맞다. 그것은 여러분이 누구를 상대로 말하는지에 달려 있다.

유럽 연합의 마지막 남은 토착민인 사미족은 순록을 키우고 물고기를 잡으며 살아간다. 아직도 그들은 자신들이 대대로 살아온 땅에 존재하는 민족 국가와 싸워야 한다. 한 사미족의 말이다. "핀란드와 노르웨이 정부는 사미족의 연어 낚시를 불법으로 만들려고 하면서, 우리의 고향 땅에 오두막을 지은 부유한 사람들에게 새로운 고기잡이 권리를 넘겨주려고 합니다." 그렇다면 그 권리는 누가 갖는 것이 맞을까? 수천 년 동안 그곳에서 살았지만 땅을 '소유'하지는 않은 사람들일까, 아니면 땅과 실질적인 연이 닿지는 않겠지만 사유 재산을 소유한 사람들일까?

이 질문은 세계 인구 증가로 공간과 자원이 갈수록 귀해지는 상황에서 앞으로 더욱 시의적절해질 것이다. 오늘날 우리는 국가들의 세계에 살고 있으므로 국가가 없는 것을 죄로 여긴다. 하지만 가상의 선을 넘어가면 국가가 바뀐다는 발상은 인류 역사에서 상당히 최근에 나온 일이다. 베스트팔렌 조약이 체결된 1648년이 되어서야 유럽에 오늘날 우리가 주권이라고 부르는 개념이 처음으로 마련되면서 폭력의 세기를 마감했다. 앞서 신성로마제국 황제 페르디난트 2세는 개신교의 위세가 갈수록 더해가자 자신의 영토에서 로마가톨릭을 강제로 믿게 하려고 했다. 그로 인해 대단히 참혹한 30년 전쟁이 일어나 유럽의 거의 모든 나라가 곧 전쟁에 휘말렸다.

참상은 1618년부터 1648년까지 이어졌고(페르디난트는 전쟁이 끝나기 11년 전에 죽었다), 800만 명이 목숨을 잃었다. 대부분의 전투가 벌어진 곳은 오늘날 독일 땅을 이루고 있는 224개 공국, 공작령, 기타 작은 영지들인데, 몇몇 추정치에 따르면 인구의 20에서 30퍼센트를 잃어 역사상 가장 참혹한 전쟁으로 기록된다. 마침내 모든 당사자들은 그저 악몽을 끝내기 위해서라도 평화 조약에 서명할 이유가 있었다. 그러나 그들이 세상을 바꿀 전례를 세우고 있었음은 누구도 몰랐을 것이다. 마침내 합의되어 수 세기 뒤에 유엔이 창설되는 토대를 닦은 발상은 국경에 의한 영토로 정책과 종교 방침을 정할 수 있는 새로운 권리를 부여했다는 점이다. 대충 정리하면 서로 상관하지 않고 각자 내버려둘 수 있는 권리였다. 이것은 오늘날 우리가 주권이라고 말하는 바로 그 개념이다.

그와 같은 급진적인 발상은 개인의 차원에서도 영향이 있었다. 정치적 통제는 사람들이 보통 생각하듯 신의 의지가 왕이라는 대리인을 통해 국가의 신하들에게 직접적으로 행사되는 것이 더 이상 아니었다. 그래서 국가가 존속하려면 새로운 제휴가 요구되었다. 그리고 이런 제휴는 사유 재산이라는 형식으로 국가에 직접 투자하는 것으로 이루어졌다. 개인과 국가는 이제 계약 관계가 되었다. 개인은 자신이 소유한 땅에 대해 법적 책임을 지고, 그럼으로써 그 땅이 속한 더 큰 정치적 체제에 기득권을 갖게 되는 것이다. 영토 국가는 당시 보호국 역할을 했다. 존 애그뉴의 말대로 국가는 "사회를 화합시키는 자"가 되었다.

역사상 처음으로 개인(평민)이 사회에서 중요한 지위를 갖게 되었다. 『근대 국가의 형성 *The Making of the Modern State*』에서 브라이언 넬슨이 썼듯이 "개인의 선택, 특히 경제적 선택이 이제 가능해졌다." 그리고 국가와 개인 간의 이런 상호 의존을 통해 '권리'라는 추상적 개념이 중요하게 대두되었다. 결국 "재산권 주장은… 그가 다른 사람의 주장도 인정하고 그에 따르는 법적 의무를 받아들이는 만큼만 유효하다." 사유 재산이라는 개념은 고대 그리스에도 존재했지만, 그리스인들에게 자산은 개인이 거래할 권리를 갖는 무엇이 아니었다. 가족 간에 토지를 양도하는 것은 까다로웠고 종교 당국의 허가가 있어야 했으며, 국가가 사유지를 전용하는 것은 소유주를 추방한 경우를 제외하면 있을 수 없는 일이었다. 근대 국가가 탄생하면서 비로소 우리는 추상적인 공간에 집착하게 되었다. 우리가 흔히들 말하는 '내 조국', '내 나라', '내 자산'이라는 개념은 그 공간이 나의 것이고 '물건'처럼 사고팔 수 있다는 발상이 등장하면서 비로소 가능했다.

○ ○ ○

여러분은 '공간'의 구획을 보지 못하겠지만 그것은 도처에 있다.

심지어 여러분 머리 위와 발 아래 공간에도 별도로 권리가 부여된다. 주택을 소유하는 것은 공간을 소유하는 하나의 방법이지만, 집 위와 아래의 공중권과 지하권은 다른 사람에게 속할 수도 있다. 항상 그랬던 것은 아니었다. 역사의 대부분에서 땅을 소유하면 그 위와 아래도 여러분 것으로 여겨졌다. 그러니까 여러분에게 '속한' 공간은 무한으로 확장되었다. 이것은 13세기로 거슬러 갈 수 있는 '천국까지ad coelum' 원칙에 따른 것이다. 요컨대 "토지를 소유한 자는 누구나 위로는 천국까지 아래로는 지옥까지 소유권을 갖는다Cuius est solum, eius est usque ad coelum et ad inferos"는 것이다. 부동산에 과한 권한을 부여한 것이다.

하늘의 왕국에까지 이르는 공간을 소유한다는 관념은 다소 예상치 못했던 방식으로 제동이 걸렸다. 이를 폐지시킨 것은 칼이나 총을 든 군인들이 아니라 열기구와 화난 양계업자였다. 1783년 최초의 열기구가 프랑스 시골 상공을 천천히 가로지르고 나서 상공 무단 침입 문제가 불거졌고, 비행기가 등장하면서 금세 이 문제는 첨예하게 부각되었다. 이제 제한 조치가 시행되는 것은 시간문제였다. 1925년 미국 의회는 항공 우편에 '지선' 노선을 허가하는 켈리 법안을 통과시켰다. 1926년에는 항공 상업법이 제정되어 도시 지역에서 고도 500피트(152미터) 이상의 모든 상공에 대해 정부가 공중권을 갖게 되면서 공식적인 항공로를 확보했다. 이런 상공에는 더 이상 무단 침입법이 적용되지 않았다.

하지만 미국 공군이라 할지라도 개인 공간의 신성함을 침해할 수는 없었다. 1946년 노스캐롤라이나 그린즈버러의 용감한 양계업자 토머스 리 코스비는 자신의 토지 상공을 무단 침입했다며 정부를 상대로 재판을 걸었다. 코스비의 양계장은 제2차 세계대전 때 군용 비행장으로 사용된 린들리 필드에서 채 반 마일도 떨어져 있지 않았다. 매일 비행기가 이착륙하면서 그의 닭장에서 불과 25미터 위를 날아다녔다. 요란한 엔진 소음으로 닭들은 충격 상태에 빠졌고 알을 낳지 않았다. 사건 기록을 보면 "하루는 여섯에서 여덟 마리의 닭이… 공포에 질려 벽으로 돌진하여 죽었다. 이렇게 죽은 닭들은 총 150마리였다." 코스비는 어쩔 수 없이 양계업을 접어야 했다.

코스비는 승소했고, 그의 고통(그리고 닭들의 고통)은 83피트(25미터)와 365피트(111미터) 사이의 운행에 대해 보상을 받았다. 앞의 고도는 비행기가 그의 땅 위로 날아다닌 최저 고도였고, 뒤의 것은 시골 지역의 공공 지역권地役權으로 설정된 고도였다. 판결이 먼지 자욱한 법률서로 격하되었다고 할 수도 있겠지만, '천국까지 원칙'을 종결시켰다는 점에서 기억되는 판결이다. 땅 소유주가 자신의 재산권이 하늘 위로 끝도 없이 확장된다고 주장할 수 없듯이, 정부도 지표면 가까이의 공간을 '소유'한다고 주장할 수 없었다.[5]

하지만 최근에 드론(무인 비행 장치)이 등장하면서 공중권에 추가로 조정이 필요해졌다. 미국 연방항공국은 무인 비행 장치가 저

---

5 대법원은 이렇게 판결했다. "토지 소유권이 우주의 경계까지 확장된다는 관습법 원칙은 현대 세계에서는 설 자리가 없다."

공 운행하는 항공기를 방해하지 않도록 400피트(122미터) 이상의 고도로 날지 못하도록 하고 있다. 그러나 가정 집 위를 맴돌고 고층 아파트 창문을 엿보는 것이 가능하므로 드론과 재산권은 법적으로 모호한 영역에서 여전히 충돌한다.

2015년 7월 26일, 켄터키 주 불리트 카운티에서 실제로 이런 일이 일어났다. 데이비드 보그스는 윌리엄 메리데스가 자신의 신형 팬텀 쿼드콥터를 엽총을 쏴서 격추시키자 경악했다. 메리데스가 주장하기를 드론이 자신의 거주지를 침해했다는 것이다. 비행 장치가 날고 있었던 고도에 대해서는 두 사람의 의견이 엇갈렸지만—보그스는 200피트(61미터)였다고 했고 메리데스는 100피트(30미터)도 되지 않았다고 말했다—아무튼 비행 장치가 개인 사유지 상공에 있었던 것은 사실이었다. 그러므로 판사에 따르면 메리데스에게는 드론을 격추시킬 수 있는 권리가 있었다.

시야를 넓히면 훨씬 더 많은 상공이 논란과 측정과 구획의 대상이 된다. 위성들은 지구의 궤도를 돌 때 그저 개인의 사유지 위를 나는 것이 아니라 국가 위를 난다. 그래서 국가들은 배타적 주권을 행사할 수 있는 영공권의 경계가 어디까지인지 정해야 했다. 아직 합의되지 않은 부분이 남아 있지만, 일반적으로 30킬로미터(높게 나는 항공기와 고공 기구가 비행하는 고도)에서 160킬로미터(가장 낮은 궤도 위성이 통과하는 고도)까지의 상공이 국가 주권이 미치지 못하는 지역으로 정해져 있다.

여기에도 눈에 보이지 않는 경계가 또 하나 있다. 우주 비행과 항공 비행을 통제하는 기구인 국제항공연맹에 따르면 지구와 우주를 가르는 공식적인 경계는 고도 100킬로미터다. 이 경계를 넘어서는 인간 여행자는 모두 우주 비행사로 간주된다. 이는 지구 중력이 우주선에 영향을 미치지 못하기 시작하는 지점으로 '카르만 라인'이라고도 한다.[6] 이 경계를 넘어서면 1967년 유엔의 외기권 조약 규정에 따라 지구와는 다른 법이 적용된다. 우주에서는 어떤 국가도 영유권을 주장할 수 없다. 공간이 공짜로 개방되고 "모든 인류의 공유물"인 곳이 여기 지구가 아니라 저기 바깥이라는 것은 아이러니가 아닐 수 없다. 대부분의 사람들이 거주하는 것은 고사하고 접근할 수조차 없는 곳이니 말이다.

우주에서는 (적어도 지금은) 평화가 지배하며 대량 살상 무기가 엄격하게 금지된다. 모두에게 탐구의 기회가 열려 있는 영역이므로 이름이나 영토에 대한 소유권 주장을 금하고 있지만, 그렇다고 불법적인 일이 없다는 뜻은 아니다. 예를 들어 별의 이름을 '구매'할 수 있는 권리를 제공하는 회사들이 온라인에 있지만, 그 어느 것도 공식적으로 인정되지 않는다. 국제천문연맹은 현재 천체 이름을 부여할 수 있는 권한을 가진 유일한 기구이며 "국제 과학 기구로서 허구의 별 이름이나 지형 이름, 혹은 태양계의 다른 행성이나 위성의 땅을 '판매'하는 상업적 행위에는 일체 관여하지 않는다."

이렇듯 개인은 천체를 자기 것이라고 주장할 수 없는 게 사실이

---

6 하버드 천문학자 조너선 맥도웰은 타원 궤도를 도는 일부 위성이 "지구로 추락하지 않고" 80킬로미터 고도로 도는 것이 관찰되었다며 카르만 라인은 이 고도로 설정하는 것이 옳다고 주장했다.

지만, 한편으로 민간 기업들은 외계 우주의 자원을 활용하기 위한 기초 작업을 진행하고 있다. 미국 의회는 2015년에 우주 법안을 통과시켰는데, 이를 두고 일부 학자들은 외기권 조약에 위배된다고 주장했다. 법안은 민간 자금의 우주 비행 발전과 자본주의 정신에 입각하여 경쟁 분위기를 독려한다. 이에 따르면 미국 시민은 물과 광물을 포함하여 "'우주 자원'의 상업적 탐사와 활용에 참여"할 수 있게 되었다. 혜성과 소행성을 채굴하여 금, 은, 이리듐, 오스뮴, 팔라듐, 백금 같은 금속을 얻을 수 있는 길이 열린 것이다. 예전에 미국인들이 구아노를 찾아 바다를 건넜던 것처럼 말이다.

우리 모두는 우리 은하에서 자그마한 얼룩에 존재한다. 그렇기에 우리가 외계 우주의 땅을 소유한다는 주장은 개미 한 마리가 뉴욕의 모든 땅을 소유한다는 주장만큼이나 터무니없게 여겨진다. 그러나 과학자들과 기업가들에게는 외계 우주에 정착지를 만들기 위한 이런 탐색이 새로운 변방을 개척하는 것이다. 지구의 한정된 자원과 갈수록 늘어나는 인구를 생각할 때, 다른 행성으로 이주하는 것은 누군가에게는 "지구를 넘어서는 미래를 위한 인류의 희망"으로 보일 수 있다.

그러는 동안 우리의 고향 행성은 계속해서 착취되고 있다. 우리 발 아래 놓인 세계는 실로 막대한 가치를 품고 있다. 자동차·기차·비행기를 만드는 데 들어가는 금속 원자재, 도시를 만드는 데 들어가는 석고 보드·유리·콘크리트·벽돌의 재료, 컴퓨터와 휴대폰을 통해 우리가 소통하도록 해주는 광물, 그리고 물론 우리의 식량을 키우는 토양도 여기에 포함된다. 그러므로 땅이 가장 치열한 싸움이 벌어지는 전장인 것은 놀랍지 않다.

○ ○ ○

7번 애버뉴와 크리스토퍼 스트리트가 만나는 모퉁이에 뉴욕 시에서 가장 작은 땅이 있다. 담배 가게 옆에 피자 조각처럼 생긴 이 땅은 면적이 500제곱인치(3,226제곱센티미터)밖에 되지 않는다. 바닥의 모자이크에는 다음과 같은 반항적인 글귀가 적혀 있다. "결코 공공의 목적에 헌납되지 않았던 헤스 집안의 사유지." 사유 재산을 지키려고 시와의 싸움을 포기하지 않았던 데이비드 헤스가 마지막까지 갖고 있었던 땅이다.

1910년 뉴욕 시는 거리를 넓히고 지하철을 건설하고자 땅을 사들이고 건물들을 철거하기 시작했다. 헤스는 자신의 5층 건물을 팔고 싶지 않았지만 공공 용도로 사유 재산을 사들일 수 있는 토지 수용권에 따라 어쩔 수 없이 내줄 수밖에 없었다. 그에게 남은 것은 500제곱인치의 땅이 전부였다. 시는 그것으로도 충분치 않았는지 그에게 남은 땅을 보행자가 다니는 보도의 일부로 사용하도록 기부해 달라고 요청하여 불난 집에 부채질을 했다. 헤스는 거부했다. 그래서 '양심'을 품은 이 작은 땅이 오늘날에도 여전히 존재하는 것이다.

1938년에 헤스의 삼각형 땅은 제곱인치(6.5제곱센티미터)당 고작 2달러에 팔렸다. 물가 상승률을 고려하면 지금은 17,000달러가 넘는다. 이것을 에이커로 환산하면 1,066억 달러다. 하지만 헤스의 시멘트 보도는 아무것도 산출하지 않는다. 그곳에서 누구도 농작물을 키우지 않고, 금을 캐거나 소중한 물을 길어 올리지도 않는다. 도시는 세계의 힘과 자본이 몰리는 중심지이며 뉴욕은 그중에서도 으뜸이다. 그러므로 여러분은 그저 땅에 돈을 지불하는 것이 아니다. 다른 모든 사람이 정말로 간절하게 갖고 싶어 하는 희소한 땅에 지불하는 것이다.

오늘날에 부동산은 공간을 사고 팔고 거래하는 사업이다. 그러나 땅이 '우리의 것'일 수 있다는 생각 역시 측정, 국경, 민족 국가와 마찬가지로 인간의 발명품이다. 여러분은 부동산 목록을 뒤적이면서 이런 발상이 고작 몇 백 년 전에 만들어진 것임을 잊기 쉽다. 잡지 『더 랜드』의 편집자 사이먼 페얼리는 이렇게 말했다. "'한 사람이 일정 구역의 땅에 대해 모든 권리를 소유하고 다른 모든 사람은 여기서 배제된다는 생각'은 대다수 부족민들이나 중세 소작농들이 도저히 이해하지 못하는 것이었다. 왕과 영주는 땅의 소유주이기는 했지만 소작농들도 이른바 온갖 종류의 '용익권用益權'을 누릴 수 있어서 계절에 따라 이리저리 터를 옮겨가며 가축을 기르고, 나무나 토탄을 캐고, 물을 긷거나 농작물을 키우는 것이 가능했다."

이런 땅은 '공유지'였다. 여기서 마을 사람들과 소작농들은 농경지와 목초지, 숲과 들을 공동으로 썼다. 땅이 다소간 세분되더라도 (예컨대 집 옆에 작은 정원을 둔다거나 가축들을 어떤 목초지에 정기적으로 풀어 놓는다거나 하는 것) 이런 땅은 오늘날 우리가 생각하는 것처럼 '소유'되는 것이 아니었다. 사용과 관습이 부동산 소유 증서와 측정보다 훨씬 중요했다.

땅을 사용하는 대가로 소작농은 영주와 지주에게 충성과 함께 소출의 일부를 바쳤다. 그러나 지주 입장에서는 항상 이것으로 충분하지는 않았다. 소작농들이 가족을 먹여 살릴 식량을 충분히 수확하고 나면 게을러진다고 보았기 때문이다. 한 지주는 잡지 편집자에게 보낸 편지에서 이렇게 하소연했다. "일꾼이 자신과 그 가족이 경작할 수 있는 것보다 더 많은 땅을 맡게 되면… 더 이상 그에게서 계속되는 노동을 기대할 수 없습니다." 다시 말해 사람들은 배가 부르면 (논리적이게도) 느긋하게 발을 뻗기 마련이다.

하지만 지주에게 이런 행동은 게으름으로 보였다. 시간을 다룬 지난 장에서 보았던 것과 마찬가지로, 공간도 추상적인 것과 사고 파는 물품이 되자마자 노동과 자본의 이해관계가 엇갈렸다. 즉 부자들은 게으름을 피우는 것을 혐오했고 가난한 자들은 필요 이상으로 일하는 것을 혐오했다. 그러나 땅에서 나오는 이익은 일꾼의 시간을 어떻게 사용하느냐에만 달려 있지 않았다. 지주들이 공유지 체계를 바꾸게 된 핵심적인 동기는 새로운 형식의 이윤에서 나왔다. 잉글랜드가 점차 유명해지고 있던 그것, 바로 질 좋은 양모였다.

14세기부터 17세기까지 부유한 지주들은 토지를 사유화하여 양을 키우려고 개방된 목초지에 '울타리enclosure'를 치고 소작농들을 몰아냈다. 의회가 여기에 힘을 보태 이러한 퇴거가 법으로 집행되었다. 누구든 토지의 80퍼센트를 소유하면(부유한 지주들에게는 흔한 일이었다) 공식적으로 울타리를 칠 수 있었다.

1800년대 중반까지 이렇게 강탈한 땅('인클로저')은 잉글랜드 전 국토의 6분의 1로 700만 에이커에 달했다. 4,000건의 의회 법이 제정되면서 한때 공유지이던 땅에 울타리가 쳐졌다. 소작농들은 먹고 살 길이 막막했다. 글을 쓸 줄 알았던 한 평민은 1824년 자신의 지주에게 편지를 썼다. "가난한 사람이 공유지에서 당신의 양 한 마리를 가져가면 그는 법에 따라 목숨을 내놓아야 합니다. 하지만 당신이 가난한 소농 100명의 양이 풀을 뜯는 공유지를 가져가면, 법은 아무런 보상을 요구하지 않습니다."

양모 시장이 돈이 되자 더 많은 토지가 몰수되었다. 18세기 중 후반부터 19세기에 들어설 때까지 수많은 오두막들이 불태워졌고 수천의 가족이 강제로 스코틀랜드 하이랜드에서 내쫓겼다. 이를 '하이랜드 주민 축출'이라 부른다. 대규모 이주가 일어났다. 대부분의 하이랜드 주민들은 공장 일을 얻으려고 로랜드로 향했고, 일자리를 찾아 배를 타고 미국이나 캐나다로 건너간 경우도 있었다.

이것은 도시화의 시작이었다. 땅을 빼앗겨 자신이 먹고 살 식량을 더는 키울 수 없게 된 사람들은 도시로 가서 공장 노동자가 되는 것 말고는 방법이 없었다. 1760년이면 산업 혁명이 시작되었고 기계들은 저렴한 노동력을 간절히 필요로 했다. 그리하여 이렇게 강제로 내쫓긴 것은 기회가 되었고, 더 많은 사람들이 시골을 떠났다. 1801년 잉글랜드와 웨일스에서는 인구의 65퍼센트가 시골 지역에 살았지만, 정확히 100년 뒤에는 23퍼센트만이 시골에 계속 남아 있었다.

인클로저는 먼 과거의 유물처럼 보이겠지만, 이와 거의 똑같은 과정이 오늘날 가난한 나라에서 실제로 벌어지고 있다. 옥스팜에 따르면 지난 10년 동안 전 세계에서 8,100만 에이커의 땅(독일 크기와 비슷한)이 소작농과 시골 농민에게서 외국 투자자들 손으로 넘어갔다.

그러나 항상 외국 구매자들의 잘못으로 볼 수는 없다. 그들은 '경작되지 않은' 땅이라는 말을 듣고 구입하는 경우가 많은데 이는 그 땅을 차지한 사람이 없다는 말처럼 들린다. 그러나 농지 개혁 전문가들이 주장하듯이 경작하지 않는다는 것이 농사를 짓지 않는다는 뜻은 아니며, 그러므로 소유하거나 사용하는 사람이 있을 수 있다. 프레드 피어스의 말을 인용하자면, 예컨대 아프리카에서 "대륙의 5분의 4(60억 에이커)는 공식적으로 국가의 땅이다. 법적 소유자가 없지만, 그럼에도 시골 주민들은 자기들 땅이라고 여긴다."

데이비드 헤스의 사례가 잘 보여 주듯이 땅은 정부가 사유지를 공공의 공간으로 바꾸고자 강제로 사들이는 토지 수용권을 통해 전유될 수 있다. 중국에서 이런 일이 대규모로 일어났다. 농사나 짓던 벽지가 불과 몇십 년 사이에 휘황찬란한 대도시 제국으로 변모했다는 것은, 1990년대 이후로 경제 개발이라는 명목하에 5,000만 명의 중국 농부들이 고향에서 쫓겨났다는 뜻이다. 21세기 첫 십 년에만 거의 100만 개의 마을이 버려지거나 파괴되었다. 톈진 대학과 중국 민정부의 자료에 따르면 2000년에서 2010년 사이에 중국의 전통 마을은 370만 개에서 260만 개로 감소했다. 매일 300개의 마을이 사라진 셈이다.

중국 국가 통계청은 2034년이면 시골에 거주하는 인구가 25퍼센트에도 못 미칠 것이라고 내다본다. 변방에서 중심지로 이동하는 이런 추세는 세계 각지에서 벌어지고 있다. 사람들이 계속해서 도시로 몰려들고 있다. 유엔 해비타트는 2009년에만 전 세계에서 300만 명이 매주 도시로 이주했고, 2030년이면 인류의 3분의 1이 도심에서 살아갈 것이라고 추산한다. 인구는 계속 늘어나고 더 많은 사람들이 도시로 몰려들면서 우리가 공유할 수 있는 공간은 급격하게 줄어들고 있다.

세계에서 집값이 가장 비싼 파리, 뉴욕, 런던의 일부 동네에서 새로운 현상이 출현했다. '좀비 아파트'와 '유령 맨션'이 바로 그것이다. 귀신 들린 집이 아니라 말 그대로 사람이 살지 않는 집이다. 그냥 비어 있어서 으스스해 보이는 것이다. 런던의 경우, 이런 고급 지역 주택 열 채 가운데 일곱 채는 해외 구매자들이 투자한 것이다. 파리에서는 네 집당 한 집꼴이다. 맨해튼에서 5번 애버뉴와 파크 애버뉴 사이, 49번가에서 70번가에 이르는 구역을 보면 거의 3분의 1의 집이 열 달 동안 비어 있다. 왜 그런가 하면 슈퍼 갑부들에게 이곳은 자신들의 주요 거주지가 아니기 때문이다. 보통 세 번째나 네 번째 거주지이다. 이런 유형의 '토지 비축'은 이제 전 세계 주요 도시들에서 목격되고 있다. 마이애미, 예루살렘, 홍콩, 밴쿠버, 두바이, 싱가포르, 샌프란시스코, 시드니 같은 도시들에서도 빈집의 수가 점차 늘고 있다.

슈퍼 갑부들은 옛날 왕과 영주들이 그랬듯이 토지의 대부분을 소유하고 있다. 영국의 경우 국토의 거의 절반을 고작 0.06퍼센트의 인구가 소유하고 있다. 사이먼 페얼리가 말했듯이, 그러는 동안 "나머지 대다수 사람들은 주택과 빨랫줄 널 공간이 겨우 들어갈 정도로 좁은 땅뙈기를 사는 데 들어간 빚을 갚느라 노동 시간의 절반을 보낸다." 도심지에 사람들이 얼마나 많이 몰려서 사는지 생각해 보면 불균형은 너무도 명백하다. 2018년 영국의 통계를 보면 216,000채의 집이 여섯 달 이상 비어 있었던 반면, 임시 거처에서 지내거나 집 없이 떠돌아다닌 사람은 78,000가구에 이르렀다. 미국은 2008년 금융 위기 이후에 상황이 훨씬 심각해졌다. 집 없는 사람 한 명당 빈집이 다섯 채이다. 우리는 지구상에서 동족이 여유 공간에 발붙이지 못하도록 적극적으로 몰아내는 유일한 종일 것이다.

이런 불균형이 극심한 곳은 중국이다. 웨이드 셰퍼드는 『중국의 유령 도시들Ghost Cities of China』에서 "세계에서 인구가 가장 많은 나라는 의심의 여지없이 세계에서 빈집이 가장 많은 나라"라고 말한다. 중국은 경제 호황 시기에 개발된 주택이 새 집에 대한 수요보다 훨씬 많았다. 건설 붐이 어느 정도였나 하면 미국이 20세기 내내 사용했던 콘크리트보다 중국이 2011년부터 2013년까지 사용한 콘크리트가 더 많았다. 북경 대학의 연구자들은 휴대폰과 인터넷 사용을 들여다봄으로써 이런 비어 있는 지역에서 얼마나 많은 생명 활동이 감지되는지 알아보았다. 그 결과 사람들이 거의 살지 않는 '유령 도시'가 중국 전역에 대략 50개 있는 것으로 나타났다. 마치 거대한 건축 모형처럼 아파트 단지, 쇼핑몰, 광장, 공원, 놀이터가 모두 다 지어졌다. 다만 좀비 도시처럼 사람들이 없을 뿐이다. 도시가 텅 빈 것이다.

하지만 이렇게 시골 지역에서 도시로 대거 이주한다면 그 많은 사람들은 대체 어디로 갈까. 일자리와 부를 얻을 수 있다는 희망에 이끌려 고향을 떠난 많은 중국인들은 그들을 고용하는 공장에서 살게 된다. 조지 놀스가 『사우스 차이나 모닝 포스트』 신문에 기고한 글에 보면 이런 공장들은 강제 수용소처럼 보인다. 5만 명을 수용하도록 지어진 기숙사 건물에는 쇠로 된 이층 침대들로 가득하며(방 하나당 침대가 열두 개 들어가기도 한다), 노동자들은 공동 샤워장에서 몸을 씻는다. 이런 시설에서 지내는 비용으로 매달 그들 월급에서 160위안(25달러)이 공제된다.

평균 37제곱미터 아파트 월세가 2,000달러나 하는 홍콩 같은 비좁은 도시에서 가난한 사람들은 수감자와 다를 바 없는 공간에서 지낸다. 세입자 권리를 위한 단체가 조사한 것을 보면, 홍콩 교외 콰이청의 단칸방에서 생활하는 가족이 평균적으로 차지하는 공간은 4.65제곱미터로 나타났다. 이는 "대략 칸막이 화장실 세 칸이나 일반적인 주차 공간 절반의 크기다." 홍콩 교정국에 따르면 재소자들은 한 사람당 평균 4.60제곱미터의 공간을 갖는다고 한다. 하지만 믿기지 않겠지만 이 정도 공간도 누군가에게는 사치다. 홍콩에는 단칸방을 더 잘게 나눠 크기가 1.4제곱미터에 불과한 '관棺 아파트'도 있다.

우리는 우리가 공간을 지배하는 것이 인위적이며 스스로를 가두는 체계를 만들어 냈다는 사실을 보지 못하게 되었다. 오늘날 부유한 사람들은 비어 있는 유령 맨션을 소유하고 가난한 사람들은 관에서 산다.

중국 본토의 거대 도시들 사정도 마찬가지로 심각하다. 긴 출퇴근을 피하기 위해 도심에 거주하려는 가난한 사람들은 감당할 만한 가격의 집이 많지 않으므로 지하에 사는 경우가 많다. 베이징에는 예전에 방공호로 지어진 지하 공간에서 백만 명이 살아가는 것으로 추정된다. 그들은 '쥐 부족Rat Tribe'이라고 불린다. 지상 주택 비용의 절반인 월세 436위안(70달러)이면 9.75제곱미터 정도 되는 지하 방을 얻고 부엌과 욕실을 공동으로 쓸 수 있다. 비좁은 시설은 대개 비위생적이다. 80명의 세입자가 화장실 하나를 함께 쓰는 경우도 있었다. 이런 사람들은 햇빛과 같은 단순한 것을 누리지 못한다. 지하에 사는 젊은 발톱 관리사 쟝 추리는 이렇게 말한다. "저 위의 멋진 아파트에서 사는 사람들과 나는 차이가 없어요. 똑같은 옷을 입고 똑같은 헤어스타일을 하고 있죠. 유일한 차이는 우리가 해를 보지 못한다는 겁니다."

9장 인간 로봇

훌륭한 시민이란 무엇일까?
특이한 것은 일체 말하거나 행하거나 생각하지 않는 사람이다.

— H. L. 멘켄

우리 위의 눈들

지도 위의 점이 움직임을 멈춘 것은 확실했지만, 그 점이 죽었음을 사람들이 알아차리기까지는 시간이 걸렸다. 그 점은 5,500킬로미터 지구력 경주endurance race에 참가한 사이클 선수 마이클 홀이었다. 오스트레일리아 프리맨틀에서 시드니까지 13일간 달리는 사이클 선수들의 궤적을 '점 관찰자'라고 불리는 팬들이 온라인에서 지켜보고 있었다.

각각의 점에는 선수의 이름표가 붙어 있었고, 선수들은 쉬거나 식사를 하거나 화장실에 가려고 멈추기 때문에 점들이 여기저기 멈춰 있는 것은 특이한 일이 아니었다. GPS 실시간 추적기가 자전거에 부착되어 선수들이 속임수를 쓰지 않도록 했고, 아울러 선수들이 현재 지나고 있는 지점을 팬들에게 알렸다.

경주가 진행되는 동안 사람들은 스크린을 돌아다니는 작은 점들에 차츰 흥미를 보였다. 온라인으로 경주를 지켜본 벨린다 호어는 이렇게 말했다. "처음에는 하루에 아마도 한두 번 확인하다가 하루에 두 번, 이어서 시간마다 확인하고 나중에는 지도를 계속해서 펼쳐 놓고 보게 됩니다. … 그러다 보면 내가 이 사람들을 정말로 알게 된 것 같은 기분이 들어요."

2017년 3월 18일, 홀의 점은 2등으로 달리고 있었는데, 오전 6시 22분에 모나로 고속도로와 윌리엄스데일 로드가 만나는 교차로 근처에서 갑자기 멈춰 서고 말았다. 경주의 마지막 날이었고, 당황한 팬들은 홀이 왜 이렇게 중요한 시점에서 멈췄는지 궁금해하기 시작했다. 그들이 아직 몰랐던 것은 그가 차에 치어 죽었다는 것이었다. 사람들은 GPS로 그의 죽음을 목격했던 것이다.

불과 몇십 년 만에 GPS는 어디서나 볼 수 있고 없어서는 안 되는 것이 되었다. 우리 삶의 거의 모든 부문에 관여하고 있다. 여러분이 스마트폰을 들고 바깥으로 나가는 순간 여러분도 움직이는 점이다.[1] 그리고 세상에는 우리 눈에 보이지 않는 시간과 공간의 격자가 포개져 있다. 우리 모두는 여기에 맞춰지며 우리의 좌표로

---

1 미국이나 캐나다에 사는 사람이라면 여러분 집 정문에도 자체적인 GPS 좌표가 붙어 있다. 인구 조사를 할 때 GPS를 이용하여 전국의 모든 집 주소 좌표를 기록한다.

위치를 추적할 수 있다. 우리는 위성이 우리 삶에서 행하는 역할을 거의 인식하지 않지만 주식 시장, 원거리 통신, 조깅 경로, 드론 공격, 지역 일기 예보, ATM 기계, 신호등, 음식 배달 모두 우리 위 높은 곳에서 말없이 도는 이런 공공 기반 시설에 의지한다.

GPS 신호는 미국 공군이 관리하며 매일 10억 명가량이 사용한다. 밤하늘을 올려다보면 이런 GPS 위성이 별처럼 반짝거리는 것을 가끔 볼 수 있다. 각각의 위성은 무게가 2톤가량 나가며, 태양 전지판을 쭉 펼치면 양쪽 날개 길이가 (트랙터 트레일러 두 개를 이어 붙인 길이인) 35미터까지 되기도 한다. 20,200킬로미터 고도에서 시속 11,000킬로미터 이상의 속도로 지구 궤도를 도는 위성들은 어느 시점이든 항상 스물네 대에서 서른한 대가 하나의 세트로 운영된다.

『GPS 기밀 해제*GPS Declassified*』라는 책에서 에릭 프레이저와 리처드 이스턴은 실제 별들을 보며 항해했던 제임스 쿡 선장이 이런 현대 기술을 보았다면 어떻게 생각했을지 상상한다.

쿡: 보이지도 않는 별이 무슨 소용이란 말이오?

부함장: 굳이 보지 않아도 됩니다. 위성은 전자기 주파수의… 전파 신호를 내보내는데, 이 신호를 받아 우리의 위치를 알아냅니다. 전파 신호는 대단히 빠른 진동이며 우리의 장비는 안테나로 이를 감지하지요. 진동을 감지한다는 점에서 우리의 귀와 비슷하지만, 이런 진동은 우리가 들을 수 있는 소리가 아닙니다.

쿡: 그러니까 당신은 우리가 볼 수 없는 별에서 나오는 들을 수 없는 소리를 가지고 배를 몬다는 말이오?

우리가 하는 일이 바로 그것이다. 인간은 20헤르츠에서 20킬로헤르츠의 범위에 있는 소리를 들을 수 있는데, GPS 전파 신호는 그보다 훨씬 높다. 1,227.6메가헤르츠에서 1,575.42메가헤르츠에 이르는 주파수대에서 작동하므로 지상에 도달하는 전파는 지구의 어떤 동물도 들을 수 없다. 전파 신호는 이루 말할 수 없이 희미하다. 칼 세이건은 언젠가 이렇게 말했다. "역사를 통틀어 지구 전역에서 모든 전파 망원경으로 포착한 에너지를 모두 합쳐도 눈송이 하나가 땅에 떨어질 때의 에너지보다도 작다." 이 말은 그가 1980년 텔레비전에서 방영된 쇼 「코스모스」에서 했던 말이다. 바로 그 계산을 했던 천문학자 프랭크 드레이크에 따르면, 그때 이후로 지구에 도달한 전파들이 더 있으므로 지금은 "눈송이 둘… 어쩌면 셋"일 수도 있다.

하지만 우리는 수신기를 사용하여 우리 위로 쏟아지는 이런 희미한 신호들을 포착할 수 있다. 미국 위성들 중에서만 골라야 하는 것도 아니다. 러시아는 글로나스 위성이 있고, 유럽 연합은 갈릴레오, 중국은 베이더우 위성 항법 시스템을 갖추고 있다. 민간용 GPS 수신기는 이런 시스템 하나나 그 이상에서 오는 신호를 끌어오고, 지상의 고정 기지국 위치를 참고하여 여러분이 어디에 있는지를 1.5미터 이내로 정확하게 알아낼 수 있다(1990년대에는 오차 범위가 축구장 크기였다).[2]

중궤도(MEO)에서 움직이고 하루에 두 번 지구를 도는 GPS 위성만이 하늘에 있는 유일한 눈은 아니다. 대다수 지구 관측 위성들은 2,000킬로미터 이하의 고도인 저궤도(LEO)에서 움직인다. 90분마다 지구를 한 바퀴 도는 이런 위성들은 지표면에 가까우므로 주로 기상 관측, 지도 제작, 환경 감시 용도로 사용된다. 훨씬 높은 35,786킬로미터 고도로 올라가면 지구동기궤도(GSO)와 정지궤도(GEO)에서 도는 위성들이 있다. 이런 위성들은 지구의 자전 주기와 일치하며[3] 지구의 동일한 지점에서 신호를 끊김 없이 안정적으로 받을 수 있어서 원거리 통신에 주로 사용된다. 예술가이자 지리학자인 트레버 패글렌이 말한 대로 정지궤도 위성은 "아득히 먼 곳에" 있으며 "임무를 다하고 나서도 한참 뒤까지 인공적인 위성으로서 영원히 궤도에 묶여 있다." 생이 다한 후 끌어내려 대기권에서 태우기에는 지나치게 멀리 있기 때문에 지구에서 위성을 운용하는 사람은 탑재된 추진 연료를 이용하여 위성을 300킬로미터 위의 이른바 '무덤 궤도'에 올린다. 위성은 패글렌의 말처럼 여기서 계속해서 지구 주위를 돌면서 우리 문명의 잔재로

2 2000년 5월 1일, 클린턴 대통령은 GPS의 '선택적 유용성'을 해제하여 사실상 민간용 GPS에도 군용과 같은 성능을 허락했다. 그의 조치로 신호가 곧바로 이전보다 10배 더 정확해졌다. 실외에서 GPS 정확도는 대략 5미터다. 실외에서 사용할 수 있는 와이파이 왕복 시간 기술이 발전하면서 정확도는 1~2미터 이내로 좁혀질 수 있다.
3 지구동기궤도 위성은 항성일에 동기화되어 23시간 56분 4초마다 지구를 한 바퀴 돌기 때문에 지구에서 보면 하루에 한 번 같은 시간 같은 장소에서 관찰된다. 정지궤도 위성 역시 하루에 지구 궤도를 한 번 돌지만 적도 상공 높은 곳에 고정되어 있어서 지구에서 보면 하루 내내 같은 장소에 정지해 있는 것처럼 보인다.

서 피라미드보다 오래 남을 것이다. 미래의 고고학자들은 그저 땅을 파는 것만이 아니라 저 높은 우주 무덤에서 희미하게 빛나는 기계를 살펴봄으로써 21세기 인간 기록에 대해 훨씬 더 많이 알아낼 것이다.

하지만 LEO, MEO, GEO가 궤도의 전부는 아니다. 보안상 이유로 운행 일정이 공개되지 않는 궤도들이 있다. 바로 정찰 위성들이 은밀하게 다니는 궤도들이다. CIA는 1960년대부터 '키홀(KH)'이라고 하는 정찰 위성들을 운용하고 있는데, 일반 대중의 눈에 띄지 않고도 지구의 아주 작은 것들까지 볼 수 있는 강력한 줌 렌즈가 장착되어 있다. GPS와 마찬가지로 민간 기술은 군용보다 몇 년 뒤처져 있다. 2018년 4월, 서리 새틀라이트 테크놀로지 사社는 영국의 카보나이트-2 위성이 505킬로미터 떨어진 거리에서 총천연색 고화질 비디오를 녹화할 수 있었다고 발표했다. 전문가들은 매크로 사진 촬영과 비슷한 방식으로 프레임들을 결합하면 우주에서 얻은 이미지의 해상도를 60센티미터까지 늘릴 수 있다. 그리고 이것은 민간 기술이다. 미국 정부가 규제를 완화하면서 구글이 사용하는 상업용 영상 위성은 이제 25센티미터 해상도의 이미지를 서비스할 수 있다. 이것은 여러분의 얼굴을 볼 수 있는 성능이다. 우주에서 말이다.

최신 정찰 위성들은 훨씬 강력한 성능을 자랑한다. KH-12급의 광학 정찰 위성에는 지름 2.4미터의 거울이 탑재되어 있다고 한다. 이것은 100억에서 150억 킬로미터 거리에 있는 물체를 촬영하도록 만들어진 허블 우주 망원경에서 사용하는 것과 같은 크기다.

이런 급의 정찰 위성에 장착된 렌즈가 외계 우주가 아니라 지구를 향한다면 해상도가 어느 정도일지 우리는 그저 상상할 뿐이다.[4] 키홀 위성에 대해 밝혀진 것이 많지 않지만, 우리는 매년 100억 달러라는 어마어마한 예산을 지원받는 국가정찰국에서 이를 관리한다는 것을 안다. 위성은 일반적으로 극지방을 지나는 타원 궤도로 돈다. 지구의 자전 덕분에 위성은 매번 다른 경도로 적도 위를 통과하면서 지구를 구석구석 살필 수 있다.

기밀이 아닌 정찰 위성 관련 서류도 민감한 정보는 대부분 삭제되어 있으므로 우리가 이런 위성의 위치에 대해 알고 있는 것은 주로 아마추어 천문학자들에게서 나온다. 그들은 훈련된 눈으로 위성들의 궤적을 추적한다. 그들은 사실상 감시자들을 감시하는 유일한 눈이다. 전 세계에 있는 이런 소수의 관찰자들은 '인공위성 보기SeeSat-L'라고 하는 메일링 리스트를 통해 서로 소통한다. 스톱워치, 망원경, 카메라를 사용하여 대략 400개 군용 위성들의 궤도면을 감시한다. 이들 중 한 명인 마르코 랭브룩의 말이다. "지구에 위도와 경도라고 하는 좌표 격자가 있듯이 하늘에도 이와 같은 좌표 격자가 있으며, 이에 따라 모든 별에는 좌표가 부여됩니다. 별들을 기준점으로 삼으면 하늘을 도는 위성의 좌표를 확인할 수 있습니다."

---

4 해상도는 최소한 12센티미터라고 하는데, 이것은 땅에 놓인 핀셋을 우주에서 볼 수 있다는 뜻이다. 그러나 렌즈의 크기로 볼 때, 그리고 상업용 위성이 이미 10센티미터 해상도에 육박한다는 사실을 감안할 때, 키홀 위성은 그보다 훨씬 높은 해상도로 볼 가능성이 크다.

대부분의 사람들에게 이런 위성들은 보이지도 않고 안중에도 없지만, 하늘 위를 돌며 우리를 내려다보는 이런 최첨단 상업용·과학용·군사용 눈들이 현대 사회를 제대로 돌아가게 하는 데 결정적으로 중요한 임무를 수행하는 것이 현실이다. 전략지정학자 나이프 알-로드한은 이렇게 말한다.

우주를 기반으로 하는 서비스가 뜻하지 않게 방해받거나 고의적으로 끊어지면 막대한 재정적 손실과 혼란이 초래될 수 있다. 실제로 단 하루라도 우주에 접촉하지 못한다면 전 세계에 처참한 결과를 초래할 것이다. 하루 1조 5,000억 달러에 이르는 금융 거래가 막혀서 전 세계 금융 시장이 혼란에 빠진다. 국제항공운송협회의 통계에 따르면 매일 10만 대가 넘는 상업용 비행기가 전 세계를 종횡무진 오간다. 통신 교란은 그와 같은 운행에 당연하게도 타격을 주며, 응급 의료 서비스도 심각한 위기에 처한다. 게다가 효율적인 위기 대응이라는 것이 거의 불가능해진다. 외계 우주에서 벌어지는 거의 모든 활동이 근본적으로 초국적 성격을 갖기 때문에 여기서 벌어지는 갈등은 설령 사소한 것이라 하더라도 이러한 우주 서비스에 의지하는 전세계 수많은 민간인들에게 재앙이 된다. 전략가들은 통신, 조정, 정찰, 감시, 고정밀 표적화, 기타 중대한 군 활동을 비롯해 현대 군대의 지위 및 통제 구조가 갈수록 우주 자산에 의지하는 현실에 우려를 표한다. 현대 군대의 활동에 이렇듯 우주가 갈수록 필수 불가결한 것이 되면 위성들은 미래의 갈등에서 이상적인 표적이 된다.

위성들이 표적이 되면 지구에 있는 모두가 취약해진다. 특히 가장 부유하고 기술적으로 앞선 국가가 가장 큰 위협을 받는다. 우주에서 심각한 단절이 일어날 때 파급이 어느 정도일지 보여 준 사건이 있었다. 2007년 1월 11일, 중국은 시창우주센터에서 탄도 미사일을 발사했다. 전혀 위협이 되지 않는, 27,000킬로미터 고도를 도는 중국의 오래된 기상 위성 펑윈-1C가 표적이었다. 미사일에는 운동 에너지 요격체가 탑재되어 있었으며,[5] 반대 방향에서 시속 32,400킬로미터의 상대 속도로 다가오는 기상 위성을 향해 요격체가 날아갔다. 충돌로 위성은 그 자리에서 파괴되어 35,000개가 넘는 파편들이 궤도로 흩어졌고, 지금도 단검처럼 날카롭게 날을 세우고 지구 주위를 돈다. 우주 잔해는 궤도를 도는 다른 위성들에게 확실히 위험하지만, 그 사건으로 다른 것도 명백하게 드러났다. 표면적으로 중국은 낡은 위성을 해체한 것이지만, 아울러 마음만 먹으면 멀쩡한 위성을 파괴하여 다른 나라의 눈을 보지 못하게 가릴 수도 있음을 세계에 증명해 보였다.

우리 주위의 눈들

"금발에 갈색 드레스를 입은 여자분." CCTV 카메라에서 목소리

---

5   kinetic kill vehicle. 외기권 조약은 궤도와 외계 우주에서 대량 살상 무기를 금하지만, 궤도에서의 재래식 무기 사용을 금지하지는 않는다.

가 나온다. "옆에 검은 정장의 남자분, 컵을 들고 쓰레기통에 버려 주세요." 말하는 카메라는 영국의 미들스브러에 마련된 144개 감시 장치 가운데 하나다. 영국에는 빅 브라더가 그저 여러분을 지켜보기만 하는 것이 아니라 명령을 내리는 이런 감시망이 갖춰진 마을이 스무 개가 넘는다. 쓰레기를 함부로 버리는 사람에게 이런 방식은 괜찮아 보인다. 북런던의 공공 주택 단지에 설치된 카메라는 공격적이다. 집 밖에 서 있는 사람들은 빈둥거린다는 소리를 듣는다. 그러나 이런 말하는 감시망이 가난한 동네와 중산층 동네에만 있는 것은 아니다. 코트다쥐르의 가장 부유한 동네 가운데 하나인 망들리유-라-나플에서는 말하는 CCTV 카메라가 주차를 잘못하거나, 개똥을 치우지 않거나, 쓰레기를 버리는 등 반사회적 행동을 하는 사람을 질책하기 위해 설치되었다. 『르 파리지앵』 신문 부국장의 말처럼 이런 새로운 시스템은 "규칙을 어기지 말라고 경고하는 천상의 목소리" 같다.

오늘날 모든 사람들은 카메라에 둘러싸여 있고, 대부분의 카메라는 말이 없다. 조지 오웰의 고향인 영국은 영예롭게도 유럽에서 1인당 감시 카메라가 가장 많다. CCTV가 총 600만 대가 넘어서 열 명당 한 대꼴이다. 영국은 또한 차량 번호판 자동 인식 시스템을 활용하고 있다. 대략 9,000대의 카메라가 매일 차량 번호 4,000만 개를 수집하며, 현재 200억 개의 기록을 보유하고 있다. 영국 정부의 독립 기구인 감시 카메라 위원회 보고서를 보면 이는 "영국에서 가장 방대한 비군사적 데이터베이스"라고 한다.

중국은 아직 1인당 감시 카메라 수에서 영국을 능가하지 못했지만, 엄청난 인구를 감안할 때 당연하게도 지구상의 어느 국가보다 많은 카메라가 작동하고 있다. 1억 7,000만 대 이상의 CCTV 카메라가 전국에 설치되어 있으며, 2020년이면 그 수가 4억 대에서 6억 대까지 급증할 것으로 예상된다.

인공 지능과 얼굴 인식 기능을 갖춘 중국의 새로운 감시 체제는 바닥에서 천장까지 한쪽 벽면을 가득 채운 디지털 스크린과 반원 형태로 뻗은 지휘 본부 책상의 모습이 공상과학 영화에서나 볼 법하게 근사하다. 이런 체제의 중심지 가운데 하나인 구이양 시에서는 모든 지역 주민의 디지털 이미지가 데이터베이스에 저장되어 있다. 네트워크로 연결된 카메라들이 신분증으로 얼굴을 확인하고 한 주 동안 어디를 돌아다녔는지 추적한다. 얼굴과 차량 번호판을 연결하고 그가 접촉한 친구들과 가족들로 확장하면 "당신이 누구이고 어떤 사람들을 주로 만나는지"도 알 수 있다. 어떤 시스템은 개인의 얼굴을 인식할 뿐 아니라 나이, 인종, 성별도 추정할 수 있다.

구이양의 시스템이 어떻게 작동하는지 알아보고자 BBC는 흥미로운 실험을 기획했다. 존 서드워스 기자가 도시를 자유롭게 돌아다니도록 하고는 그를 검거하는 데 시간이 얼마나 걸리는지 알아보기로 한 것이다. 재판에 넘겨질 '용의자' 꼬리표를 부착한 서드워스는 막강한 인공 지능 눈의 적수가 되지 못했다. 불과 7분 만에 위치가 발각되어 체포되었다.

그러나 우리는 실외에서만 추적되는 것이 아니다. 쇼핑몰이나 사무실, 상업용 공간을 돌아다니다가 고개를 들면 곳곳에서 반구형 검은색 물체를 보게 된다. 엷게 색을 입혀 카메라는 여러분을 볼 수 있지만 여러분은 렌즈가 어디를 향하는지 볼 수 없다.

우리의 대화도 보이지 않는 귀가 듣는다. 윌리엄 G. 스테이플스가 『일상적 감시Everyday Surveillance』에서 밝히고 있듯이 "샌프란시스코, 조지아 주 애선스, 볼티모어, 오리건 주 유진, 미시간 주 트래버스시티, 코네티컷 주 하트퍼드, 오하이오 주 콜럼버스의 공영 버스에는 승객들이 나누는 대화를 엿듣도록 정교한 감청 시스템이 설치되어 있다." 그리고 라스베이거스, 디트로이트, 시카고에는 인텔리스트리츠Intellistreets 시스템이 가동 중이다. 도로의 가로등 기둥에 보행자들의 대화를 몰래 녹음할 수 있는 마이크와 카메라가 내장되어 있다.

일터의 칸막이 사무실도 감시가 강화되는 추세다. 첨단 사무실 감시는 눈에 보이지 않게 이루어지는데, 『MIT 테크놀로지 리뷰』의 기사에서 소개되었듯이 "센서들이 조명, 벽, 책상 아래, 그러니까 사람들이 어디에 있고 얼마나 많이 말하고 움직이는지 측정할 수 있는 곳이면 어디든지 숨겨져 있다." 이런 조치는 물론 생산성 향상과 경비 절감이라는 명목으로 이루어진다.

휴머나이즈 같은 회사는 자신들이 "인재 분석people analytics"이라고 부르는 것을 제공한다. 그들은 마이크, 블루투스 센서, 가속도계가 내장된 신분증을 개발했다. 직원들이 이런 신분증을 차고 일하면 자료가 배후에서 조용히 수집된다. 이렇게 하는 이유는 직원들이 어디에 있고 누구와 얼마나 오래 이야기하는지 추적함으로써 관리자들이 어느 부서에 최고의 정보가 모이는지 파악해서 전략적 결정을 내릴 수 있고, 부서 배치를 통해 소통을 증진시킬 수도 있다는 판단 때문이다. 이런 시스템은 또한 직원이 직장에서 사람들과 어울리는 데 얼마나 많은 시간을 쓰는지 분석함으로써 그의 생산성이 어떻게 되는지 관리자들에게 알려준다. 무시무시하게도 이런 장치는 "직원이 아무한테도 말하지 않고 얼마나 오래 있는지, 그리고 말을 한다면 어디에서 누구에게 하는지"도 추적할 수 있다.

바로 지금, 미국 회사들의 무려 75퍼센트가 직원들을 일터에서 상시적으로 감시한다. 많은 점에서 우리는 7장에서 살펴본 바 있는, 노동 생산성의 세세한 사항들을 과학적 관리법으로 '지도하는' 극단적인 테일러주의가 첨단 기술을 통해 반복되는 것을 보고 있다. 카메라, 센서, 스마트 시스템은 사실상 감시supervision를 위한 '초시각super vision'의 형식들이다. 현재 비디오 감시 시장의 규모는 360억 달러에 이르고 2023년이면 680억 달러에 달할 것으로 추정되는데, 감시는 효율성, 안전, 보안을 향상시키는 도구로서 지금도 계속해서 우리에게 팔린다. 그러나 이런 약속 뒤에는 어두운, 그렇게 온화하지만은 않은 의도가 있다. 스테이플스가 말하듯이 현대의 감시 전략은 "공공 기관과 민간 기업 할 것 없이 우리의 선택에 영향을 미치고, 우리의 습관을 바꾸고, 우리를 '고분고분하게 만들고,' 우리의 수행을 감시하고, 우리에 대한 지식이나 정보를 수집하고, 일탈을 평가하고, 경우에 따라서는 처벌을 가하고자 하는 것이다."

여기에 사람들이 충분히 알지 못하는 것이 있다. 감시 사회에서 가장 타격을 받는 것은 인간에 대한 신뢰라는 사실이다. 우리는 서로를 믿는 대신에 감시하는 눈, GPS 추적기, 네트워크로 연결된 기계들을 믿는다. 고정된 일터에서 일하지 않는 화물차 운전자들은 이런 은밀한 감시를 상시적으로 경험한다. 전자 감시는 관리자가 직원들의 업무 수행을 지켜보는 최첨단 방식이 되었다. 화물차를 소유하고 있는 업주들 입장에서는 이것을 옹호할 논리가 있다. 결과적으로 안전벨트 착용이 늘어나고, 생산성이 높아지고, 과속이 줄어들고, 초과 근무가 줄어들고, 연료 사용이 줄어 탄소 발자국이 줄어든다고 말이다. 이론적으로는 그럴듯하게 들리지만 운전자들의 이야기는 다르다. 그들 입장에서 보자면 텔레매틱스에 의해 상시 추적되는 것은 인간성을 파괴하는 억압적인 경험이다.

텔레매틱스telematics[6]란 운행 경로, 속도, 공회전, 가속, 브레이크, 안전벨트 착용 등 주로 장거리 운행 데이터를 기록하고 추적하는 기술로, 운전자가 계속해서 최적의 상태로 일하도록, 사실상 인간 로봇처럼 행동하도록 하기 위해 만들어졌다. 매번 운행이 끝나면 데이터는 컴퓨터에 업로드되어 데이터 센터로 전송되고 여기서 알고리즘 분석이 이루어진다. 사업에는 좋겠지만, 운전자가 경로를 이탈하거나 시간을 허비한 것에 대해 해명하는 것은 치욕적이다. 그래서 한 운전자는 텔레매틱스를 차라리 "괴롭힘매틱스Harassamatics라고 부르는 것이 옳다"고 말한다. 다른 운전자는 아무 잘못

---

6 통신telecommunication과 정보 과학informatics을 결합한 조어 — 옮긴이주.

이 없어도 데이터가 자신을 죄인으로 보이게 한다고 말했다. "그들은 모든 운전자가 회사를 속이고 도둑질을 한다고 가정합니다. 아직 발각되지 않았을 뿐이라는 거죠. 텔레매틱스는 이런 가정을 완전히 새로운 관점으로 부각시킵니다. … 텔레매틱스가 내 얼굴에 뿌려질 때마다 그것은 내가 '기록도 하지 않고 멋대로 쉬었다'고 말합니다. 사실상, 나는 회사 편을 드는 격분한 혹은 언짢은 고객을 상대하는 셈입니다. 물론 내가 회사 물건을 훔쳤다고 가정하면서 말입니다."

텔레매틱스는 개인의 영역을 침입하는 것일 수 있지만, 중국의 새로운 뇌 감시 체제와는 비교가 되지 않는다. 여기서 노동자들은 뇌파를 감시하는 카메라가 부착된 특별한 모자를 쓰고 일한다. 『사우스 차이나 모닝 포스트』 기사에 따르면 "일반적인 안전모나 제복 모자에 숨겨져 있는 이런 가벼운 무선 센서는 착용자의 뇌파를 계속적으로 감시하여 자료를 컴퓨터로 보내고, 컴퓨터는 인공지능 알고리즘을 통해 우울이나 불안, 분노 같은 날 서 있는 감정을 찾아낸다." 이 기술은 이미 광범위하게 보급되어 군대, 대중교통, 공장, 국영 기업에서 사용하고 있다. 찬성자들은 효율을 높이고 노동자들의 실수를 줄여 준다고 말한다. 반대자들은 감정마저 고도의 생산성을 위해 제한된다고 말한다. 인간 노동자들을 기계로 만든다는 것이다.

우리는 실내와 실외, 직장과 가정 할 것 없이 어디서든 감시를 받는다. 감시에서 자유로운 영역은 없다. 그리고 우리의 두려움은 베이비 모니터를 엿보는 해커나 창문을 몰래 들여다보는 관음증 환자에게 쏠리기 마련이지만, 우리의 사생활과 연결된 가장 큰 창문이 매일 우리를 바로 앞에서 쳐다본다. 웹캠의 자그마한 검은색 구멍이 바로 그것이다.

2014년 에드워드 스노든은 영국의 정부통신본부(GCHQ)가 '시신경Optic Nerve'이라는 프로그램으로 영국 시민들의 가정용 웹캠에 접근했었다고 폭로했다.[7] 2008년 여섯 달 동안 180만 개가 넘는 야후 채팅 계정이 털렸다. 정보원들이 가정용 랩톱과 데스크톱 카메라를 통해 수백만 장의 이미지를 빼돌렸다. 너무도 사적인 이런 영역에서 표적은 아무것도 모르는 일반 시민들이었다. 프로그램은 5분마다 사진 한 장을 무작위로 수집했다. 이것은 얼굴 인식 실험을 위한 기초 작업이었다.[8] 집에 있던 사람들은 정부가 자신들을 감시한다는 것을 당연히 몰랐고, 그래서 정보원이 수집한 이미지의 11퍼센트는 벌거벗은 모습이 포함되어 노골적인 것으로 분류되었다. 스노든이 폭로한 자료는 반 년 동안 수집된 것만을 드러냈을 뿐이다.

오스트레일리아, 캐나다, 뉴질랜드, 영국, 미국은 '다섯 개의 눈'이라고 하는 정보 공유 동맹을 맺어 전 세계의 방대한 인구를 감

---

7 책 서두에서 보았듯이 시신경은 시각적 정보를 뇌로 보내는 것으로, 양쪽 눈에 하나씩 있다. 그리고 바로 이곳에 인간의 맹점이 있다. 우리는 시신경 덕분에 볼 수 있지만, 그 위치는 우리의 시야에서 숨겨져 있다.

8 공문서 기록 자료는 얼굴 인식에서 92퍼센트의 거짓 양성을 보였다. "얼굴 인식 시스템에서 경계 인물로 표시된 2,470명 가운데 2,297명이 거짓 양성이었다. 다시 말해 시스템이 수상하거나 체포해야 할 사람으로 잘못 표시한 경우가 열에 아홉이었다."

시할 수 있는 체계를 확보했다. 우리가 사적으로 나누는 비디오, 오디오 소통에 그들이 얼마나 많이 접근하는지는 우리가 알 수 없지만, 그들의 체계가 해마다 갈수록 정교해지고 광범위해지고 사생활에 더 깊이 들어온다는 것은 안다.

우리 머리의 눈들

오늘날, 하늘과 땅에서 우리를 지켜보는 눈들이 있고, 우리의 마음을 몰래 캐는 눈들도 있다. 소셜 미디어는 표면적으로는 우리가 자신의 삶을 남들과 나누고자 콘텐츠를 올리는 공간이다. 아기와 애완동물, 음식과 여행 사진을 올리고, 자신의 호불호와 꿈, 열망을 표시한다. 그러나 우리의 자료를 수집하는 회사 입장에서는 한 사람의 모든 것이 담긴 디지털 서류 일체인 셈이다. 프로필에 우리가 좋아하는 것, 성적 지향, 종교관, 정치관이 다 드러나 있다. 우리가 소셜 미디어에서 말한 것 때문에 체포되지는 않겠지만 우리에게 불리하게 사용될 수는 있다. 2018년 미국 국무부가 입국 비자 신청자들에게 새로운 양식을 요구한 것도 그런 이유다. 배경 확인을 위해 더 많은 자료를 얻고자 비자 신청자들에게 소셜 미디어 계정 리스트를 제출하도록 하고 있다. 다양한 소셜 미디어 활동들을 살펴보고 사전에 입국을 차단하려는 것이다. 우리가 포스팅한 것을 경찰이나 다른 권력 기관이 살펴보는 것은 새로운 일은 아니다. 국제경찰청장협회의 2013년 조사를 보면 경찰의 96퍼센트가 소셜 미디어를 얼마간 사용하는데, 거의 대부분(86퍼센트)은 범죄 수사를 위한 것으로 나타났다. 그러나 싹쓸이식 수사에는 항상 거짓 양성이 있기 마련이다. 다큐멘터리 「위 약관에 동의합니다」는 뉴욕의 코미디언 조 리파리가 영화 「파이트 클럽」에 나오는 대사를 살짝 바꿔서 페이스북에 올리고 나서 호된 대가를 치렀음을 보여 준다.[9] 부적절한 말을 하는 것으로도 심각한 결과를 초래할 수 있다. 두 시간 뒤에 경찰 특공대가 그의 집에 출동했고, 그는 자신이 테러리스트가 아니라는 것을 입증하느라 법정에서 일 년을 보냈다. 과거 미군에서 복역하기도 했던 리파리는 이렇게 말했다. "나는 항상 우리가 사람들 편에 있다고 생각했어요. 이제는 정부가 우리 모두를 잠재적 위협으로 여긴다는 것을 알겠습니다. 우리가 민간인의 삶이나 군 경력을 얼마나 성실하게 수행했든 상관없이 말입니다."

그러나 감시의 대상은 우리가 공개적으로 포스팅하는 것뿐만이 아니다. 우리가 은밀하게 들여다보는 것들도 있다. 검색어, '좋아요' 표시, 포스팅, 광고 클릭도 우리가 남기는 디지털 흔적의 일부다. 이런 쿠키 부스러기들을 우리는 한 시간이 지나면 잊을 수도 있겠지만, 우리가 말하거나 생각한 것들은 그냥 사라지지 않는다. 우리가 방문한 사이트와 앱의 서버에 인구 통계적, 심리 통계

---

9 그는 이렇게 포스팅했다. "조 리파리는 가스 작동식 반자동 소총 아말라이트 AR-10을 들고 5번 애버뉴에 있는 애플 스토어에 들어가 말쑥하고 예쁘장한 안내인 한 명을 향해 총알을 퍼부어 댈지도 모른다." 「파이트 클럽」에 나오는 원래 대사는 이렇다. "옥스퍼드 버튼다운 셔츠를 입은 이 미치광이가 확 돌아서서는 가스 작동식 반자동 카빈 소총 아말라이트 AR-10을 들고 사무실을 차례로 조심조심 뒤지며 동료들을 향해 총알을 퍼부어 댈지도 모른다."

적 자료로 모두 저장된다.

IBM은 누구나 매일 평균적으로 500메가바이트의 디지털 발자국을 남긴다고 추산했다. 이것은 2012년에 나온 말로 현재 수집되는 데이터를 생각하면 옛날이야기다. 사람들과 사물들이 스마트 밴드, 스마트 워치, 홈 네트워크 서비스를 통해 인터넷에 갈수록 많이 연결되므로, IBM의 추산은 오늘날 우리가 남기는 디지털 발자국의 극히 일부일 것이다. 세계 정보의 대다수, 누군가의 말로는 99.8퍼센트가 지난 2년 동안 만들어진 것이다. 한 연구에 따르면 디지털 우주는 2020년이면 44조 기가바이트의 데이터를 담게 된다고 한다. 지구에 사는 한 사람당 최소한 5,200기가바이트를 생산하는 셈이다. 스탠포드 대학의 마이클 코신스키 교수는 온 인류가 하루 만들어 내는 데이터를 12pt로 종이 양면에 인쇄해서 쌓아 놓으면, 태양까지 네 번 왕복하고도 남는다고 한다. 도저히 상상이 되지 않을 만큼 어마어마한 양이다.

그렇다면 이런 데이터는 어떤 가치가 있을까? 『이코노미스트』에 따르면 "이제 세계에서 가장 귀중한 자원은 석유가 아니라 데이터다." 2017년 일사분기에 아마존, 애플, 페이스북, 구글, 마이크로소프트는 총 250억 달러의 순이익을 올렸다. 아마존은 미국에서 이루어진 온라인 소비의 절반을 차지했다. 우리의 데이터가 귀중한 이유는 우리가 소비자로서 돈벌이의 표적이 되는 바탕이기 때문이다. 컴퓨터나 스마트폰을 켜고 인터넷을 돌아다니기 시작하는 순간, 여러분은 눈에 보이지 않는 추적을 받는다. 이런 새로운 경제 모델은 하버드 경영 대학원 교수 쇼사나 주보프가 '감시 자본주의'라고 부르는 것이다. "여러분의 행동에 직접적인 영향을 미치고 행동을 바꾸도록 하여 이윤을 얻고자 여러분의 일상(여러분의 현실)의 실시간 흐름에 접속하는 것을 판매하는 것이다. 이것은 새로운 수익 창출의 기회다. 여러분의 발길을 끌고 싶은 레스토랑, 여러분의 브레이크 패드를 고치고 싶은 서비스업체, 여러분을 사이렌처럼 유혹하려는 가게에게 이것은 기회의 우주로 들어가는 관문이다."

감시 자본주의는 개인 데이터 시장을 통해 이루어지며, 천여 개의 회사들에게 새로운 주요 사업 모델이다. 여러분은 FAANG(페이스북, 애플, 아마존, 넷플릭스, 구글의 앞글자로 만든 조어)의 사업 모델에 대해 자주 들었겠지만, 전기전자기술자협회의 'IT 디자인 윤리 표준' 공동 의장인 세라 스피커만은 "우리의 데이터를 수집하고 이용하는 것은 비단 페이스북과 구글, 애플, 아마존"만이 아님을 상기시킨다. "액시엄과 오라클 블루카이가 운영하는 데이터 관리 플랫폼(DMP)은 수억 명의 사용자들에 관한 개인적 특징들과 사회-심리적 프로필을 다량 보유하고 있다." 우리가 온라인에 접속하는 순간 이리저리 뻗은 방대한 조직체가 활동에 들어가 우리의 개인 정보를 수집하고 멀리 떨어진 서버에 보내며, 그 결과 맞춤 광고가 몇 밀리초 만에 우리 앞에 뜬다.

광고업계 종사자가 아니라면 실시간 경매(RTB)에 대해 들어보지 못했겠지만, 인터넷에서 광고 공간의 대략 98퍼센트가 이것을 통해 거래된다. 자동화 경매 플랫폼은 나스닥과 비슷하다. 주식을 사고파는 것이 아니라 여러분을, 더 정확하게는 우리의 데이터를 사고파는 것이다. 마케터들에게 이런 데이터는 디지털 황금이다.

이것이 어떤 방식으로 이루어지는 설명해 보자. 데이터 관리 플랫폼은 1차, 2차, 3차 데이터를 보관하고 종합한다. 가장 단순하게 설명하면 1차 데이터는 웹사이트 자체에서 얻은 데이터, 즉 자사 방문객들이 둘러보고 구입한 데이터와 인구 통계를 말한다. 2차 데이터는 제휴 관계에 있는 파트너로부터 얻은 소비자 데이터이다. 3차 데이터는 우리의 데이터를 함께 묶어서 파는 여러 관련 외부 출처에서 얻는다.

이제 데이터는 세분화된 시장에 적용하기 위해 '잠재 고객audience'으로 분할된다. 예컨대 남성 스포츠팬, 나이 18~25세, 토론토 거주, 지난 30일간 온라인에서 500달러 이상 구매, 이런 식으로 말이다. 그런 다음 데이터는 송출되고 실시간 경매에 활용된다. 광고 거래 중개소가 토론토 지역에 살고 '하키'를 정기적으로 검색하는 20세 남성을 찾으면서 이런 ID를 띄우면 온라인 스포츠용품 판매자는 자신의 하키 스틱 광고가 고객이 방문하는 웹사이트에 나타나도록 광고 노출에 입찰할 수 있다.

구체적으로 말하자면 행동을 개시하는 것은 광고 구매 플랫폼Demand Side Platform이다. 어도비 애드버타이징 클라우드의 제품 마케팅 관리자 피트 클루지는 이렇게 말한다. "플랫폼은 사용자에 대해 알려진 정보를 바탕으로 RTB를 통해 각각의 광고 노출에 입찰한다. … 광고 거래 중개소로부터 입찰 요청이 들어오면 광고 구매 플랫폼은 그 사용자에 대한 모든 정보를 평가하고 그 사용자에게 뜨는 광고에 적절한 입찰가를 정한다." 이 모든 과정은 전

광석화처럼 빠르게 일어나므로 거의 감지할 수 없다. 여러분이 사이트를 둘러보기 시작하는 순간부터 광고가 노출되기까지 대략 10밀리초밖에 걸리지 않는다.

우리의 데이터는 감시 경제에만 대단히 귀중한 것이 아니라 정치적 용도로도 쓸모가 많다. 2018년 3월, 케임브리지 애널리티카의 조사팀장으로 있었던 크리스토퍼 와일리는 회사가 페이스북 8,700만 명 회원의 개인 정보를 수집하여 영국 브렉시트 투표와 2016년 미국 대선에 영향을 주고자 사용했다고 폭로했다.

이 모든 것은 아마존 플랫폼인 '매커니컬 터크'에 단순하게 제안한 일에서 시작했다. 매커니컬 터크는 사용자에게 웹 설문 조사나 그림 찾기, 인터넷 비디오 시청 같은 단순한 일을 부탁하고 약간의 돈을 지불하는 서비스다. 이 경우에 사용자들에게 부탁한 일은 1에서 2달러를 주고 '이것은 당신의 디지털 생활'이라는 성격 퀴즈 앱을 설치하도록 한 것이었다. 해야 할 일은 간단했다. 페이스북 계정에 로그인한 상태로 성격 테스트를 받기만 하면 되었다. 27만 명이 넘게 퀴즈 앱을 다운로드받았는데 이 중 대략 32,000명이 미국 투표자들이었다.

사용자들은 앱이 "심리학자들의 연구 목적에 사용되는 도구"라고 들었지만, 실은 다운로드받은 사람들에 대한 정보만 모은 것이 아니었다. 그들의 친구들 계정과 그들의 디지털 커뮤니티 전체를 들여다보고 알고리즘으로 한 명당 수백 개의 데이터를 수집했다. 그런 다음 특정 고객을 겨냥한 심리적 프로필을 만드는 데 활용했다. 『가디언』의 기사에 따르면, 케임브리지 애널리티카가 얻으려했던 것은 디지털 발자국이었다. "알고리즘은… 그야말로 사소해 보이고 아무렇지 않게 올리는 것, 예컨대 사용자들이 사이트를 돌아다니면서 나눠 주는 '좋아요' 표시 같은 것들도 샅샅이 살펴본다. 이를 통해 성적 지향, 인종, 성별 같은 민감한 개인 정보, 심지어는 지능과 어린 시절 트라우마도 수집하고자 했다."

사용자들은 유형별로, 예컨대 소심한 유형, 충동적 유형, 개방적 유형 등으로 나뉘었고, 이런 특정한 성격에 맞춰 투표자들의 행동을 일제히 바꾸기 위한 정치적 메시지가 마련되었다. 케임브리지 애널리티카의 목표는 아직 마음을 정하지 못한 사람들의 심리를 역으로 이용하여 그들을 설득하는 것이었다. 결국은 사용자 데이터를 몰래 빼돌려 "마음을 읽을 뿐 아니라 마음을 바꿀 수 있도록" 활용한 것이다.

소셜 미디어의 '좋아요'가 광고업자들이 우리에게 물건을 팔도록 사용되듯이, 우리의 프로필도 우리가 어떻게 하면 가장 잘 설득되는지 알아내는 데 사용될 수 있는 것이다. 와일리도 지적하듯이 사람들은 가족, 친구, 직장 상사에게 자신의 다른 모습을 보여줄 수 있지만, 컴퓨터는 중립적이다. 우리가 가진 모든 페르소나의 디지털 흔적을 포착한다. 그리고 이렇게 완전한 모습을 담으므로 와일리의 말처럼 "컴퓨터는 여러분이 어떤 사람인지 여러분의 직장 동료나 친구보다도 더 잘 이해한다."

디지털 시대에 우리의 삶은 모두가 들여다보는 책이 되었다. 얼마 전부터 미국 이외 지역 페이스북 사용자들은 페이스북이 자신에 대해 무엇을 알고 있는지 원한다면 알 수도 있다. 페이스북 활동을 얼마나 오래 했는지, 얼마나 적극적으로 했는지에 따라 결과가 다르다. 오스트리아에서 법학을 공부하는 막스 슈렘스는 페이스북에 자신의 개인 데이터를 모두 요청하여 이를 알아보았다. 그는 "오래된 잡담, 찔러 보기, 몇 년 전에 삭제한 자료들을 포함하여" 1,200페이지가 넘는 데이터를, 말 그대로 데이터 책을 받았다. '책'이라는 용어는 우리의 데이터를 그럴듯하게 포장한다. 왠지 근사하게, 일종의 디지털 자서전처럼 들린다. 그보다는 원래 모습 그대로 부르는 것이 더 도움이 된다. 각자 보관하고 있는 자료는 개인의 기록이다.

그래도 소셜 미디어의 경우에는 어느 정도 자발적으로 참여한 것이다. 사람들은 비록 자신의 데이터가 어떻게 무슨 용도로 사용되는지는 몰라도 이것이 거래임을, 그러니까 서비스를 무료로 이용하는 대신에 뭔가를 내준다는 인식을 하고 있다. 이와 달리 아이들은 그와 같은 선택권이 점점 없어지고 있다. 2014년부터 콜로라도의 학부모들은 '골든 레코드'라고 하는, 유치원에서 시작하여 대학을 졸업할 때까지 아이의 학업과 관련한 상세한 정보를 담은 프로필에 맞서 싸우고 있다. 시험 성적과 출석에서 가족의 재정 상황, 가족 구성, 학습 장애, 정신 건강 문제, 보충 수업, 상담, 기타 개입들에 이르기까지 학생의 학업 과정 전체에 걸쳐 정보와 행동을 기록한 데이터 파이프라인이다.[10] 이런 데이터를 왜 수집하는

---

10 학생들은 격년으로 '건강한 아이 콜로라도 설문 조사'를 받는다. 민감한 개인 사항들을 캐묻는데, 예를 들어 "몇 살 때 처음으로 성관계를 가졌는지, 성추행을 당한 적이 있는지, 마리화나를 하고 차를 운전한 적이 있는지" 같은 질문들이 있다.

걸까?

교육부 관료들은 프로그램의 목적이 "학부모, 교사, 학교, 지역 대표와 주 대표가 서로 협력하여 학생의 학업 성취를 높여서 모든 졸업생들이 대학 진학과 사회 진출을 준비하도록 돕는 것"이라고 말한다. "용도를 특정하고 개인 정보 보호 의무 준수를 서약한 업체"에 데이터가 넘겨질 수 있다는 깨알 같은 조항만 없다면 문제가 없는 것처럼 들린다.

2013년 한 동영상에서 콜로라도 교육부의 최고 정보 책임자 댄 도마갈라는 종적 정보가 "중심축과 바퀴살을 통해 확산되는 체제"에서 공유될 수 있으며, 보건복지부와 교정국을 포함하여 다른 국가 기관과 연계될 수 있다고 언급했다. 교육부는 데이터가 종합되므로 학생 신원 정보는 주어지지 않는다고 주장했지만, 학부모들에게는 위로가 되지 않는다. 한 부모가 지적한 것처럼, 부모는 자기 아이에 대한 이런 광범위한 정보를 전혀 볼 수 없었으며, "어떤 부모도 아이의 골든 레코드에 접근할 수 없었다."

우리 몸의 눈들

실번 애비 장례식장에 경찰이 예고 없이 들이닥쳤다. 지난달 2018년 3월, 경찰은 주유소에서 서른 살의 라이너스 필립 주니어를 총으로 쐈다. 그들은 자동차 유리를 선팅했다는 이유로 그의 차를 세웠다. 그러다가 차에서 마약을 발견하고 수색했는데, 필립이 도망가자 그에게 총을 네 발 발사했다고 했다. 지금 그들이 장례식장을 찾은 것은 그의 휴대폰을 보기 위해서였다. 그들은 냉장 보관소에서 필립의 시신을 끌어내서 그의 손가락으로 아이폰의 잠금 장치를 해제하고자 했다.

경찰은 뜻을 이루지 못했다. 아이폰의 지문 인식 센서가 48시간 이 경과하면 암호로 넘어가기 때문인 듯했다. 그러나 가족은 이런 잔혹한 사생활 침해에 격분했다. 필립의 약혼녀가 보기에 필립은 부당하게 살해된 것도 모자라 이제 장례식장에서 "모욕과 훼손"을 당하고 있었다. 하지만 플로리다 경찰은 감정적으로 대응한 것이 아니었다. 그들은 법적으로 죽은 사람에게는 사생활 권리가 없다 고 말했다. 이는 사실이다. 경찰 수사에서 죽은 자의 지문을 이용 하는 것은 꽤 흔한 일이다.[11]

대중을 보호하기 위해 보안 전문가들은 '해킹되지 않는' 생체 인식 시스템을 개발하고 있다. 많은 이들에게 이것은 성배이지만 지금까지 생체 인식 보안 노력은 모두 벽에 부딪혔다. 인간의 신 체가 암호가 되면 누군가는 그것을 푸는 방법을 찾아내기 때문이 다. 말레이시아에서 한 범죄 조직은 말 그대로 진짜 해킹을 했다. 지문 인식 센서를 이용하여 시동을 거는 벤츠 자동차를 훔칠 때 도끼로 차 주인의 집게손가락을 잘라서 가져간 것이다.[12] 물론 이 보다 정교한 (그리고 다행히도 덜 폭력적인) 방법도 있다. 미시간 주 립 대학의 전문가들은 2차원 지문을 전도성 종이에 인쇄하여 휴대 폰 잠금 장치를 푸는 데 성공했다. 하지만 생체 인식기는 갈수록

---

11 경찰은 셀러브라이트 같은 회사의 도움을 받으면 생체 인식을 우회하여 휴대폰 잠금을 풀 수 있다. 비용은 1,500달러에서 3,000달러 사이다.

12 hack은 '칼이나 도끼를 휘둘러 자르다'라는 뜻이다 — 옮긴이주.

복잡해지고 있다. 최근에 나온 지문 인식기는 적외선 스캐너를 이용하여 피부 살갗 아래의 정맥 패턴을 감지한다. 신원 확인을 위해서는 실제로 혈액 순환이 필요하다.

현실 거품 속에서 사람들은 시스템이 어떻게 돌아가는지 제대로 모를 수도 있지만, 시스템의 목표는 사람에 대해 가능한 모든 것을 알아내는 것이다. 생체 인식은 감시의 최전선이다. 인간의 신체를 감시한다. 기계에게 인간을 읽고 누구인지 확인하도록 한다. 지문은 더 이상 범죄자나 기결수에게만 요구되지 않는데, 어떻게 보면 이제 우리 모두가 용의자이기 때문이다. 우리는 지문을 이용하여 휴대폰을 열고 공항 라운지에 들어가고 주식 투자 모바일 앱을 사용한다. 다른 신체 부위들도 매핑하여 데이터베이스에 포함되고 있다. 넥서스[13]에 등록한 여행객들은 홍채 스캐너를 이용하여 입국 심사를 간편하게 받는다. 마스터 카드는 사람들이 "셀카를 찍어" 결제할 수 있도록 얼굴 인식 서비스를 개발했다. 은행들은 음성 인식으로 계좌주의 신원을 확인한다. 그리고 이제는 우리의 침묵마저도 감시의 대상이 된다. 여러분이 호흡하는 방식을 통해 신원 확인과 추적이 된다. 과학자들은 들숨과 날숨의 패턴을 '지문'으로 만드는 방법을 알아냈다. 기도氣道와 폐활량이 지문처럼 사람마다 다르기 때문이다. 알고리즘을 사용하면 수화기 너머로 들리는 "모음과 모음 사이의 숨소리"와 사람을 연결시킬 수 있다. 이는 우리가 말하지 않아도 추적되고 확인될 수 있다는 뜻이다.

---

13 미국-캐나다 공항 출입국 관리 시스템 — 옮긴이주.

여기서 의문이 생긴다. 우리 위에, 우리 주위에, 우리 마음에, 우리 몸에 대체 왜 감시하는 눈들이 있을까? 사회를 이뤄 살아가는 우리는 왜 이토록 면밀하게 감시를 받을까?

IBM은 천공 카드를 자동 집계하는 기계를 사용하여 사람들을 집단으로 분류한 최초의 회사였다. 1933년 IBM은 나치와 12년간 제휴 관계를 맺었고, 발명가 이름을 따서 '홀러리스 카드'라 불린 단순한 천공 카드를 사용하여 강제 수용소 수감자들을 조직하고 구분했다. 『IBM과 홀로코스트*IBM and the Holocaust*』의 저자 에드윈 블랙은 이렇게 말한다.

> 암호들은 IBM이 각각의 수용소들을 숫자로 나타냈음을 보여 준다. 예를 들어 아우슈비츠는 001, 부헨발트는 002, 다하우는 003이었다. 수감자 유형도 IBM 번호로 나타내 동성애자는 3, 반사회적 인물은 9, 집시는 12로 분류했다. IBM 번호로 유대인은 8이었다. 수감자들의 죽음도 이렇게 숫자로 표시했다. 3은 자연사, 4는 처형, 5는 자살, 6은 가스실에서 "특별하게 취급되었음"을 나타냈다. IBM 공학자들은 일하다 죽은 유대인과 가스실에서 죽은 유대인을 다르게 표시하는 홀러리스 암호 체계를 마련해야 했다.

이런 초기 시스템도 해킹을 당했다. 최초의 윤리적 해커는 독일에 침략되기 전에 프랑스의 인구 조사를 지휘했던 프랑스군의 회계 감사관 르네 카미유였다. 독일은 카미유에게 인구 조사 데이터를 IBM 기계에 넣어 프랑스에 사는 유대인 전체 명단을 뽑도록 지시했다. 카미유와 그의 팀은 생각이 달랐다. 그들은 천공 카드 기계를 해킹하여 데이터가 종교를 표시하는 칸에 들어가지 않도록 했다. 그의 태업은 1944년 나치에 발각될 때까지 이어졌다. 카미유는 붙잡혀서 고문을 당했고, 다하우 수용소로 보내져 곧바로 죽었다.

디지털 법 전문가 헤더 번스는 시스템을 한 차례 해킹한 것이 영속적인 유산을 남겼다고 말한다. "네덜란드에 살았던 유대인의 73퍼센트가 발각되어 강제로 추방되고 처형되었다. 프랑스에서는 그 수치가 25퍼센트였다. 이렇게 훨씬 적을 수 있었던 것은 나치가 그들을 찾아내지 못했기 때문이다. 찾아내지 못했던 것은 르네 카미유와 그의 팀이 정치적 신념을 갖고 데이터를 해킹했기 때문이다."

데이터는 우리가 사회를 나누고 조사하는 밑바탕이다. 『시민 신원 확인Identifying Citizens』의 저자 데이비드 라이언은 확실하게 말한다. 우리는 왜 사람들을 데이터로 바꿀까? 그것은 "신원 확인이 감시의 출발점"이기 때문이다. 신원 확인이 되면 시스템은 사람들을 몇몇 집단으로 나눠서 분석하고 분류하고, 이렇게 수집된 데이터에 따라 보상하거나 차별을 가할 수 있다.

철학자이자 경제학자인 데이비드 흄은 1741년에 유명한 말을 했다. "세상에서 무엇보다 놀랍게 보이는 일은… 다수가 소수에 의해 너무도 쉽게 지배된다는 것이다." 실제로도 놀랍다. 우리는 지시를 순순히 받아들이는데 우리의 삶이 우리가 좀처럼 알아차리지 못하게 이미 지시에 의해 돌아가고 있기 때문이다. 일례로 매일 아침 수많은 사람들이 자동적으로 차에 올라 출근한다. 시간 이 우리의 마음속에 뿌리 깊게 박혀 있어서 더 이상 여기에 의문을 제기하지 않는 것이다. 그냥 따를 뿐이다. 비슷한 맥락으로, 북위 49도 미국-캐나다 국경선, 일명 '메디신 라인Medicine Line' 앞에 미국 군대가 멈춰 서는 것을 처음 본 원주민들은 틀림없이 당혹스러웠을 것이다. 그들 눈에는 미국인들이 마술적인 힘 때문에 걸음을 멈출 수밖에 없었던 것으로 보였을 것이다. 그러나 그것은 마술의 효과라기보다는 마술적 사고의 효과였다. 오늘날 우리는 국경선의 중요성을 깊이 새기고 있으므로 이런 가상의 선을 지킨다. 유발 노아 하라리가 『사피엔스』에서 말하듯이 "사람들은 집단적인 상상의 산물을 믿으면 기꺼이 그와 같이 행동한다." 그러나 이런 시스템, 체제는 더 이상 그저 상상의 산물이 아니다. 피노키오가 그랬듯이 만들어진 산물이 현실이 되고 있다.

과거에 하루하루 나아가고 명령하고 통제하는 것이 패권과 믿음의 묵인으로 이루어졌다면, 오늘날 시계와 국경선이 세상의 차원을 어떻게 분할하는지에 대해 우리가 집단적으로 믿는 것은 우리 삶의 좌표가 되는 격자로 표명된다. 이것은 도처에 있지만 우리에게 숨겨져 있어서 보이지 않는 악명 높은 '체제'다. 여기서 우리가 측정하는 시간과 공간은 데이터와 우리의 디지털 도플갱어가 계속적인 감시에 놓이면서 현실 세계로 들어온다. 우리는 격자에 놓인 '점'이 되었고 디지털 흔적을 남긴다. 이런 가상의 세계에서 우리 모두는 추적되고 있다. 그러나 격자에서 빠진 요소가 하나 있는데 바로 우리의 살과 피다. 우리의 신체가 진정으로 체제에 통합되려면 우리도 역시 데이터가 되어야 한다. 생체 인식은 우리를 얽어매는 디지털 고삐가 된다. 그리하여 우리의 진짜 물리적 신체는 진짜 물리적 세계에서 감시되고 통제된다.

마음을 가진 눈들

경찰로서는 아오 씨를 찾는 것이 모래사장에서 바늘 찾기나 마찬가지였다. 동중국 난창 시에서 열린 재키 청의 콘서트에 5만 명이 넘게 운집하여 열기가 뜨거웠다. 아오와 그의 아내는 이 군중 속에서 안전하다고 느꼈다. 그러나 두 사람이 도착하고 얼마 지나지 않아 얼굴 인식 기능이 내장된 카메라들이 팝 콘서트장을 스캔하기 시작했다. 잠시 후에 아오는 발견되어 체포되었다. 신문은 그가 끌려 나갔고 확인되지 않은 '경제 범죄'를 저질러 기소된 것으로 보도했다.

중국은 막강한 감시 체계를 갖추었을 뿐 아니라 이 감시 체계가 개인의 신용과 연계되어 있다. 서양 사람들이 소셜 미디어의 '좋아요'에 집착한다면, 중국 사람들은 또한 자신의 사회 신용 점수에 많은 신경을 쓴다. "개인, 사업가, 심지어 공무원까지도 평판을 매기는 전국적인 추적 시스템"을 마련하고자 2014년 중국 국무원이 제안한 이 시스템은 "좋은 행동에 게임의 요소를 도입했다"고 평가된다. 마라 비슨달은 『와이어드』지의 기사에서 이렇게 썼다. "2020년까지 모든 중국 시민을 대상으로 공적, 사적 출처의 데이터를 모은 파일을 마련하는 것, 그리고 지문과 그 밖의 생체 인식 특징들로 이런 파일을 검색할 수 있도록 하는 것이 목표다."

훌륭한 행동에는 점수가 부여된다. 예를 들어 세금 납부를 일찍 하는 것, 횡단보도 앞에서 멈추는 것, 에너지를 아끼는 것, 자선 단체에 기부하는 것, 올바른 사람들과 친구가 되는 것이 그것이다. 사회적 연결망에 높은 점수의 친구가 있으면 그것도 긍정적 되먹임이 되어 사회 신용 점수가 높아진다. 점수가 좋으면 이런저런 혜택들이 있다. 호텔을 선불금 없이 예약하고, 무료 우산을 이용하고, 공항 검색대를 그냥 통과하고, 은행에서 더 높은 이자를 받고, 에너지 요금 감면을 받고, 아파트 임대를 받으며, 심지어 온라인 데이트 사이트에서 프로필이 우선적으로 홍보되기도 한다. '스마일 투 페이' 같은 얼굴 인식 결제 시스템이 점차 통합되면 얼굴은 지갑뿐만 아니라 사회 신용 점수와도 연계될 것이다.

이것들은 이득이다. 하지만 나쁜 행동을 하면 점수가 깎이기도 한다. 여기에는 쇼핑 습관도, 바람직하지 않은 온라인 연설도 포함된다. 또한 무단 횡단, 가짜 뉴스나 반정부 선전 퍼뜨리기, 세금 납부 미루기, 늦장부리기, 불법 주차, 지나친 동영상 시청, 불법 주택 개조, 시험에서의 부정행위, 심지어 디지털 계급이 낮은 친구를 사귀는 것도 감점 요인이다. 불이익은 결코 시시하지 않다. 점수가 낮으면 자녀를 좋은 학교에 보내거나, 주택 대출을 받거나, 공무원이 되는 데 어려움을 겪을 수 있다.

비슷달의 말처럼 사회 신용 점수가 낮으면 "사실상 이등 시민"이 되는 것이다. 그녀는 점수가 낮아서 "여행을 거의 금지당한" 사례를 전한다. "그는 가장 느린 기차의 가장 싼 좌석만 얻을 수 있었다. 특정 소비재는 구입할 수 없었고 좋은 호텔에 묵을 수도 없었다. 고액 은행 대출은 아예 자격이 되지 않았다."

낮은 점수로 여행 블랙리스트에 오른 중국 시민들은 셀 수 없이 많다. 고속 기차 여행이 금지된 사람이 400만 명, 항공권 구매가 금지된 사람은 1,100만 명이 넘는다. 리스트에 오른 사람들은 어떻게 해야 리스트에서 제외될 수 있는지 모르는 경우가 많다. 사회 신용 시스템을 운용하는 중국 국가발전개혁위원회 부회장 장융도 인정한 것처럼, 벌금을 내고 빚을 갚고 난 뒤에도 블랙리스트에 계속 남는 경우가 "꽤 자주" 있다.

중국의 사회 신용 시스템은 여전히 초기 단계다. 그러나 데이터를 수집하고 활용하는 채널은 처음부터 국가와 기업의 공동 시스템으로 마련되었다. 정부도 공공장소에서 시민들을 감시하고 추적하는 얼굴 인식 카메라 같은 첨단 기반 시설을 이용하지만, 시민들에 대해 수집되는 대부분의 데이터는 사기업에서 나온다. 예를 들어 텐센트와 알리바바 그룹 계열사 앤트 파이낸셜에서 소비자 행동, 정치적 충성도, 소셜 미디어 활동, 앱 결제(혹은 미납) 내역을 수집하고 추적한다.[14]

역사적으로 중국에서 가장 강력한 사회 통제 형식이 체면face을 세우려는 욕망, 남들에게 보이는 이미지를 구기지 않으려는 욕망이었음을 생각하면 아이러니다. 체면은 비단 개인에게만 해당되

14 『시드니 모닝 헤럴드』 신문 기사에 따르면 "전국 신용 정보 공유 플랫폼의 첫 단계는 중국 전역 모든 행정구의 44개 부처와 60개 사기업에서 정보를 파헤치고 〈공동 처벌〉을 가하는 데 사용되었다."

는 것이 아니라 가족 전체에 대한 존경, 자존심과도 관계되는 문제였기 때문이다. 오늘날 그와 같은 얼굴(체면)은 디지털화된 데이터이다. 그리고 갈수록 우리는 컴퓨터가 우리의 소셜 미디어 활동을 근거로 우리의 평판을 매기도록 하고 있다. 현실 세계에서 친구들과 가족들은 시간이 지나면 용서하고 잊을 수도 있지만 컴퓨터에서는 체면을 세워주는 일이 없다. 데이터베이스는 결코 용서하거나 망각하지 않을 것이기 때문이다.

인공 지능으로 우리는 고삐를 기계에 넘겨준다. 잡지 『벌지The Verge』에서 제임스 빈센트는 이렇게 말한다. "일반적으로 우리는 감시 카메라를 (여러분이 어떻게 생각하느냐에 따라) 우리를 지켜보는 혹은 우리를 위해 경계하는 디지털 눈으로 생각한다. 그러나 사실은 현창舷窓에 가깝다. 즉, 누군가 그것을 들여다볼 때에만 유용하다. … 인공 지능은 감시 카메라에 디지털 뇌를 부여하여 인간 없이도 자체적으로 실시간 영상을 분석하도록 한다."

우리의 신체는 컴퓨터에게 그저 또 하나의 지형, 또 하나의 지도에 불과하다. 오늘날 얼굴 인식 시스템은 우리의 얼굴을 지형을 파악할 때와 똑같이 파악한다. 콧날, 눈구멍의 깊이와 폭, 귀의 형태를 측정하여 우리의 '지형'을 밝힌다. 여기서 우리가 누구인지 알아보는 것은 사람이 아니라 컴퓨터이다. 애플의 페이스 ID에 사용되는 이런 시스템은 3만 개의 적외선 점들을 사람 얼굴에 투영하여 휴대폰 센서가 곧바로 읽고 인식하는 유일무이한 지도를 만든다.

감시 시스템에 사용되는 딥페이스 같은 컴퓨터 기술은 사진 같은 2차원 이미지에서 3차원 머리 모형을 만들어 낼 수 있으므로 우리가 머리를 움직이거나 카메라 각도가 달라도 우리를 추적할 수 있다. 신원을 확인하는 방법을 향상시키고자 '표면 조직 분석'이 사용되기도 한다. 알고리즘으로 얼굴 주름이나 모공 같은 특징을 분석하여 유일무이한 '피부 지문'을 만들면 얼굴 인식 정확도가 20에서 25퍼센트까지 향상될 수 있다. 심지어는 모자나 스카프, 안경을 쓰거나 화장으로 본 모습을 가리더라도 윤곽과 뼈대로 사람을 알아볼 수 있도록 열화상 카메라를 시험하기도 한다.

감시 문제가 불거질 때마다 종종 이런 말을 듣는다. "그래서 뭐? 나는 아무 짓도 하지 않았어. 나쁜 일을 한 것도 없는데 어째서 두려워해야 하지?" 확실하게 말하자면 나쁜 일을 하지 않고 나쁜 범주에만 들어도 문제가 생길 수 있다. 그 범주는 유대인이거나 기독교인이거나 이슬람교일 수 있고, 동성애자거나 트랜스젠더, 가난한 사람이거나 아픈 사람, 장애인이거나 혹은 무단 횡단자일 수 있다. 얼굴 인식 시스템은 나이, 인종, 성별뿐만 아니라 성적 지향도 알아낼 수 있다. 이른바 '게이 레이더'는 91퍼센트의 정확도를 갖고 있어서 동성애자를 투옥하거나 심지어 사형시킬 수도 있는 나라에서는 심각하게 남용될 수 있다.

중국 무슬림 위구르족의 고향인 신장 자치구에서 1,880만 명이 넘는 사람들이 2017년 '모두를 위한 신체검사'를 받도록 독려되었다. 이 검사에서 주민들로부터 수집된 생체 데이터에는 DNA 샘플, 혈액 샘플, 지문, 홍채 스캔이 포함되었다. 이 모든 데이터는 감시 자료와 함께 처리되어 사람들을 '안전', '정상', '위험'으로 분류했다. 자발적인 검사였지만 참여하지 않으면 '사상 문제'가 있거나 '정치적 불충'으로 간주되었다. 콜로라도 교육부의 골든 레코드 시스템과 마찬가지로, 마지못해 검사를 받은 사람들에게는 결과가 통보되지 않았다.

오늘날 신장 자치구 수도 우루무치에는 세계 최고 수준의 감시 시스템이 작동 중이다.『월 스트리트 저널』의 기사에 따르면, 폭력적인 분리주의자들을 뿌리 뽑기 위해 "도시로 들어오고 나가는 기차역과 도로마다 신원 확인 스캐너를 갖춘 검문소가 설치되어 지키고 있다. 얼굴 인식 스캐너가 호텔, 쇼핑몰, 은행에서 오가는 사람들을 추적한다. 경찰은 휴대용 장치를 들고 스마트폰을 수색하여 암호로 된 채팅 앱이나 정치적으로 민감한 동영상, 기타 수상한 콘텐츠가 없는지 찾는다. 운전자들은 기름을 채우려면 먼저 신분증을 대고 카메라를 쳐다봐야 한다." 블랙리스트에 오른 사람은 신분증을 스캔할 때 'X'자가 뜬다. 그러면 그들은 어디로도 가지 못한다.

생체 인식 기술에 집착하고 이를 정상화하려는 회사들은 빠른 결제, VIP 혜택, 멍청한 아바타 앱 같은 '쿨한 특징'을 앞세워 우리가 데이터를 내주도록 유혹한다. 그러나 생체 인식 데이터는 그저 자발적으로 건네지기만 하는 것이 아니다. 많은 나라에서 승인 없이 데이터가 사용되는 경우가 많아지고 있다. 인도에서는 신생아도 지문이 채집되며,[15] 영국에서는 학교 열 곳 가운데 네 곳에

---

15 인도에서는 의료계 종사자들이 아이들의 지문을 신분증으로 사용하고 있다.

서 생체 인식 지문을 사용하여 128만 명의 학생 지문을 데이터베이스로 확보했다(이 중 31퍼센트는 학부모 상의 없이 채집이 이루어졌다). 미국에서도 수백 곳의 학교가 지문 인식을 이용하여 학생들이 학교 급식을 결제하도록 하기 시작할 만큼 일반화되었다.[16] 학부모들이 사생활 침해라며 항의하자 몇몇 학교에서는 절차에 응하지 않으면 "아이들이 학교에서 점심을 먹지 못하게 될 것"이라고 했다.

우리는 이제 생체 인식의 어두운 면을 보기 시작했다. 삶에 기본적으로 필요한 것들을 통제하는 데 사용되면 그야말로 근본적인 방식으로 우리를 벌할 수 있다. 우리는 자유로운 이동을 박탈당할 뿐만 아니라 먹지도 못하게 된다. 인도 정부는 아드하르 시스템을 의무적으로 시행하여 13억 시민의 홍채, 얼굴, 지문을 스캔한다. 고엘 빈두가 『인디펜던트』에 쓴 기사를 보면, 프로그램에 따라 "가난한 사람들은 정부로부터 쌀을 배급받으려면 배급소에서 지문을 스캔해야 한다. 은퇴자들도 연금을 수령하기 위해서 똑같이 해야 한다." 베네수엘라에서도 2만 대가 넘는 지문 스캐너가 식량 배급 계획의 일환으로 슈퍼마켓에 설치되어 있다. 물자를 비축하는 것을 막고 식량, 의료품, 화장지, 생리대, 세제, 기타 필수품들을 승인하거나 제한하기 위해서다.

---

16 지문 시스템은 "추가적인 비용 없이 시간, 출석, 행사 참석, 주차장 보안, 통학 버스 승차를 관리"하는 데까지 훨씬 더 확장될 수 있다.

보는 것은 범죄일까?

장-자크 루소는 "인간은 자유롭게 태어났으나 어디서나 사슬에 묶여 있다"고 했다. 사슬은 가상의 것이 아니다. 대단히 실제적인 것이지만 맨눈에는 보이지 않는다. 그리고 보이지 않기에 그만큼 위력적이다. 지구 전체가 눈들로 둘러싸여 있다. 우리는 35,000킬로미터 상공의 카메라에 추적되고 지상에서는 피부에 있는 주름과 모공까지 철저하게 감시된다. 그러나 핵심은 우리가 감시받고 있음을 알아채지도 못한다는 것이다. 이것은 거대한 맹점이다. 우리는 철학자 제러미 벤담이 고안한 원형 감옥인 '파놉티콘'에 살고 있는 셈이다. 독방에 있는 모든 수감자의 모습이 훤히 들여다보이지만 그들은 누군가가 지켜보고 있음을 모른다. 감시자가 지켜보고 있지만 감시되는 사람에게 그의 모습은 보이지 않는다.

미셸 푸코는 이 사실을 알고 이렇게 말했다. "규율은 자신의 모습을 감추고 힘을 행사한다. … 아울러 상대에게는 강압적으로 모습을 드러내도록 만든다. 그들에게 힘이 행사되고 있음은… 이렇게 그들의 모습이 계속해서 관찰된다는 사실에서 확인된다." 비슷한 맥락에서 존 버거는 『게르니카』지에 이렇게 썼다. "세상을 이해하는 가장 좋은 방법은 은유적 감옥이 아니라 진짜 감옥으로 보는 것이다." 그리고 과장이 아니라 우리의 현재 상황은 "그보다 덜하지 않다. 지구 어디서든 우리는 감옥에 산다."

이 책에서 반복되는 주제가 하나 있다. 21세기에 우리는 온갖 곳에서 카메라를 보지만, 우리의 식량이 어디서 오는지, 우리의 에너지가 어디서 오는지, 우리의 쓰레기가 어디로 가는지는 예외다.

이것들은 인간의 삶을 떠받치는 시스템의 세 가지 맹점이다. 그리고 이런 시스템은 스스로를 보호하며 돌아가므로 우리가 그 실체를 보지 못하도록 의도적으로 우리의 눈을 가린다.

투명한 정보 공개 요구 단체인 '국민의 재산'의 대표 라이언 샤피로는 10년 넘게 정보자유법에 따라 정부에 자료를 요청해서 분석하고 있다. 그는 자료를 훑어보던 중 9/11 테러 이후 FBI가 국내 테러를 최우선으로 다루는 상황에서도 채식주의자들을, 특히 할로윈 파티에서 감시했음을 발견했다.

자료의 내용은 이렇다.

개요: 채식주의자 할로윈 파티

내용: 필라델피아에서 '헌팅던 동물 학대 중지(SHAC)'의 미국 웹사이트에 올라온 공지를 확보했다. 채식주의자 할로윈 파티에 관한 포스팅이다. … "10월 19일 토요일, 오후 7시 30분부터 SHAC 필라델피아 지부는 올드 파인 커뮤니티 센터(4번가와 롬바르드가 교차로 부근)에서 기금 마련을 겸하여 채식주의자 할로윈 파티를 개최합니다. DJ를 섭외했고 채식 요리를 준비할 예정이며, 참석자의 화려한 축제 의상 사진을 찍을 사진사도 모셨습니다."

FBI 정보원은 기껏해야 퀴노아와 채식주의자용 패티 말고는 위험할 것도 없는 행사를 왜 추적했을까? 그건 동물 권리를 주장하는 사회 운동가들이 식량 시스템에 직접적인 위협으로 여겨지기 때문이다. 4장에서 보았듯이 눈살을 찌푸리게 하는 상황이 많다. 폴 매카트니의 유명한 말처럼 "도살장 벽이 유리로 되어 있다면 모두가 채식주의자가 될 것이다." 그러나 현실을 보지 못하게 감추는 것은 벽뿐만이 아니다. 들여다보는 것은 불법일 수도 있다. 대중의 눈을 피하고 싶은 식품 기업들은 공장식 농장을 은밀히 조사하는 것을 금지하도록 하는 '농업 보도 금지 법안ag-gag laws'을 내놓았다. 2011년에 처음으로 제안된 이 법안에 따르면 동물 시설에서 "이미지나 소리가 들어가는 기록을 만드는 것"은 범죄이며,[17] 그런 기록을 "소지하거나 배포"하기만 해도 범죄가 된다.

동물 학대 동영상이 공개되고 비위생적인 농장 환경이 알려지면서 고기가 회수되는 일이 일어났다. 이것은 이 거대한 사업에 좋지 않다. 그러나 비인간적이고 때로는 끔찍한 관행을 폭로하고, 열악한 식량 안전과 짓밟히는 노동자 권리를 알리기 위해 몰래 잠입하여 영상과 사진을 찍고 실태를 기록하는 동물 권리 운동가들은 '환경 테러리스트'로 간주되며, 현장에서 잡히면 벌금을 물거나 투옥되기도 한다.

실제로 뉴스는 동물 권리 운동가들을 폭력적인 폭탄 테러범으로 묘사하는 경우가 많다. 그래서 『녹색은 새로운 빨강Green Is the New Red』의 저자 윌 포터는 자료를 찾아서 그들의 이력을 확인해 보기로 했다. 포터는 워싱턴 DC에 본부를 둔 비영리 단체 생의학

---

17 금지 법안이 기각된 지역에서는 사회 운동가들을 다른 방법으로 기소하고 있다. 예컨대 병들거나 다친 동물을 구조하면 연방법에 따른 절도로 5년형까지 받을 수 있다.

연구재단(FBR)을 찾아갔다. FBR은 의학과 과학 연구를 위한 동물 실험을 지원하고 환경 테러리스트들을 감시하는 세계 유일의 단체다. 동물 권리 운동가들의 범죄를 폭로해야 할 이유가 있는 단체가 있다면 바로 FBR이다. 그러나 포터가 발견한 것은 놀라웠다. "이런 운동을 가장 못마땅하게 여기는 측에서 입수한 일급 환경 테러 범죄 목록에 단 한 건의 부상이나 사망도 들어 있지 않았다." "수천 건의 폭력적인 범죄 행위"가 최근 몇십 년간 보고되었는데, "1984년부터 2002년까지 95건의 범죄가 나열된 리스트에는 여러 건의 '파이 던지기'가 포함되어 있었다. 파이 던지기는 말 그대로다. 혁명 투사들이 등장하는 슬랩스틱 코미디를 상상해 보라."

우리의 식량이 어디서 오는지 너무 깊이 들여다보는 것은 불법이며, 에너지와 쓰레기 시스템에 대해서도 같은 말을 할 수 있다. 기업과 정부는 우리를 엿볼 수 있지만, 우리는 그들을 엿볼 수 없다. 어떤 경우에는 시위 현장을 공개적으로 기록하는 것조차 금지된다.

2016년 10월, 다큐멘터리 제작자 데이아 슐로스버그와 린지 그레이젤이 카메라를 켜고 송유관 시위를 촬영했다는 이유로 체포되었다. 노스다코타 주 펨비나 카운티에서 트랜스캐나다사社의 키스톤 송유관 현장 시위를 촬영한 슐로스버그는 40년형까지 가능한 세 건의 중범죄 공모 혐의를 받았고, 그레이젤은 워싱턴 주 스카짓 카운티에서 있었던 송유관 시위를 촬영했다는 이유로 알몸 수색을 받고 투옥되었다. 분노가 들끓고 유명인사들이 항의하고 나서야 기소는 취하되었다. 포틀랜드 환경 영화제에서 슐로스버그는 청중에게 말했다. "린지와 저는 이런 일을 처음 겪었어요. 우리가 할 일을 했는데 체포되었고 중죄로 기소되었죠." 영화제 위원장 돈 스몰맨은 이렇게 말했다. "그들이 린지와 데이아를 체포했다면, 환경 영화제에서 우리가 상영하는 모든 영화의 감독들도 체포할 수 있어요. 여러분이 언론 종사자라면, 영화 일을 하는 사람이라면, 기후 변화와 거대 기업 같은 거대한 이슈를 다룬다면, 이것은 대단히 오싹한 일입니다."

베트남 사회 운동가 호앙 죽 빈에 비하면 미국 영화 제작자들은 그나마 사정이 나은 편이었다. 2018년 2월 6일, 빈은 폐기물 오염에 항의하는 어부들을 촬영한 죄로 14년형을 선고받았다. 철강 대기업의 대규모 화학 물질 유출로 200킬로미터의 해안이 오염되고 물고기들이 대거 폐사하자 어류 자원에 생계를 의지하던 지역 주민들이 일으킨 시위였다.

빈의 범죄는 어부들의 시위를 페이스북으로 실시간 중계한 것이었다. 응에안 성의 인민 법원에 따르면 그는 "민주주의 자유를 남용하여 국가와 조직, 인민의 이익을 침해했고 공무를 방해한 것"으로 유죄 판결을 받았다. 실시간 중계 때 빈은 당국이 어부들을 구타하고 있다고 시청자들에게 말했다. 법원은 그의 발언이 명예 훼손이라고 판결했고, 빈은 잘못을 인정하지 않았다. 결국 빈의 진짜 범죄는 공식적인 맹목에 가담하기를 거부한 것이었다.

최근 들어 환경 운동가(우리의 식량과 에너지 생산, 쓰레기 처리와 관련하여 잘못된 점들을 밝히는 자들)를 침묵시키는 일이 꾸준히 늘고 있다. 2017년 한 해에만 197명의 환경 운동가들이 시스템 남용을 폭로한 것 때문에 살해되었다. 환경 운동가들을 노린 범죄를 기록하고 있는 비영리 단체 글로벌 위트니스에 따르면 2016년에는 매주 네 명씩 살해되었다.

그러므로 감시는 우리의 현대적 삶을 떠받치는 체계를 유지시키는 수단이다. 감시는 우리가 효율적이고 생산적으로 일하도록 하고, 우리가 좋은 소비자이자 쇼핑객이 되도록 하고, 우리가 현 체제를 뒤흔들거나 벗어나지 말도록 한다. 우리는 더 이상 시간과 공간의 패권을 '믿지' 않아도 격자에 놓인 점으로 추적된다. 새로운 시스템은 물리적 기구를 통해 우리의 행동을 통제하고 제한하고자 하는 물리적 현현이다.

하지만 이 모든 것의 배후에 이를 지휘하는 악당이 있다고 생각하면 잘못이다. 빅 브라더는 없다. 우리는 선을 지키고 흐트러지지 않도록 서로를 감시한다. 우리는 감시가 우리를 안전하게 만든다고, 범죄 행위에 가담하는 나쁜 사람들을 찾아냄으로써 사회의 좋은 사람들을 보호한다고 여긴다. 그러나 평범한 일반인들 역시 지극히 사소한 '위반'으로도 감시되고 처벌된다. 현대의 감시는 또한 사회 운동가들, 즉 카메라를 시스템을 향해 되돌려 그것이 잘못된 방향으로 가고 있음을 우리에게 보여 주려는 사람들을 찾아내고 침묵시키는 데도 사용된다.

어쩌면 그것이야말로 가장 무서운 점이다. 식량과 에너지를 생산하고 쓰레기를 처리하는 우리의 시스템은 상상할 수 없을 정도로 걱정스러운 규모로 돌아가고 있다. 손쓰지 않고 그냥 내버려

둔다면 지구의 생명 대부분을 파괴하게 될 것이다. 우리는 이 시스템에 얽매인 노예들이다. 그런데도 감시는 우리를 부추긴다. 평소처럼 그냥 살도록, 눈을 감고 못 본 척 외면하도록 강제한다.

10장 제국은 옷을 입지 않는다

이것이 내 것이라고 처음 말한 사람에게 저주가 내리기를.

— 크로아티아 속담

역사상 가장 큰 은행 절도는 눈에 보이지 않았다. 여기에는 총도, 복면을 쓴 강도도, 손을 벌벌 떨며 금고를 여는 은행원도 없었다. 돈이 하나의 물리적인 장소에 쌓여 있었던 것이 아니기 때문이다. 이 경우 돈은 0과 1의 끝없는 흐름으로 대륙과 대륙을 오가는 도중에 도둑맞았다.

2016년 2월 5일, 방글라데시 중앙은행 직원들은 평소와 뭔가 다르다는 것을 알아차렸다. 매일 이루어지는 거래의 영수증을 자동적으로 출력하는 프린터가 먹통이 된 것이다. 오후 늦게 기기를 손보고 나서 프린터가 그동안 뉴욕 연방준비은행에서 온 여러 건의 메시지를 뱉어내기 시작했다. 연방준비은행은 방글라데시로부터 들어온 이체 요청을 수상하게 여겼다. 총 10억 달러에 달하는 거금이었던 것이다.

현대 경제에서 돈은 빛의 속도로 이동하며 인간과 달리 대부분의 국경선을 손쉽게 넘을 수 있다. 국제 은행간통신협회(SWIFT)는 전 세계 은행들이 자금을 거래하는 시스템이다. 평균적으로 하루에 SWIFT 통신망을 통해 제휴 은행들 간에 거래되는 금액이 5조 달러다. 200여 개국과 자치령에서 11,000개 금융 회사들이 이 서비스를 이용한다.

절도범들은 악성 소프트웨어로 은행을 해킹하기만 한 것이 아니었다. 그들은 시간과 공간을 정교하게 해킹하는 데도 성공했다. 은행 임원들이 자신들이 털렸음을 알아차리는 데만도 뉴욕 시간으로 목요일 오후부터 방글라데시 시간으로 화요일 아침까지가 걸렸다. 그만큼 해커들은 은행가들에게 불리한 각국의 시간대와 지리를 영리하게 활용했다. 『뉴욕 타임스』는 이렇게 보도했다.

> 필리핀의 은행 계좌 넷과 스리랑카의 계좌 하나로 총 70건, 다 합쳐서 10억 달러에 이르는 금액을 지불하라는 허위 명령이 연방준비은행에 접수되었을 때, 방글라데시 은행은 주말이라 문을 닫은 상태였다. 일요일에 은행이 문을 다시 열고 오류를 발견했지만 연방준비은행에 연락이 닿지 않았다. [감독관은] 필리핀 중앙은행으로 지불 정지 명령을 보냈는데, 당시 필리핀은 음력 설 연휴로 영업을 하지 않았다. … 나중에 다카 현지 시간으로 월요일 오후가 되어서 방글라데시 은행이 연방준비은

행에 필리핀으로의 송금을 막아달라고 요청했지만, 이미 수취 은행으로 돈이 넘어갔다는 말을 들었다.

결국 은행 강도들은 처음에 목표했던 돈을 다 손에 넣지는 못했다. 그들은 8,100만 달러를 필리핀의 카지노에서 세탁하여 역외 계좌로 빼돌렸다. 지금까지도 누가 저지른 일인지 확인되지 않았지만, 데이터 코드를 추적한 결과로 볼 때 북한 소행으로 추정된다. 그것이 사실이라면 세계에서 가장 가난한 나라가 은행들을 강탈하기 시작한 셈이다.

여기서 우리는 핵심적인 질문을 하게 된다. 부유한 나라들과 가난한 나라들 사이에는 왜 그토록 거대한 격차가 있을까? 『격차The Divide』의 저자 제이슨 히켈에 따르면 돈의 흐름과 관련이 많다고 한다. 18세기에는 아시아 사람들이 서유럽 사람들보다 생활 수준이 더 높았다. 그리고 라틴아메리카에서 인도, 아프리카에 이르기까지 생활 수준과 소득이 급격하게 줄어든 것은 식민지 건설 때문이었다. 그곳의 저임금 노동력으로 원자재를 캐서 물건을 만들어 다시 식민지나 서양 국가에 팔 수 있었고, 높은 수입 관세로 인해 식민지의 솜씨 좋은 명인들이 경쟁에서 밀려났다. 이렇듯 식민주의는 식민지 자원과 노동력을 평가 절하하여 "불평등한 교환" 체제를 만들어 냈다. 가난한 나라에서 어마어마한 부가 밖으로 유출되었고, 이런 과정이 수 세기 동안 이어지면서 오늘날 수십억 명이 빈곤에 허덕이게 되었다. 히켈은 이렇게 말한다. "과거에는 식민국이 자신의 식민지에 직접 조건을 요구할 수 있었다. 오늘날에는 명목상 '자유' 무역이지만, 그럼에도 부유한 나라들은 훨씬 뛰어난 협상력으로 자신이 원하는 것을 얻을 수 있다. 뿐만 아니라 무역 협정들로 인해 가난한 나라들은 부유한 나라처럼 자국 노동자들을 보호하지 못하는 경우가 많다. 게다가 다국적 기업들은 이제 가장 싼 노동력과 물자를 찾아 세계 곳곳을 뒤질 수 있으므로 가난한 나라들은 어쩔 수 없이 원가 절감 경쟁에 나서야 한다."

지구 반대편에서 만들어져서 당신에게 배송된 셔츠보다 당신이 사는 지역에서 만들어진 셔츠가 더 비싼 이유는 이런 불평등한 교환 때문이다. 진정한 비용을 고려한다면 가난한 나라들에서 유출되어 부유한 나라들로 넘겨지는 부는 해마다 4.9조 달러에 이르는 것으로 추정된다.

그러나 금융 체계를 조작하는 다른 방법도 있다. 돈을 숨기는 것이 대표적인 예다. 국제 금융청렴기구는 돈을 은밀하게 빼돌리는 방법을 추적하는 비영리 단체다. 그들에 따르면 불법 자금 흐름은 2014년에만 3.5조 달러에 달한다고 한다. 불법 자금 흐름이란 "감추어서 찾지 못하도록 의도된" 돈을 이 나라에서 저 나라로 불법적으로 옮기는 것인데, 돈세탁, 가짜 송장, 유령 회사 이용 같은 방법이 있다.

이렇게 할 수 있는 것은 이제 돈이 실제적인 것이 아니기 때문이다. 화폐는 예전에는 가축이나 조개껍데기, 담배 같은 확실한 물질로 거래되었지만, 오늘날 돈은 추상적이며 우리의 신분에 부착되는 상징들의 연결망, 신분증 번호에 더해지는 숫자다. 실제적이지 않으므로 해저 케이블과 선 없는 대기를 증기처럼 빠르게 돌파한다. 세계의 대부분의 돈은 유령과 같아서 눈에 보이지 않는다.

돈을 숨기는 가장 잘 알려진 방법은 국경선과 지리의 은밀한 틈을 이용하여 자금을 피난시키는 것이다. 부자들은 관련 사항을 속속들이 잘 아는 변호사를 선임할 수 있으므로 이로 인해 가장 큰 혜택을 본다. 지금 내가 말하는 것은 물론 조세 피난처다. 『국가의 잃어버린 부*The Hidden Wealth of Nations*』의 저자 가브리엘 주크만에 따르면 2016년에 대략 8.6조 달러가 역외 계좌로 세금을 내지 않았다고 한다. 참고로 말하자면 전 세계 기술 시장의 가치가 3조 달러 정도 되므로 거의 세 배에 달하는 규모다. 파나마 페이퍼스와 파라다이스 페이퍼스[1]는 이런 관행이 얼마나 일반적인지 드러냈을 뿐이다. 캐나다에서 60개 거대 기업들이 역외 지역에 1,000개가 넘는 자회사를 설립한 것으로 밝혀졌다. 일반 캐나다인들은 세금을 내지 않으면 기소되지만, 캐나다 기업들과 금융 엘리트들은 이런 식으로 매년 150억 달러를 장부 밖으로 빼돌리는 합법적인 방법을 찾아냈다.

그럴 만도 하다. 돈은 자유롭게 이동하므로 부자들은 굳이 돈을 집에다가 둘 필요가 없다. 『포춘』지에 보도된 것을 보면 2017년 애플은 회사 자금 2,520억 달러를 역외에 둬서 미국에 내는 세금을 피할 수 있었다. 아마존은 30억 달러가 넘는 수입을 올렸지만 세금 면제와 공제로 연방 세금을 거의 내지 않았다. 옥스팜의 보

---

1 국제 탐사보도언론인협회가 역외 회사 정보와 유명인들의 조세 회피 정보를 폭로한 문건 — 옮긴이주.

고서에 따르면 같은 해에 무려 "전 세계에서 창출된 부의 82퍼센트가 상위 1퍼센트에게 돌아갔다." 그 1퍼센트가 가진 부를 다 합치면 전 세계의 극심한 빈곤을 일곱 번 종식하고도 남는다. 부자들과 가난한 자들의 격차가 어느 정도로 벌어졌는가 하면 지구에서 가장 부유한 마흔두 명이 전 세계의 빈곤한 인구 절반이 가진 것과 같은 돈을 갖고 있다. 상위 42명의 부와 하위 37억 명의 부가 똑같은 것이다.

가난하다는 것은 그저 패배하는 것에 그치지 않는다. 돈이 없어서 불이익을 겪고 범죄자 취급을 받는 예가 갈수록 많아지고 있다. 가장 간단한 예를 들자면 많은 은행들은 잔고가 지나치게 적으면 벌금이나 '수수료'를 물린다. 일례로 뱅크 오브 아메리카의 경우 잔고가 1,500달러 이하이면 매달 12달러의 수수료를 부과한다. 돈이 충분히 많지 않다고 비용을 물리는 것이다. 은행은 또한 우리의 데이터를 파헤치고 알고리즘을 이용하여 신용 등급을 매긴다. "상환 실적이 좋지 않은 가게"에서 반복적으로 쇼핑하는 것도 신용에 영향을 미쳐 지출 한도가 줄어들고 대출 이자를 더 높게 낼 수 있다. 가난한 사람들은 그저 원한다고 해서 짐을 꾸려 더 좋은 동네로 이사 갈 수 없다. 그러나 집 없는 노숙자들 사정은 훨씬 안 좋다. 워싱턴 DC에 본부를 둔 '노숙자와 빈곤층 지원 국가 법률센터'는 이렇게 보고한다. "적절한 가격의 주택과 주거 공간이 부족함에도 불구하고, 많은 도시들은 거리에서 지내는 사람들이 생존을 위해 해야 할 일을 했다는 이유로 법으로 처벌하기로 결정했다. 도시들은 야외 공공장소에서 삶을 영위하는 활동들, 가령 잠을 자거나 앉거나 하는 일에 대해 노숙자들을 겁주고 체포하고 벌금을 물린다."

최근 들어 공공장소에서 앉거나 눕는 것을 금지하는 사례가 52퍼센트까지 늘었다. 공원 벤치나 평평한 장소에 아예 "노숙 방지용 뾰족침"을 설치하여(새들이 내려앉지 못하게 뾰족한 침을 박아놓듯이) 쉬거나 자는 것을 불가능하게 만들기도 했다. 심지어는 종교 단체 등이 배고픈 노숙자들에게 먹을 것을 줘도 체포되고 형사상 책임을 진다. 미국에서 애틀랜타, 로스앤젤레스, 마이애미, 피닉스, 샌디에이고를 포함하여 50여 개의 도시들에 노숙 금지법이나 음식 공유 금지법이 있다.

부자들과 빈자들의 격차가 크게 벌어진 것은 사람들이 거래를 위해 사용하는 교환 체제, 그러니까 돈에 얼마나 많이 접근할 수 있는가의 차이가 만들어 낸 것이다. 거시적 수준에서 볼 때 전 세계 경제는 돈이 계속적으로 돌고 교환되면서 유지되지만, 영국 입법자들의 84퍼센트를 포함하여 대부분의 사람들은 돈이 어디서 오는지 알지 못한다. 많은 사람들이 '진짜' 돈으로 여기는 지폐와 동전 같은 물리적 통화는 대략 5조 달러로 전 세계에 유통되는 모든 돈의 16퍼센트밖에 되지 않는다. 『CIA 월드 팩트북*CIA World Factbook*』에 따르면 전 세계 총 통화량, 즉 '광의의 통화broad money'는 80조 달러 정도 된다. 그렇다면 이 나머지 돈들은 모두 어디서 올까? 어린 시절 부모가 말하는 것처럼 돈은 나무에서 자라지 않는다. 돈은 컴퓨터에서 자란다.

뱅크 오브 잉글랜드에서 발간한 『현대 경제에서 돈의 창조*Money*

Creation in the Modern Economy』라는 백서에 보면 돈은 빚을 통해 만들어진다고 설명한다. "은행이 대출을 해주면 자동적으로 대출자의 계좌에 그 금액만큼 예금이 생성된다. 그리하여 새로운 돈이 만들어지는 것이다." 교과서에서 설명하는 방식은 오류라고 말한다. "오늘날 돈이 만들어지는 현실은 몇몇 경제학 교과서에 나오는 것과 다르다. 가계에서 저금한 돈을 은행이 예금으로 받아서 빌려주는 것이 아니라 **대출 은행이 예금을 만들어 낸다**[강조는 원저자]." 빚은 우리의 현대 경제 시스템이 돌아가도록 하는 데 꼭 필요하다. 왜냐하면 빚은 부를 창출하기 때문이다.

다른 수준에서는 우리 모두 돈이 처음에 어떻게 생겨났는지 알고 있다. 돈이 '실제적인 것'이 아님을 안다. 종잇조각이든 동전이든 디지털 이체든, 돈은 가장 본질적으로는 차용 증서다. 즉 약속이다. 하지만 전 세계 빚은 역대 최고치를 기록했고 해마다 늘고 있다. 세계는 지금 247조 달러나 되는 대체로 공허한 약속을 깔고 앉아 있으며, 부채 비율은 지난 10년간 경악스럽게도 40퍼센트나 늘었다.

세계에서 가장 가난한 나라들은 파산하지 않으려고 자신들의 미래를 저당 잡히고 말았다. 1980년부터 개발 도상국들은 해마다 대략 2,000억 달러의 부채 이자를 갚고 있다. 제이슨 히켈에 따르면 가난한 나라들의 호주머니에서 부자 나라들로 흘러간 이자 금액만 해도 지금까지 총 4.2조 달러에 달한다. 부자 나라들 역시 엄청난 빚을 떠안고 있음을 잊어서는 안 된다. 그러나 이것은 대체로 외국 정부가 아니라 은행과 개인 투자자들에게 진 빚이다. 그리고 부유한 나라들에게 대출되는 돈은 이자율이 대단히 낮은 정부 발행 국채 형식이다. 애니 로그가 『하우 위 겟 투 넥스트』지에 기고한 기사에서 설명하듯이 "이런 [부유한] 나라들에게 부과되는 이율은 용도와 물가 상승률을 감안하면 없는 것이나 마찬가지다. 그러나 상환 위험은 전혀 없다."

돈이 세상을 움직인다는 옛 속담이 있지만, 눈에 보이지 않는 증기 같은 돈의 속성과 조작된 게임의 규칙으로 인해 부자들의 계좌로 부가 빼돌려지고, 가난한 자들의 빚 부담은 늘고 있다. 어쩌면 현대 경제에서 우리가 어떻게 삶을 영위하는가 하는 문제와 관련하여 다른 속담이 필요한지도 모르겠다. 텔레비전 시리즈 「미스터 로봇」에서 악당 기업가로 나오는 인물이 한 말은 어떨까. "누군가에게 총을 주면 은행을 털겠지만, 누군가에게 은행을 주면 세상 전부를 털 수 있다."

○ ○ ○

조지아 주 애선스, 사우스 핀리 스트리트와 디어링 스트리트가 만나는 교차로에 거대한 떡갈나무 한 그루가 쭉 뻗은 가지에 파릇파릇한 잎을 휘날리며 자랑스럽게 서 있다. 그 아래 그늘에 돌로 된 명판에는 다음과 같은 글귀가 적혀 있다.

이 나무에 품은 사랑과
이 나무가 오래도록 보호되기를 바라는 마음을 담아

이 나무를 중심으로 근방 8피트의 소유권을

이 나무에게 부여한다.

— 윌리엄 H. 잭슨

    떡갈나무는 마을 주민들에게 '스스로를 소유한 나무'라고 알려져 있다. 더 정확하게는 '스스로를 소유한 나무의 자손'인데, 원래 있던 나무는 1907년 빙설 폭풍으로 심하게 망가져서 1942년에 결국 쓰러졌기 때문이다. 수백 년 된 떡갈나무는 어린 시절을 그 아래에서 뛰놀며 보낸 윌리엄 잭슨 대령의 각별한 사랑을 받았다. 이를 보호하고자 그는 1800년대 초에 나무와 주변의 땅의 소유권을 나무에게 주기로 결심했다.

    원래 나무가 쓰러지자 주민들은 도토리에서 묘목을 키워 같은 곳에 심었다. 오늘날 그 자손은 자신이 물려받은 땅에 단단하게 '자유의 몸으로' 서 있고 이제 15미터의 거목으로 성장했다. 법적으로 조지아 주에서 비非인간에게는 권리가 없지만 떡갈나무의 독립성을 해치려는 시도는 한 번도 없었다. 지역 주민들에게 이 나무는 다른 나무들과 달리 스스로를 소유할 권리를 쟁취한 것으로 여겨지기 때문이다.

    나무와 같은 존재가 권리를 가질 수 있다는 생각은 터무니없어 보일 수도 있다. 특히 '권리'라고 하는 것은 애초에 인간이 만들어낸 것이므로, 우리는 권리나 법적 특권이 오로지 인간에만 해당된다고 믿는 경향이 있다. 그러나 나무는 살아 있는 존재다. 페터 볼레벤이 『나무 수업』에서 주장하듯이 나무는 자손을 키우고, 서로 소통하고, 고통을 느끼고, 기억할 줄 알며, 성생활을 누리는 사회적 생물이다. 무생물이 아니라 엄연히 살아 있으며, 조용하지만 역동적인 공동체 내에서 존재한다.

인간이 소통을 위해 인터넷이라고 하는, 튜브와 선들로 이어진 지하 연결망을 이용하는 것과 비슷하게, 숲도 '우드 와이드 웹wood wide web'을 이용한다. 각각의 나무들은 균류를 통해 다른 나무들과 뿌리로 연결되어 이를 통해 소통한다. 브리티시컬럼비아 대학의 생태학 교수 수전 시마드는 나무들이 이런 균근 연결망을 이용하여 불편함의 신호를 주고받고, 탄소·질소·인·물을 서로에게 나눠 주고, 잠재적 위협으로부터 공동체를 보호하기 위해 방어 신호와 화학 물질을 전달할 수 있음을 확인했다. 우리는 이런 일이 일어나는 것을 보거나 듣지 못하지만(전선을 쳐다본다고 해서 어떤 메시지가 인터넷을 통해 전달되는지 알지 못하는 것처럼) 나무들은 그야말로 진정한 의미에서 서로 소통하고 있다.

과학자들은 인간이 아닌 생명체들도 나름의 지능이 있다는 것을 이제 막 이해하기 시작했다. 그러므로 전 세계 곳곳에서 비인간 생명체들을 보호하려는 법적인 노력으로 인해 그들에게 점차 권리가 부여되고 있는 것은 다행스러운 일이다. 자연은 그 자체로 목소리를 낼 수는 없겠지만, 자연에 '권리'를 부여함으로써 적어도 자연의 이익이 법정에서 방어될 수 있고 법적 지위를 가질 수 있다.

2018년 4월 5일, 콜롬비아 대법원의 역사적인 판결이 바로 그렇게 했다. 콜롬비아는 자국에 속한 아마존 분지의 지위를 "독립적인 권리 주체"가 되도록 바꾸어 사실상 인간과 똑같은 권리를 생태계에 부여했다. 오랜 세월 불법 채굴과 벌목, 마약 작물을 포함한 농경지 확장으로 몸살을 앓아 온 아마존은 자원을 강탈당하고 있었다. 2015년과 2016년에만 삼림 벌채가 44퍼센트 늘어 70,074헥타르, 그러니까 뉴욕 시 크기의 땅이 파괴되었다. 아마존에 권리를 부여함으로써 열대 우림은 이제 법적 보호와 변호를 받을 수 있게 되었다.

비슷한 맥락에서 2017년 3월, 뉴질랜드의 왕가누이강도 인간과 같은 법적 권리를 부여받았다. 150년 넘게 이 강에 존중과 정의를 찾아주고자 노력했던 마오리족에게 강은 '물건'이 아니라 삶의 정수, 공동체에 활력을 주는 필수적인 일부였다. 그 지역 토착민들 — 왕가누이강 이위(iwi, 부족) — 은 예로부터 "내가 강이고 강이 나"라고 말하곤 한다. 2장에서 보았듯이 이 말은 과학적 근거가 있다. 맨눈으로는 보이지 않지만 우리는 세상과 물리적으로 연결되어 있다. 데이비드 R. 보이드는 『자연의 권리 *The Rights of Nature*』에서 와낭아탕아whanaungatanga라고 하는 마오리족의 철학을 이렇게 설명한다.

와낭아탕아는 살아 있는 인간들 간의 관계뿐만 아니라 사람들(산 자와 죽은 자)과 땅, 물, 식물과 동물, 그리고 아투아(atua, 신)의 영적 세계를 아우르는 넓은 관계망을 가리키므로 친족보다 더 넓은 개념이다. 모든 것이 와카파파(whakapapa, 족보)로 연결되어 있다. 요컨대 마오리족은 살아 있거나 죽은 것, 생명이 있거나 없는 것을 다 포괄하여 파파투아누쿠(Papatūānuku, 대지)

와 랑이누이(ranginui, 하늘)에 이르는 우주의 모든 것이 하나로 통한다고 믿는다. 그러므로 자연의 모든 요소들은 친족이다.

뉴질랜드 환경법원은 이런 기본적이고 강력한 연결을 인정한 것이다. 사람들은 물로 이루어져 있다. 물을 마신다. 그러므로 "물을 오염시키는 것은 사람들을 오염시키는 것이다." 하지만 콜롬비아의 아마존과 달리 왕가누이강은 인간 대표들로 꾸려진 특별 위원회가 만들어짐으로써 자기 권리를 지킬 수 있게 되었다. 게다가 산업계가 강의 자연스러운 물줄기를 바꾸려고 하면 그것은 침해로 간주되어 수호자들이 법원에 청원할 수 있었다.

숲, 산, 토양, 강, 바다가 그저 인간의 자산인 것만은 아니라는 생각은 순탄하게 받아들여지지 않았다. 지역 생태계를 보호하기 위해 자연의 권리를 담은 조례를 제정한 미국 마을이 현재 서른 곳이 넘지만, 거대 기업들 역시 자신들의 토지를 이용할 권리를 지키기 위해 일급 변호사들을 고용하여 맞서고 있다.

펜실베이니아에서는 그랜트 타운십 마을과 '펜실베이니아 제너럴 에너지(PGE)' 사이에 다윗과 골리앗의 싸움이 6년 넘게 치열하게 계속되고 있다. 쟁점은 '리틀 마호닝 유역'이다. 이곳은 다양한 물고기들과 민물조개, 수서 곤충, 아메리카장수도룡뇽이 서식하며 지역 주민들의 주요 식수원이다. 하지만 2014년 프래킹 공법[2]

---

2 땅속 깊이 구멍을 파고 물·모래·화학 약품을 섞은 용액을 고압으로 분사하여 암반을 파쇄함으로써 셰일 가스를 추출하는 기법, 일명 수압 파쇄법 — 옮긴이주.

개발 붐이 일면서 PGE는 지하 주입 우물의 폐수를 그대로 폐기해도 좋다는 주 정부의 허가를 받았다. 식수를 우물에서 얻어 쓰는 마을로서는 유독 물질과 방사능에 오염된 15만 리터가 넘는 물이 매일 지하로 유입되면 자신들의 식수에 위협이 된다. 특히 파쇄 공법이 지진을 일으킨다는 증거도 많아서, 그들로선 감내할 수 없는 일이었다.

법정에서 PGE 측 변호사들은 리틀 마호닝 유역이 마을 조례에 따라 권리를 갖는다는 생각은 "터무니없고" "서커스"나 다름없다며 이렇게 주장했다. "리틀 마호닝 유역은 양심, 지능, 인식, 전달성, 대리인을 갖지 않는다. 유역은 중재를 결정할 수 없고, 대리인을 받아들이거나 변호인 상담을 받을 수 없으며, 법정에 나가거나 증언할 수 없다." 2018년 1월 5일, 연방 판사 수전 패러다이스 백스터는 기업의 손을 들어주는 판결을 내렸다. 지역 사회환경법률 보호기금의 노력을 가리켜 "불합리하고" "타당하지 않다"고 했고, 그와 같은 행위로 인해 "당사자들에게 엄청난 비용이 발생했고 한정된 사법 자원에 부담이 늘어났다"고도 말했다. 기금 대표와 변호사에게 52,000달러의 벌금을 PGE에 지불하라는 명령이 내려졌다. 아울러 후속 징계 조치를 고려해 줄 것을 펜실베이니아 대법원 징계 위원회에 요청했는데, 여기에는 변호사 면허 정지와 자격 박탈까지도 포함되었다.

그런데 자연의 권리를 위해 싸우는 것은 정말로 법정 모독일까? 아이러니하게도 기업도 생태계만큼이나 (그보다 더하지는 않겠지만) 인위적 구성물이다. 데이비드 보이드는 말한다. "유역의 법적 지위를 공격하기 위해 [PGE 변호사들이] 사용한 바로 그 주장들은 대부분 그들의 의뢰인에게도 똑같이 적용된다. 기업은 법적 허구이며 양심, 지능, 인식을 갖지 않는다. 기업 변호사들이 생태계가 할 수 있어야 한다고 했던 일들, 가령 법정에서 증언하는 것 같은 일은 기업도 하지 못한다. 여기서 주목할 점은 PGE 변호사들이 유역을 '인위적 구성물'이라고 기술하면서도 기업은 권리가 자연스럽게 귀속되는 실제 사람이라고 믿었다는 것이다."

하지만 법적으로 기업은 '사람person'이다. 기업은 우리와 똑같은 권리를 거의 모두 누린다. 미국에서 이런 권리에는 평등 보호, 종교의 자유, 언론의 자유, 출판의 자유, 부당한 수색과 압수를 받지 않을 자유, 배심 재판을 받을 권리, 일사부재리 권리, 변호인 상담 권리, 정당한 법 절차 등이 포함된다. 우리는 너무도 오랫동안 이렇게 믿어 왔기 때문에 좀처럼 이런 생각에 의문을 제기하지 않는다. 애덤 윙클러가 『기업We the Corporations』에서 썼듯이 기업은 무려 1809년에 최초의 권리를 얻었다. 흑인과 여성 권리 운동이 일어나기 반세기 전이다. 그런데 여기에 함정이 있다. 기업은 권리를 누리면서도 물리적 신체가 없으므로 인간과 같은 처벌을 받지 않는다. 기업도 잘못을 저지를 수 있지만 감옥에 가는 일 따위는 없다.

한편 우리와 생물학적으로 가장 가까운 친척, DNA의 98.8퍼센트를 인간과 공유하는 침팬지에게 이와 같은 법적 권리를 부여하려는 시도에 대해서는 미국 법원이 여러 차례 기각한 바 있다. 기업이 사람이 되는 것이 괜찮으면서 살아 있는 동물이나 생태계가 이런 권리를 갖는 것은 어째서 괜찮지 않을까? 그것은 우리가 동물을 재산의 지위로, 무생물의 지위보다 살짝 위에다 두었기 때문이다.

물론 재산도 얼마든지 사랑할 수 있다. 예컨대 자신이 키우는 동물에게 깊은 배려와 애정을 나타내는 젖소 농장 주인이 분명히 있다. 모든 농장주가 자신의 동물을 공장식 농장의 잔혹함으로 내모는 것은 아니다. 그렇다고 소와 농장주의 관계가 달라지는 것은 아니다. 소는 여전히 소유되는 것이기 때문이다. 소는 재산이며 자유롭지 않다.

그리고 물건이든 젖소든 노예든, 재산은 주인의 허락 없이 이동의 권리를 갖지 않는다. 그래서 불행하다 해도 어쩔 수 없다. 왜냐하면 권리가 없기 때문이다. 여기서 핵심은 살아 있는 물건의 경우 권리와 소유권이 양립하지 않는다는 것이다. 만약에 강과 침팬지가 권리를 가지게 되면 다음 차례는 누굴까? 베이컨과 달걀이 자유를 요구할까? 가구와 종이는? 가죽 구두와 울 스웨터는? 이런 생명들은, 혹은 사멸한 생명들은 모두 우리가 원하는 대로 처분할 수 있는 재산으로 정의된다. 생명에 대한 우리의 소유권의 근본적인 권위를 문제 삼기 시작하면 우리의 사고 체계 전체가 뒤집어진다. 왜 그런가 하면 우리의 경제 시스템을 떠받치는 핵심적인 교리가 한 가지 간단한 질문으로 허물어질 수 있기 때문이다. 바로이 질문이다. 뭔가를 '소유'한다는 것은 대체 무슨 뜻일까?

○ ○ ○ ○

뭔가에 대해 돈을 지불했다고 해서 반드시 그것을 소유하게 되는 것은 아니다. 웨스트버지니아의 한 벼룩시장에서 7달러를 주고 잡동사니가 든 상자를 구입한 마사 푸쿠아는 이 교훈을 뼈저리게 느꼈다. 상자 안에는 플라스틱 암소와 갈색 가죽 인형, 그리고 냅킨 크기의 유화 한 점이 들어 있었다. 당시 푸쿠아는 몰랐지만 그 그림은 역사상 최고 미술가 가운데 한 명인 르누아르의 작품이었다. 나중에 가격을 감정해 보니 무려 10만 달러가 나왔다. 하지만 작은 걸작이 발견되었다는 소문이 퍼지자 또 다른 잠재적 소유자가 소유권을 주장하고 나섰다. 볼티모어 미술관은 「세느 강변의 풍경」이 자신들 재산이며 1951년에 도난당했다고 밝혔다. 미술관의 주장을 듣고 파이어맨 펀드 보험사도 나섰다. 그 절도에 대해 2,500달러의 보험금을 미술관에 지불했으므로 자신들에게 법적 소유권이 있다고 했다. 이 사례에서 대상은 여러 차례 주인이 바뀌어 세 명의 다른 '소유자'가 있었다. 그렇다면 누가 그림을 소유할까?

판사는 르누아르 그림의 적법한 소유자는 미술관이라고 판결했다. 재산과 관련되는 분쟁이 대부분 그렇듯, 이 사건에도 판사가 필요했는데, 누가 소유하는가 하는 문제는 결코 단순하지 않기 때문이다. 몇몇 나라에서는 재산 소송이 한 해 법정 소송의 66퍼센트까지 차지하기도 한다. 죽은 사람의 이메일 소유권부터 인간 유전자의 소유권, 가족이 기르던 개의 소유권에 이르기까지 다양하다. 누가 무엇을 소유하는가 하는 문제가 우리에게 그토록 중요한 이유는 이렇다. 우리가 소유하는 바로 그것은 우리의 사회적 지위를 규정할 뿐만 아니라 우리를 내적으로도 규정하기 때문이다.

심리학자 윌리엄 제임스는 물건들에 애착을 보이는 '맹목적 충동'이 우리에게 있고, 우리의 물건과 재산이 어찌 보면 우리의 물질적 정체성의 일부가 된다고 처음으로 주장한 사람이다. 그러니까 내가 '내 것'이라고 부르는 것은 나의 물리적 신체를 넘어서 내 옷, 내 가족, 내 집, 내 정원, 내 자동차로 확장된다는 말이다. 우리는 저마다 자신의 물건들의 중심으로서 존재하며, 이것들은 대부분 무생물이지만 우리의 감정에 영향을 미친다. 제임스는 1890년 『심리학의 원리 *The Principles of Psychology*』에서 이렇게 썼다. "한 인간의 자아는 그가 자신의 것이라 부르는 모든 것의 총합이다. 본인의 신체와 정신력뿐만 아니라 옷과 집, 아내와 아이들, 조상과 친구들, 명성과 일, 땅과 말과 요트와 은행 계좌를 다 포함한다. 이 모든 것들이 그에게 같은 감정을 일으킨다. 이것들이 차오르고 번성하면 그는 승리감을 느낀다. 줄어들고 사그라지면 의기소침해진다. 모든 것에 대해 똑같은 정도로 그런 것은 아니지만 전체적으로 같은 방향이다."

21세기로 훌쩍 넘어가자면, 마케터들과 소매업자들은 우리가 제품과 물건을 우리의 물리적 자아의 확장으로 본다는 사실을 너무도 잘 안다. 연구에 따르면 물건을 살짝 만져보기만 해도 소유 감정이 생겨난다고 한다. 사람들에게 샘플을 사용하거나 옷을 한 번 입어 보거나 차를 운전해 보라고 권하는 이유다.

이 과정은 무척이나 빠르게 일어난다. 가게에 들어설 때는 그곳의 어떤 물건도 자기 것이 아님을 잘 알지만, 계산대에 가서 돈을 지불하고 나면 그 물건은 곧바로 바뀐다. 물리적으로 바뀌는 것이 아니라 여러분의 마음속에서 바뀐다. 이제 여러분 것이다. 에인 랜드의 소설 『파운틴헤드The Fountainhead』에 나오는 언론 재벌 게일 와이낸드의 말처럼 말이다. "이 세상에서 나만큼 전투적으로 소유욕이 강한 사람도 없어. 나는 물건에 뭔가를 행해. 잡화점에 들어가 재떨이를 하나 골라서 값을 치르고 내 주머니에 넣으면, 그것은 이 세상 어디에도 없는 특별한 종류의 재떨이가 돼. 왜냐하면 그것은 내 것이니까."

심리학자들이 이런 현상을 가리키는 이름도 있다. '즉각적 소유 효과'라고 부르는데, 우리가 대상을 소유하는 순간 대상에 대해 갑작스럽게 갖게 되는 애착을 가리킨다. 이런 효과는 심지어 뇌에서도 관찰할 수 있다. 과학자들은 fMRI 스캐너를 사용하여 우리가 다른 사람의 물건을 생각할 때와 달리 우리 소유의 물건에 대해 생각할 때 내측 전전두피질이 활성화되는 것을 확인했다. 이곳은 "자기 지시적 정보 처리"와 관련되는 부위로 이름을 듣거나, 자전적 경험을 떠올리거나, 좋아하는 것을 기억할 때 활성화된다.

물론 대상을 보호하고 영역을 지키려는 욕망이 인간의 전유물은 아니다. 다른 동물들도 교환과 소유를 초보적 수준에서 이해하는 것으로 알려져 있다. 예컨대 바우어새는 색이 화려하고 반짝거리는 장신구들을 모아 둥지 옆에 전시하고, 코코넛문어는 은신처로 사용하는 코코넛을 차지하기 위해 서로 싸우기도 한다. 개코원숭이는 소유권을 존중하여 서열이 자신보다 낮은 개코원숭이의 것이라도 뺏지 않는다. 이렇듯 동물의 왕국에도 소유와 관련한 유전적 기초가 존재하는 듯하지만, 인간의 소유욕과는 비교할 수 없다. 다른 동물들도 영역과 은신처를 갖지만, 우리는 엄청나게 많고 다양한 것들을 소유하는 유일한 종이다. 대부분의 동물들은 가볍게 돌아다닌다. 대부분의 인간들은 자기 '물건stuff'에 발목 잡혀 오도 가도 못한다.

하지만 우리가 이렇게 소유하는 물건은 우리 인간이 왜 그토록 강력한 종인지 비밀을 푸는 열쇠가 될 수도 있다. 사바나 초원을 돌아다니던 벌거벗은 원숭이 시절부터 우리는 생존을 위해 커다란 뇌에 의지했고, 30만 년 전에 우리가 최초로 만든 물건에는 화살과 창 같은 무기들이 있었다. 이것이 우리 인간의 첫 번째 소유물이 되었다. 사냥꾼들은 자신의 최고 무기들을 소중하게 여기며 사용하고 또 사용했을 터이므로, 우리의 초창기 소유물이 생존에 핵심적인 역할을 했다고 보는 것이 타당하다.

점차 정착 생활을 하게 되면서 인간의 물건을 축적하려는 욕구는 높아졌다. 고고학자 게리 페인먼은 여분의 것을 저장하는 것이 위험을 최소화하는 하나의 방법이었다고 주장한다. "사람들이 한곳에 머무르면서 환경 재해에 더 취약해졌기 때문이다." 가족 단위로 물자를 비축하면서 사람들의 관계는 거래를 통해 강화되었고, "필수품이 아닌 물건을 교환"하는 것은 이웃과의 유대를 강화하는 하나의 방법이 되었다.

오늘날 소유는 인간의 보편적인 특징으로 여겨진다. 비록 문화마다 상당한 차이는 있지만 모든 문화에서 발견된다. 그러므로 소유는 진화적 뿌리를 갖고 있다고 말할 수 있지만, 동시에 소유에 대한 많은 것들, 특히 그 규칙들은 타고난 것이라기보다 학습된 것이다.

우리는 이런 규칙들을 일찍부터 배우기 시작한다. 다들 알겠지만 '내 것'이라는 개념은 유아에게 대단히 중요한 것이 된다. 발달 심리학자들에 따르면 18개월 된 아기도 자기 손에 든 것과 자기가 소유한 것을 구별할 수 있다. 그리고 두 살이면 소유권이 물건을 맨 처음 손에 넣은 사람에게 있다는 것을 추론할 수 있다. 앞으로 보겠지만 이런 '최초의 보유'라는 개념은 성인들이 법적 소유권을 규정하는 중요한 방법이다.

먼저 우리는 소유라는 것이 진공 상태에서는 존재하지 않음을 기억해야 한다. 다른 사람이 없으면 소유는 성립하지 않는다. 심리적 관점에서 볼 때 "대상을 자기 것이라고 주장하는 것은 다른 사람 소유의 것과 구별하기 위함이다. … 옆에 다른 사람이 없으면 대상에 '내게 속하는 것'이나 '내게 속하지 않는 것' 따위의 꼬리표를 붙일 필요성이 사라진다." 달리 말하면, 무인도에 당신 혼자 있으면 모든 것이 다 당신 것이거나 아무것도 당신 것이 아니다. 어느 쪽이든 상관없다. 다른 누군가가 무인도에 나타날 때까지는 말이다. 다른 사람이 있으면 이제 자신이 소유하는 것과 관련하여 소유권을 주장하기 시작할 수 있다. 아이들도 두세 살이 되면 자기 소유물에 대한 '권리'를 주장하는 것을 볼 수 있다. 유아에게 꼭두각시 인형이 물건들을 쓰레기통에 버리는 것을 지켜보도록 한 연구가 있었는데, 아이들은 꼭두각시의 소유물을 버릴 때는 아무 반응이 없었지만 아이들 소유의 물건을 버리자 격렬하게 항의했다. 다른 사람의 소유권을 인식하는 것도 이 무렵에 시작된다. 두 살 된 아이는 꼭두각시가 제3자의 물건을 버리는 것을 아무런 항의도 않고 지켜보았지만, 세 살이면 다른 사람의 소유권을 이렇게 침해하는 것을 보고 불편함을 나타낸다.

그렇다면 아이들은 무엇이 자기 것이고 무엇이 아닌지를 어떻게 결정할까? 최초의 보유가 가장 간단한 규칙이지만 그것이 어떤 방식으로 이루어졌는지도 중요하다. 동일한 조건이라면, 누구의 것도 아닌 대상은 '찾은 사람이 임자'라는 유치원 규칙이 적용된다. 미시간 대학의 인지심리학자 셰일린 낸스키벨의 말처럼 "바닷가 해변에 아무렇게나 놓여 있는 조가비를 수집하는 것은 허용되지만, 해변의 가판대에서 팔리는 조가비를 갖고 가면 안 되는" 이유가 이것이다. 상인이 조가비를 맨 처음 발견했으므로 그에게는 그것을 판매할 권리가 있다. 그러나 대부분의 품목이 가게에서 거래되는 시대에 우리는 누가 무엇을 소유하는가 하는 문제를 좀처럼 진지하게 살펴보지 않는다. 하지만 인지발달심리학자들이 그 문제를 꼼꼼히 살펴보기 시작하자 "소유권은 대상의 '자연스러운' 속성이 아니라 인간의 의도에 의해 결정되며" "누가 무엇을 소유하는가 하는 실상은 적절한 결정들로 뒤바뀔 수 있다"는 것이 드러났다.

『코그니션Cognition』이라는 학술지에서 맥스 팔라마와 동료들은 선인장 위에 놓인 깃털에 관한 사고 실험을 진행하여 소유와 의도의 개념을 알아보았다. 한 시나리오에서 마이크는 깃털이 갖고 싶어서 막대기를 사용하여 이를 떨어뜨렸다. 소유권이 어떻게 되는지 추론하게 하자, 대부분의 사람들은 마이크를 깃털의 적법한 소유자로 여겼다. 그러나 마이크가 우발적으로 선인장에 부딪혀 깃털이 떨어지고 때마침 그 옆을 지나가던 데이브가 이를 주운 경우에서는 규칙이 바뀐다. 이 경우 데이브가 깃털의 적법한 소유자가 된다. 마이크는 그것을 얻는 데 덜 직접적으로 관여했기 때문이다.

이력도 누가 무엇을 소유하는지 결정하는 하나의 요인이다. 앞서 서술했듯이 두세 살이면 대부분의 아이들은 소유권 규칙의 기본 사항들을 이해한다. 이를 알아보고자 유아들에게 똑같이 생긴 장난감 자동차를 주고 놀도록 했다. 한참 동안 서로 놀고 나서 아이들은 어떤 장난감이 자기 것인지 실험자에게 말해야 했다. 두 살 아이들은 자동차가 전부 똑같이 생겨서 소유권을 구별하는 데 어려움을 겪었지만, 세 살 아이들은 자기 자동차와 다른 아이들의 자동차를 서로 교환한 이력을 되짚어봄으로써 어떤 장난감이 자기 것인지 추적할 수 있었다.

그러나 누가 무엇을 소유하는지 추론할 때 우리가 이력과 최초의 보유만 고려하는 것은 아니다. 대상을 만들어 낸 사람이 확실하게 있으면 그 또한 소유권 개념에 영향을 미친다. 최초의 보유보다 창조적 '관여'가 우선할 수도 있다. 이를 알아보고자 아이들에게 점토 반죽을 나눠 주고 실험이 끝나면 가지라고 말했다. 하지만 실험 도중에 아이들의 점토와 실험자의 점토를 바꾸게 했고, 결국 아이들은 다른 사람의 점토로 뭔가를 만들게 되었다. 이렇게 해서, 예를 들어 공룡이 만들어지고 나자 아이들은 이 새로운 상황을 최초의 보유보다 우선시했다. 비록 빌린 점토라 하더라도 거기에 창조적 노동을 더한 사람을 적법한 소유자로 여겼다. 창조적 노동 때문에 소유권 이전이 일어난 것이다.

점토 반죽을 동등하게 교환하는 것은 일례이며, 원재료가 예컨대 금처럼 귀중한 것이면 소유권 문제는 한층 미묘해진다. 연구자들은 빌린 재료에 따라 아이와 어른 사이에 상당한 차이가 있음을 알아냈다. 목재를 빌려 조각상을 만들도록 했을 때, 서너 살 아이들은 대부분 자신이 조각상을 갖게 된다고 믿은 반면, 대부분의 어른들은 그렇지 않았다. 게다가 빌린 원재료의 가치가 클수록 창조적 노동이 소유권에 미치는 영향력은 떨어졌다. 종이와 금 가운데 하나를 참가자에게 빌려주고 창조적 노동을 더하도록 했을 때, 재료가 만약에 금이라면 다른 사람이 최종 산물을 만드는 데 얼마나 많은 시간을 들였든 상관없이 그 소유권은 재료의 주인에게 있다고 생각했다.

이런 예들에서 보듯 소유권은 다루기 힘든 골칫거리다. 우리는 상황에 따라 규칙을 만들고 바꾸므로 확고부동한 규칙 같은 것은 존재하지 않는다. 마지막으로 한 가지 예를 들자면 최초의 보유는 현재의 사용이라는 요인에도 밀릴 수 있다.

오리 프리드먼과 동료들은 창작 요소들이 대상의 사용과 관련해 사람들의 마음을 바꿀 수 있는지 알아보고자 했다. 그들은 일련의 실험에서 어른들과 세 살에서 일곱 살에 이르는 아이들에게 재산 분쟁에 대한 여러 이야기들을 들려주고 누가 대상에 대한 권리를 갖는 게 좋은지 물어보았다. 한 시나리오에서 남자아이가 크레용으로 엄마에게 줄 카드를 만들고 있었는데, 크레용은 여자아이의 것이었고 이제 그 아이가 돌려달라고 한다. 이때 아이들은 최초의 보유 규칙에 따라 크레용을 여자아이에게 돌려주어야 한다는 대답이 압도적으로 많았다. 어른들의 경우 현재의 사용을 우선시하여 카드를 마무리할 때까지는 남자아이가 크레용을 갖고 있어야 한다고 생각했다. 크레용의 소유주를 바꿔 제3자인 선생님 것이라고 하자, 어른들과 아이들 모두 남자아이가 크레용을 계속 써도 된다고 대답했다.

현실 세계에서 재산 분쟁은 학교에서 크레용을 빌려주는 차원을 훌쩍 넘어서므로 소유에 대한 우리의 생각을 살펴보고 엉킨 매듭을 푸는 것은 대단히 중요하다. 지정학적 차원에서 이런 분쟁들은 영토권, 국경선 경계, 역사적 소유를 두고 벌어진다. 이스라엘과 팔레스타인처럼 갈등의 골이 깊은 지역에서, 혹은 캐나다의 양도되지 않은 원주민 영토나 중국이 역사적 소유권을 주장하는 남중국해와 관련하여 이런 질문들은 반복적으로 제기된다. 땅은 처음 그곳에 간 사람의 소유인가, 아니면 현재 그곳을 이용하는 사람의 소유인가? 아니면 그곳에 가치를 더해 '향상시킨' 사람의 소유인가?

'향상'이라는 논거는 현대 재산권의 기초이며 17세기 철학자 존 로크가 주장한 것이다. 1690년에 그는 『통치론』에서 이렇게 썼다. "사람이 땅을 갈고 씨를 뿌리고 향상시키고 경작하여 땅에서 나오는 산물을 이용할 수 있는 한, 그 모든 것이 그의 재산이다." 그의 논리의 바탕에는 우리는 자신의 신체를 소유하므로 자신의 신체를 이용하여 노동한 것도 우리 소유라는 생각이 깔려 있다. "대지와 모든 열등한 피조물들은 만인의 공유물로 존재하지만, 모든 사람은 자신에 대해 소유권을 갖고 있다. 이에 대해서는 본인을 제외한 누구도 권리를 주장하지 못한다. 그의 신체 노동, 그의 손을 거친 작업물은 이에 따라 그의 것이라고 할 수 있다. 자연이 제공하고 그냥 내버려 둔 것을 가져다가 자신의 노동을 섞고 무언가 자신의 것을 보태면, 그로 인해 그것은 그의 재산이 된다."

이 구절은 그 어떤 글보다도 서양 문명이 나아간 방향을 결정짓는 데 중요한 역할을 했다고 평가된다. 사람들이 땅을 어떻게 소유할 수 있는지 규정한 글이 되었기 때문이다. 로크에 따르면 노동과 자연이 결합하는 곳에서 마술이 일어난다. 그러므로 나무에서 사과를 따는 사람이 사과를 소유한다. 비록 로크의 생각이 현대 재산법의 철학적 기초로 자리하고 있지만, 오늘날 현실은 이런 단순한 개념과는 전혀 맞지 않다. 오늘날 농장에서 사과를 따는 일꾼들은 자신이 따는 사과의 소유주가 아니다. 사과는 농장이나 농장을 소유한 기업의 것이다. 슈퍼마켓에서 사과는 가게의 것이며 우리가 돈을 지불하면 우리의 것이 된다. 노동이 매단계마다 시장 가치를 더하며 이에 따라 소유권 문제도 한층 복잡해진다. 논란의 여지가 없는 것은 어쨌든 누군가는 그것을 소유할 수 있다는 전제다.

하지만 항상 그렇지는 않았다. 영국 관습법에 관한 글로 유명한 윌리엄 블랙스톤은 1700년대에 우리가 가진 소유권 개념에 도전하는 글을 남겼다. 그는 한 사람이 "우주에 존재하는 다른 모든 사람들을 완전히 배제하고" 어떤 대상에 대한 권리를 주장할 수 있다는 생각은 본질적으로 자연적인 것이 전혀 아니라고 주장했다. 그 대상의 역사를 살펴본다면 우리는 그와 같은 권위에 대해 의문을 품을 수밖에 없다. "어째서 양피지에 적은 몇 마디 말이 땅에 대한 지배를 나타내야 하는지, 어째서 아비가 앞서 그랬다는 이유만으로 그 아들이 특정한 땅에 대해 다른 모든 사람들을 배제하는 권리를 가져야 하는지, 어째서 어떤 밭이나 보석의 소유자가 죽음을 앞두고 더 이상 소유를 이어갈 수 없는 상황에서 자신에 이어 누가 그것을 차지할지 세상에 통보할 자격을 갖는지, 자연이나 자연법에는 그 근거가 전혀 없다."

사실 우리 모두는 죽을 때 우리 소유물을 갖고 갈 수 없음을 이미 안다. 소유물은 우리 신체의 물리적 연장이 아니기 때문이다. 그것은 우리 마음의 연장일 뿐이다.

일본 지바현에 있는 고후쿠지 절에서는 2015년부터 기이한 의식이 열리고 있다. 적절한 날에 그곳을 찾는 사람은 소니가 제작한 로봇 강아지들을 위해 승려들이 장례식을 여는 모습을 볼 수 있다. 홍보 전략처럼 들리겠지만 진짜 장례식이다. 세상을 떠난 자를 기리고자 진짜 향불을 피우고, 진짜 승려가 경전을 읊으며, 로봇의 소유주가 마지막 작별을 고하며 진짜 눈물을 흘린다.

소니의 아이보(Aibo, 인공 지능 로봇의 줄임말)는 인간 반려자를 "알아가도록" 설계되었다. 짖고 재주를 부리고 목소리 명령에 반응하도록 훈련되어 있어서 주인의 선호도에 맞춰 행동을 만들어 갔다. 그래서 어떤 사람들은 자신의 로봇 애완견에 대단한 애착을 보였고 가족처럼 받아들이기도 했다. 그러나 2006년 소니가 생산 공정을 중단한 뒤에는 주인 혼자서 아이보를 떠맡아야 했다. 오래된 부품들이 제대로 기능하지 않으면서 문제들이 생겼다. 수리의 필요성을 느낀 전 소니 직원은 망가지기 시작한 로봇을 위해 '병원'을 차렸다. 그리고 수리로도 어떻게 할 방도가 없는 단계에 이른 로봇에게는 '장기 기증'이라는 또 다른 길이 열려 있었다. 불치의 로봇은 멀쩡한 부품들을 아직 '살아 있는' 로봇에게 기증하도록 했다. 따라서 장례식은 완전히 해체되어 로봇 천국으로 가기 전에 죽은 로봇을 기리는 중요한 의식이 되었다.

장례식은 비단 오래된 하드웨어만을 위한 것이 아니다. 예식을 집전하는 분겐 오이 승려는 "모든 것에 영혼이 깃들어 있다"고 말한다. 물건에 영혼이 있다는 이런 애니미즘(정령 신앙)은 일본 사회 곳곳에서 찾아볼 수 있으며, 일본의 주요 종교인 신도神道의 사상과도 상통한다. 일본 간토 지방에서도 매년 2월 8일, 화려한 기모노를 차려입은 여성들이 하리쿠요 축제를 위해 모여들어 장례식을 연다. 일본어로 '하리[針]'는 '바늘'을 뜻하고 '쿠요[供養]'는 '추모'라는 뜻이다. 그러니까 기모노를 만드는 사람들이 평생 열심히 일한 오래된 바늘을 기려 부드러운 마지막 안식처(두부나 곤약)에 묻는 의식이다.

이런 의식들은 강, 바위, 나무, 장소, 동물 모두가 신성한 본질을 갖고 있으며 일상적인 대상에도 마찬가지로 영혼이 있을 수 있다는 믿음의 일환이다. 실제로 신도 수련자들에 따르면 100년이 넘은 물건은 영혼을 획득하게 된다고 한다. 찻주전자, 인형, 칼 같은 생활용품들은 '쓰쿠모가미[付喪神]', 즉 '물건에 깃든 영혼'을 가질 수 있다. 이 때문에 장난감이든 무기든 도구든 그 안에 깃든 영혼을 자극하지 않도록 수리하고 보살펴야 한다.

물건에 영혼이 있다는 이런 생각은 서양 사람들에게 터무니없게 들릴 수도 있겠지만, 서양에도 비슷한 생각이 널리 퍼져 있다. 자동차가 마치 이성적인 존재라도 되듯 이름을 붙이고 말을 거는 사람들이 있으며, 마찬가지로 컴퓨터와 복사기에 화를 내는 사람도 있다. 작가에게는 '특별한' 펜이, 야구 선수에게는 '행운을 주는' 배트가 있다. 종교 성상을 숭배하며 조각상이 눈물을 흘리거나 피를 흘릴 수 있다고 주장하는 사람도 있다. 물론 결혼반지나 개인에게 각별한 의미가 있는 물품처럼 유달리 아끼는 물건도 있다. 실은 산업 전체가 소유자의 뭔가가 '옮겨 붙은' 물건을 손에 쥐면 인간 영혼의 일부를 느낄 수 있다는 심리적 속설에 바탕을 두고 있다.

그러나 참으로 이상한 것은, 우리가 어떤 물건은 이토록 애정을 갖고 성스럽게 대하지만, 대부분의 물건들은 두 번 생각할 것도 없이 그냥 버린다는 사실이다. 여러분이 바로 지금 소유하고 있는 모든 것들의 목록을 잠깐 생각해 보자. 모든 것을 포함해야 한다. 집, 자동차, 옷, 신발, 가방, 책, 가전제품, 보석, 가구, 컴퓨터, 전구,

세면용품, 장신구, 냉장고에 들어 있는 음식, 개인 수집품, 마지막으로 씹은 껌까지. 이제 여러분이 한때 소유했다가 버린 모든 것들을 포함하는 두 번째 목록을 만들어 보자. 이는 불가능하다. 사람은 평생에 걸쳐 어마어마하게 많은 것을 소유하기 때문이다. 우리는 그 모든 것에 애착을 두지 않는다. '내 초콜릿 바'는 다 먹고 나면 포장지를 버릴 것이고, '내 펜'은 사용할 수 없는 상태가 되면 매몰차게 버릴 것이다.

우리가 갖고 있는 물건은 사용할 수 있는 것이거나 기념품, 선물, 가보처럼 개인의 기억이 결부되어 감정적 가치를 가진 것이다. 이런 물건들은 우리를 특정한 시간과 공간으로 데려갈 수 있다. 차고에 사용하지 않지만 아끼는 물건들이 가득 쌓여 있는 이유가 이것이다. 물질 문화에서 이러한 대량 보관은 정상적인 일로 여겨진다.

다 쓴 물건들을 쉽게 버리지 못하는 사람들을 가리키는 이름이 있다. 그들은 저장 강박자hoarder라고 불린다. 저장 강박증은 물질적 가치에서 기인한 장애처럼 들리지만 그렇지 않다. 저장 강박자는 자신에게 속하는 거의 모든 대상에 강한 정서적 애착을 발달시킨다. 그들의 어려움은 손상된 의사 결정에서 기인한다. 즉, 문제가 생겨서 쓸모없는 물건도 자아의 확장으로 보는 것이다. 그 결과 무엇을 보관하고 무엇을 버려야 할지 모른다. 어떻게 보면 우리 모두 어느 정도는 다 갖고 있는, 물건을 우리와 동일시하는 문제가 극단적으로 나타난 것이다. 한편 우리가 매일같이 버리는 어마어마하게 많은 물건들을 생각한다면, 정상적인 사람들도 이상하게 보이기는 매한가지일 수 있다.

역사적으로 모든 문화가 물건에 대해 똑같은 존중(혹은 무시)을 보이지는 않았다. 그리고 물건을 쌓아 두는 것은 보편적으로 볼 수 있지만, 전 세계 사회들의 기록을 보면 개인이 아닌 문화의 차원에서 소유와 물질주의를 대하는 태도는 상당히 다를 수 있다.

크리스토퍼 콜럼버스는 히스파니올라 섬 주민들이 소유권을 대하는 태도에 깜짝 놀랐다. 1493년 그는 스페인으로 보낸 편지에서 첫 항해에 대해 이렇게 서술했다. "그들은 자신들이 소유한 모든 것에 대해 그야말로 소박하고 자유로운 태도를 보이는데, 직접 보지 않고는 아무도 믿지 않을 정도다. 그들에게 뭔가를 달라고 부탁하면 어떤 물건이든 안 된다는 말을 결코 하지 않는다. 오히려 함께 나누기를 청하고, 진심을 담은 사랑을 보여 준다. 그리고 가치가 있든 없든 자신에게 주어지는 모든 것에 만족한다."

제임스 쿡 선장도 오스트레일리아의 뉴 사우스 웨일스 원주민들이 물질적 재화를 탐하지 않고 기본적인 필요를 충족시키도록 자연이 제공한 것에 만족하는 모습을 보고 감명을 받았다. 그들은 '남아도는 것'이 필요하지 않았다.

현대 자본주의 사회는 재화의 역할을 완전히 다르게 본다. 우리 시대에는 과잉이 반드시 필요하다. 경제는 성장에 의지하고 성장은 더 많은 물건들을 생산하고 소비하고 폐기하는 데 의지하기 때문이다. 해나 아렌트는 1958년에 이것을 "낭비 경제"라고 불렀다. 그녀는 『인간의 조건*The Human Condition*』에서 이렇게 썼다. "물건들은 세상에 나오자마자 거의 곧바로 집어삼켜지고 폐기되어야 한다." 그 결과 애착의 주기가 짧다. 현대의 제품은 금방 대체되거나 버려지므로, 100년이 넘어 쓰쿠모가미 정령이 깃든 물건은 드물다.

어쩌면 우리가 물건에 대해 예전과 다르게 느끼는 것일 수도 있다. 우리가 가진 대부분의 물건들은 더 이상 손으로 만들지 않는다. 그 결과 『마케팅 저널』의 한 연구가 보여 주듯이 '사랑'이라는 핵심적인 요소가 빠져 있다. 우리는 물건을 만드는 데 개인의 시간과 노력이 들어갔다고 생각해서 수제품을 귀하게 여긴다. 할머니가 손으로 짠 스웨터를, 아이들이 손으로 만든 단순한 물건이나 그림을 우리가 사랑하는 이유다. 마찬가지로 상업 분야에서도 손으로 만든 제품은 "장인의 '정수'를 담고 있다"고 여겨진다. "고객들은 수제품을 말 그대로 사랑으로 채워진 제품으로 인식한다."

오늘날 우리가 사용하는 상당수 제품들은 로봇과 기계가 만든다. 각각의 접시, 스웨터, 휴대폰은 서로 똑같다. 영혼이 없으므로 우리가 쓰고 버리는 것도 한결 쉽다. 한편 텔레비전 다큐멘터리 「어떻게 만들어지는가How It's Made」에서도 볼 수 있듯이, 소비재가 생산되는 규모와 속도는 어지러울 정도다. 하지만 이런 생산 모형은 우리를 계속 반복되는 고리로 몰아넣는다. 기계는 피곤을 모른다. 초과 근무를 불평하지 않는다. 빠르고 효율적이고 정확하며, 지칠 줄 모르는 생산력에서 인간은 도무지 상대가 되지 않는다.

필연적으로, 막강한 생산성에 보조를 맞추기 위해 우리는 이제 핵심적인 역할을 하나 해야 한다. 그것은 소비하는 것이다.

○ ○ ○

캘리포니아 포터 랜치의 월마트에서 벌어진 일대 혼란이 휴대폰 동영상에 담겼다. 오후 10시 10분에 줄을 서서 기다리던 군중들이 비명과 고함을 지르고 매운 눈을 비비며 달아나기 시작했다. 최신 엑스박스 360 게임기를 구입하고자 몰려든 사람들이었다. 그런데 공격적으로 서로 밀치다가 '기분이 나빠진 고객' 한 명이 사람들에게 분풀이로 호신용 스프레이를 뿌린 것이다.

외계인이 이런 모습을 본다면, 인간이라는 종은 물건을 소유하려는 욕망으로 완전히 정신이 나갔다고 여길지도 모른다. 몇 년 동안 블랙 프라이데이 세일은 이런 행위로 구설수에 올랐다. 즉, 쇼핑객들이 최신 가전제품을 구입하려고 경쟁하다가 난투로 번지는 일이 계속 일어났다. 웹사이트 blackfridaydeathcount.com은 이로 인한 사상자를 집계하고 있다. 2018년 블랙 프라이데이가 끝났을 때 총 집계 현황은 사망 12명, 부상 117명이었다.

블랙 프라이데이의 주먹다짐은 구매 광풍이 오프라인을 떠나 온라인으로 이동하면서 시들해지기 시작하고 있다. 온라인의 성장세는 그야말로 압도적이다. 2013년 아마존에서만 사이버 먼데이에 2,650만 개의 품목이 팔렸다(1초에 426개꼴). 이 숫자는 이제 중국의 광군절光棍節 할인 행사가 넘어섰다. 1993년 난징 대학 학생들이 밸런타인데이에 대항하는 행사로 시작했던 것이 2009년 온라인 상거래의 거인 알리바바가 끼어들면서 소비자 마케팅 공세로 바뀌었다. 2017년 알리바바의 광군절 매출은 15분 만에

50억 달러를 돌파했고, 그날 하루 총 250억 달러를 넘겼다. 초당 256,000개 품목이 팔려나간 셈이다.

이런 소비 호황은 경제적으로는 큰 도움이 되겠지만, 물리적으로 보자면 대재앙이다. 그린피스 아시아 지부는 2016년 광군절 행사에서 팔린 옷을 만드느라 배출한 이산화탄소를 흡수시키는 데만도 256만 그루의 나무가 필요하다고 계산했다. 제작·포장·운송 과정에서 나오는 쓰레기는 제외하고 말이다.

이 걷잡을 수 없는 소비주의는 인간도 희생시킨다. 우리는 말 그대로 쇼핑을 하다가 죽는다. 어바인 소재 캘리포니아 대학의 스티븐 데이비스와 동료들의 최근 연구에 따르면, 매년 76만 명의 대기 오염 사망자가 소비재 생산과 직접적으로 관련된다고 한다.

바깥에서 보면 이런 상황은 당연히 우스꽝스럽게 보인다. 그러므로 우리가 왜 이렇게 하는지 스스로에게 물어볼 필요가 있다. 간단한 대답은 물건을 갖는 것이 우리를 행복하게 한다고 우리가 믿는다는 것이다. 그러나 우리가 물질적 재화에서 얻는 행복은 일시적일 뿐이다. 계획된 노후화, 업그레이드의 필요성, 유행에 뒤지지 않으려는 욕망, 사회적 지위를 유지하려는 욕망이 우리를 쳇바퀴 도는 다람쥐로 만들고 있다.

이런 "쾌락의 쳇바퀴" 개념은 심리학자 필립 브릭먼과 도널드 캠벨이 처음으로 제안했다. 인간은 외부 사건으로 인해 단기적으로 기분이 바뀌지만 그러고 나서는 원래 설정되어 있던 수준의 행복으로 곧바로 돌아간다. 그것이 우리가 새로운 제품을 살 때 찰나의 설렘을 느끼는 이유다. 데런 브라운은 『행복』에서 이렇게 썼다.

이 글을 쓰고 있는 지금, 나는 애플에서 만든 여섯 번째 스마트폰이 몹시 탐나지만, 그것이 실제로 나를 더 행복하게 만들어 주지 않으리라는 것을 안다. 잠깐 지나고 나면, 그러니까 내가 새로운 특징들을 탐구하고 새로운 모양과 무게에 익숙하게 될 즈음이면, 지금 내가 가지고 있는 것에 만족하는 그만큼만 만족할 것이다. 애플은 이 사실을 확실히 알고 내가 최신의 최고 기기를 소유하고 있지 못하다는 사실을 뼈저리게 느끼도록 적절한 속도로 새로운 모델들을 계속해서 내놓는다. 이런 과정은 부정적으로 강화된다. 새로운 모델을 손에 넣으면 즐거우며, 내가 가진 모델에 다른 모든 사람들이 즐기는 어떤 특징이 없다는 것을 알면 마음이 불편하다. 이 얼마나 가련한가.

행복은 자존감과는 구별된다. 연구자들은 자존감이 높으면서 불행한 사람, 혹은 행복한데 자존감은 떨어지는 사람이 있을 수 있다고 보았다. 놀랍지 않게도 연구들을 통해 소셜 미디어가 자존감에 부정적 영향을 미치는 것으로 나타났다. 사람들은 온라인으로 남들과 자신의 물질적 지위를 비교하고 측정하면서 자신이 사회적 서열에서 차지하는 위치에 불만족을 느끼기 시작한다. 예를 들어 사치를 과시하는 인스타그램에 자주 접속하다 보면 부정적으로 사회적 비교를 하게 되고 자존감이 떨어진다.

물질주의 심리를 30년간 연구하고 있는 팀 캐서에 따르면 "수십 건의 연구를 통해 밝혀진 사실이 있으니 물질주의 가치를 우선시하는 사람일수록 덜 행복하고, 자기 삶에 덜 만족하고, 활력과 에너지를 덜 느끼고, 행복·만족·기쁨 같은 좋은 감정들을 잘 누리지 못하고, 더 우울하고, 더 불안해하고, 두려움·분노·슬픔 같은 부정적 감정들을 더 많이 느끼며, 담배와 술 같은 물질들을 입에 댈 가능성이 더 높다는 것이다."

우리는 더 나은 것, 더 많은 것의 소유를 추구하는 과정에서 우리 영혼을 짓밟고 있다. 우리가 곧 원하지 않아서 내다 버리게 될 것들을 추구하느라 말이다. 최악은 이렇게 물건에 의존하는 습성이 힘든 시기에 더 강해진다는 것이다. 불안할 때 견고한 뭔가에 매달리는 것은 대응 기제가 되기 때문이다. 소유물은 우리가 세상을 통제하고 있는 듯한 기분이 들게 한다. 소유물은 우리에게 힘을 준다. 우리는 벌거벗은 원숭이, 허약한 종이므로 완력이 아니라 뇌에 의지하여 세상을 지배했다. 그리고 물건으로 지배했다. 우리는 물건의 주인이 되었다. 이로 인해 우리는 더 강하고, 빠르고, 힘 있고, 더 잘 방어되고, 더 효율적이고, 더 위험한 존재가 되었다.

현대 사회에서 이런 힘은 행동으로 나타난다. 우리는 광속으로 서로 소통하고 음속으로 하늘을 나는 힘이 있다. 개인적으로 보자면 우리의 물건은 먼 거리를 독자적으로 오가는 자유를 준다. 우리의 물건은 시간을 줄여 준다. 기계가 대신 옷을 세탁하고 설거지를 해준다. 조리 기구의 버튼만 누르면 손으로 할 때 30분이 걸릴 일을 금세 할 수 있다. 우리의 물건은 또한 우리를 고된 육체노동에서 해방시킨다. 로봇들이 근무 시간에 구애받지 않고 대량 생산 제품을 조립한다.

현대 사회에서 우리는 거의 모든 것을 마음대로 할 수 있는 것처럼 보인다. 하지만 부유한 나라에서도, 그러니까 이론적으로는 사람들이 온갖 종류의 소비재를 누릴 수 있는 나라에서도, 많은 사람들은 여전히 공허함을 느낀다. 뭔가 빼앗겼다는 기분을 느끼는 것이다. 어쩌면 이것은 물건 숭배의 진정한 대가인지도 모른다. 뉴욕의 마케팅 회사 JWT의 연구에 따르면 "명성과 부가 신앙과 가족을 제치고 아메리칸드림의 핵심 가치가 되었다." 그러나 이런 꿈은 위험한 착각이다. 궁극적으로, 돈과 소유는 지위를 나타내는 상징이며, 그저 행복하다는 표식일 뿐 행복의 본질은 아니다.

탐욕이 세상 문제의 근원이라는 말을 자주 듣는다. 전적으로 옳은 말은 아니다. 문제의 근원은, 존경받고 성공했다는 말을 들으려면 물건들, 그러니까 좋은 차, 아름다운 집, 근사한 옷을 소유해야 한다는 우리의 믿음이다. 열심히 일하고 계속해서 물건을 취득하면 '멋진 인생'을 손에 넣을 수 있다는 믿음 말이다. 이것은 게임의 규칙이다. 그래서 많은 사람들이 빚을 얻어 더 많은 것들을 산다. 이런 빚은 돈이 되고, 이것은 다시 부유한 자들에게 빼돌려진다. 부유한 자들은 역외 계좌를 통해 세금 우대를 받는 등 법의 허점을 잘 찾아내므로 게임에서 유리하다. 그 결과 부자들과 가난한 자들의 격차는 갈수록 극심해진다.

우리는 소유가 해결책이라고 생각하겠지만 많은 점에서 소유는 문제다. 그리고 소유는 자연스러워 보이겠지만 그렇다고 해서 좋은 것은 아니다. 진화가 만들어 낸 '자연스러운' 특성과 행동 중에서 이제 부적응이나 심지어 죄악으로 여겨지는 것들이 부지기수다. 오히려 진화된 반응들의 위험을 완화시키려는 공동의 노력으로 문명을 규정할 수도 있다.

그러나 소유의 뿌리에는 또 하나의 문제가 있다. 비록 우리 인간은 자신이 세상을 소유한다고 맹목적으로 믿고 있지만, 그것은 믿음일 뿐 정말로 그렇다는 뜻은 아니다.

11장 사고 혁명

우리 인류가 계속해서 생존하고 더 높은 수준으로 나아가려면 새로운 사고방식이 필요하다.

— 알베르트 아인슈타인

2014년 봄, 나는 이 책을 위한 조사를 시작하려고 짐을 꾸려 머나먼 케냐의 라무 제도로 떠났다. 내가 이곳을 특별히 택한 이유는 시간을 벗어난 곳이기 때문이다. 라무는 살아 있는 유물이다. 당나귀가 아직도 섬의 주요 운송 수단이고, 베이지색 삼각형 돛을 단 다우선dhows이 2,000년 전과 마찬가지로 희미하게 빛나는 물살을 가르며 바다를 오간다. 나는 또 다른 현실에 몰입함으로써 나의 현실에 의문을 제기할 수 있기를 희망했다.

체류도 거의 끝나가던 어느 날 아침, 호텔 주인이 배를 타고 근처의 섬에 다녀오겠다고 했다. 그녀는 가끔 그곳에 가서 바오바브

나무에서 떨어진 씨앗이 담긴 꼬투리를 주워 온다는 것이다. 해먹 옆에서 대화를 나누면서 나는 고개를 들어 거대한 은빛 몸통의 바오바브나무 두 그루를 바라보았다. 그것은 그늘을 드리워 아프리카의 태양으로부터 우리를 보호하고 있는 거인 경호원처럼 보였다. 하지만 아직 기껏 백 살이나 이백 살밖에 되지 않은 어린애다. 나는 호텔 주인에게 생전에 어엿한 나무로 자라는 것을 결코 보지 못할 텐데 왜 그렇게 애써 나무를 심는지 물었다. 그녀는 그것이 미래 사람들에게 주는 선물이라고 대답했다. 그들도 거대한 바오바브 아래 앉아 쉬면서 경탄할 수 있도록 말이다.

그녀가 떠나고 나서 바오바브나무 같은 것을 소유하는 권리를 주장하는 사람이 거의 없다는 사실을 생각했다. 여러분의 땅에 있는 것은 여러분 것이다. 계속 자라도록 할지 베어 낼지는 여러분 마음이다. 여러분의 것이므로 어떻게 해도 상관없다. 그러나 그날 아침 아프리카의 거인 아래에 누워 나는 바오바브나무 같은 것을 소유할 수 있다고 생각하는 것이 얼마나 이상한지 생각했다. 나보다 2,000년을 더 사는 생명을 내가 소유할 수 있다고? 바오바브에 비하면 나는 하루살이에 불과한 존재다. 그 순간 이런 나무가 내 것일 수 있다는 생각이 참으로 터무니없어 보였다.

토론토에 돌아온 뒤, 나 자신도 소유에 대해 비슷한 방식으로 생각한다는 것을 깨달았다. '부동산 거품'이라는 말이 여기저기서 들렸다. 그러나 주택을 소유하는 것은 나무를 소유하는 것과는 다르다. 물론 투자 목적의 주택도 있지만 일차적으로 집은 우리의 쉼터다. 선택이 아니라 꼭 있어야 하는 필수품이다. 이 문제에 대해 생각하면서 나는 우리가 집과 관계를 맺고 있고, 소유한 집이든 빌린 집이든(대부분의 집은 사람이 소유하지 않고 은행이 소유한다) 우리가 소유한다고 느끼는 감정에는 차이가 없음을 깨달았다. 사람들은 자신의 집을 사랑한다. 벽을 칠하고 잔디를 깎고 부엌을 리모델링하는 식으로 집을 보살핀다. 어떤 집은, 예컨대 어린 시절을 보낸 집은 우리 마음속에서 각별한 위치를 차지한다. 그러나 그것이 꼭 소유를 필요로 할까? 우리의 일부로 삼으려면 그것을 소유해야만 할까?

이제 집안 곳곳을 돌아보고 있자니 사진이나 가보처럼 내게 가장 소중한 물건들에도 똑같은 말을 할 수 있을 것 같다. 이런 물건들을 소중하게 여기는 까닭은 시간과 세대를 이어 주는 것이며 값을 매길 수 없기 때문이다. 일례로 할머니의 시계는 현대 시계가 할 수 있는 일들을 하지 못한다. 내 건강을 측정하지도, 통화를 하지도, 이메일을 수신하지도 못한다. 그것은 그것이 할 수 있는 일들 때문에 소중한 것이 아니며, 작동을 멈춘다 해도 상관없다. 다른 의미로 내게 계속해서 시간을 나타낸다. 기억을 담고 있는 물리적 매체다. 그렇다면 그것을 잃어버린다는 건 어떤 의미일까? 할머니의 기억을 잃는 것일까? 나의 기억을 잃는 것일까? 아니면 차후 세대의 기억을 잃는 것일까?

우리가 소유라는 렌즈를 통해 세상을 어떻게 바라보는지 깨닫게 되면 그것이 우리의 현실에 관한 모든 것을 어떻게 형성하는지 알 수 있다. 소유는 우리의 일상과 너무도 밀접하게 뒤얽혀 있어서 세상에서 가장 자연스러운 것으로 여겨지며 우리는 이를 의심하지 않는다. 결국 나 자신을 포함하여 우리 모두는 어느 정도는 다 소유자이다. 그러나 뭔가를 소유한다는 것은 정말로 무슨 의미일까? 소유는 원자처럼 근본적이고 본질적인 실재일까? 아니면 그저 우리가 사물을 바라보는 하나의 방법일 뿐일까?

○ ○ ○

우리는 눈이 있지만 그렇다고 우리가 명확하게 본다는 뜻은 아니다. 1951년 솔로몬 애쉬는 이 점을 확실하게 보여 주는 유명한 실험을 했다. 펜실베이니아 스와스모어에서 대학생 50명에게 시력 테스트를 실시한 연구였다. 피험자가 방에 들어와 일곱 명의 다른 학생들과 나란히 앉아서 테스트를 받았는데 그들은 사실 실험자들과 한패였다.

'학생들'에게는 똑같은 과제가 내려졌다. 칠판 오른쪽에 A, B, C로 표시된 각기 다른 길이의 선 가운데 왼쪽의 선과 길이가 똑같은 것을 고르도록 했다. 피험자는 실험에 같이 참가한 다른 사람들이 너무 길거나 너무 짧은 선을 똑같이 고르도록 미리 지시를 받았다는 사실을 모르고 있었다. 그러니까 속임수였다. 예를 들어 다음의 그림에서 왼쪽 선과 똑같은 길이의 선을 고르라고 할 때, 사람들이 일제히 A라고 대답했다는 것이다. 당연히 틀린 대답이었다.

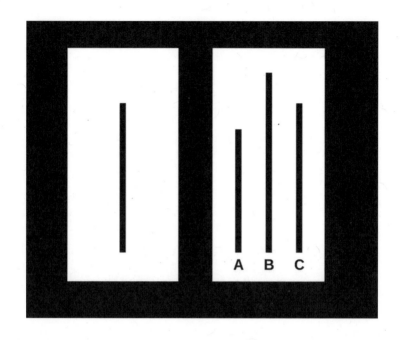

연구 결과, 동료들의 틀린 대답을 보고 피험자의 75퍼센트가 최소한 한 번은 집단의 선택에 동조했다. 그러니까 대답이 틀렸더라도 다른 사람들이 본 것을 자기도 보았다고 주장했다. 실험자들과 한패인 사람들이 등장하지 않는 대조군에서는 틀린 대답을 한 사람이 1퍼센트도 채 되지 않았다.

이런 테스트를 받을 때 뇌에서 무슨 일이 벌어지는지 알아보기 위해, 에모리 대학의 연구자들은 애쉬의 실험을 재연하면서 피험자들을 fMRI 스캐너 안에 들어가도록 하여 뇌의 어떤 부위가 활성화되는지 살펴보았다. 그들은 똑같은 시력 테스트를 받았고, 다만 선이 아니라 입체로 된 물체가 주어졌다. 연구자들은 동조가 의식적으로 내린 결정의 결과라면 계획·결정·사회적 행동 조정에 관여하는 뇌 부위인 전전두피질이 활성화되리라 내다보았다. 하지만 결과는 뜻밖이었다. 두정엽과 후두엽 부위가 활성화되었던 것이다. 여기는 감각 정보와 시각이 처리되는 곳이다. 그러므로 동조는 그저 결정이기만 한 것이 아니라 시각에 영향을 미치기도 했음을 시사했다. 다르게 말하면 동조가 지각을 바꾸었을 수도 있었다. 이 경우 보는 것이 믿는 것이 아니라 그 반대였다.

애쉬의 동조 실험은 세월이 흐르면서 널리 알려졌지만, 여기에는 제대로 강조되지 못한 측면이 하나 있다. 사람들이 얼마나 자주 동조하기를 거부했는가 하는 것이다. 원래 실험에서 피험자의 75퍼센트가 최소한 한 번은 대다수의 선택과 함께한 것이 사실이지만, 피험자의 95퍼센트가 최소한 한 번은 "반기를 들고" 자신이 본 것을 고수한 것 또한 사실이다. 게다가 25퍼센트는 시종일관 자기 판단을 유지했다.

이보다 200년 전에 데이비드 흄은 이런 결과를 대략적으로 예측한 바 있었다. 사실, 동조하는 성향은 인간 행동을 꿰뚫어 본 그의 핵심적인 통찰 가운데 하나였다. 그리고 이런 동조는 유순하지 않다. 막강한 정치적 함의를 갖는다. 1741년 「통치의 제1원리에 관하여Of the First Principles of Governmen」라는 논문에서 흄은 이렇게 썼다.

힘은 언제나 통치받는 자들 편이며 통치자는 오로지 여론에만 기댈 수 있다. 그러므로 통치는 여론에 바탕을 두며, 이 원리는 가장 자유롭고 가장 대중 영합적인 통치뿐만 아니라 가장 독재적이고 가장 군사적인 통치에도 적용된다.

그렇기에 독재자도 선출된 수상과 대통령만큼이나 대중의 지지에 의존한다. 그러나 다수가 있으면 반대자가 있기 마련이다. 동조하기를 거부하는, 즉 맹목적으로 통치되기를 거부하는 25퍼센트의 존재는 우리가 갈수록 강화되는 감시 아래 놓이게 되는 이유다.

그렇다면 다수는 왜 그럴까? 그들은 어째서 동조할까? 뇌 연구는 독립적인 사고에 치러야 할 대가가 있다는 것을 보여 주었다. fMRI로 재연한 애쉬 연구에서 동조하기를 거부한 피험자들에게만 다른 피험자들과 다르게 활성화된 뇌 부위가 있었다. '싸우거나 도주하는' 반응과 관련되는 편도체가 바로 그것이었다. 자신의 믿음을 고수하는 데는 인지적 비용이 드는 셈이다. 합의에 반기를 든다는 것은 갈등을 뜻할 수 있기 때문이다. 인간과 같은 사회적 동물에게 그것은 불안과 고통을 야기한다. 결국, 다수에 반기를 드는 것은 상당한 용기가 필요한 일이다.

○ ○ ○

고대 그리스에서 '대재앙apocalypse'은 그 어원을 고려하면 그리 음울하게 들리지 않는다. 원래 정의에 따르면 대재앙은 지식의 '폭로uncovering', 베일을 걷어 내는 것, 깨달음이다. 그러니까 명료함의 새벽이 밝아오는 것을 뜻한다. 이런 식의 깨달음은 철학자들, 현인들, 과학자들이 오래전부터 요청해 왔던 것이다. 그들은 인류가 눈을 비벼 졸음을 쫓아내고 사물을 원래 모습대로 보아야 한다고, 우리가 현실이라고 부르는 것이 실은 착각임을 깨달아야 한다고 주장해 왔다.

위대한 많은 사상가들이 현실 거품에 대한 글을 남겼다. 플라톤의 동굴 우화를 보면 동굴 벽에 비친 그림자를 보고 그것이 실재라고 믿게 된 죄수들 이야기가 나온다. 그들은 외양과 현실을 혼동한 것이다. 고대 인도의 텍스트 우파니샤드에는 '마야maya'라는 개념이 등장하는데, 이는 진정하고 영원한 세상을 보지 못하도록 가리는 베일이다. 그리고 불교 철학에서는 '다르마dharma'라고 하는 우주의 근본 원칙이 있어서 수행자들은 현실을 우리가 지각하는 모습이 아니라 실재의 모습으로 보도록 수행한다. 이렇게 더 넓은 그림에서 보면 모든 것이 다 연결되어 있음을 깨닫도록 말이다.

세상을 명확하게 보려면 우선 베일을 인식해야 한다. 우리의 맹점을 깨달아야 한다. 우리가 이제 현실을 인식하는 방법은 워낙 뿌리가 깊고 사회적으로 또 세대를 거치면서 단단하게 동여매진 상태여서 우리가 생각하는 방식이 어떤지 보지 못하게 되었다. 우리가 생각하는 것이 현실을 이루므로 이는 중요하다. '현실' 세계를 지배하는 시계의 시간, 주 5일 근무, 출퇴근 시간은 우주의 시간 질서 때문에 존재하는 것이 아니다. 우리가 그것을 만들어 냈고, 우리가 그것을 유지하며, 우리가 매달리는 현실이 되었기 때문에 존재하는 것이다.

이런 인식은 대대로 전승되므로 세상을 본래 모습으로 보기가 훨씬 더 어려워진다. 피터 버거와 토머스 루크만은 『실재의 사회적 구성*The Social Construction of Reality*』에서 이렇게 썼다. "어떤 사람이 '세상은 이런 식으로 되어 있어'라고 말하면 스스로 그렇게 믿는 것이기 쉽다. 그럴 때 제도화된 세상은 객관적 현실로서 경험된다. 그러나 개인의 탄생에 선행하는 역사가 있고, 그것은 개인이 회상할 수 있는 것이 아니다. 그가 태어나기 전에 거기에 있었고, 그가 죽고 나서도 거기에 있을 것이다."

우리가 구성한 세상이 우리에게 너무도 생생하고 소중하게 된 나머지 우리는 우리가 현실이라고 부르는 것이 마음의 산물임을 잊었다. 이런 집단적 기억 상실은 우리가 아이들을 교육하고 사회화하는 데 쏟는 기나긴 시간을 생각하면 그렇게 놀랄 일은 아니다. 우리는 아이들이 애쉬가 수행한 연구의 피험자들처럼 자라고 순응하기를 기대한다. 실제로는 거기에 없는 현실을 보기를 기대한다. 그러므로 '아이들은 환상 속에 산다'는 말은 역설적이다. 어른들도 마찬가지로 환상 속에 살기 때문이다. 차이라면 아이들은 자신의 세상이 만들어진 것임을 말할 수 있지만, 어른들은 그럴 수 없다는 점이다.

이런 허구의 세상은 이제 너무 막강해져서 그보다 먼저 존재했던 자연의 세상을 인질로 붙잡아 두고 있다. 유발 노아 하라리가 『사피엔스』에서 말하듯이 우리는 과거에 이중의 현실에서 살았다. "한편으로는 강, 나무, 사자라는 객관적 현실이 있고, 다른 한편으로는 신, 국가, 기업이라는 상상의 현실이 있다. 시간이 흐르면서 상상의 현실이 갈수록 강력해졌고, 그래서 오늘날에는 강, 나무, 사자의 생존 자체가 신, 국가, 기업 같은 가상의 실재들의 선처에 달려 있는 상황이다."

우리가 자연에 대한 우위를 정당화하는 것은 이런 가상의 만들어진 실재들을 통해서다. 결국 신, 국가, 기업이 하는 일이 바로 그것이다. 그것들이 우리에게 그렇게 해도 된다고 정당화한다. 그것들이 호모 사피엔스가 세상 전체를 소유한다는 믿음의 근거다.

자신이 공기를 소유하고 물을 소유하고 땅을 소유한다고 믿는 종은 세상에 하나밖에 없다. 우리는 스스로에게 공간을 사고파는 권리, 시간을 사고파는 권리를 부여했다. 실제로 이것은 전 세계 경제의 근본 토대다. 우리가 몸담고 있는 차원을 우리가 소유할 수 있다는 믿음 말이다. 그러나 위태롭게도 인간은 지구를 소유할 뿐만 아니라 지구에 사는 모든 생명을 다 소유한다. 우리 인간만이 자신의 재량에 따라 다른 종들을 사고팔 권리가 있다는 믿음하에 행동한다. 우리에게는 생명 자체가 상품이다. 그리고 상품 교역의 속도가 걷잡을 수 없이 빨라진 지금, 생명 자체가 사라지고 있는 것은 놀랄 일이 아니다.

세계자연기금에 따르면, 2020년이 되면 우리는 1970년 이후로 전 세계 야생 동물 개체수가 무려 67퍼센트나 급감한 것을 보게 될 것이다.[1] 식량 체계와 농업으로 인한 위협, 서식지 상실, 종 착취로 인해 절반이 넘는 척추동물(야생 포유류, 조류, 어류)이 이미 사라졌다.

---

1 "1970년부터 2012년 사이에 포유류, 조류, 어류 등 척추동물의 개체수가 58퍼센트나 감소했다."

그러나 동물만이 아니다. 이 글을 쓰고 있는 지금, 바오바브나무에게 닥친 슬픈 운명이 뉴스 헤드라인으로 보도되고 있다. 일부는 로마제국 전성기부터 생을 이어 오고 있는 이 고대의 거인들은 전례 없는 속도로 죽어 가고 있다. 식물학자 아드리앙 파트뤼는 가장 유력한 범인이 기후 변화라고 믿는다. 1960년 이후로 아프리카에 있는 바오바브나무의 개체수가 절반으로 줄었다. 15년 넘게 방사성 탄소 연대 측정법으로 바오바브의 수령을 기록하고 있는 파트뤼는 이제 바오바브를 멸종 위기종으로 등록해야 할 때라고 말한다.

아프리카를 대표하는 '생명의 나무'가 죽어 간다는 것은 상징적이다. 내 친구인 사회 운동가 롭 스튜어트는 생전에 이렇게 말했다. "21세기 중반까지 우리가 현재의 추세를 계속 이어 간다면, 물고기도 산호초도 열대 우림도 없는 세상을 만나게 될 것이다. 산소 농도가 떨어져서 90억 명의 굶주리고 목마른 사람들이 남은 것을 두고 싸우는 세상을 만나게 될 것이다. … [바오바브]나무의 한 생애 동안 우리는 생명 유지 시스템의 대부분을 써버렸다."

이런 냉혹한 미래상은 더없이 암울한 과학 소설을 쓰는 작가들조차 두렵게 만들었다. 윌리엄 깁슨이 음울하게 보았듯이 오늘날에는 2100년 이후의 미래에 대해 글을 쓰려고 생각하는 사람들조차 거의 없다. 『벌처Vulture』지와의 인터뷰에서 그는 이렇게 말했다. "내가 한층 불길하게 느끼는 것은 오늘날 '22세기'라는 구절이 좀처럼 눈에 띄지 않는다는 겁니다. 거의 찾아보기 어려워요."

우리가 22세기에도 살아남으려면 새로운 글로벌 모델이 필요하다. 과거 정치 이데올로기의 속박들은 벗어던져야 한다. 좌파, 우파를 막론하고 모두 잘못된 질문에서 시작하기 때문이다. 그들은 세상을 소유할 권리를 우리가 갖는 것이 맞는지 묻는 것이 아니라 누가 그 권리를 가져야 할지 묻는다.

○ ○ ○

우리는 시스템과 싸워야 한다거나 시스템이 망가졌다는 말을 자주 듣는다. 하지만 '시스템'이 정확히 뭘까?[2] 그것은 어디에 있을까?

시스템이란 이 책에서 내가 주장했듯이 우리의 생명 유지 시스템을 말한다. 더 이상 자연 주기의 변덕스러움에 휘둘리지 않도록 우리가 건설한 시스템이다. 우리 인간이 지구에서 가장 막강한 종이 된 것은 이런 시스템 덕분이다. 우리 시스템의 목표가 인간의 생존이라고 말하면 편하겠지만 그렇지 않다. 만약 그렇다면 모든 인간에게 충분한 식량과 에너지, 충분한 시간과 공간이 돌아가야 한다. 그러나 우리는 그렇지 않다는 것을 안다. 아이러니하게도 우리의 생존은 시스템의 목표의 부수적인 결과일 뿐이다. 시스템의 목표는 바로 소유다. 그저 어떻게든 많이 소유하는 것이다. 시간을 소유하고, 공간을 소유하고, 식량을 소유하고, 에너지를 소유하

---

2 시스템 사고의 창시자인 도넬라 메도우스에 따르면 시스템은 "예컨대 사람, 세포, 분자처럼 서로 연결되어 일정 기간 자체적인 행동 패턴을 만들어 내는 요소들의 집합"으로 정의할 수 있다.

고, 우리의 쓰레기를 제외한 모든 것을 소유하는 것. 이것이 바로 세상을 움직이는 모델이다. 여기서 자연의 선물은 더 이상 공짜가 아니다. 그래서 이제 자연의 산물을 손에 넣으려면 우리가 갖고 태어나는 가장 소중한 것, 바로 우리의 시간을 팔아야 한다.

하지만 우리를 교란시키는 결정적인 요인이 또 하나 있으니 시스템이 어디에 있느냐는 것이다. 우리가 시스템을 보지 못하는 이유는 그것이 우리의 맹점에 존재하기 때문이다. 시스템은 다른 모습으로 위장한 자연이다. 오늘날 우리가 자연의 세계와 연결되어 있음을 보지 못한다면, 그것은 우리가 사용하는 대다수 제품이 자연처럼 보이지 않기 때문이다. 치킨너겟은 닭처럼 보이지 않고, 석탄은 고대의 숲처럼 보이지 않으며, 비료는 공기와 닮은 점이 전혀 없다. 자연은 제품으로 탈바꿈되었다. 실제로 해마다 어마어마하게 많은 제품으로 만들어지고 있다. 이것은 폭발적으로 늘어나는 인구와 게걸스러운 욕망을 살찌우며, 우리는 이런 자연의 '자원'을 갈수록 빠르게 강탈하고 있다. 그 결과 경제는 성장하지만 자연은 죽어 가고 있다. 그리고 우리는 영리한 동물이지만 그 누구도 이런 각본에 반전이 있음을 내다보지 못했다. 그 누구도 종국에 가서는 우리가 생명 유지 시스템의 플러그를 뽑아야 한다는 것을 알아차리지 못했다. 그러지 않으면 그것이 우리를 파괴할 테니까 말이다.[3]

3 '인류에게 보내는 세계 과학자들의 경고'라는 제목의 편지에서 1,500명이 넘는 내로라하는 과학자들과 노벨상 수상자들이 아래의 경고에 자기 이름을 올렸다.
"인간과 자연계는 이대로 가다가는 충돌이 불가피하다. …저지하지 않으면 현재 우리 위협은 시스템만큼이나 실제적인 것이다. 어떻게 실제적인가 하면, 필립 K. 딕의 말을 바꿔서 표현하자면, 우리의 문제는 우리가 그것을 믿기를 중단해도 사라지지 않는다. 그러나 견고해 보이는 시스템은 여전히 우리의 집단적 사고에, 우리가 세상을 바라보는 방식에 기초를 두고 있다. 그러므로 얼마든지 바꿀 수 있다. 다만 시스템의 기초가 되는 사고를 바꾸어야 한다는 전제가 따른다. 로버트 피어시그는 『선과 모터사이클 관리술Zen and the Art of Motorcycle Maintenance』에서 이렇게 썼다. "공장을 부수더라도 그것을 세운 합리성이 견고하다면 그 합리성이 또 다른 공장을 세울 것이다. 혁명으로 정부를 뒤엎어도 그 정부를 만든 체계적 사고 패턴이 그대로 남아 있다면, 똑같은 패턴이 반복해서 일어날 것이다."

우리에게 절실하게 필요한 것은 이런 거울 복도에서 빠져나가는 출구다. 그리고 우리는 과학으로 그 길을 찾을 수 있다. 과학이 낡은 세계관을 깨뜨릴 수 있다. 과학은 우리가 보는 방법을 바꿈으로써 세상을 말 그대로 바꿀 수 있다.

역사상 최고로 위대한 지성들은 갈릴레오, 다윈, 아인슈타인처럼 불온한 사상가들이었다. 우리가 그들의 이름을 기억하는 것은 그들이 다수의 의견에 반기를 들고 세상의 이해를 새롭게 만든 용감한 과학 혁명가들이었기 때문이다. 우리는 그들의 급진적인 사고를 물려받은 행운아들이다. 갈릴레오는 지구가 태양 주위를 돈

가 행하는 많은 관행들은 우리가 바라는 인류 사회와 식물계와 동물계의 미래를 심각한 위험으로 내몰 것이며, 우리가 살아가는 세상을 급격하게 바꿔 우리가 아는 방식으로 삶을 영위하기가 불가능하게 될 것이다."

다는 것을 증명했고, 이제 우리는 우리가 우주의 중심이 아님을 안다. 다윈은 생명의 점들을 연결해서 동물들이 우리의 친척임을 증명했다. 우리는 생명의 기나긴 진화의 일부로, 다른 모든 생물들과 별개의 존재가 아니라 연결되어 있다. 아인슈타인은 차원에 대한 사고를 뒤집어 시공간이 관찰자에게 상대적인 것이며 절대적 시간이나 절대적 공간 같은 고정된 것이 존재하지 않음을 증명했다.

이와 같은 거대한 사고의 전환은 상식에서 나오기가 거의 불가능하다. 실상은 우리가 감각 기관들로 세상을 지각하는 바에 위배된다. 문학 비평가 마리아 포포바는 칼 세이건에 관한 글을 쓰면서 이와 비슷한 말을 했다.

우리는 상식의 지각에 기대어 세상을 돌아다니지만, 그와 같은 지각은 현실을 보지 못하도록 우리의 눈을 계속해서 가리고 또 가린다. 우리는 감각으로 얻어지는 직감을 우주의 실상이라고 착각했다. 수천 년간 지구의 모습, 운동, 위치에 대해 잘못된 믿음을 갖고 있었다. 그도 그럴 것이 발밑에서 느껴지는 지구는 평평하고 정지되어 있어서 우주 질서의 중심에 있는 것처럼 보인다. 우리는 제한된 감각으로 만지고 느낄 수 있는 경계 너머의 과정들과 현상들은 믿지 않는다. 인간의 생애 내에 관찰되기에는 너무도 광대한 시간의 척도로 펼쳐지는 진화가 그렇고, 인간의 감각으로 감지되지 않아 상상조차 하기 어려운 아원자 입자의 척도로 돌아가는 양자 역학이 그렇다.

우리의 감각은 우리 인간이 우주와 환경과 다른 살아 있는 존재들과 구별된다고 말한다. 하지만 과학은 감각을 통한 우리의 지각이 틀렸음을 입증하는 증거를 제시한다. 이것이 과학과 과학자들이 우리에게 주는 멋진 선물이다. 그들은 현실을 검증하는 자들이다. 더 명확하고 더 객관적으로 세상을 보도록 증거를 들고 나와 우리의 맹점을 꿰뚫는다. 최고의 과학자들은 우리의 현실 거품을 터뜨린 것으로 기억된다.

과거를 돌아보는 시야는 시력이 20/20이라는 말이 있다. 이 말이 과학에서만큼 더 잘 들어맞는 분야도 없다. 현실에 대한 오래된 관념들은 지금에 와서 보면 우스꽝스럽다. 하버드에서 공부한 물리학자 토머스 쿤은 『과학 혁명의 구조』에서 자신이 아리스토텔레스의 연구를 공부하고 나서 책을 집필할 영감을 얻었다고 말했다. 그는 지성의 거인이 "역학에 무지할 뿐만 아니라 끔찍하게 형편없는 물리 과학자로 보였다"고 했다. 그리고 "운동에 관한 그의 저술들은 내가 보기에 논리와 관측 모두에서 터무니없는 실수들로 가득했다"고 덧붙였다.

쿤의 핵심적인 통찰은 아리스토텔레스 같은 뛰어난 사상가가 현대의 기준으로 볼 때 횡설수설하는 멍청이로 보였음을 간파한 것이다. 그러나 아리스토텔레스는 주어진 과학적 패러다임 내에서 활동했다. 그의 생각들은 대단히 특정한 세계관에 의해 형성된 것이었다. 쿤은 여기서 깨달음을 얻어 '패러다임 전환'이라는 조어를 만들어 냈다. 과거에는 과학 지식이 느리지만 차곡차곡 쌓이면서 물리적 현실에 대한 더 큰 이해로 나아간다고 파악했다면, 쿤은 실제로는 과학 지식이 거대하고 불연속적인 도약을 통해 성장한다는 것을 보여 주었다. 다른 비유를 들자면, 애벌레는 나비로 자라지 않고 번데기 단계를 거친다. 여기서 유전자 수프로 녹아서 생김새는 전혀 다르지만 앞서 존재의 기억을 여전히 갖고 있는 곤충으로 탈바꿈한다.

쿤에게 과학 혁명이란 이렇게 극적인 사고의 전환이다. 그러나 그는 예리하게도 과학의 진전이 하나의 이미지가 지각에 따라 이렇게도 보이고 저렇게도 보이는 시각적 게슈탈트[형태]가 아님을 지적했다. 그것은 착시가 아니라 더 큰 전환이다. "처음에 한 마리 새처럼 보였던 종이 위의 자국이 이제는 영양으로 보인다. 이러한 병치는 오해를 낳을 수 있다. 과학자들은 어떤 것을 다른 무엇으로 보지 않는다. 그냥 그것으로 볼 따름이다." 이런 구별은 대단히 중요하다. 과학 철학자 이언 해킹이 말한 것처럼, "신중한 사람들은 세계를 바라보는 관점이 바뀌어도 세계는 같은 모습 그대로라고 기꺼이 말할 것이다. 쿤은 그보다 더 흥미로운 이야기를 하려고 했다. 혁명 이후, 새로운 분야의 과학자들은 다른 세계를 탐구했다고 말이다."

이러한 과학 혁명으로 인해 우리도 다른 세계에 산다. 우리가 배운 것으로 인해 우리의 집단적 마음이 바뀌었다. 물론 과학이 보는 대로 보기를 거부하고 오로지 인간의 감각만을 믿는 사람들이 여전히 있다. 지구가 평평하다고 믿는 사람들과 창조론을 믿는 자들은 케케묵은 믿음을 버리기를 거부하면서도 현대 세계의 모든 열매는 다 누리려고 한다.

인류의 가장 위대한 사상가들은 시야의 한계를 밀어붙인 사람들이다. 그들은 나머지 사람들에게는 보이지 않는 것을 보는 말 그대로 선지자이다. 뉴턴에게 그것은 보이지 않는 중력이었다. 판 레이우엔훅에게 그것은 보이지 않는 극미 동물이었다. 코페르니쿠스와 갈릴레오에게 그것은 지구가 태양 주위를 도는 보이지 않는 움직임이었다. 쿤도 언급했다시피 과학자들은 자주 "지목할 수 없는 전자와 같은 이론적 실재"를 가지고 작업한다. 그들은 보이지 않는 세계에서 자주 작업한다.

결과적으로 과학이 보는 것과 비전문가가 이해하는 것 사이에 간극이 벌어지고 있다. 과학자들은 현대의 과학 기술 도구들, 주사전자현미경, 질량분석기, fMRI를 사용하여 나머지 사람들은 보지 못하는 것을 볼 수 있다. 대단히 집중화된 전문 기술에 이런 문제까지 더해지면서 과학자와 일반인 사이에 상당한 지식 격차가 발생한다. 퓨 리서치 센터와 미국과학진흥회(AAAS)의 최근 여론 조사에 따르면 미국인의 대다수인 79퍼센트가 과학자들과 과학 지식이 귀중하다고 인정하면서도, 아울러 상당히 많은 사람들이 자신의 견해를 뒷받침하기 위해 과학에 기대지 않는 것으로 나타났다. 일례로 2013년 조사를 보면 일반 대중의 33퍼센트만이 기후 변화가 심각한 문제라고 믿었다. 77퍼센트가 심각한 문제라고 답한 AAAS의 과학자들과 비교하면 엄청난 차이다.[4] 이 커다란 격

4 퓨 리서치 센터의 조사에서 지구 온난화가 대단히 심각하다고 말한 일반 대중 비율은 들쭉날쭉해서, 2010년에 가장 낮은 32퍼센트였고 2009년에는 최고치인 47퍼센트였다.

차는 과학이 일반 대중과 소통하는 방식과 무관하지 않다. 여기에 언어가 상당한 영향을 미칠 수 있다. 과학자들이 효과에 대해 '불확실성'이 있다고 말할 때, 대중은 잘 모른다는 뜻으로 받아들인다. 과학적으로 사용할 때 더 좋은 용어를 쓰자면 '편차'라고 해야 한다. 마찬가지로, 과학자들이 기후 변화와 관련하여 '양의 되먹임'이라는 말을 쓸 때, 대중은 좋은 결과나 칭찬의 의미로 생각한다. 사실은 자체적으로 강화되는 순환을 가리키는 말이다.

훌륭한 아이디어가 퍼지는 데는 시간이 걸리기도 한다. 사람들은 자기 믿음을 고수하는 경향이 있기 때문이다. 코페르니쿠스가 죽고 한 세기가 지나서도 그의 대담한 생각으로 개종한 사람은 거의 없었다. 뉴턴의 획기적인 증거들이 그가 쓴 『자연 철학의 수학적 원리』에 자세하게 기록되어 있었음에도 그의 생각이 널리 인정되기까지 반세기 넘게 걸렸다. 노벨상 수상자인 물리학자 막스 플랑크도 이와 비슷한 섭섭함을 드러냈다. "새로운 과학적 진실은 반대자들을 설득시켜 그들이 마침내 받아들이도록 하는 식으로 승리하지 않는다. 반대자들이 결국에는 다 죽고 새로운 진실에 익숙한 새로운 세대가 성장하는 식으로 전파된다."

플랑크의 말이 당연히 옳지만 우리에게는 시간이 없다. 그리고 플랑크는 오늘날과 같은 고속으로 연결된 세상에 살지 않았다. 우리에게는 운 좋게도 새로운 아이디어를 읽고 나누고 곧바로 소통할 수 있는 힘이 있다.

○ ○ ○

1972년 이후로 지구의 저궤도를 벗어나 지구 전체 모습을 본 사람은 스물네 명밖에 없다. 미국항공우주국의 우주 왕복선 계획으로 국제 우주 정거장과 중국의 톈궁 우주 정거장까지 오고간 사람을 계산하면 숫자가 늘어나지만, 그래봐야 500명 남짓한 사람들만이 우주에서 지구를 보는 대단한 특권을 누렸다. 달리 말하자면 전 인구의 0.0000072퍼센트만이 이 멋진 장관을 본 것이다.

우주 여행자들 중에 일부는 자신의 관점에 크나큰 변화가 있었다고 보고했다. 이 변화를 지칭하는 용어도 있어서 '오버뷰 효과' 혹은 '우주 의식'이라고 하는데, 사고에 깊고 심원한 변화를 일으켜 우주 비행사들이 고향인 지구를 새로운 방식으로 보도록 한다. 돌아온 여행자들을 살펴본 의료진들은 이렇게 보고했다. "많은 이들이 스스로에 대해, 그리고 타인과의 관계에 대해 특정한 태도를 갖게 되었다. 일부는 지구 자체에 더 많은 관심을 갖기도 했고, 한 명도 예외 없이 모두 우주에 대한 새로운 질서 감각을 개발했다. 그리고 그들과 가깝게 지내는 사람들도 비록 그곳에 직접 간 적은 없지만 비슷한 반응을 보이게 되었다." 우리들과 달리 국제 우주 정거장 사람들은 하루에 열여섯 차례 일출과 일몰을 본다. 고작 400킬로미터 거리이지만, 위에서 내려다보면 지구의 시간과 국경은 의미를 잃는다.

우주 비행사들은 또한 지구가 도는 모습을 말 그대로 본다. 발밑에서 지구가 도는 것을 보며 아름다움의 규모를, 그와 더불어 파괴의 규모를 눈으로 확인한다. 지구가 한 차례 돌 때마다 그들은 삼림 벌채, 가뭄, 들불, 녹고 있는 만년설, 허리케인, 오염을 목격할 수 있다. 우주에서 보면 인간이 지구에 남긴 발자국은 추상적인 것이 아니다. 데이터가 아니다. 확연히 눈에 보이는 것이다.

우주에서는 거품도 실제적인 것이다. 외계 우주의 방사선으로부터 우리를 보호하는 푸르고 흰 막을 볼 수 있다. 대기라고 부르는 그것은 지구의 모든 생명들을 보호하는 거품이다. 그러나 거품은 덫이기도 하다. 과학자들이 말하듯 대기 중 이산화탄소가 증가하는 속도가 갈수록 빨라지고 있으며, 지구 온난화의 주된 책임은 열기가 빠져나가지 못하게 붙잡아 두는 이런 기체를 배출한 인간에게 있다.

그러나 우리가 지구에 무슨 일을 하고 있는지 깨닫기 위해 꼭 우주로 나가야 하는 것은 아니다. 사실 오버뷰 효과를 경험하는 우주 비행사들도 많지는 않다. 우주 비행사 크리스 해드필드가 언젠가 내게 이야기한 대로 관점을 바꾸는 것은 국제 우주 정거장에서 바라본 장관이 아니라 그 생각과 삶의 경험이다. 그러므로 세상을 다르게 보기 위해 우주로 나가야만 하는 것은 아니다. 바로 여기서도 새로운 눈으로 세상을 볼 수 있다.

○ ○ ○

자신이 바뀌면 세상도 바뀐다. 세상을 바꾸면 그 과정에서 자신도 달라진다. 조지프 캠벨이 『천의 얼굴을 가진 영웅*The Hero with a*

Thousand Faces』에서 상세하게 밝혔듯이, 이런 주제는 시대를 막론하고 세계 곳곳에서 발견된다. 영웅의 여행은 보편적인 이야기로 고대 그리스 신화에서 「스타워즈」, 「반지의 제왕」, 「매트릭스」 같은 할리우드 블록버스터에 이르기까지 사람들의 마음을 휘어잡는 강력한 서사의 밑바탕을 이룬다.

본질적으로 영웅의 여행은 순환 구조, 혹은 한 차례의 혁명으로 진행된다. 이야기는 주인공이 평범한 세상에서 평범한 삶을 영위하는 것으로 시작된다. 그러던 어느 날 당연하게 여겼던 세상이 갑자기 바뀐 것을 알아채고 그러자 모든 것이 뒤바뀌게 된다. 그들은 그들이 사는 "낯설고 특별한 세상"을 발견하고서, 현상황을 내던지고 새로운 지식을 찾아 나선다. 보통의 삶의 방식이 갈수록 위협에 처해지면서 주인공은 이런 지식을 이용하여 시련과 도전에 맞선다. 어느 지점이 되면 모든 것을 잃고 패배가 기정사실처럼 보이지만, 마지막 순간에 새로운 통찰, 깨달음을 얻고 주인공은 승리를 쟁취한다. 이제 집으로 돌아오는데 이번에는 새로운 관점을 껴안고 있다. 세상은 겉으로는 여전히 같아 보일지 모르지만, 주인공에게는 완전히 달라졌다.

이런 서사들은 마치 바로 이 순간 우리를 위해 준비된 것처럼 보인다. 우리는 지금 우리가 맞닥뜨리고 있는 도전들에 함께 맞서야 하는 시대에 이르렀다. 우리가 바뀌어야 할 때다. 대부분의 사람들은 여전히 '평범한 세상'에 살지만, 볼 수 있는 사람들에게 파멸은 멀지 않은 곳에 확실히 웅크리고 있다. 정상 상태에 이미 균열들이 나타나기 시작했다. 과학자들은 우리가 파괴적인 변화의 문턱에 서 있으며, 우리가 사는 세상이 조만간 위기에 봉착할 것이라고 말한다. 우리가 적절하게 반응하지 않으면 국부적인 재난에 그치는 것이 아니라 문명 전체가 파괴될 수도 있다.

한편으로 보자면 우리가 여기서 이런 순간을 맞이하는 것은 우주적 농담 비슷한 것이다. 솔직하게 말해서 애초에 이렇게 될 확률이 어마어마하게 작기 때문이다. 스티븐 호킹이 『시간의 역사』에서 지적하기도 했지만, 지구에 생명이 존재하려면 믿기지 않을 만큼 완벽한 우주 조건들이 마련되어야 했다. "빅뱅 이후 1초 뒤에 팽창한 속도가 100경분의 1만 작았어도 우주는 현재 크기에 이르기 전에 도로 붕괴하고 말았을 것이다." 생물학자 켄 밀러도 비슷한 맥락의 이야기를 했다. "G[중력 상수]가 지금보다 작았다면 빅뱅의 먼지는 그냥 계속해서 팽창하여 은하, 항성, 행성 그리고 우리로 결코 뭉쳐지지 않았을 것이다. 중력 상수의 값은 생명이 존재하기에 딱 적당하다. 조금만 더 커도 우주는 우리가 진화하기 전에 붕괴했고, 조금만 작았다면 우리가 발 딛고 있는 행성은 결코 만들어지지 않았을 것이다."

이것은 생명이 진화할 기회를 잡기 위해 태양계와 우주에 거의 완벽하게 마련되어야만 하는 200개가 넘는 물리적 변수 가운데 두 개일 뿐이다. 그러나 여러분이 세상에 존재할 확률은 그보다도 작다.

케임브리지 대학을 졸업한 알리 비나지르는 각자 태어나는 확률을 계산해 보기로 했다. 여러분의 부모가 만나는 확률(2만분의 1)과 두 사람이 여러분을 임신하기 위해 함께 있을 확률(2,000분의 1)

을 곱하면 여러분이 태어나는 확률은 기본적으로 4,000만분의 1에서 시작한다. 그러나 이것은 생물학적 확률을 아직 고려하기 전이다. 여러분의 어머니가 평생 10만 개의 난자를, 아버지가 4조 개의 정자를 생산한다고 하면, 여러분이 여기에 있을 확률은 대략 40경분의 1이다.

그러나 우리는 여러분의 부모보다 더 이전까지 거슬러 올라가야 한다. 유전적으로 여러분은 15만 세대 이전에 시작된 혈통이 지금까지 끊어지지 않고 이어진 결과이기 때문이다. 비나지르는 이 확률을 대략 $10^{45,000}$분의 1이라고 계산했다. 한 페이지에 다 적기에는 지나치게 긴 숫자이며 이 장에 담기에도 벅차다. 실제로 그것은 "우주에 존재하는 모든 입자들의 수보다 더 클 뿐만 아니라, 각각의 입자가 하나의 우주라고 할 때 그 모든 우주의 입자를 다 더한 것보다도 큰" 숫자다. 다르게 표현하자면 여러분의 존재하는 확률은 "200만 명이 모여… 각자 면이 1조 개인 주사위를 던져 모두가 똑같은 면이 나올 확률"과 똑같다. 즉, "사실상 제로"라는 뜻이다.

생각해 보자. 현실이라는 거대한 계획 아래, 여러분은 지구에 도착했다. 대재앙이 목전에 닥친 적시, 적소에 말이다.

사실 너무도 완벽하다. 할리우드도 이보다 나은 플롯은 생각해 내지 못할 것이다. 그리고 여러분, 이 이야기의 주인공은 이보다 더 장대하고 세심하고 놀라운 이야기는 결코 만나지 못할 것이다.

감사의 말

책을 집필하는 과정은 고독하지만 그렇다고 혼자서 할 수 있는 일은 아니다. 우선 뛰어난 편집자 닉 개리슨에게 신세를 졌다. 그는 지칠 줄 모르는 내 에이전트 릭 브로드헤드와 더불어 이 책에 대한 믿음을 맨 먼저 보여 주었다. 두 사람의 지혜와 탁월함, 충고와 친절함에 감사의 말을 전한다. 아울러 펭귄 랜덤하우스 캐나다 전체 팀원들, 특히 크리스틴 코크레인, 니콜 윈스탠리, 카라 사보이, 토냐 애디슨, 페이슬리 맥냅, 스콧 루머, 그리고 교열을 멋지게 봐준 알렉스 슐츠에게도 고마움을 전한다. 나의 첫 책을 세상에 내준 그들의 모든 노고에 깊은 감사를 드린다.

고맙게도 내게 시간과 전문 지식을 나눠준 과학자들, 학자들, 저널리스트들, 연구자들, 친구들이 있다. 마크 애보트, 노부 애딜먼, 맬컴 클렌치, 팀 코커릴, 비엘라 콜먼, 마틴 파울러, 요나스 프리센, 마이클 길라드, 데이비드 그림, 제이 잉그램, 피터 제이콥스, 나오미 클라인, 아서 크로커와 마리루이스 크로커, 조앤 맥아더, 앨런 나저리안, 댄 리스킨과 셸비 리스킨, 밥 러틀리지, 조엘 솔로몬, 얀 소겐프라이, 나이젤 J.T. 스미스, 데이비드 스즈키, 아스트라 테일러, 세계자연기금 캐나다 지부 등이 그들이다.

운 좋게도 나는 지난 십 년을 디스커버리 캐나다에서 일했다. CTV/디스커버리의 모든 동료들에게 고마움을 표하고 싶다. 특히 셔나이드 에겟, 켈리 매커운, 존 모리슨, 애거사 래치폴, 그리고 내게 책을 쓰도록 격려해 준 켄 쇼에게.

내게 영감을 준 블랙십, 고마워. 세상 누구보다 친한 친구들(이름을 언급하지는 않겠지만 누구를 말하는지 알겠지?) 사랑해. 매클린 그리브스와 롭 스튜어트, 너희들은 영원히 내 마음속에 있어.

마지막으로, 이 책을 내 가족에게 바친다. 그들의 인내와 끝없는 지지와 사랑 그리고 내 행복의 원천이 되어 준 데 감사한다. 그들에게 모든 것을 빚졌다. 그들은 삶에서 가장 소중한 선물은 공짜라는 것을 내게 가르쳐 주었다.

찾아보기

옮긴이 장호연

서울대학교 미학과와 음악학과 대학원을 졸업하고, 음악과 과학, 문학 분야를 넘나드는
번역가로 활동 중이다.『뮤지코필리아』,『나는 내가 죽었다고 생각했습니다』,『스스로
치유하는 뇌』,『기억의 과학』,『시선들』,『이그노런스』,『콜럼바인』,『우리 시대의 작가』,
『사라진 세계』,『시모어 번스타인의 말』,『슈베르트의 겨울 나그네』,『베토벤 심포니』등을
우리말로 옮겼다.

리얼리티 버블

초판 1쇄 발행 2021년 1월 25일
초판 4쇄 발행 2025년 1월 1일

지은이 지야 통
옮긴이 장호연

펴낸곳 코쿤북스
등록 제2019-000006호
주소 서울특별시 서대문구 증가로25길 22 401호
ISBN 979-11-969992-3-0 03400

· 책으로 펴내고 싶은 아이디어나 원고를 이메일(cocoonbooks@naver.com)로 보내주세요.
코쿤북스는 여러분의 소중한 경험과 생각을 기다리고 있습니다. ☺